电离辐射测量与防护

Ionizing Radiation Measurement and Protection

王德忠　编著

中国教育出版传媒集团

高等教育出版社·北京

内容提要

本书是在总结作者多年来从事电离辐射测量与防护课程教学经验与科研成果的基础上编写而成的。

全书以射线与物质相互作用理论为中心,以辐射测量技术和辐射防护技术为两个基本点,系统阐述电离辐射测量与防护的基本理论与基本方法。本书术语规范、概念严谨、数据准确,理论体系既有一定深度,又有一定广度,可使读者对电离辐射测量与防护知识有系统深入的理解。

除绪论外,本书主要内容包括原子核基础和放射性衰变、射线与物质相互作用、辐射测量中的概率统计、辐射探测器、辐射测量方法、辐射防护常用量、辐射生物效应、辐射防护基础、核电厂源项及辐射监测、低中水平放射性固体废物测量、核事故后果评价和应急响应等。每章末均有一定数量的习题。

本书可作为高等学校核工程与核技术、辐射防护与核安全等相关专业的本科生教材,也可供相关专业的工程技术人员参考。

图书在版编目(CIP)数据

电离辐射测量与防护 / 王德忠编著. --北京:高等教育出版社,2023.4

ISBN 978-7-04-059636-6

Ⅰ.①电… Ⅱ.①王… Ⅲ.①电离辐射-高等学校-教材 Ⅳ.①O644.2

中国国家版本馆 CIP 数据核字(2023)第 011056 号

Dianli Fushe Celiang yu Fanghu

| 策划编辑 卢 广 | 责任编辑 卢 广 | 封面设计 张志奇 | 版式设计 杨 树 |
| 责任绘图 黄云燕 | 责任校对 胡美萍 | 责任印制 存 怡 | |

出版发行	高等教育出版社	网 址	http://www.hep.edu.cn
社 址	北京市西城区德外大街 4 号		http://www.hep.com.cn
邮政编码	100120	网上订购	http://www.hepmall.com.cn
印 刷	北京市大天乐投资管理有限公司		http://www.hepmall.com
开 本	787mm×1092mm 1/16		http://www.hepmall.cn
印 张	20		
字 数	500 千字	版 次	2023 年 4 月第 1 版
购书热线	010-58581118	印 次	2023 年 4 月第 1 次印刷
咨询电话	400-810-0598	定 价	42.10 元

前言

1895 年，X 射线被发现，人们逐步认识到人类时刻处在宇宙射线、宇生放射性核素和原生放射性核素形成的天然电离辐射场中。1945 年，美国向日本广岛和长崎投下 2 枚原子弹，造成大量人员伤亡和长期严重的环境污染，世界人民处于长期核恐慌中。1979 年美国三里岛核事故、1986 年苏联切尔诺贝利核事故和 2011 年日本福岛核事故是世界核电发展史上出现的三次严重核事故，对核电安全、环境安全等方面产生了重大影响。核能利用和核技术应用既可造福人类，也可因不当因素发生严重事故对人类和环境产生极大的辐射危害。

我国核工业始于 20 世纪 60 年代"两弹"的研制和成功试爆。1991 年秦山核电厂并网发电，标志着我国核电零的突破。之后我国核能经历了适度发展阶段、积极发展阶段、安全高效发展阶段和积极安全有序发展阶段。到 2020 年，我国已成为仅次于美国的世界第二核电大国，在建机组数世界第一。作为清洁能源，为实现"双碳"目标，核能迎来了快速发展的新时代。核能的发展也促进核技术在医学、工业、农业、教育和科研等领域的广泛应用。

电离辐射防护是在实践中特别是核反应堆大规模工业应用中逐渐发展起来的一门新的、具有实用性和综合性的学科，其主要目的是为防止电离辐射照射对人类和环境产生的危害提供一个适当的防护水平，而又不过分地限制与电离辐射照射相关的人类活动。电离辐射测量是开展电离辐射防护的先决条件，射线与物质相互作用是开展电离辐射测量的理论基础。随着核工业的发展，针对不同射线特点先后提出了多种电离辐射测量方法，并研发了气体、闪烁和半导体等多种电离辐射探测器，使定量认识电离辐射成为可能。核工业的发展需要电离辐射测量与防护的保驾护航，培养具有电离辐射测量与防护相关知识的人才对核工业安全、可持续发展具有重要意义。

需要指出的是，辐射分为非电离辐射和电离辐射，如无特殊说明，本书中所指的辐射均为电离辐射。"核电厂"和"核电站"在书籍、文献等资料中有不同表述，在本书中统一表述为"核电厂"；"primary ionization"在不同资料中翻译为"原电离""初电离""初级电离"等，在本书中将这些概念统一表述为"初始电离"；放射性活度的单位在不同资料中译为"贝克"或"贝可"，在本书中统一表述为"贝可"；剂量当量的单位在不同资料中译为"西弗"或"希沃特"，在本书中统一使用法定计量单位"希沃特"；有些资料中核素种类为 2600 多种，在本书中更新为 3300 多种。上述名词、单位、数据等均来自《核科学技术词典》、核安全法规和相关标准等权威资料。

本书由上海交通大学王德忠教授编著，生态环境部核与辐射安全中心首席专家刘新华研究员主审。

　　在编写过程中,作者与许多专家进行了深入交流和探讨,专家们对本书提出了许多宝贵意见,作者在此向他们一并表示衷心感谢。

　　电离辐射测量与防护涉及知识面较广,虽经反复斟酌,但因作者水平有限,难免存在不妥之处,望广大读者提出宝贵意见。

作者

2022 年 12 月

目录

第 1 章　绪论

1.1　辐射发展史

辐射科学的起源可以追溯到 19 世纪末物理学界的三大发现：1895 年，德国物理学家伦琴（Wilhelm Conrad Röntgen）发现了 X 射线；1896 年，法国物理学家贝可勒尔（Antoine Henri Becquerel）发现了铀元素的放射现象；1897 年，英国物理学家汤姆逊（Joseph John Thomson）发现了电子。自此以后，人类拉开了向放射性及微观物理世界研究的序幕。

1.1.1　X 射线的发现

19 世纪末，阴极射线的研究是物理学的热门课题，许多物理实验室都致力于开展这方面的研究。德国维尔茨堡大学的伦琴教授也对这个问题感兴趣，他是一位治学严谨、造诣很深的实验物理学家。1895 年 11 月 8 日，他在实验室工作时，一个偶然事件吸引了他的注意。当时，房间一片漆黑，放电管用黑纸包覆。他突然发现在不超过一米远的小桌上有一块亚铂氰化钡做成的荧光屏发出闪光。伦琴尝试用多种材质放在阴极射线发生器与荧光屏之间，发现书本、木板等几乎不影响荧光强度；当使用铝片时，荧光才有明显的减弱。当时已知阴极射线只能穿透几厘米的空气，显然与此不符。伦琴用了 6 个星期深入地研究这一现象，他确信这是一种新的射线。限于当时对这种射线所产生的原因及性质知之甚少，数学上常用 X 表示未知数，伦琴将它命名为"X 射线"。

伦琴还偶然发现 X 射线可以穿透肌肉照出手骨轮廓，联想到该射线可能在医学上得到应用，他请夫人把手放在用黑纸包严的照相底片上，用 X 射线对准照射 15 min，显影后，底片清晰呈现出他夫人的手骨像，手指上的结婚戒指也很清楚，如图 1-1 所示。这是人类历史上第一张人体 X 射线影像。

1895 年 12 月 28 日，伦琴向维尔茨堡物理医学学会递交了第一篇关于 X 射线的论文《一种新射线——初步报告》，报告中叙述了实验的装置、做法、初步发现的 X 射线的性质等。6 年之后，伦琴被授了诺贝尔物理学奖。

X 射线在人们研究阴极射线的过程中被发现是有其必然性的。因为正是高速电子打到靶子上，才有可能激发出这种高频辐射。所以，即使不是伦琴，别人也可能做出这一发现。伦琴之所以能抓住这一机遇，和他一贯的严谨作风及客观的科学态度是分不开的。所以，他的这一发现也有其必然性。

实际上，1895 年以前许多人都知道照相底片不要存放在阴极射线装置旁边，否则有可能变黑。1887 年，克鲁克斯（William Crookes）

图 1-1　伦琴夫人手的 X 射线照射影像

曾发现过类似现象,他把变黑的底片退还厂家,认为是底片质量有问题。1890 年,美国宾夕法尼亚大学的古茨彼德(Authur Willis Goodspeed)也有过类似的经历,虽然拍摄到了物体的 X 光照片,但他对此并没有深究,随手把底片扔到废片堆里。待得知伦琴发现 X 射线后,古茨彼德才想起这件事,重新开展研究。1894 年,汤姆逊在测量阴极射线的速度时,看到了放电管几米远处的玻璃管上也发出荧光,实际上这就是 X 射线产生的,但他对此没有深入研究。

1.1.2　放射性的发现

法国科学院每周有一次例会,物理学家们在会上报告各自的成果并进行讨论。1896 年 1 月 20 日,庞加莱(Jules Henri Poincaré)参加了例会,并带去了伦琴寄给他的论文和照片展示给与会者。这一发现引起了在场的物理学家贝可勒尔的极大关注,他询问这种新奇的射线是怎样产生的。庞加莱回答可能是从阴极对面发荧光的管壁上发出的,并猜测荧光和 X 射线可能出于同一机理。

贝可勒尔很快就展开实验,探究荧光物质在发荧光的同时是否会发出 X 射线。贝可勒尔开始测试了许多磷光和荧光物质,均没有成功,直到他尝试了铀酰硫酸钾。贝可勒尔用黑纸封住照相底板,在纸上撒了一层铀盐,放在阳光下几个小时。当洗出这块底片时,出现了黑色的轮廓。因为磷光无法穿透黑纸,所以贝可勒尔从实验结果推断:这些磷光物质会发射一种辐射,这种辐射能穿透黑纸使底片感光。贝可勒尔误以为 X 射线是由于太阳光照射铀盐产生的。

同年 3 月 2 日,法国科学院将再次召开例会,贝可勒尔试图于 2 月 26 日和 2 月 27 日重复实验,以得到更清晰的结果,但巴黎那几天却是阴天。他把封好的底片和铀酰硫酸钾一起放在抽屉里。在 3 月 1 日,当他拿出底片时,预测由于环境光的影响,只会看到曝光非常微弱的图像。然而结果与预期截然不同,发现图像曝光非常强烈,如图 1-2 所示,也就是说,无论铀盐是否暴露在阳光下,都可以发射能够穿透黑纸的射线。

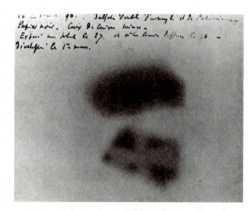

贝可勒尔意识到,这一发现非常重要,说明此前荧光(和磷光)与 X 射线属于同一机理的设想不符合实际。他改变思路,转而试验各种因素,例如铀盐的状

图 1-2　铀盐在黑暗中留在底片上的影像

态、温度、放电等对这种射线的影响,结果证明这种射线确实与磷光效应无关。他发现,纯金属铀的辐射比铀化合物强好多倍。他还发现,铀盐发出的这种射线不仅能使底片感光,还能使气体电离。贝可勒尔研究清楚铀盐辐射性质后,在同年 5 月 18 日科学院的例会上宣布这种贯穿辐射是自发现象,只要有铀这种元素存在,就会产生贯穿辐射。以后,这种辐射被人们称为贝可勒尔射线,以区别于当时人们普遍称为 X 射线的伦琴射线。

贝可勒尔的发现,往往被后人认作科学发现偶然性的重要例证。不过,贝可勒尔认为他的这一发现是偶然中的必然,因为贝可勒尔生于一个有科学传统的家庭,他的祖父和父亲都曾相继在物理化学上有所贡献,并都喜欢研究荧光物质,这种家庭环境对贝可勒尔后来发现放射性产生了重要影响。

居里夫人(Marie Curie)受到贝可勒尔发现铀放射性的影响,决定对放射性开展深入研究,并把"recherches sur les substances radioacitves"对放射性物质的研究作为博士论文题目。后来,居里夫人通过研究发现这种放射特征与铀的数量成正比,与铀的形态无关,并创造出单词"radioactivity"(放射性)。1898 年居里夫人发现元素"钋",并把它命名为 Po(polonium)以纪念她的祖国波兰。同年,居里夫人又发现放射性元素"镭"(radium),拉丁文意为"射线"。

　　为表彰贝可勒尔发现放射性以及居里夫妇研究贝可勒尔发现的电离辐射现象时做的非凡工作,1903 年,贝可勒尔和居里夫妇共同获得诺贝尔物理学奖。1911 年,居里夫人又因为发现了镭和钋元素,提纯镭并研究了这种元素的性质及其化合物,获得了诺贝尔化学奖。居里夫人成为第一个获得两次诺贝尔奖的科学家,也是到目前为止唯一一个获得两次诺贝尔奖的女性科学家。

1.1.3　α、β 和 γ 射线的发现

　　居里夫人对镭和钋的发现大大促进了人们对放射性的研究。1895 年,卢瑟福(Ernest Rutherford)来到卡文迪许实验室,他起初从事自己早就涉足的无线电检波研究,1896 年被 X 射线的奇特性吸引,开展了 X 射线引起空气游离的研究。卢瑟福注意到贝可勒尔发现的铀辐射也会引起空气游离,通过实验研究两种情况的不同之处。贝可勒尔在论文中提到,铀辐射的性质跟 X 射线的根本区别在于:铀辐射可以折射和偏振,而 X 射线则不能。于是,卢瑟福采用玻璃、铝和石蜡等材料制作的棱镜进行试验,结果底片上没有出现铀辐射的偏折,由此判定贝可勒尔的结论有误。继而,卢瑟福从贯穿能力加以鉴别。实验结果表明,铀辐射有两种明显不同的辐射:一种辐射易被吸收,称之为"α 辐射";另一种穿透力更强,称之为"β 辐射",卢瑟福将这一结果于 1899 年发表在《哲学杂志》上。1900 年,贝可勒尔进一步从电场和磁场的偏转确定 β 射线的荷质比 e/m 为 1 011 C/kg,与阴极射线同数量级,速度约为 $2×10^8$ m/s,肯定 β 粒子就是高速的电子。至此,β 射线的本质基本清楚了。而 α 粒子的发现相对较晚。1903 年,卢瑟福用实验发现 α 射线受磁场作用偏转,从方向上判断带正电荷,接着又从该粒子在电场和磁场共同作用下的行为,初步测出荷质比与氢离子同数量级,速度大约为光速的十分之一,这样就判明了 α 射线是原子类型的带正电的粒子流。1909 年卢瑟福以巧妙的方法从光谱中作出了判别,他用一极薄的玻璃管将镭射气中的 α 射线粒子分离,通过放电试验,找到了氦的特征谱线,从而确定了 α 粒子就是氦原子核。

　　γ 射线是 1900 年由法国实验物理学家维拉尔(Paul Urich Villard)发现的,当时他正研究阴极射线的反射、折射性质,并研究了含镭的氯化钡射线是否有类似性质。就在这一实验中,他意外发现了 γ 射线。

　　维拉德把镭源放在铅管中,铅管一侧开一 6 mm 宽的长方口,让一束射线射出,经过磁场后用底片记录其轨迹。底片包在黑纸里,前面用一张铝箔挡住。此时,β 射线肯定被偏折,剩下的只有 α 射线,而 α 射线不能穿透铝箔,可是底片上却记录下了射线轨迹。于是维拉德发现在镭发出的不受偏折的射线成分中,含有贯穿力非常强的射线,它可以穿透金属箔片,用底片显示出射线轨迹。后来,卢瑟福称这一贯穿力非常强的辐射为 γ 射线,并于 1902 年首次对镭辐射进行了全面的研究,发现放射性物质(如镭)会放出三种不同类型的射线:

　　(1) α 射线,很容易被薄层物质吸收;

　　(2) β 射线,由高速的负电粒子组成,从所有方面看都很像真空管中的阴极射线;

　　(3) γ 射线,在磁场中不受偏折,具有极强的贯穿力。

　　至此,α 射线、β 射线、γ 射线均已发现。科学家为了证实原子的存在及其内部结构以及放射性特性,进行了持续深入的实验研究,又取得了一系列重大发现。

1.1.4 电子的发现

德国物理学家希托夫(Johann Wilhelm Hittorf)研究了稀薄气体中的电导率。1869 年,他发现阴极发出的辉光随着气体压力的降低而增大。1876 年,德国物理学家戈德斯坦(Eugen Gold-stein)通过研究发现,这种发光的光线投下了阴影,他将这些光线称为阴极射线。在 19 世纪 70 年代,英国化学家和物理学家克鲁克斯开发出第一个阴极射线管,内部具有高真空。他发现管内出现的发光射线携带能量并从阴极移动到阳极。此外,在外加磁场的情况下,光束发生了偏转,呈现出带负电的特性。1879 年,他提出这些属性可以用所谓的"辐射物质"来解释。他认为这是第四种物质状态,由负电荷分子组成,这些分子是从阴极高速发射的。

英国物理学家舒斯特(Arthur Schuster)通过把两金属板平行于阴极射线并在两板之间施加电势来扩展克鲁克斯的实验。该场将射线偏向带正电的板,进一步证明射线携带负电荷。通过测量给定电流水平的偏转量,舒斯特在 1890 年估算出射线成分的电荷质量比。然而,结果比预期值高出一千倍以上,因此其计算结果没有得到人们的信任。

1896 年,英国物理学家汤姆逊通过如图 1-3 所示的实验装置发现,阴极射线确实是一种新的粒子,而不是之前认为的波、原子或分子。汤姆逊通过这个巧妙的实验,测量出了这种粒子的电荷和质量,称之为"微粒"。"微粒"质量是氢的千分之一,可能是已知质量最小的粒子。电荷质量比 e/m 与阴极材料无关,放射性物质、加热材料和被照射材料产生带负电粒子的现象是普遍存在的。1899 年,汤姆逊采用斯坦尼(George Johnstone Stoney)的"电子"一词来表示"微粒"。"电子"原是斯坦尼在 1891 年提出的用以表示一个基本电荷单位的名称。由此,汤姆逊发现了电子,电子的发现对 β 射线的研究至关重要。

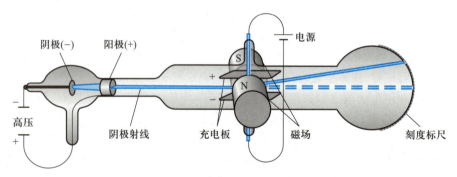

图 1-3 汤姆逊阴极射线实验装置

1.1.5 质子的发现

原子(atom)是组成元素且能保持元素性质的最小粒子。"atom"一词来源于希腊语"atomos"。希腊语中前缀"a"代表否定,"tomos"意为分割。"atomos"表示最小的、不可分割的含义。原子的概念最早起源于约公元前 440 年,由古希腊哲学家留基伯(Leucippus)和他的学生德谟克利特(Democritus)提出。最早的原子论(atomism)均是源于哲学思想,原子论家认为世间万物都是由原子和虚空组成,原子不能被破坏也不会变化。不过这些概念仅停留在哲学层面,没有理论描述也不能解释物质的性质。

现在原子理论的启蒙得益于现代化学的发展。18世纪,法国化学家拉瓦锡(Antoine-Laurent de Lavoisier)发现了氧气在燃烧过程中的作用并提出了元素的概念,而同时期的普鲁斯特(Joseph Louis Proust)则通过实验发现了物质的定比定律,认为化合物总是物质按照一定的比例结合起来的。

基于这些现象,1803年英国化学家道尔顿(John Dalton)提出了自己的原子理论。道尔顿原子理论的关键点包括:(1)物质是由原子组成;(2)同种元素具有相同的原子,不同元素的原子不同,主要体现在尺寸、质量和其他性质上;(3)原子不能被分割、创造和摧毁;(4)不同元素的原子按照简单的整数比例组成化合物;(5)在化学反应中,原子发生分离、结合和重组。道尔顿的原子论为揭示普鲁斯特的化合物定比定律提供了合理的微观依据,并在19世纪初得到了化学家的普遍认可,从理论层面推动了对原子的认知。此外道尔顿还针对每种元素设计了独特的圆形符号来表示简单的化合物,如图1-4所示。

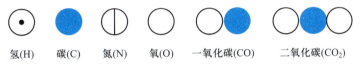

氢(H)　　碳(C)　　氮(N)　　氧(O)　　一氧化碳(CO)　　二氧化碳(CO_2)

图1-4　道尔顿原子论部分原子符号

汤姆逊于1897年发现了电子。因为原子的中性性质,在原子核中必定分布着正电荷以平衡电子的负电荷。基于此,汤姆逊提出了梅子布丁模型(plum pudding model),又称葡萄干布丁模型,如图1-5所示。带负电的电子分布在正电荷均匀分布的空间内,这些电子被认为均匀分布在一系列同心球面上。由于正电荷的牵引使电子不能自由移动于球面之间,但是电子可以在球面上自由移动,不过最终会因电子之间的相互作用而稳定下来。汤姆逊试图通过电子在不同球面之间的跃迁来解释一些元素的主要光谱,但是却未取得成功。

1909年,卢瑟福基于α粒子的散射实验提出了原子核的存在。盖革(Hans Wilhelm Geiger)和马斯登(Ernest Marsden)在卢瑟福的指导下用α粒子轰击金箔。如果原子内部确实如梅子布丁模型分布,因为质量和电荷的均匀分布,所有的α粒子都应该呈直线或很小的偏角穿过。然而实验发现,虽然绝大部分α粒子都呈直线穿过金箔,但是却有大约1/8 000的α粒子被大角度(>90°)散射,甚至极少部分几乎原路返回。实验结果表明,原子内部正电荷不应该是均匀分布的,而应该是集中在很小的空间里,且原子内部绝大部分都是空荡的空间。由此卢瑟福于1911年发表实验结果并提出原子内部有一个非常小且非常重的原子核(nucleus)。原子核集中了所有的正电荷和绝大部分质量,同样电荷量的电子则围绕在原子核周围,如图1-6所示。

图1-5　原子核的梅子布丁模型

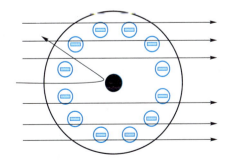

图1-6　卢瑟福原子模型

　　卢瑟福基于实验结果,通过 α 粒子散射角度和数量计算出金原子核的半径小于原子半径的
1/3 000,且原子核的带电量大约是一个氢原子核带电量的 100 倍。基于此,卢瑟福建立了一个类
太阳系的原子模型,原子核外电子如行星围绕太阳一样,绕着原子核运动。但是根据经典的麦克
斯韦电磁学理论,电子在轨道上运动时会因往外辐射能量而在皮秒(10^{-12} s)量级的时间内塌缩
到原子核上,而且会释放出连续频率的电磁波。这与原子的稳定性和发射光谱频率的离散性相
违背。1888 年,瑞典物理学家里德伯(Johannes Rober Rydberg)总结出了类氢原子的发射谱线的
波长公式,后称为里德伯公式,即

$$\lambda_{vac} = RZ^2\left(\frac{1}{n_1^2} - \frac{1}{n_2^2}\right) \tag{1-1}$$

式中:λ_{vac}——发射光在真空中的波长,m;

　　　　R——里德伯常量,$R = 1.097\,373\,157\times10^7$ m^{-1};

　　　　Z——原子序数;

　　n_1,n_2——正整数,且 $n_1 < n_2$。

　　得益于此,玻尔(Niels Henrik David Bohr)在 1913 年提出了氢原子的壳式结构模型。基于该
模型得出:(1)电子在原子中围绕原子核做轨道运动;(2)电子只能稳定在一系列分立的特定轨
道上,在这些轨道上电子运动不会引起能量损失;(3)电子只能通过在轨道之间的跃迁失去或获
得能量。能级之间的能量差 ΔE 由下式计算:

$$\Delta E = h\nu \tag{1-2}$$

式中:h——普朗克常量,$h = 6.626\,068\,96\times10^{-34}$ J·s;

　　　　ν——发射光的频率,Hz。

　　如图 1-7 所示,在玻尔原子模型中,电子与原子核的作用力是
库仑力。根据向心力与库仑力的平衡关系,得出下式

$$\frac{m_e v^2}{r} = \frac{Ze^2}{4\pi\varepsilon_0 r^2} \tag{1-3}$$

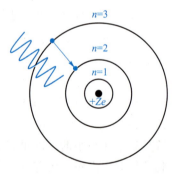

图 1-7　玻尔原子模型

式中:e——电子电荷,$e = 1.602\,189\,2\times10^{-19}$ C;

　　　　ε_0——真空介质常数,$\varepsilon_0 = 8.854\,187\,817\times10^{-12}$ F/m;

　　　　v——电子速率,m/s;

　　　　r——电子距原子核中心的距离,m。

　　而电子的轨道角动量则被离散为

$$L = \frac{nh}{2\pi} = m_e v r \tag{1-4}$$

式中:n——正整数,$n = 1,2,3\cdots$。

　　由此可得出各个轨道的半径公式为

$$r = \frac{\varepsilon_0 n^2 h^2}{\pi m_e e^2 Z} \tag{1-5}$$

式中:m_e——电子静止质量,$m_e = 9.109\,534\times10^{-31}$ kg。

　　由上式可推导出氢原子第一轨道半径为

$$a = \frac{\varepsilon_0 h^2}{\pi m_e e^2} = 5.29 \times 10^{-11} \text{ m} \qquad (1-6)$$

式(1-6)中,a 称为玻尔半径。

电子在每个轨道的能量为动能和势能之和,即

$$E = K + V = \frac{1}{2} m_e v^2 - \frac{Ze^2}{4\pi \varepsilon_0 r} \qquad (1-7)$$

对于氢原子,由式(1-1)、式(1-2)和式(1-7),可得里德伯常量为

$$R = \frac{m_e e^4}{8h^3 \varepsilon_0^2 c} \qquad (1-8)$$

式中:c——光速,2.9979×10^8 m/s。

原子的量子模型提出之后,人们不禁思考:原子核内部的结构是如何组成的?1917 年,卢瑟福用 α 粒子穿过空气,通过独特的穿透路径和闪烁探测器探测到了氢原子的存在。通过追踪 α 粒子得知,所有的 α 粒子都进入了氮气中,所以氢原子只能来自氮气本身。氮气中的一个粒子在 α 粒子的作用下被撞击出来,卢瑟福将其命名为质子,用 p 来表示。1925 年,卢瑟福通过电离室确认发生的反应为

$$^{14}\text{N} + \alpha \longrightarrow ^{17}\text{O} + \text{p} \qquad (1-9)$$

这也是首个被发现的核反应。

1.1.6 中子的发现

20 世纪 20 年代以前,物理学家公认的理论是原子核由质子组成。但是莫塞莱(Henry Gwyn Jeffreys Moseley)通过实验也认识核电荷数与原子序数 Z 的恒等关系,证明质子数与电子数不可能相等,原子核的带电量数目约为其原子量的一半。因此,卢瑟福认为原子核内除了质子外,应该还有一种中性粒子,中性粒子是质子和电子以某种方式的结合,并将其命名为中子。

为了检验卢瑟福的假说,卡文迪什实验室从 1921 年起就开始了实验工作。1921 年,在格拉森(J. L. Glasson)和罗伯兹(J. K. Roberts)的帮助下,查德威克(James Chadwick)试图在氢气的放电中找到这种贯穿力极强的辐射,但并没有成功。1923 年查德威克用盖革发明的计数器进行测量,也没有结果。1929 年,卢瑟福和查德威克在《剑桥哲学会刊》上介绍了以前采用过的各种探测中子的方法,并讨论了寻找中子的可能方案。他们寄希望于在人工核素转变实验中不发射质子的某些元素,认为也许会有不受磁场偏转的辐射引起微弱的闪烁,尤其是铍辐射,因为铍在 α 粒子轰击下是不发射质子的,也许铍核在辐射的作用下,会分裂成两个 α 粒子和一个中子。

1931 年,博特(W. W. G. Bothe)和贝可尔(Herbert Becker)用钋的高能 α 粒子轰击铍、硼或锂这些较轻的元素时,发现会产生一种贯穿力极强的辐射。这种辐射不受磁场的影响,当时被误认为是 γ 射线。随后,小居里夫妇发现当这种射线击打到石蜡或者其他含氢的化合物上时,会产生很高能量的质子,他们和博特一样,也认为铍辐射是 γ 射线,认为质子流的产生是 γ 粒子撞击氢离子的结果。

后来查德威克复核了博特和小居里夫妇的结果,并经过详细的实验和理论分析,证明了这是一种不带电荷,质量与质子很接近的新粒子,即中子,用 n 表示。由此发现了中子,确定了原子由原子核和核外电子组成,原子核又由质子和中子组成,统称为核子。原子呈中性,原子核的带电

量与原子序数一致。

中子的发现证实了卢瑟福的判断,原子核中有中性粒子,然而这种中性粒子并不是卢瑟福想象的那样,是质子和电子复合组成的双子。质子带有一个单位的正电荷,单独的质子是稳定的。中子不带电荷,但是单独的中子是不稳定的,会衰变成一个质子、一个电子和一个反电子中微子,如下式所示

$$n \longrightarrow p + e^- + \bar{v}_e \tag{1-10}$$

式中:$\bar{v}_e$——反电子中微子。

中子的半衰期为 611 s。式(1-10)也解释了中子略重于质子的原因。

中子的发现为核模型理论提供了重要依据,从此核物理学进入了一个崭新的阶段,引发了一系列新课题的研究,引起一连串的新发现,比如人工放射性、慢中子和核裂变等,对电离辐射的研究具有重要意义。

1.2　天然放射性的来源

天然放射性是指不需人工干预,自然界中天然存在的放射性,即所谓的天然本底放射性,主要有以下几个来源。

1.2.1　宇宙射线

宇宙射线是一种从宇宙空间射向地球的高能粒子流。宇宙射线由赫斯(Victor Hess)于 1912 年发现。宇宙射线有"初级"和"次级"之分,其中尚未与地球大气圈、岩石圈和水圈中的物质发生相互作用的叫做初级宇宙射线,主要成分包括约 83% 的质子、13% 的 α 粒子、3% 的电子以及 1% 的重核粒子,初级宇宙射线具有较大的动能,平均能量为 10^{10} eV,最大能量可高达 10^{19} eV,穿透能力强。次级宇宙射线是初级宇宙射线与大气相互作用形成的产物,初级宇宙射线进入大气层时,能量较大的粒子与大气中的原子核发生剧烈的碰撞,致使原子核四分五裂,这类核反应一般称为散裂反应。散裂反应的产物有中子、质子、介子及一些放射性核素等。次级宇宙射线中的高能粒子还能继续与大气中的原子核发生散裂反应,产生更多的次级粒子。因此,除高空飞行运输外,人们关心的宇宙射线通常是经地球大气层作用后仍射向地球近地表的粒子流。

宇宙射线强度主要受海拔、纬度和太阳活动等因素影响。

(1)海拔对宇宙射线的影响

如图 1-8 所示,在距地表约 50 km 大气层顶部以上,宇宙射线的强度基本保持恒定,不随高度的上升而发生变化,这一空间几乎全部是初级宇宙射线。在距地表 20~50 km 的大气层,宇宙射线的强度随海拔下降而升高,原因在于这层空间的大气密度随高度上升逐渐下降,宇宙射线在穿透大气时,与大气原子核碰撞的概率逐渐增加,释放出更多的

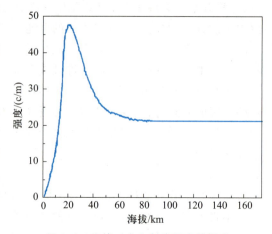

图 1-8　海拔对宇宙射线强度的影响

次级粒子使宇宙射线强度增强,同时,这层空间大气整体密度较低,大气对宇宙射线的吸收相对较弱,因此大气的吸收影响小于大气核反应的影响。在距地表约 20 km 以内,大气密度整体较大,大气对宇宙射线的吸收相对较强,此时单一宇宙射线能量逐渐降低,导致大气核反应也逐渐降低,大气对宇宙射线的吸收影响大于大气核反应的影响,宇宙射线强度随海拔降低而降低。

（2）纬度对宇宙射线的影响

纬度主要影响宇宙射线中的带电粒子流,一般在赤道附近的宇宙射线强度最低,随纬度的增高,宇宙射线的强度不断增强。原因在于,在赤道区,地球磁力线一般与地面平行,当带电粒子射向地球时,带电粒子受到与地面平行的洛伦兹力,穿过地磁场到达地表的可能性大大降低;在极区,地球磁力线近似与地面垂直,射向地球的带电粒子受到的洛伦兹力较小,则容易穿过地磁场到达地表。

（3）太阳活动对宇宙射线的影响

实际观测表明,当太阳发生耀斑时,宇宙射线强度会出现强烈的变化。例如,1956 年 2 月 23 日,太阳曾发生一次强烈的耀斑活动,当时测量的宇宙射线强度要比正常情况高一个数量级。一般来说,太阳活动从小到大按 11 年的周期发生变化,宇宙射线强度也对应周期变化。

1.2.2 宇生放射性核素

宇宙射线与大气中物质的相互作用,除产生次级粒子外,还会产生大量的放射性核素,这些核素称为宇生放射性核素,如表 1-1 所示。宇生放射性核素中大部分是以散裂形式产生的碎片,也有一些是稳定原子与中子或者 μ 介子相互作用产生的活化产物。宇生放射性核素种类较多,除 ^{3}H、^{7}Be、^{14}C 和 ^{22}Na 外,其余核素在空气中的含量都是很低的。宇生放射性核素对环境辐射的实际影响不大,但在科学研究上具有重要的意义。例如,^{14}C 常被用于估计文物样品的年代。

$$n+{}^{14}_{7}N \longrightarrow {}^{3}_{1}H+{}^{12}_{6}C \tag{1-11}$$

$$n+{}^{14}_{7}N \longrightarrow {}^{14}_{6}C+p \tag{1-12}$$

$$n+{}^{12}_{6}C \longrightarrow {}^{7}_{4}Be+{}^{4}_{2}He+2n \tag{1-13}$$

表 1-1 部分宇生放射性核素

宇生放射性核素	半衰期	存在样品
^{3}H	12.3 a	空气、水、有机物
^{7}Be	53.3 d	雨水、空气
^{10}Be	1.6×10^6 a	深海沉积物
^{14}C	5 730 a	有机物,CO_2
^{22}Na	2.6 a	水、空气
^{27}Na	15 h	雨水
^{32}Si	450 a	海水
^{35}S	87.4 d	雨水、空气、有机物
^{33}P	25.4 d	雨水、空气、有机物
^{36}Cl	3.01×10^5 a	岩石、雨水

1.2.3 原生放射性核素

从地球形成时起就存在于地球外壳的放射性核素称为原生放射性核素。与地球同时形成的放射性核素有很多，但具有足够长的半衰期，一直存留至今的却为数不多。据估计，地球的年龄约为 $4.6×10^9$ a，那么，目前尚能在地壳中检测到的原生放射性核素，其半衰期至少也应该在 10^8 a 以上。环境中的原生放射性核素主要包括长寿命独立放射性核素如 ^{40}K、铀系、钍系衰变链中的放射性子体等，如表 1-2 所示。原生放射性核素主要贮存在岩石圈中，而且在不同的地区浓度差异较大，主要受到基岩类型、成因、矿物化学组成，土壤，植被及其类型的影响。

表 1-2 部分原生放射性核素

原生放射性核素	半衰期	辐射形式
^{40}K	$1.28×10^9$ a	β、γ
^{87}Rb	$4.7×10^{10}$ a	β
^{176}Lu	$3.6×10^{10}$ a	β、γ
^{238}U	$4.47×10^9$ a	α
^{232}Th	$1.4×10^{10}$ a	α
^{187}Re	$5.0×10^{10}$ a	β
^{138}La	$1.35×10^{11}$ a	β、γ
^{147}Sm	$1.06×10^{11}$ a	α

地球环境中的原生放射性污染，主要是指那些原子序数大于 83 的元素。它们通过放射性衰变，产生大量的 α、β 和 γ 射线，对地球环境产生一定的影响。

1.3 环境中人工放射性来源

环境中人工放射性是指因人类活动使环境中天然本底增加的放射性，主要来源于核武器试验、核燃料循环、核技术应用、放射性物质运输、燃煤电厂等来源。通过人工核反应产生的放射性核素既可能含有某些天然放射性核素，也可能含有自然界不存在的放射性核素。燃煤电厂等并未发生核反应，而是煤中含有微量的原生放射性核素，煤灰的排放会增加地表环境的放射性。

1.3.1 核武器试验

中子不带电荷，不受核电荷的排斥，容易进入原子核而引起核反应，所以中子的发现为研究者提供了进一步研究原子核的良好工具，核物理由此进入了大发展时期。1934 年，费米(Enrico Fermi)利用中子对元素周期表上的已知元素逐一进行轰击，产生了多种人工放射性元素，并对 β 衰变进行了理论分析。随后哈恩(Otto Hahn)在进行中子轰击铀实验时发现了铀的裂变现象，迈特纳(Lise Meitner)根据爱因斯坦质能方程预测了裂变时的质量亏损。人们第一次意识到铀原子中蕴含的巨大能量。1942 年，费米在芝加哥大学建立了第一座链式可控反应堆，标志着人类掌握核能源的开始,开启了人类的原子能时代。

遗憾的是,核能发展初期主要应用于战争而并没有被和平利用。1942—1946 年美国实施庞大的曼哈顿计划,旨在研制原子弹。1945 年 8 月 6 日和 9 日美国分别对日本广岛和长崎投掷原子弹,造成了大量伤亡。一直到爆炸 26 年后,幸存者中发生白血病的概率仍比普通人高,而且幸存者患上一种罕见脑瘤的概率比普通人要高 40%。

自 1945 年 7 月 16 日美国在新墨西哥州进行第一次原子弹试验以来,核武器试验不断进行。迄今为止,全球进行了约 2050 次核试验,最开始的核试验为大气层引爆核试验,产生的放射性物质不受约束地直接释放入环境。1963 年,联合国大会通过了禁止在大气层进行核试验的有限制性禁止核试验条约后,核试验方式转为地下引爆核试验。1996 年,联合国大会通过了《全面禁止核试验条约》,已有多数国家签署了该条约,反映了世界上绝大多数国家全面禁止核试验的共同意志。

1945—2019 年期间部分国家进行的核试验次数见表 1-3。其中,我国于 1964 年 10 月 16 日在罗布泊完成了第一次核试验。

表 1-3　1945—2019 年期间部分国家进行的核试验次数

国家	试验次数
中国	45
法国	210
印度	3
英国	45
美国	1 030
苏联/俄罗斯	715
巴基斯坦	2

核试验产生的放射性沉降灰含有多种放射性裂变产物、感生放射性核素和未反应的核装料。在这三类放射性核素中,裂变产物是沉降灰的主要组成部分,其中相当一部分的放射性核素具有裂变产额高、半衰期较长、辐射能量大以及化学性质特殊等特点,具有较大生物意义的核素包括 ^{90}Sr、^{95}Zr、^{95}Nb、^{99}Mo、^{106}Ru、^{131}I、^{132}Te、^{137}Cs、^{140}Ba、^{144}Ce 和 ^{144}Pr 等。这些放射性核素或对生物体有较大的外照射影响,或其同位素积聚于人体产生长期内照射。例如,^{90}Sr 的化学性质与钙相似,人体摄入后,将沉积于骨骼组织中,由于其半衰期较长,排出速度很慢,将造成长期的辐射危害。感生放射性核素产生取决于核爆炸的当量和方式,地面爆炸的感生放射性核素的量最高,空中爆炸相对较低,随高度增加而下降。感生放射性核素包括空气活化产物如 ^3H、^{14}C、^{39}Ar 和土壤活化产物如 ^{24}Na、^{23}P、^{42}K、^{45}Ca、^{56}Mn 等。

1.3.2　核燃料循环

核能利用离不开核燃料,正如化石能源燃烧产生的热能离不开化石燃料。核燃料可利用铀、钍和钚这三种元素制造。目前,应用最多的是利用铀元素制造的核燃料。铀是从自然界的铀矿中获得的。

但自然界的铀不像煤一样,直接作为燃料使用,而是需要一系列复杂的提纯、同位素分离(富集)、加工等过程才能作为燃料在反应堆中反应。为方便描述,人们通常把从铀矿的勘探和开采、铀的加工和精制、铀的转化、铀的同位素分离到核反应堆元件的制造、核燃料(乏燃料)后处理以及放射性废物的处理与处置这一循环系统称为核燃料循环。核燃料循环构成了核能工业的基础。在核燃料循环中每一步骤都具有重要意义,其中,下述过程将会导致放射性核素进入环境中。

1. 铀矿开采和水冶

铀矿开采是生产铀的第一步,是经过地质勘探、确定铀矿床的储量后,把工业级矿石从矿床中开采出来的过程。铀矿开采分为三个步骤:开拓、采准和切割、回采。根据铀矿石的埋藏深度和所处的环境特征确定开采方式,包括露天开采和地下开采。

铀水冶是将铀从铀矿石中提取出来,通过化学过程使其成为天然铀产品,即铀化学浓缩物,俗称"黄饼"。

铀矿在开采和水冶过程中会产生放射性"三废",即放射性废气、废水和废渣。放射性废气主要包括开采和水冶过程中产生的含铀粉尘、氡及其子体;放射性废水主要包括矿井废水、化学工艺废水和尾渣库渗水等;放射性废渣主要包括废石、尾渣和废水处理沉渣等固体废弃物。据初步估算,每生产 1 t 铀可产生近 3 000 t 含放射性核素的固体废弃物,有时甚至超过 5 000 t。如果将开采出的铀数量乘以每生产 1 t 铀时所产生的放射性固体废弃物量,产生的放射性废弃物总量是相当大的。这些伴随铀矿探勘、开采、水冶形成的含放射性核素的固体废弃物已成为环境放射性污染的重要因素。铀矿开采和水冶产生的主要放射性核素为 ^{238}U、^{234}U、^{230}Th、^{226}Ra、^{222}Rn、^{210}Po、^{210}Pb 等。

2. 铀转换、浓缩

铀加工的各个环节中要接触铀化合物、堆后料、铀子体和各种浓缩铀物料等。这一环节的放射性主要来自铀。铀冶金的主要工序都在密闭或真空条件下进行,但在加料、出料、各种检修和清理工作中仍然存在铀粉尘。

3. 核电厂运行

核电厂是利用原子核裂变反应过程中释放的核能来发电的电厂。核能发电包括由核能转换为热能,热能转换为机械能,机械能转换为电能的全过程。

核电厂是核燃料循环中放射性产生的主体,核燃料在反应堆中发生核反应,产生 200 多种强放射性裂变产物和 20 多种超铀核素。核电厂采用了多层次纵深防御的安全原则,设置多道安全屏障。但正常运行时仍有微量放射性废气或废液排放进入环境,事故工况下,存在大量放射性释放的风险。正常运行时释放的放射性主要包括惰性气体、I、^3H、^{14}C 等核素,事故工况释放的放射性取决于事故的严重程度,主要包括惰性气体如 ^{85}Kr、^{133}Xe 等,易挥发性核素如 ^3H、^{132}Te、^{131}I、^{133}I、^{134}Cs、^{137}Cs 等,中等挥发性核素如 ^{89}Sr、^{90}Sr、^{103}Ru、^{106}Ru、^{140}Ba 等,难熔核素如 ^{95}Zr、^{99}Mo、^{125}Sb、^{141}Ce、^{144}Ce、^{154}Eu、^{239}Np、^{239}Pu、^{241}Am、^{242}Cm 等。核电厂常规运行时释放的放射性对人体辐射剂量很低,但严重事故时释放的放射性影响较大。

4. 乏燃料后处理

后处理厂的放射性核素均来自乏燃料元件,天然铀元件在反应堆发生核反应后,产生多种放射性核素,经过一定时间冷却后,半衰期较短的核素迅速衰减,此时,乏燃料的 α 比活度比天然铀高 $10^3 \sim 10^4$ 倍,β、γ 比活度高 $10^5 \sim 10^6$ 倍。

后处理厂在分离出钚和铀后,大部分放射性核素仍存在于废水、废渣和废气中。正常运行情况下,排入环境的主要是经过处理的废气和低放废水,放射性释放量取决于元件状况、工艺流程和三废处理措施等。从目前的三废处理工艺来说,通常难以处理放射性核素氚,因此后处理厂氚排放量一般较大,例如法国阿格后处理厂 2012—2017 年的年均氚排放量约为上百个核电厂排放的总和。

5. 核废物处置

核废物的最终处置,一般在允许范围内,将气态和液态放射性废物直接排放,对于超出排放标准的气态或液态放射性废物,将其转变为固体废物,并将固体废物进行封闭处理,采用暂存或长期存放、地表或深地质处置等方式,最终通过多重屏障隔离体系使放射性与人类生物圈隔离,将影响降到最低水平。通常,低中放固体废物的地质处置深度在几十到几百米之间,隔离期不应少于 300 年,而 α 废物和高放废物(包括不被后处理的乏燃料)的处置深度一般在几百米,隔离期不应少于 10 000 年。但是,目前对高放废物还是以暂存为主,低中放固体废物则主要采用地质处置法。

1.3.3 其他来源

核武器试验和核燃料循环是环境中人工放射性的主要来源,但核技术应用、放射性物品运输、燃煤电厂等其他活动也可能改变环境的放射性。

1. 核技术应用

随着核科学与技术的迅速发展,核技术应用作为高技术产业逐渐受到了重视,已广泛应用于工业、农业、医学等领域。

核技术在工业中的应用主要体现在辐射加工和射线无损检测等领域。辐射加工主要包括辐射材料改性、医疗卫生用品灭菌等。射线无损检测应用十分广泛,在材料测试、食品检测、电子电器、仪器仪表、汽车零部件等都有很好的应用。这里涉及的放射性主要有 ^{60}Co γ 射线辐射和 X 射线辐射。

核技术在农业中的应用主要体现在植物辐射诱变育种、农产品辐射加工、农业核素示踪、病虫害防治等领域。其中同位素示踪技术已广泛应用于土壤改良、作物施肥、农药杀虫、动植物营养及生理代替、农用水资源探查、农业灌溉等。

核技术在医学中的应用主要体现在医学影像诊断、放射治疗等领域。常见的医学影像诊断手段有 X 射线透视、正电子发射计算机断层显像 PET-CT 等,放射治疗包括 γ 光刀,中子、质子、重离子治疗和放射性药物治疗等。

一般来说,只要严格按规定使用和操作辐射源,核技术应用就不会对环境或人体产生辐射危害。但自该领域发展以来,在辐射源应用过程中也曾发生过多起辐射事故,辐射源丢失往往造成人身伤害,操作不当、设备故障往往造成操作人员受到大剂量照射。

2. 放射性物品运输

放射性物品运输是一项重要的核实践活动,是核能开发和核技术应用的重要条件保障。放射性物品运输也可能是环境人工放射性的来源之一。

放射性物品运输是指使用专用车辆、船、飞机等交通工具将放射性物品从一个地方搬运到另一个地方的活动。包括放射性物品搬运中涉及的所有作业和条件,这些作业包括包装物的设计、制造、维护和修理,以及放射性物品的准备、托运、装载、运载、卸载和最终抵达目的地时的接收。

根据放射性物品的特性及其对人体健康和环境的潜在危害程度,将放射性物品分为一类、二类和三类。一类放射性物品是指Ⅰ类放射源、高水平放射性废物、乏燃料等释放到环境后对人体健康和环境产生重大辐射影响的放射性物品;二类放射性物品是指Ⅱ类和Ⅲ类放射源、中等水平放射性废物等释放到环境后对人体健康和环境产生一般辐射影响的放射性物品;三类放射性物品是指Ⅳ类和Ⅴ类放射源、低水平放射性废物、放射性药品等释放到环境后对人体健康和环境产生较小辐射影响的放射性物品。

放射性物品运输可能的影响包括对人员、财产和环境的辐射照射和污染,在运输正常情况下的环境影响主要是有限的外照射辐射。在运输事故情况下的环境影响除外照射辐射外,还可能包括释放的放射性物质造成的地面污染、空气污染和水体污染等,以及释放的放射性物质可能被人及动物直接摄入或间接摄入而产生内照射辐射。

在 19 世纪 90 年代发现电离辐射后,研究人员很快就注意到它对健康有害。科学界普遍认为,充分暴露在辐射环境中会导致皮疹和脱发问题以及更严重的疾病,如癌症和不育症。到 20 世纪 20 年代,人们知道暴露于电离辐射环境中可能导致基因突变,进一步引起了人们对辐射生物效应的关注。1945 年美国向日本投掷原子弹之后,这种观点进一步得到了证实。因此,在和平利用核技术的同时,也要避免由此带来的辐射危害。

我国对此也非常重视,陆续出台了一系列辐射安全和防护的相关技术规范、法规和法律等,包括《电离辐射防护与辐射源安全基本标准》《放射性同位素与射线装置安全许可管理办法》《放射性同位素与射线装置安全和防护条例》以及《中华人民共和国放射性污染防治法》等,这些文件详细规定了核技术的应用范围,放射源的使用、运输和贮存要求,以及公众和涉核从业人员个人剂量的限值等。

辐射测量与防护是核科学与技术专业的基础学科,对核设施的安全运行以及涉核从业人员及普通公众的安全具有极其重要的意义。

本章知识拓扑图

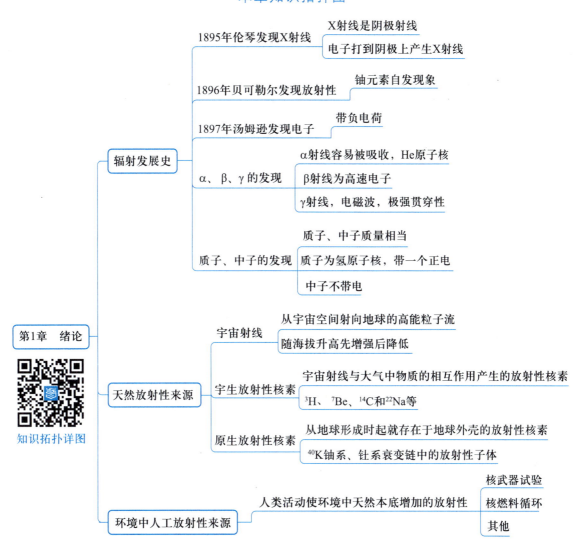

第1章 绪论

知识拓扑详图

辐射发展史
- 1895年伦琴发现X射线
  - X射线是阴极射线
  - 电子打到阴极上产生X射线
- 1896年贝可勒尔发现放射性
  - 铀元素自发现象
- 1897年汤姆逊发现电子
  - 带负电荷
- α、β、γ的发现
  - α射线容易被吸收，He原子核
  - β射线为高速电子
  - γ射线，电磁波，极强贯穿性
- 质子、中子的发现
  - 质子、中子质量相当
  - 质子为氢原子核，带一个正电
  - 中子不带电

天然放射性来源
- 宇宙射线
  - 从宇宙空间射向地球的高能粒子流
  - 随海拔升高先增强后降低
- 宇生放射性核素
  - 宇宙射线与大气中物质的相互作用产生的放射性核素
  - ^3H、^7Be、^{14}C和^{22}Na等
- 原生放射性核素
  - 从地球形成时起就存在于地球外壳的放射性核素
  - ^{40}K铀系、钍系衰变链中的放射性子体

环境中人工放射性来源
- 人类活动使环境中天然本底增加的放射性
  - 核武器试验
  - 核燃料循环
  - 其他

习题

1-1　举出你认为生活中涉及电离辐射情况,并根据自己理解,说明辐射类型。

1-2　根据 1.1 节所描述的辐射发展史,以 α、β 射线为例解释微观粒子与放射性之间的区别和联系。

1-3　根据伦琴夫人手骨的照片,请简单推测 X 射线的性质。在医学中 X 光片也是医生诊断的重要方式,请说明 X 光片能检测什么类型的问题。

1-4　人类在地面上受到的宇宙射线辐射随纬度和海拔的变化趋势是怎样的?产生这样变化趋势的原因是什么?

1-5　天然放射性来源主要包含哪几类?请详细说明其来源。

1-6　核武器试验对环境产生哪些影响?对人类有哪些危害?

1-7　在铀矿开采和水冶中,产生环境放射性污染的重要因素有哪些?

1-8　我国有关电离辐射防护相关的法律、法规有哪些?请举例说明。你认为需要特别注意电离辐射防护的工作有哪些?

1-9　电离辐射在工业、农业以及医学中扮演着重要的角色,你是否支持电离辐射在这些领域的应用?发挥想象力,还有哪些场景可以利用电离辐射?

参 考 文 献

［1］　郭奕玲.物理学史［M］.北京:清华大学出版社,2005.

［2］　童鹰.世界近代科学技术发展史:下册［M］.上海:上海人民出版社,1990.

［3］　俞誉福.环境放射性概论［M］.上海:复旦大学出版社,1993.

［4］　姜子英.我国核电与煤电的外部成本研究［D］.北京:清华大学,2008.

第 2 章　原子核基础和放射性衰变

1911 年,卢瑟福根据 α 粒子散射实验提出了原子的核式模型假设,即原子是由原子核和核外电子所组成的。对原子的研究可分为原子物理学和原子核物理学两个部分,原子物理学的主要研究内容是核外电子的运动,原子核物理学的主要研究对象是原子核。原子核的许多特性仅取决于原子或原子核本身,放射性的现象主要归因于原子核。目前,人们对原子核已经有相当的了解,由此发展出核科学与技术,为人类社会的进步和发展做出了重大贡献。

2.1　原子核基本性质

2.1.1　原子核组成

原子由原子核和核外电子组成。原子核位于原子的中心,为原子中质量最集中的部分,其质量占整个原子质量的 99.9% 以上。原子核由质子和中子组成,质子与中子统称为核子。质子带一个正电荷,电量为 $1.602\,192\times10^{-19}$ C(库仑);中子不带电,呈电中性,质量略大于质子。核外电子是构成原子的基本粒子之一,与原子核相比,其质量极小,带一个负电荷。质子与核外电子数目相同,保证了原子呈电中性。

元素是具有相同质子数的同一类原子的总称。核素是具有特定原子量、原子序数和核能态的原子,它必须能在一个可以测量的时间内(一般大于 10^{-10} s)存在。正在迅速衰变的激发态原子以及核反应中的不稳定中间体都不是核素。

核素用 ${}_{Z}^{A}X_{N}$ 表示,如锂可以表示为 ${}_{3}^{7}Li_{4}$。其中,X 表示元素的符号,元素符号通常用元素的拉丁名称的第一个字母(大写)来表示,如碳的元素符号为 C。如果几种元素名称的第一个字母相同,就在第一个字母(必须大写)后面加上元素名称中另一个字母(必须小写)以示区别,如氯的元素符号为 Cl;Z 为原子序数,等于原子核中的质子数或正电荷数;N 为中子数;A 为质量数,等于原子核中质子数与中子数之和,$A=Z+N$。元素符号 X 与原子序数 Z 具有唯一确定的关系,中子数可由 $N=A-Z$ 计算,核素可直接表示为 ${}^{A}X$,如 ${}^{7}Li$。

质子数相同而中子数不同的核素,在化学元素周期表上占据同一个位置,称为同位素,例如,氕、氘、氚,它们是氢的三种同位素。同位素丰度是指该同位素在这种元素的所有天然同位素中原子数的百分比。

除了以上同位素外,中子数相同、质子数不同的核素互称为同中异位素,也称同中子素,如 ${}_{1}^{2}H$(氢)和 ${}_{2}^{3}He$(氦);质量数相同、元素种类不同,即质子数不同的核素互称为同量异位素,如 ${}_{19}^{40}K$(钾)和 ${}_{20}^{40}Ca$(钙);同一个核素,即中子数、质子数相同而能量状态不同的核素称为同核异能素或同质异能素,通常是在核素质量数后面加 m,表示这种核素能量状态较高,如 ${}_{27}^{60m}Co$(钴)是 ${}_{27}^{60}Co$ 的同核异能素,大多数通过 γ 跃迁、少数通过 β 衰变达到稳定状态。

原子核接近于球形,它很小而无法直接测量,一般通过实验间接测量。原子核半径可用核半径表示。核半径是核力的作用半径,在该半径外,核力为零。它不同于宏观球体半径,并不是原子核的几何半径。实验表明,核力作用半径 R 与原子核的质量数 A 可近似表达为

$$R \approx r_0 A^{1/3} \tag{2-1}$$

式中:r_0 在 1.4~1.5 fm(飞米)范围内,1 fm $= 10^{-15}$ m。

国际上采用 ^{12}C 原子质量的 1/12 为原子质量单位,即 1 u,u 为 unit 的缩写。

$$1\,u = \frac{^{12}_{6}C\ \text{原子质量}}{12} = 1.660\,538\,7 \times 10^{-24}\ \text{g} \tag{2-2}$$

质子和中子的静止质量分别为

$$m_p = 1.007\,276\ u$$
$$m_n = 1.008\,665\ u$$

电子静止质量为

$$m_e = 0.000\,548\,58\ u$$

任一原子的平均质量跟一个 ^{12}C 原子质量的 1/12 的比值,称为该原子的相对原子质量 A_r。相对原子质量的国际基本单位是 1,它在数值上等于该原子的摩尔质量,即单位物质的量的原子质量,单位为 g·mol^{-1}。元素的相对原子质量是其各种同位素相对原子质量的加权平均值。

对于单一核素组成的物质,其单位质量的原子核数目 N_m,单位为 g^{-1},可由相对原子质量来计算,即

$$N_m = \frac{N_A}{A_r} \tag{2-3}$$

式中:N_A——阿伏伽德罗常数,$N_A = 6.022\,136\,7 \times 10^{23}$。

该物质单位体积的原子数 N_V,即原子数密度,单位为 cm^{-3},表示为

$$N_V = \frac{\rho}{A_r} N_A \tag{2-4}$$

式中:ρ——元素组成物质的质量密度,g·cm^{-3}。

2.1.2 核力

核子之间的强相互作用称为核力,核子通过核力的作用而结合成原子核。宇宙间有四种基本作用力:强相互作用力、弱相互作用力、电磁相互作用力、引力相互作用力。核力是强相互作用力,在四种力中最强。核力具有电荷无关性,质子与质子、中子与质子、中子与中子间都存在核力作用,如图 2-1 所示。核力是短程力,核力的有效力程小于 3 fm。当两个核子之间的距离小于 0.8 fm 时,核子之间存在排斥力,而且距离越小,核力越强,这使得核子不能无限靠近;大于 0.8 fm 时表现为引力,引力在距离约为 1 fm 时引力达到最大,随距离的增加而急速减小。核力具有饱和性,即在原子核内一个核子只与其邻近的数个核子之间发生相互作用。

库仑力是两个质子之间的相互作用力,表现为斥力,随着带电粒子间距的增加,库仑力减小,与间距的平方成反比,如图 2-2 所示。

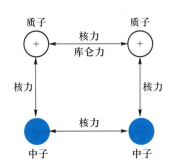

图 2-1　核子间核力与库仑力示意图

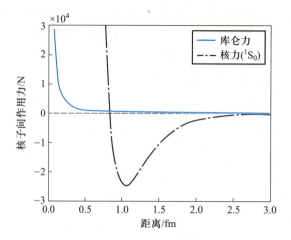

图 2-2　核子间核力与库仑力随核子间距的变化趋势

2.1.3　结合能

　　自由核子结合成原子核时放出的能量,或原子核完全拆分为自由核子时吸收的能量,称为原子核的结合能,通常以 B 表示。一般情况下,组成原子核的核子数越多,它的结合能就越大。

　　以一个氦($_2^4\mathrm{He}$)核为例,它含有 2 个中子、2 个质子,若忽略结合能,根据中子和质子的质量和可以推算原子核的总质量为

$$\sum m(_2^4\mathrm{He}) = Z \cdot m_\mathrm{p} + N \cdot m_\mathrm{n} \tag{2-5}$$

　　原子核及核子的质量通常用小写字母 m 表示,为静止质量。如不特别说明,m 均为静止质量。

　　包含电子的原子质量用大写字母 M 表示,如

$$M = Z \cdot (m_\mathrm{p} + m_\mathrm{e}) + N \cdot m_\mathrm{n} \tag{2-6}$$

则根据式(2-5)计算的氦核质量为

$$\sum m(_2^4\mathrm{He}) = Z \cdot m_\mathrm{p} + N \cdot m_\mathrm{n} = 2 \times 1.007\,276\ \mathrm{u} + 2 \times 1.008\,665\ \mathrm{u} = 4.031\,882\ \mathrm{u} \tag{2-7}$$

　　如果忽略电子的结合能,由表 2-1 可知,则单个氦($_2^4\mathrm{He}$)核的质量为

$$m(_2^4\mathrm{He}) = M(_2^4\mathrm{He}) - Z \cdot m_\mathrm{e} = 4.002\,603\ \mathrm{u} - 2 \times 0.000\,548\,58\ \mathrm{u} = 4.001\,506\ \mathrm{u} \tag{2-8}$$

该质量小于原子核内核子的质量和,质量差 Δm 为

$$\Delta m(_2^4\mathrm{He}) = \sum m(_2^4\mathrm{He}) - m(_2^4\mathrm{He}) = 4.031\,882\ \mathrm{u} - 4.001\,506\ \mathrm{u} = 0.030\,376\ \mathrm{u} \tag{2-9}$$

该质量差被称为质量亏损,是核反应后的体系内粒子总质量与反应前粒子质量之差。

　　由于质量和能量是物质同一本质属性的不同表现形式,根据爱因斯坦的狭义相对论,对于质量为 m 的物质,它具有的能量 E 为

$$E = m \cdot c^2 \tag{2-10}$$

式中:c——光在真空中的速度,$c = 2.997\,9 \times 10^8\ \mathrm{m/s}$。

　　当核子结合成原子核时,质量亏损对应的能量 ΔE 为

$$\Delta E = \Delta m \cdot c^2 \tag{2-11}$$

表 2-1 部分原子的质量

原子名	质子数	中子数	原子质量/u
^{1}H	1	0	1.007 825
^{2}H	1	1	2.014 102
^{3}H	1	2	3.016 049
^{3}He	2	1	3.016 029
^{4}He	2	2	4.002 603
^{7}Li	3	4	7.016 003
^{12}C	6	6	12.000 00
^{16}O	8	8	15.994 915
^{92}Kr	36	56	91.926 156
^{95}Sr	38	57	94.919 359
^{139}Xe	54	85	138.918 793
^{141}Ba	56	85	140.914 411
^{235}U	92	143	235.043 930
^{238}U	92	146	238.050 788

这说明,核子结合成原子核时,会从原子核中释放出能量 ΔE;反之,要把原子核中所有核子完全分开,就须吸收能量 ΔE。当两个中子、两个质子组成一个氦核时,释放的能量为

$$\begin{aligned}\Delta E(_2^4\text{He}) &= \Delta m(_2^4\text{He}) \cdot c^2 \\ &= 0.030\ 376\times(1.66\times10^{-27})\times(2.997\ 9\times10^8)^2\ \text{J} \\ &= 28.3\ \text{MeV}\end{aligned} \tag{2-12}$$

电子伏(eV)表示 1 个电子在真空中通过 1 V 电位差获得的动能,1 eV = 1.602 189 2×10^{-19} J,1 MeV = 1.602 189 2×10^{-13} J,为能量单位。

为了对比相邻原子核的稳定程度,需要引入原子核的最后一个核子结合能的概念。原子核最后一个核子的结合能是指一个自由核子与核的其余部分组成原子核时所释放的能量,或者是从原子核中分出一个核子需要吸收的能量,两者在数值上相等。

核素最后一个中子的结合能 S_n 是两个同位素 $_Z^A\text{X}$、$_Z^{A-1}\text{X}$ 的结合能之差为

$$S_n = B(_Z^A\text{X}) - B(_Z^{A-1}\text{X}) \tag{2-13}$$

核素最后一个质子的结合能 S_p 是两个核素 $_Z^A\text{X}$、$_{Z-1}^{A-1}\text{Y}$ 的结合能之差为

$$S_p = B(_Z^A\text{X}) - B(_{Z-1}^{A-1}\text{Y}) \tag{2-14}$$

对比氧周围的核素的最后一个核子结合能为

$$\begin{aligned}S_n(_8^{16}\text{O}) &= B(_8^{16}\text{O}) - B(_8^{15}\text{O}) = 15.664\ \text{MeV} \\ S_p(_8^{16}\text{O}) &= B(_8^{16}\text{O}) - B(_7^{15}\text{N}) = 12.127\ \text{MeV} \\ S_n(_8^{17}\text{O}) &= B(_8^{17}\text{O}) - B(_8^{16}\text{O}) = 4.144\ \text{MeV} \\ S_p(_9^{17}\text{F}) &= B(_9^{17}\text{F}) - B(_8^{16}\text{O}) = 0.601\ \text{MeV}\end{aligned} \tag{2-15}$$

可见，^{16}O 释放一个中子变成 ^{15}O 所需要的能量要大于 ^{17}O 释放一个中子变成 ^{16}O 所需要的能量；^{16}O 释放一个质子变成 ^{15}N 所需要的能量要大于 ^{17}F 释放一个质子变成 ^{16}O 所需要的能量。因此，^{16}O 的稳定性相对较高。

通常情况下，用来对比原子核中核子结合程度的量，采用的不是原子核结合能，而是比结合能。比结合能 ε 是结合能与原子核质量数或核子数之比，也称为平均结合能，即

$$\varepsilon = \frac{B}{A} \tag{2-16}$$

原子核比结合能表征了原子核结合的松紧程度。比结合能越大，核的结合越紧密，稳定性越高，反之亦然。

图 2-3 是不同核素的比结合能对质量数的分布曲线，称为比结合能曲线。随着核素质量数增大，比结合能曲线分布两头低、中间高。中等质量的核素比结合能最大，在 8 MeV 至 9 MeV 之间，其中 ^{56}Fe 的比结合能最大，达到了 8.79 MeV。重核的比结合能略小于中等质量的核素，如 ^{235}U 的比结合能约为 7.59 MeV。轻核的比结合能更低，其分布也有明显的起伏，比结合能大于零且最低的为氘核（^{2}H），比结合能为 1.112 MeV。可见，重核可以通过裂变，分解为多个较轻原子核，变为比结合能较大的稳定核素；轻核可以通过聚变，生成质量较大原子核，变为比结合能较大的核素。在这两个过程中，由于比结合能变大，均会释放出巨大的能量。部分核的结合能与比结合能见表 2-2。

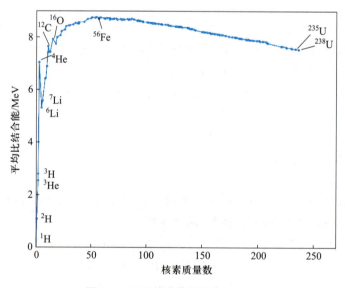

图 2-3　不同核素的比结合能曲线

表 2-2　部分核素的结合能与比结合能

核素名	结合能 B/MeV	比结合能 ε/MeV
^{2}H	2.225	1.112
^{3}H	8.482	2.827
^{3}He	7.718	2.573

核素名	结合能 B/MeV	比结合能 ε/MeV
$^4\mathrm{He}$	28.296	7.074
$^7\mathrm{Li}$	39.244	5.606
$^{12}\mathrm{C}$	92.162	7.680
$^{14}\mathrm{N}$	104.659	7.476
$^{16}\mathrm{O}$	127.619	7.976
$^{90}\mathrm{Kr}$	773.225	8.591
$^{92}\mathrm{Kr}$	783.182	8.513
$^{95}\mathrm{Sr}$	807.815	8.594
$^{139}\mathrm{Xe}$	1 155.311	8.312
$^{141}\mathrm{Ba}$	1 173.971	8.326
$^{144}\mathrm{Ba}$	1 190.228	8.265
$^{208}\mathrm{Pb}$	1 636.431	7.870
$^{235}\mathrm{U}$	1 783.864	7.591
$^{238}\mathrm{U}$	1 801.690	7.570

对于 $^{235}\mathrm{U}$ 的一种裂变反应为

$$^{235}_{92}\mathrm{U}+^1_0\mathrm{n}\longrightarrow ^{141}_{56}\mathrm{Ba}+^{92}_{36}\mathrm{Kr}+3^1_0\mathrm{n} \tag{2-17}$$

根据比结合能可知,在式(2-17)所示的反应下,若忽略反应式左侧 $^{235}\mathrm{U}$ 和中子的动能,一次 $^{235}\mathrm{U}$ 完全裂变产生的裂变碎片与中子的动能之和应为

$$\begin{aligned}\Delta E_{\mathrm{fission}} &=A_{\mathrm{Ba-141}}\cdot\varepsilon_{\mathrm{Ba-141}}+A_{\mathrm{Kr-92}}\cdot\varepsilon_{\mathrm{Kr-92}}-A_{\mathrm{U-235}}\cdot\varepsilon_{\mathrm{U-235}}\\ &=141\times 8.326\ \mathrm{MeV}+92\times 8.513\ \mathrm{MeV}-235\times 7.591\ \mathrm{MeV}\\ &=173.277\ \mathrm{MeV}\end{aligned} \tag{2-18}$$

式中：ε——核素的比结合能,MeV；

A——核素的质量数。

在该裂变方式下会释放约 173 MeV 的能量。$^{235}\mathrm{U}$ 有多种裂变方式,平均裂变能约为 200 MeV,即 3.2×10^{-11} J。1 g 的 $^{235}\mathrm{U}$ 完全裂变释放的能量约为 8.21×10^{10} J,按照一吨标准煤含热量 2.93×10^{10} J 计算,相当于 2.8 t 标准煤的热量。

对于聚变反应

$$^2_1\mathrm{H}+^3_1\mathrm{H}\longrightarrow ^4_2\mathrm{He}+^1_0\mathrm{n} \tag{2-19}$$

根据比结合能可知,一次聚变释放的能量约为

$$\begin{aligned}\Delta E_{\mathrm{fusion}} &=A_{\mathrm{He-4}}\cdot\varepsilon_{\mathrm{He-4}}-A_{\mathrm{H-2}}\cdot\varepsilon_{\mathrm{H-2}}-A_{\mathrm{H-3}}\cdot\varepsilon_{\mathrm{H-3}}\\ &=4\times 7.074\ \mathrm{MeV}-2\times 1.112\ \mathrm{MeV}-3\times 2.827\ \mathrm{MeV}\\ &=17.591\ \mathrm{MeV}\end{aligned} \tag{2-20}$$

那么,1 g 燃料(假定氘和氚物质的量相同)完全聚变释放的能量约为 $3.39×10^{11}$ J,约相当于 11.6 t 标准煤的热量。

2.2　原子核衰变

原子核自发地发射 α、β、γ 等各种射线的现象,称为放射性。按原子核是否稳定,可把核素分为稳定性核素和放射性核素两类。一种核素自发地放出某种射线而转变成另一种核素的现象,称为放射性衰变。能发生放射性衰变的核素,称为放射性核素。衰变时放出的能量称为衰变能量。

2.2.1　原子核的衰变类型

原子核的衰变包括 α 衰变和 β 衰变。激发态原子核通常通过 γ 跃迁到达较低能态或基态。

1. α 衰变

原子核自发发射出 α 粒子而蜕变为其他核素的过程称为 α 衰变。到目前为止,共发现 200 多种核素发生 α 衰变,一般出现在原子序数大于 82 的重核,这是由于重核内核子过多,质子间的静电排斥力较大,结构松散,常常会自动放出 α 粒子,故 α 衰变常出现在重核;极少数情况下,有些轻核如 ^{8}Be 等也会发生 α 衰变。从核内放出的 α 粒子,实际上是氦原子核,能量大多在 4~9 MeV 范围内。当母核 X 发生 α 衰变时,发射出一个 α 粒子($^4_2$He),变为子核 Y,其原子序数,即质子数 Z 减少 2,质量数 A 减少 4,表示为

$$_Z^A X \longrightarrow \,_{Z-2}^{A-4}Y + \,_2^4He \tag{2-21}$$

^{238}U 衰变为 ^{234}Th 也是一个 α 衰变过程,即

$$_{92}^{238}U \longrightarrow \,_{90}^{234}Th + \,_2^4He \tag{2-22}$$

在 α 衰变后,母核的质量大于子核和 α 粒子的静止质量之和,即存在质量亏损,该部分能量为 α 衰变能 E_α

$$E_\alpha = (m_X - m_Y - m_\alpha) \cdot c^2 \tag{2-23}$$

式中:m_X、m_Y 和 m_α——母核、子核和 α 粒子的静止质量,kg。

当质量单位采用 u 计算时,存在单位换算:$1\ u = 931.494\ 0\ MeV \cdot c^{-2}$。

α 衰变能以 α 粒子的动能 E_k 和子核的反冲动能 E_r 形式释放,即

$$E_\alpha = E_k + E_r \tag{2-24}$$

对于母核静止时,根据动量守恒定律,α 粒子速度 v_α 和子核速度 v_Y 存在如下关系

$$v_Y = -\frac{m_\alpha}{m_Y} v_\alpha \tag{2-25}$$

因此 α 衰变能 E_α 可表示为

$$E_\alpha = E_k + \frac{1}{2}m_Y v_Y^2 = E_k + \frac{1}{2}m_\alpha \cdot \frac{m_Y}{m_\alpha}\left(\frac{m_\alpha}{m_Y}v_\alpha\right)^2 = E_k + \frac{1}{2}m_\alpha v_\alpha^2 \cdot \frac{m_\alpha}{m_Y} = E_k \cdot \left(1 + \frac{m_\alpha}{m_Y}\right) \tag{2-26}$$

由于质量比可近似为质量数之比,式(2-26)可以表示为

$$E_\alpha = E_k \cdot \left(1 + \frac{4}{A-4}\right) = \frac{A}{A-4}E_k \tag{2-27}$$

式中:A——母核 X 的质量数。

那么,可以计算出 α 粒子和反冲子核的动能分别为

$$E_k = \left(1 - \frac{4}{A}\right) E_\alpha \tag{2-28}$$

$$E_r = E_\alpha - E_k = \frac{4}{A} E_\alpha \tag{2-29}$$

由式(2-29)可知,对于质量数大于 200 的重核,子核的反冲能小于衰变能的 2%,α 粒子的动能占衰变能的 98% 以上。

2. β 衰变

原子核自发发射出 β 粒子或俘获一个轨道电子而蜕变为其他核素的过程称为 β 衰变。β 粒子是电子和正电子的通称。电子和正电子质量相同,电荷大小相等,但电荷符号相反。原子核释放出电子的过程称为 β^- 衰变,释放正电子的过程称为 β^+ 衰变。此外,原子核从核外电子壳层轨道上俘获一个轨道电子,其内部一个质子变为中子,从而变成子核,该过程为轨道电子俘获,以 EC(electron capture)表示,原子核内中子数量加 1,而质子数量减 1。如果俘获 K 层电子,称为 K 俘获;俘获 L 层电子,称为 L 俘获。K 层电子离原子核最近,被原子核俘获的概率比其他各层轨道电子要高,因此轨道电子俘获也常被称为 K 电子俘获。与 α 衰变多发生在重核不同,β 衰变在全部元素范围内都可能发生。一般情况下,原子核的原子序数越高、半衰期越长,则发生轨道电子俘获的概率越高。

实验观测到 β 射线能谱是连续的,与 α 粒子和 γ 射线分立的能谱特征不同。针对原子核能级的量子化,1930 年泡利(W. Pauli)提出了中微子假说,认为原子核在 β 衰变过程中,在发射出一个 β 粒子的同时,还放出一个不带电荷、静止质量几乎为零的粒子,它占用了部分 β 衰变能,这种粒子被命名为中微子,用符号 ν 表示。中微子的存在被后来的许多实验证实。由于中微子质量近似为零,且不带电荷,与物质的作用截面极小,所以不易被直接观测到,证明中微子存在的实验基本都是间接的。作用截面就是入射粒子束与靶原子核或核子发生核力相互作用的概率,作用截面的大小就表示相互作用概率的大小,具有面积的量纲,一般用靶(10^{-28} m^2)作为截面单位。不能把截面理解为一个原子或一个原子核的几何截面。

β 衰变的费米理论是指费米于 1934 年基于中微子假说和实验事实建立的 β 衰变理论,成功解释了实验上观察到的 β 谱的形状、半衰期和能量的关系。费米认为,β 衰变的本质在于原子核中的一个中子转变为质子,或者是一个质子转变为中子。而中子和质子可以看成是同一核子的两个不同的量子状态。它们之间的相互转变,相当于核子从一个量子状态跃迁到另一个量子状态。在跃迁过程中,放出 β 粒子和中微子。所以,β 粒子是核子的不同状态之间跃迁的产物,事先并不存在于核内。正像原子发光的情形,光子是原子不同状态之间跃迁的产物,事先并不存在于原子内部一样。费米提出的 β 衰变理论正是与原子发光理论类比产生的,β 衰变是电子-中微子场与原子核的相互作用,这种作用被称为弱相互作用。

当母核 X 发生 β^- 衰变时,发射出一个电子和一个反中微子,即 n $\longrightarrow$ p+e^-+$\bar{\nu}$,变为子核 Y,该过程表示为

$$^A_Z X \longrightarrow\ ^A_{Z+1} Y + e^- + \bar{\nu} \tag{2-30}$$

如 ^3H 衰变为 ^3He,可表示为

$$^3_1 H \longrightarrow\ ^3_2 He + e^- + \bar{\nu} \tag{2-31}$$

式中：$\bar{\nu}$——伴随 β$^-$ 衰变产生的反中微子。

当母核 X 发生 β$^+$ 衰变时，发射出一个正电子和一个中微子，即 p $\longrightarrow$ n+e$^+$+ν，变为子核 Y，该过程表示为

$$^{A}_{Z}X \longrightarrow ^{A}_{Z-1}Y + e^+ + \nu \tag{2-32}$$

如 ^{13}N 衰变为 ^{13}C 可表示为

$$^{13}_{7}N \longrightarrow ^{13}_{6}C + e^+ + \nu \tag{2-33}$$

式中：ν——伴随 β$^+$ 衰变产生的中微子。

当母核 X 俘获壳层内电子，发射出一个中微子，即 p+e$^-$$\longrightarrow$n+$\nu$，变为子核 Y，该过程表示为

$$^{A}_{Z}X + e^- \longrightarrow ^{A}_{Z-1}Y + \nu \tag{2-34}$$

如 ^{7}Be 的 K 俘获可表示为

$$^{7}_{4}Be + e^- \longrightarrow ^{7}_{3}Li + \nu \tag{2-35}$$

以上的 β 衰变过程，母核和子核的质量数相同，质子数发生改变，母核和子核互为同量异位素。由于质量亏损，对于发射 β$^-$ 和 β$^+$ 粒子，可以计算 β 衰变能 E_β：

$$E_\beta = (m_X - m_Y - m_e) \cdot c^2 \tag{2-36}$$

对于 β$^-$ 衰变，在忽略电子对母核与子核的结合能差异时，β 衰变能由原子质量求得

$$E_{\beta^-} = \{(M_X - Z \cdot m_e) - [M_Y - (Z+1) \cdot m_e] - m_e\} \cdot c^2 = (M_X - M_Y) \cdot c^2 \tag{2-37}$$

式中：Z——母核的质子数。

可见，发生 β$^-$ 衰变的条件是：$M_X > M_Y$，即母核的原子质量大于子核的原子质量。

对于 β$^+$ 衰变，在忽略电子对母核与子核的结合能差异时，β 衰变能由原子质量求得

$$E_{\beta^+} = \{(M_X - Z \cdot m_e) - [M_Y - (Z-1) \cdot m_e] - m_e\} \cdot c^2 = (M_X - M_Y - 2m_e) \cdot c^2 \tag{2-38}$$

可见，发生 β$^+$ 衰变的条件是：$M_X > M_Y + 2m_e$，即母核的原子质量大于子核的原子质量与两倍电子静止质量之和。

对于轨道电子俘获，假设俘获的是第 i 层电子，在忽略电子对母核与子核的结合能差异时，其衰变能由原子质量求得

$$E_{EC} = [M_X - Z \cdot m_e + m_e - M_Y + (Z-1) \cdot m_e] \cdot c^2 - B_i = (M_X - M_Y) \cdot c^2 - B_i \tag{2-39}$$

式中：B_i——第 i 层电子对母核的结合能。

可见，发生轨道电子俘获的条件是：$M_X > M_Y + B_i/c^2$。

3. γ 跃迁

原子核通过发射 γ 光子（或称 γ 辐射）从激发态跃迁到较低能态的过程，称为 γ 跃迁，或称 γ 衰变。γ 跃迁的性质与跃迁前后能级的性质有关，由此可以获得原子核能级特性。

激发态的原子核退激时发射 γ 射线，能量一般从几千电子伏至十几兆电子伏；核外电子由高能态跃迁至低能态时会发出 X 射线，能量从几电子伏至几十千电子伏。γ 射线具有干涉、衍射等波动特性，也具有粒子性，即波粒二象性（wave-particle duality），通常被称为 γ 光子。γ 光子不带电荷，在物质中的穿透性很强。

对于一个 γ 光子，其能量与频率的关系为

$$E_\gamma = h \cdot \nu \tag{2-40}$$

式中：h——普朗克常数，$h = 6.626\,070\,15 \times 10^{-34}$ J · s；

ν——光子频率,s^{-1}。

γ 光子的静止质量为零,根据质能方程,其动质量为

$$m_\gamma = \frac{E_\gamma}{c^2} = \frac{h \cdot \nu}{c^2} \tag{2-41}$$

其动量为

$$P_\gamma = m_\gamma c = \frac{E_\gamma}{c} = \frac{h}{\lambda} \tag{2-42}$$

式中:λ——γ 光子的波长。γ 光子的波长很短,大多数小于 0.1 Å(埃),1 Å = 10^{-10} m。

在 γ 跃迁中,不同能级释放的能量 E 包括 γ 射线的能量 E_γ 及子核的反冲动能 E_R。根据能量守恒得

$$E = E_\gamma + E_R \tag{2-43}$$

设母核在跃迁前动量为零,跃迁时发射一个 γ 光子,再根据动量守恒得

$$m_Y \cdot v_R = \frac{E_\gamma}{c} \tag{2-44}$$

式中:m_Y——反冲子核的静止质量,kg;

v_R——反冲子核的速度,m·s^{-1}。

由此可得

$$E = \left(1 + \frac{m_\gamma}{2m_Y}\right) E_\gamma \tag{2-45}$$

以 1 MeV 的 γ 光子为例,其动质量约为 0.01 u,远小于反冲子核的静止质量,$E_\gamma \approx E$,即反冲子核的动能可以忽略不计,因此 γ 跃迁的能量主要以 γ 射线的发射释放出来。

2.2.2　放射性衰变纲图

标识有核素的衰变类型、衰变能量、核能级、自旋、宇称和母子体关系的示意图,称为衰变纲图。放射性核素衰变过程中,存在大量有价值的信息和数据,包括母核和子核的相关信息、衰变发出的射线类型、射线能量及强度等。这些信息和数据可以通过衰变纲图直观、清晰地表现出来。衰变纲图是综合反映放射性核素在衰变过程中主要特征和数据的示意图,其中包含的信息和数据是通过 α、β 和 γ 射线能谱学得到的。

典型的衰变纲图通常包括三方面内容:(1)衰变时发射出的粒子或射线的种类、能量和强度;(2)γ跃迁的多极性;(3)母核和子核结构的信息,如半衰期、能级能量、自旋和宇称等。

图 2-4 为以 ^{137}Cs 为例的衰变纲图,图中最上方为母核信息,包括元素符号、质子数(元素符号左边)和质量数(元素符号右边);下方的横线表示母核的基态能级,横线后边通常标识核素的自旋与宇称;横线下方标识核素的半衰期。最下方为子核基态信息,通常用"stable"表示该核素稳

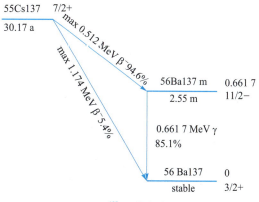

图 2-4　^{137}Cs 的衰变纲图

定;子核下方的横线表示子核的基态能级。在母核与子核中间,也存在若干横线,表示子核的激发态,即同质异能态,通常在质量数后面采用字母"m"标识。

在各能级之间的衰变或跃迁过程,用箭头线表示其衰变类型。以右斜的箭头线表示 β⁻ 衰变,以左斜的箭头线表示 β⁺ 衰变或轨道电子俘获,以左斜的双线箭头线表示 α 衰变,以竖直的箭头线表示从子核较高激发态到较低激发态或基态时的 γ 跃迁。在箭头线旁边会标注衰变或跃迁过程中射线的能量信息和强度信息,通常也称为分支比。某种放射性核素不按一种衰变方式衰变,而是以两种或多种不同方式按一定比例进行放射性衰变称为分支衰变。对一种核素来说,不同衰变途径的衰变概率是恒定的。某一分支的衰变强度占总衰变强度的百分比,即为该分支衰变的分支比,通常以百分数表示。

2.2.3　核素图

目前已发现 118 种元素,核素有 3 300 多种。按照原子核是否稳定,把核素分为稳定核素和放射性核素两类。原子核不自发衰变的核素是稳定核素。以目前检测手段发现的天然稳定核素有 252 个,分布在 80 个元素内。其中,26 个元素只有一个稳定同位素,其余的有一个以上的稳定同位素。此外,还有 34 种已知的具有足够长的半衰期的放射性核素,这些放射性核素的半衰期与地球的年龄相当或更大,为原生放射性核素。其中,半衰期最短的是 ^{235}U,为 $7.04×10^8$ a,最长的是 ^{128}Te,为 $2.2×10^{24}$ a。其他 61 个存在地球上的非原生放射性核素,通常是原生放射性核素衰变的子产物,如半衰期为 1 600 a 的 ^{226}Ra 由 ^{238}U 衰变产生,或者是宇宙射线轰击地球核素产生的宇生放射性核素,如半衰期达 5 730 a 的 ^{14}C。自然环境中的宇宙射线、宇生放射性核素和原生放射性核素构成天然本底辐射来源。

将自然界存在的核素以中子数(N)为横坐标、质子数(Z)为纵坐标作核素图,如图 2-5 所示,各核素分布在一条很窄的带上。纵坐标相同的一系列核素,它们质子数相同,互为同位素;横

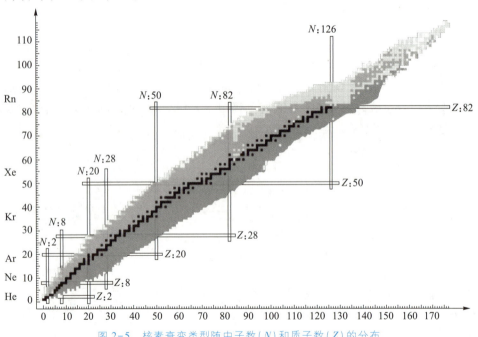

图 2-5　核素衰变类型随中子数(N)和质子数(Z)的分布

坐标相同的一系列核素,它们中子数相同,互为同中异位素。

在核素图中,自然界稳定核素以黑色标识,分布在中间狭长区域,其中心连线为稳定线。由于该线的上、下两侧分别是 β^+ 和 β^- 衰变区,所以也被称为 β 稳定线。目前已发现核素中,β 稳定线从 ^{1}H 开始,到 ^{208}Pb 结束。对于质子数小于 20 的轻核部分,β 稳定线与中子质子数比(N/Z)为 1 的线近似重合,随着质子数的增加,β 稳定线逐渐偏离直线 $N=Z$,对于 $Z=82$ 的 ^{208}Pb,中子质子数比(N/Z)为 1.54。稳定线的经验公式可以近似为

$$Z = \frac{A}{1.98 + 0.015\,5A^{2/3}} \tag{2-46}$$

式中:A——核素质量数。

由此可见,核素的稳定性与中子、质子数的比值有关。稳定核素的中子数和质子数大致相同,这就是核稳定性的对称规则,这一点在轻核中比较显著。对于重核来说,原子核内的质子数增加,平均库仑斥力由于近似与质子数平方成正比而迅速增大,因此需要更多核力来抵消库仑斥力以保持原子核的稳定。同时,原子核内的平均核力近似与核素质量数成正比,需要更多的中子来增强核力、抵消库仑斥力,这就使得稳定重核的中子、质子数比大于 1。

图 2-5 中,在 β 稳定线下方,为丰中子核素区域,易发生 β^- 衰变;在 β 稳定线上方,为缺中子核素区域,易发生 β^+ 衰变或轨道电子俘获。按照费米理论,中子和质子是同一个核子的两个不同量子态,β 衰变的本质是原子核中核子的量子态发生转变,由中子转变为质子或由质子转变为中子,从而释放出正、负电子和中微子、反中微子。因此,丰中子核素比缺中子核素有更大概率由中子转变为质子,发出一个电子,发生 β^- 衰变。反之,缺中子核素比丰中子核素更易发生 β^+ 衰变。同时当满足发生 β 衰变条件时,轨道电子俘获也有一定的发生概率,因此两者在核素图上标示在同一区间上。

原子核自发地发射质子或中子的现象称为质子或中子发射。对于大多数核素,最后一个质子或中子的结合能是正的,因此核素不会自发地发射质子或中子。但是,如果一些核素远离 β 稳定线,它们的中子质子数比远小于稳定核素的中子质子数比时,最后一个质子的结合能可能变为负值,因此会自发地发射质子。这些自发地发射质子的核素在核素图内主要分布在 β 稳定线上方缺中子核素区域的边缘。同时,一些核素的中子质子数比远大于稳定核素的中子质子数比时,最后一个中子的结合能可能变为负值,因此会自发地发射中子,主要分布在 β 稳定线下方丰中子核素区域的边缘,且主要是轻核。

2.3 原子核的放射性

不稳定原子核会自发地发射 α、β 和 γ 等射线,这一放射性衰变过程具有统计性,衰变结果具有一定规律。

2.3.1 指数衰变规律

对于某一个核素的放射性物质,通过实验可以发现,在一段时间后其放射性强度会减弱,这是由于放射性核素发生了衰变,其数量在不断减少。假设某核素在时间 t 到 $t+\mathrm{d}t$ 内因衰变造成的原子核减少量 $\mathrm{d}N_t$ 为

$$-\mathrm{d}N_t = N_{t+\mathrm{d}t} - N_t \tag{2-47}$$

由于原子核在单位时间内的衰变次数与该时刻原子核数成正比,那么在 t 时刻,$\mathrm{d}t$ 时间间隔内发生的衰变次数为

$$-\mathrm{d}N_t = \lambda N_t \mathrm{d}t \tag{2-48}$$

式中,比例系数 λ 称为衰变常数,单位为 s^{-1},其物理意义为在某时刻的单位时间内原子核发生衰变的概率。对于某一核素,相应的 λ 是一个确定常数。衰变常数只与原子核本身的特性有关,与影响核外电子性质的化学和物理条件无关。

原子核的减少量等于在该时间间隔内的衰变次数,由式(2-48)即可得到单一放射性核素的衰变方程为

$$-\frac{\mathrm{d}N_t}{\mathrm{d}t} = \lambda \cdot N_t \tag{2-49}$$

对上式进行积分,可以获得衰变过程中任意时刻的原子核数目为

$$N_t = N_0 \mathrm{e}^{-\lambda t} \tag{2-50}$$

式中:N_0——零时刻的原子核数;

N_t——t 时刻的原子核数,按照负指数规律衰减,如图 2-6 所示。

描述放射性核素衰变的快慢,除了衰变常数 λ 外,还有半衰期 $T_{1/2}$ 和平均寿命 τ。半衰期为放射性原子核数目衰减到原来数目一半时所需的时间,单位为 s。对于半衰期较长的单位可采用天(d)或年(a)等。半衰期与衰变常数的关系为

$$T_{1/2} = \frac{\ln 2}{\lambda} = \frac{0.693}{\lambda} \tag{2-51}$$

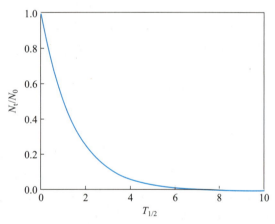

对于同一核素,其原子核衰变具有随机性,但是从概率统计上讲,该核素的平均寿命是确定的。平均寿命为放射性原子核平均生存的时间。初始时刻有 N_0 个原子核,假设在 t 时刻,原子核的数量为 N_t,在 t 至 $t+\mathrm{d}t$ 时间内,N_t 个原子核发生衰变的数目为 $-\mathrm{d}N_t = \lambda N_t \mathrm{d}t$,即有 $\lambda N_t \mathrm{d}t$ 个原子核的寿命为 t,在所有原子核中所占的比例为 $\lambda N_t \mathrm{d}t / N_0$,对 0 到 $+\infty$ 的时间内积分可以计算得到平均寿命,即

图 2-6 放射性衰变规律

$$\tau = \int_0^{+\infty} t\, \frac{\lambda N_t \mathrm{d}t}{N_0} = \frac{1}{N_0} \int_0^{+\infty} t\lambda N_0 \mathrm{e}^{-\lambda t} \mathrm{d}t = \frac{1}{\lambda} \tag{2-52}$$

可见,衰变常数、半衰期、平均寿命三者存在如下关系

$$\tau = \frac{1}{\lambda} = \frac{T_{1/2}}{0.693} = 1.44 T_{1/2} \tag{2-53}$$

放射源在单位时间内发生衰变的期望值称为放射性活度,通常采用 A 表示,单位为 Bq([贝可]勒尔)。放射性活度表征了一个放射源的强弱,不仅与核素的衰变常数有关,也与放射源内的放射性原子核数量有关。

如果一个放射源在 t 时刻含 N_t 个放射性原子核,衰变常数为 λ,该放射源的活度为

$$A = \lambda N_t = \lambda N_0 e^{-\lambda t} = A_0 e^{-\lambda t} \tag{2-54}$$

式中：A_0——零时刻放射源的活度，Bq。

放射性活度曾采用 Ci(居里)为单位。1 Ci 定义为 1 g 镭每秒衰变的次数。1950 年，统一规定一个放射源每秒钟有 3.7×10^{10} 次衰变为 1 Ci。由于该单位较大，1975 年国际计量大会规定了放射性活度的国际单位为 Bq，它表示每秒钟发生一次核衰变。相互关系为 1 Ci = 3.7×10^{10} Bq。

通常还用到比活度的概念，所谓比活度是指单位体积或单位质量放射源的放射性活度，也称活度浓度。比活度分为质量比活度和体积比活度。

质量比活度 A_m 是指单位质量放射源的放射性活度，单位为 $Bq \cdot kg^{-1}$，即

$$A_m = \frac{A}{m} \tag{2-55}$$

式中：m——放射源质量，kg。

体积比活度 A_V 是指单位体积放射源的活度，单位为 $Bq \cdot m^{-3}$，即

$$A_V = \frac{A}{V} \tag{2-56}$$

式中：V——放射源的体积，m^3。

2.3.2 递次衰变规律

在很多情况下，一种放射性核素衰变后并未形成稳定核素，而是产生了第二种放射性核素，第二种放射性核素又可能衰变产生第三种放射性核素，在未形成稳定核素之前，衰变持续进行。这种原子核衰变一代又一代地连续进行，直至最后形成稳定核素的过程称为连续衰变，也称递次衰变。

在反应堆内，^{235}U 在热中子作用下裂变而成的碎片 ^{135}Te，^{135}Te 经过一系列的 β^- 衰变，最后才变成稳定的 ^{135}Ba，即

$$^{135}_{52}Te \xrightarrow{\beta^-} ^{135}_{53}I \xrightarrow{\beta^-} ^{135}_{54}Xe \xrightarrow{\beta^-} ^{135}_{55}Cs \xrightarrow{\beta^-} ^{135}_{56}Ba \tag{2-57}$$

任何一种放射性物质其衰变都满足指数衰变规律。在递次衰变中，整个过程的放射性衰变规律相对复杂。

1. 两代连续衰变规律

该过程的一般表达式为

$$A \xrightarrow{\lambda_A} B \xrightarrow{\lambda_B} C \tag{2-58}$$

式中，母体 A 衰变成子体 B，衰变常数为 λ_A，子体 B 再继续衰变为子体 C，衰变常数为 λ_B。

例如：

$$^{90}_{38}Sr \xrightarrow{\beta^-, 28.1\,a} ^{90}_{39}Y \xrightarrow{\beta^-, 64\,h} ^{90}_{40}Zr \tag{2-59}$$

对于上述过程，假设在 $t=0$ 时母体 A 的原子核数为 N_{A0}；在 t 时刻母体 A、子体 B 和 C 的原子核数分别为 N_A、N_B、N_C，N_A 为

$$N_A = N_{A0} \cdot e^{-\lambda_A t} \tag{2-60}$$

子体 B 的原子核数同时受到母体衰变速率和子体衰变速率的影响，原子核变化速率等于母

核 A 的生成速率减去自身衰变成子核 C 的速率,即

$$\frac{\mathrm{d}N_\mathrm{B}}{\mathrm{d}t} = \lambda_\mathrm{A} N_\mathrm{A} - \lambda_\mathrm{B} N_\mathrm{B} \tag{2-61}$$

积分得到子体 B 的原子核数为

$$N_\mathrm{B} = \frac{\lambda_\mathrm{A}}{\lambda_\mathrm{B} - \lambda_\mathrm{A}} N_\mathrm{A0} \cdot (\mathrm{e}^{-\lambda_\mathrm{A} t} - \mathrm{e}^{-\lambda_\mathrm{B} t}) \tag{2-62}$$

假设子体 C 不发生衰变,其原子核数 N_C 只受到子体 B 衰变速度的影响,即

$$\frac{\mathrm{d}N_\mathrm{C}}{\mathrm{d}t} = \lambda_\mathrm{B} N_\mathrm{B} = \frac{\lambda_\mathrm{A} \lambda_\mathrm{B}}{\lambda_\mathrm{B} - \lambda_\mathrm{A}} N_\mathrm{A0} \cdot (\mathrm{e}^{-\lambda_\mathrm{A} t} - \mathrm{e}^{-\lambda_\mathrm{B} t}) \tag{2-63}$$

积分得子体 C 的原子核数为

$$N_\mathrm{C} = \frac{\lambda_\mathrm{B} N_\mathrm{A0}}{\lambda_\mathrm{B} - \lambda_\mathrm{A}} \cdot (1 - \mathrm{e}^{-\lambda_\mathrm{A} t}) - \frac{\lambda_\mathrm{A} N_\mathrm{A0}}{\lambda_\mathrm{B} - \lambda_\mathrm{A}} (1 - \mathrm{e}^{-\lambda_\mathrm{B} t}) \tag{2-64}$$

可见,两次连续衰变过程中子体 B 和 C 的衰变规律由母体 A 和子体 B 的衰变常数共同决定。由于假设子体 C 是稳定的,不再发生衰变,因此当时间无限长时,母体 A 和子体 B 会全部衰变成子体 C。

2. 多次连续衰变规律

对于 n 代连续放射性衰变过程,共有 $n+1$ 种核素,其过程可以表示为

$$A_1 \xrightarrow{\lambda_1} A_2 \xrightarrow{\lambda_2} \cdots \longrightarrow A_n \xrightarrow{\lambda_n} A_{n+1} \tag{2-65}$$

其中,前面 n 种核素都是不稳定核素,会向下进行衰变,衰变常数为 λ_n,第 $n+1$ 种是稳定核素。可以建立如下方程组

$$\begin{cases} \dfrac{\mathrm{d}N_1(t)}{\mathrm{d}t} = -\lambda_1 N_1(t) \\[2mm] \dfrac{\mathrm{d}N_i(t)}{\mathrm{d}t} = -\lambda_i N_i(t) + \lambda_{i-1} N_{i-1}(t) \\[2mm] \dfrac{\mathrm{d}N_{n+1}(t)}{\mathrm{d}t} = \lambda_n N_n(t) \end{cases} \tag{2-66}$$

式(2-66)称为 Bateman 方程。

初始母体 A_1 的原子核数为 $N_{1,0}$,母体衰变是单一放射性衰变,其任意时刻原子核数为

$$N_1 = N_{1,0} \mathrm{e}^{-\lambda_1 \cdot t} \tag{2-67}$$

其他任意第 n 种核素的原子核数 N_n 随时间的变化规律为

$$N_n = N_{1,0} \sum_{1 \leqslant i \leqslant n} C_i \mathrm{e}^{-\lambda_i \cdot t} \tag{2-68}$$

其中系数 C_i 为

$$C_i = \frac{\prod\limits_{1 \leqslant j \leqslant n-1} \lambda_j}{\prod\limits_{\substack{1 \leqslant j \leqslant n \\ j \neq i}} (\lambda_j - \lambda_i)} \tag{2-69}$$

对于上式,当 $n=2$ 时,可以得到

$$\begin{cases} C_1 = \dfrac{\lambda_1}{\lambda_2 - \lambda_1} \\ C_2 = \dfrac{\lambda_1}{\lambda_1 - \lambda_2} \end{cases} \tag{2-70}$$

代入得

$$N_2 = N_{1,0}\left(\frac{\lambda_1}{\lambda_2 - \lambda_1}e^{-\lambda_1 \cdot t} + \frac{\lambda_1}{\lambda_1 - \lambda_2}e^{-\lambda_2 \cdot t}\right) = \frac{\lambda_1 N_{1,0}}{\lambda_2 - \lambda_1}(e^{-\lambda_1 \cdot t} - e^{-\lambda_2 \cdot t}) \tag{2-71}$$

可见该式与两代连续衰变子体 B 的衰变规律相同。

2.3.3 放射性的平衡

在多代连续放射性衰变过程中,各代子体的衰变有快有慢,如果时间足够长,母体和子体内放射性核素数量会存在多种不同的平衡特性。以两代连续放射性衰变过程为例,根据前述的子体 B 的原子核数目变化规律可得

$$N_B = \frac{\lambda_A}{\lambda_B - \lambda_A}N_{A0} \cdot (e^{-\lambda_A t} - e^{-\lambda_B t}) = \frac{\lambda_A}{\lambda_B - \lambda_A}N_A\left[1 - e^{(\lambda_A - \lambda_B)t}\right] \tag{2-72}$$

式中:N_A——t 时刻母体 A 的放射性原子核数。

可见,子体 B 的放射性原子核数的衰减不仅与该时刻母体 A 的放射性原子核数有关,而且与母体和子体的衰变常数之差($\lambda_A - \lambda_B$)有关。现对 λ_A 和 λ_B 的取值情况进行分别讨论。

1. 暂时平衡

当 $\lambda_A < \lambda_B$ 时,即母体放射性原子核衰变慢于子体的放射性原子核,母体半衰期大于子体,例如

$$^{200}_{78}\text{Pt} \xrightarrow{\beta^-,12.6\,h} {}^{200}_{79}\text{Au} \xrightarrow{\beta^-,0.81\,h} {}^{200}_{80}\text{Hg} \tag{2-73}$$

针对该情况,在时间足够长时,式(2-72)可以近似为

$$N_B = \frac{\lambda_A}{\lambda_B - \lambda_A}N_A\left[1 - e^{(\lambda_A - \lambda_B)t}\right] \approx \frac{\lambda_A}{\lambda_B - \lambda_A}N_A \tag{2-74}$$

因此,子体原子核数 N_B 将与母体核数 N_A 建立起固定的比例关系

$$\frac{N_B}{N_A} \approx \frac{\lambda_A}{\lambda_B - \lambda_A} \tag{2-75}$$

此式表明,子体原子核数 N_B 与母体核数 N_A 之比近似保持不变。当母核的数目衰变掉一半时,子核也衰变掉一半,这种母子共存的体系是按照母核的衰变规律衰变的,这就是暂时平衡。在暂时平衡情况下,子体与母体的放射性活度之比也保持固定比例,即

$$\frac{A_B}{A_A} = \frac{\lambda_B N_B}{\lambda_A N_A} \approx \frac{\lambda_B}{\lambda_B - \lambda_A} \tag{2-76}$$

图 2-7 为暂时平衡时的母体、子体活度变化规律,纵坐标为 t 时刻母体或子体活度与零时刻母体活度的比值。图中,母体为 ^{200}Pt,半衰期为 12.6 h,子体为 ^{200}Au,半衰期为 0.81 h。随着时间的推移,母体发生衰变,活度逐渐减小。母体衰变为子体后,子体也开始衰变,活度由最初的零迅速增大,在某时刻 t_m 达到最大值,然后遵从母体活度的衰变规律,达到暂时平衡。子体活度达到最大值的时间为

$$t_{\mathrm{m}}=\frac{1}{\lambda_{\mathrm{A}}-\lambda_{\mathrm{B}}}\ln\frac{\lambda_{\mathrm{A}}}{\lambda_{\mathrm{B}}} \tag{2-77}$$

母子共存体的总活度为母体和子体的活度和,即

$$A=A_{\mathrm{A}}+A_{\mathrm{B}}=\left(1+\frac{\lambda_{\mathrm{B}}}{\lambda_{\mathrm{B}}-\lambda_{\mathrm{A}}}\right)A_{\mathrm{A}} \tag{2-78}$$

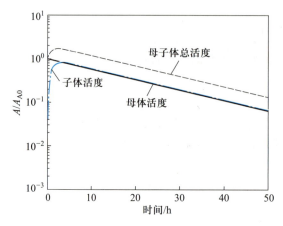

图 2-7   暂时平衡时的母体、子体活度变化规律

对于多代连续放射性衰变过程,只要母体的半衰期比各代子体的半衰期都长,经足够长时间衰变后,整个衰变系会达到暂时平衡。这表明各代子体都按照母体的半衰期衰减,放射性活度具有固定的变化规律,不随时间改变。

2. 长期平衡

当 $\lambda_{\mathrm{A}}\ll\lambda_{\mathrm{B}}$ 时,即母体 A 放射性原子核的半衰期远远大于子体 B,在观测时间范围内,母核的数目几乎不变,母体 A 和子体 B 将达到长期平衡。例如

$$_{88}^{226}\mathrm{Ra}\xrightarrow{\alpha,1\,600\,\mathrm{a}}{}_{86}^{222}\mathrm{Rn}\xrightarrow{\alpha,3.82\,\mathrm{d}}{}_{84}^{218}\mathrm{Rn} \tag{2-79}$$

针对该情况,式(2-72)可以近似为

$$N_{\mathrm{B}}=\frac{\lambda_{\mathrm{A}}}{\lambda_{\mathrm{B}}-\lambda_{\mathrm{A}}}N_{\mathrm{A}}\left[1-e^{(\lambda_{\mathrm{A}}-\lambda_{\mathrm{B}})t}\right]\approx\frac{\lambda_{\mathrm{A}}}{\lambda_{\mathrm{B}}}N_{\mathrm{A}} \tag{2-80}$$

此时,子体原子核数 N_{B} 将与母体原子核数 N_{A} 建立起固定的比例关系,即

$$\frac{N_{\mathrm{B}}}{N_{\mathrm{A}}}\approx\frac{\lambda_{\mathrm{A}}}{\lambda_{\mathrm{B}}} \tag{2-81}$$

子体与母体的放射性活度之比近似为 1,即

$$\frac{A_{\mathrm{B}}}{A_{\mathrm{A}}}=\frac{\lambda_{\mathrm{B}}N_{\mathrm{B}}}{\lambda_{\mathrm{A}}N_{\mathrm{A}}}\approx1 \tag{2-82}$$

图 2-8 为长期平衡时的母体及子体活度变化规律,纵坐标为 t 时刻母体或子体活度与零时刻母体活度的比值,母体为 $^{226}\mathrm{Ra}$,半衰期为 1 600 a,子体为 $^{222}\mathrm{Rn}$,半衰期为 3.82 d。当时间足够长时,由于目前的时间坐标范围远远小于母核的半衰期,因此母体活度变化近似为零。母体衰变为子体后,子体也开始衰变,活度由最初的零逐渐增大并不断接近母体活度,然后遵从母体活度的衰变规律,达到长期平衡。此时,母子共存体的总活度是母体活度的 2 倍。

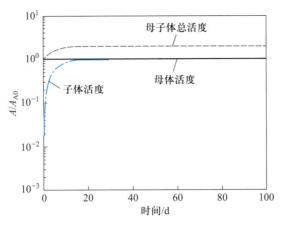

图 2-8 长期平衡时的母体及子体活度变化规律

对于多代子体的连续衰减,只要母体半衰期很长,各代子体半衰期远小于它,足够长时间后,整个衰变系能够实现长期平衡,各代子体放射性活度相等。

3. 不成平衡的情况

若母核的衰变比子核的快,即母核的衰变常数 λ_A 大于子核的衰变常数 λ_B,此时无法建立平衡,会形成逐代衰变的现象。例如

$$^{131}_{52}\text{Te} \xrightarrow{\beta^-, 25\ \text{min}} {}^{131}_{53}\text{I} \xrightarrow{\beta^-, 8.04\ \text{d}} {}^{131}_{54}\text{Xe} \tag{2-83}$$

当时间足够长时,子核数目随时间变化为

$$N_B = \frac{\lambda_A}{\lambda_B - \lambda_A} N_{A0} e^{-\lambda_B t} \left[e^{(\lambda_B - \lambda_A)t} - 1 \right] \approx \frac{\lambda_A}{\lambda_A - \lambda_B} N_{A0} e^{-\lambda_B t} \tag{2-84}$$

可见,当时间足够长时,影响子核数量随时间变化的仅为子核本身的衰变常数 λ_B,与母核的衰变常数 λ_A 无关,这说明此时母体几乎全部衰变为子体,子体内放射性核素按照自己的衰变常数衰变,不会出现任何平衡。

图 2-9 为逐代衰变时的母体及子体活度变化规律,纵坐标为 t 时刻母体或子体活度与零时刻母体活度的比值,母体为 ^{131}Te,半衰期为 25 min,子体为 ^{131}I,半衰期为 8.02 d。当时间足够长

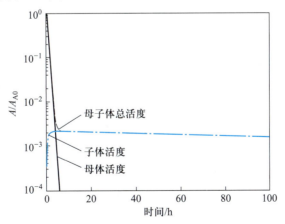

图 2-9 逐代衰变时的母体及子体活度变化规律

时,母体迅速衰变并接近于零。母体衰变为子体后,子体也开始衰变,活度由最初的零逐渐增大并趋于稳定,后续按照自身的衰变规律衰变。此时,母子共存体的总活度为子体的活度。

　　综合上述的变化规律,对于多代子体的连续衰变,当时间足够长,整个衰变系只剩下半衰期最长及其后代放射体,按照最长半衰期的简单指数规律衰减。

2.3.4　放射性衰变系

　　多代连续放射性衰变过程,根据母体及各代子体放射性核素半衰期的不同,会出现暂时平衡、长期平衡或不成平衡等现象,实际情况往往是这三种现象相互交织在一起。当 46 亿年前地球形成时,可能会存在大量不同的放射性核素,各自建立起多代连续衰变的过程。如果母核半衰期短,母核会首先衰变掉,变成子核;如果母核半衰期比下一代子核长,会形成暂时平衡,当母核完全衰变,暂时平衡体系也结束。长此以往,将会出现半衰期最长的核素形成的长期平衡。目前,地球上存在三个天然放射系(钍系、铀系、锕系),它们的母核半衰期都非常长,都是长期平衡的多代连续衰变体系。

1. 钍系

　　其母核为 ^{232}Th,半衰期为 1.405×10^{10} a。经 10 次连续衰变,最后到稳定核素 ^{208}Pb,其质量数 A 都是 4 的倍数,所以称 $4n$ 系。子体半衰期最长的核素是 ^{228}Ra,半衰期为 5.75 a,经过几十年可建立长期平衡。钍系衰变过程如图 2-10 所示。

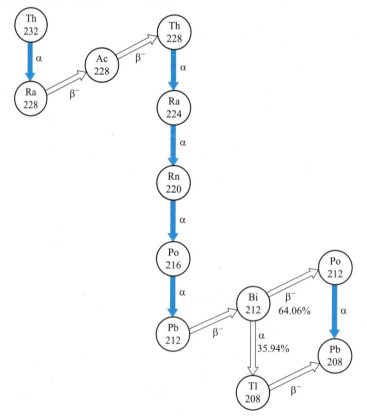

图 2-10　钍系衰变过程

2. 铀系

其母核为^{238}U，半衰期为$4.468×10^9$ a。经 14 次连续衰变，最后到稳定核素^{206}Pb，其质量数 A 都是 4 的倍数加 2，所以称 $4n+2$ 系。子体半衰期最长的核素是^{234}U，半衰期为 24.55 万年，需几百万年才能建立起长期平衡。铀系衰变过程如图 2-11 所示。

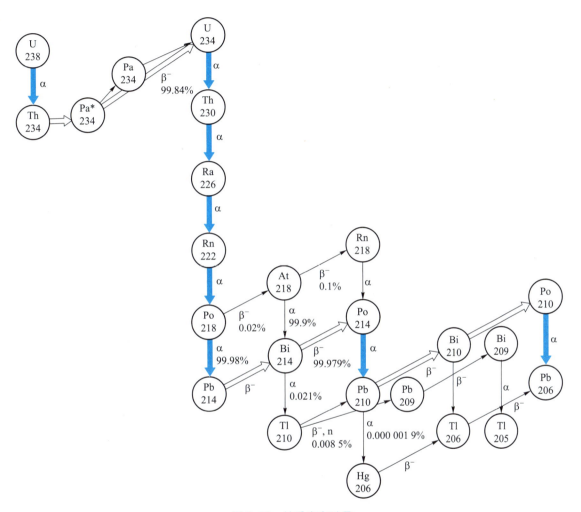

图 2-11 铀系衰变过程

3. 锕系

其母核为 ^{235}U，所以也称锕铀系，半衰期为 7.038×10^8 a。经 11 次连续衰变，最后到稳定核素 ^{207}Pb，其质量数 A 都是 4 的倍数加 3，所以称 $4n+3$ 系。子体半衰期最长的核素是 ^{231}Pa，半衰期为 3.28 万年，需几十万年才能建立起长期平衡。锕系衰变过程如图 2-12 所示。

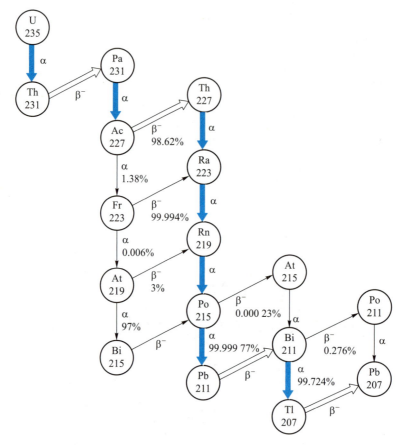

图 2-12　锕系衰变过程

除上述三个天然放射系外,还有 4n+1 系,称为镎系。镎系中^{237}Np 半衰期最长,为 214 万年,但仍远小于地球的年龄,因此在地壳中不存在,目前地壳中仅存在其子体^{209}Bi。随着核技术的发展,人工合成^{241}Pu 后,其衰变后子体为^{237}Np,并可以建立长期平衡。镎系衰变过程如图 2-13 所示。

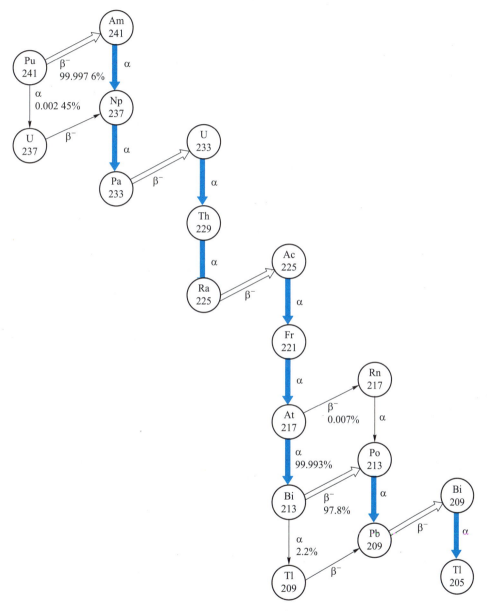

图 2-13 镎系衰变过程

本章知识拓扑图

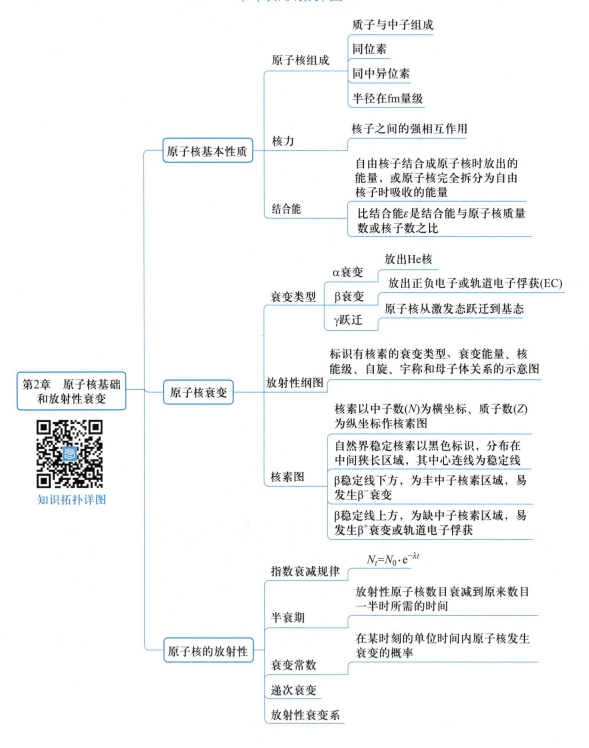

- 第2章　原子核基础和放射性衰变
  - 知识拓扑详图
  - 原子核基本性质
    - 原子核组成
      - 质子与中子组成
      - 同位素
      - 同中异位素
      - 半径在fm量级
    - 核力
      - 核子之间的强相互作用
    - 结合能
      - 自由核子结合成原子核时放出的能量，或原子核完全拆分为自由核子时吸收的能量
      - 比结合能ε是结合能与原子核质量数或核子数之比
  - 原子核衰变
    - 衰变类型
      - α衰变
        - 放出He核
      - β衰变
        - 放出正负电子或轨道电子俘获(EC)
      - γ跃迁
        - 原子核从激发态跃迁到基态
    - 放射性纲图
      - 标识有核素的衰变类型、衰变能量、核能级、自旋、宇称和母子体关系的示意图
    - 核素图
      - 核素以中子数(N)为横坐标、质子数(Z)为纵坐标作核素图
      - 自然界稳定核素以黑色标识，分布在中间狭长区域，其中心连线为稳定线
      - β稳定线下方，为丰中子核素区域，易发生β^-衰变
      - β稳定线上方，为缺中子核素区域，易发生β^+衰变或轨道电子俘获
  - 原子核的放射性
    - 指数衰减规律
      - $N_t = N_0 \cdot e^{-\lambda t}$
    - 半衰期
      - 放射性原子核数目衰减到原来数目一半时所需的时间
    - 衰变常数
      - 在某时刻的单位时间内原子核发生衰变的概率
    - 递次衰变
    - 放射性衰变系

习题

2-1　什么是同位素、同量异位素、同质异位素、同中子素?

2-2　为什么在三个天然放射系中没有看到 β^+ 放射性和 EC 放射性?

2-3　任何递次衰变系列,在时间足够长以后,将按照什么规律衰变?

2-4　放射性活度分别经过多少个半衰期以后,可以减小至原来的 3%、1%、0.1% 和 0.01%?

2-5　计算 10 mCi 的放射源内原子核数量,假设该放射源核素为 ^{18}F、^{14}C、^{235}U。

2-6　实验测得纯 ^{235}U 样品的放射性比活度为 80 Bq·mg^{-1},试求 ^{235}U 的半衰期。

2-7　假设地球刚形成时 ^{235}U 和 ^{238}U 的相对丰度为 1:2,试求地球年龄。

2-8　经测定一具出土古尸的 ^{14}C 相对含量为现代人的 80%,求该古人的死亡年代,假定空气里 ^{14}C 浓度固定。

2-9　有一个 ^{137}Cs 源(半衰期 30.2 a),购买时活度为 10^7 Bq,2010 年 11 月对其进行标定,标定活度为 8.85×10^6 Bq,试问该源在哪年购买,当前该放射源活度为多少?

2-10　计算下列各核的半径:$^4_2$He、$^{107}_{47}$Ag、$^{238}_{92}$U、设 $r_0 = 1.45$ fm。

2-11　已知 ^{224}Rn 的半衰期 3.66 d,问一天和十天中分别衰变了多少份额? 若开始有 1 μg,问一天和十天中分别衰变掉多少原子?

2-12　已知 ^{222}Rn 的半衰期为 3.824 d,问 1 μCi 和 10^3 Bq 的 ^{222}Rn 的质量分别为多少?

2-13　试由质量亏损求出下列核素的结合能和比结合能:^{2}H、^{40}Ca、^{197}Au 和 ^{252}Cf。

参 考 文 献

［1］ Roderick V. , Reid, J. R. Local phenomenological nucleon-nucleon potentials［J］, Annals of Physics,1968,50:411-448.

［2］ 卢希庭.原子核物理［M］.北京:原子能出版社,2001.

［3］ 陈伯显,张智.核辐射物理及探测学［M］.哈尔滨:哈尔滨工业大学出版社,2011.

第 3 章　射线与物质相互作用

辐射分为非电离辐射和电离辐射。有些辐射如红外线、微波等,能量低,不能引起物质电离,称为非电离辐射。由带电电离粒子或不带电电离粒子(以下简称带电粒子和不带电粒子),或两者混合组成的任何辐射称为电离辐射。

其中带电粒子辐射又称为直接电离辐射,可直接引起物质原子的电离;不带电粒子辐射又称为间接电离辐射,它需要通过次级带电粒子引起物质原子的电离。带电粒子辐射有 α 粒子、质子、电子和正电子等。不带电粒子辐射有 γ 射线、X 射线和中子等。

α 粒子和 β 粒子与物质相互作用时称为粒子,传播时称为射线;γ 光子与物质相互作用时称为光子,传播时称为射线;中子与物质相互作用时称为中子,传播时称为中子束。

3.1　粒子分类

3.1.1　带电粒子

带电粒子可分为重带电粒子和轻带电粒子。重带电粒子即静止质量大于电子的带电粒子,包括 α 粒子、质子、被加速的原子核等。轻带电粒子包括电子和 β 射线等。电子一般指原子核核外电子,是组成原子的基本粒子。β 射线则是原子核发生衰变时发射出的射线,由电子或正电子组成。表 3-1 给出了几种常见的带电粒子。

表 3-1　几种常见的带电粒子

类型	符号	电荷数	静止质量/u	静止质量的等效能量/MeV
α 粒子	α	2	4.002 777	3 727.16
质子	p	1	1.007 593	938.213
氘核	d	1	2.014 187	1 875.50
正电子	β^+, e^+	1	0.000 549	0.510 976
负电子	β^-, e^-	-1	0.000 549	0.510 976

3.1.2　不带电粒子

不带电粒子包括静止质量为 0 和静止质量不为 0 的粒子两大类。常见的不带电粒子主要有 γ 射线、X 射线和中子。γ 射线与 X 射线一样都是电磁波,只是 γ 射线的波长更短,它们与物质的相互作用情况基本相同。在此仅重点介绍 γ 射线、中子与物质的相互作用。

3.2　重带电粒子与物质的相互作用

重带电粒子与物质的相互作用实际是与物质的原子核和核外电子的相互作用,作用形式可分为弹性碰撞和非弹性碰撞。

弹性碰撞是指粒子相互作用时,动能在粒子之间重新分配,总动能守恒,不转化为其他能量,且动量守恒。带电粒子方向改变的大小与其质量有关,入射粒子的质量相对于原子核的质量越大,则弹性散射角度越小。

非弹性碰撞是指粒子相互作用时动能不守恒,会转化成内能等其他形式的能量,但是动量依然守恒。

3.2.1　重带电粒子与核外电子的相互作用

重带电粒子可与核外电子发生弹性碰撞,但仅在其能量低于 100 eV 时有意义,此时不易使原子发生电离或激发。而重带电粒子能量一般情况下会高于 100 eV,所以重带电粒子与核外电子作用时只考虑非弹性碰撞的情况,此时会使原子发生电离或激发。

电离是指中性原子或分子得到电子或失去电子而变成负电荷或正电荷的过程。在辐射测量与防护领域,电离通常指原子核核外电子获得足够能量,克服原子核的束缚成为自由电子,原子被分离成自由电子和一个正离子的过程,如图 3-1 所示。将一个电子自一个孤立的原子、离子或分子移至无限远处所需的能量称为电离能。

在辐射测量与防护中通常使用平均电离能。平均电离能是指电离粒子在物质中产生一对离子所损失的平均能量。当粒子的种类、能量或物质的种类不同时,所对应的平均电离能也不同。原子的电离有初始电离和次级电离之分。初始电离是指入射的带电粒子在其径迹上直接与物质的原子或分子相互作用所引起的电离。由初始电离产生的离子和电子如果具有足够的动能,可以进一步使其他原子或分子电离,这种电离称为次级电离。比电离是指带电粒子在单位路程上产生的离子对数。比电离包括初始电离和次级电离产生的离子对。除电离外原子还可能被激发。当带电粒子给予壳层电子的能量较小,不足以使它脱离原子的束缚而成为自由电子,但是却能从能量较低的轨道跃迁到较高的轨道上去时,这种现象称为原子的激发。如图 3-2 所示,处于激发态的原子是不稳定的,它将自发地跃迁回基态,这个过程称为退激。退激时,多余的能量常以光子形式释放出来。无论电离还是激发都会导致重带电粒子损失动能,使其速度逐渐减慢直到最后停止运动。

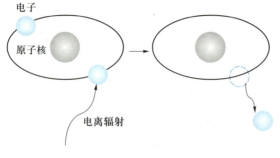

图 3-1　原子电离示意图　　　　　　　图 3-2　激发态与基态对比

平均电离能要比原子的电离能大,这是因为它包括了带电粒子穿过物质时由于激发作用而损失的能量。在同一种类的气体中,带电粒子的平均电离能与其动能无关。同种带电粒子在不同种类物质中的平均电离能虽不同,但其数值变化不大,例如 α 粒子在空气中的平均电离能为 34.98 eV,在氩气中的平均电离能为 26.3 eV。

把带电粒子使物质原子电离或激发而损失的能量称为电离损失。把带电粒子在物质中单位路程上的电离损失称为电离损失率,常用符号 $(-dE/dx)_{ion}$ 表示。脚标"ion"表示入射粒子使原子电离或激发所引起的能量损失。带电粒子通过物质时在单位路程上损失的能量称为阻止本领。$(-dE/dx)_{ion}$ 也反映了物质原子的电子对入射带电粒子的阻止能力,所以又称为电子阻止本领。

对于重带电粒子,从理论上可以推导出 $(-dE/dx)_{ion}$ 的表达式。在相对论情况下为

$$\left(-\frac{dE}{dx}\right)_{ion} = \frac{4\pi z^2 e^4}{m_e v^2} NZ \frac{1}{(4\pi\varepsilon_0)^2}\left[\ln\frac{2m_e v^2}{I} - \frac{C_K}{Z} - \ln\left(1-\frac{v^2}{c^2}\right) - \frac{v^2}{c^2}\right] \tag{3-1}$$

式中:z——重带电粒子的电荷数;

e——一个电子的电量,$e = 1.602\ 189\ 2\times10^{-19}$ C;

Z——物质原子的原子序数;

N——物质在单位体积中包含的原子数目;

c——光速,$c = 2.997\ 9\times10^8$ m·s^{-1};

v——重带电粒子的速度,m·s^{-1};

m_e——电子的静止质量,$m_e = 9.109\ 534\times10^{-31}$ kg;

I——原子内电子的平均激发能,eV。

I 可近似表达为

$$I = \begin{cases} 19.0\ eV; & Z=1 \\ 11.2+11.7Z\ eV; & 2\leqslant Z\leqslant 13 \\ 52.8+8.71Z\ eV; & Z>13 \end{cases} \tag{3-2}$$

C_K 为壳修正系数,数值约为 1,它是考虑到重带电粒子能量损耗到较低数值时,就不能使 K 层电子电离,能量再进一步降低就不能使 L 层电子电离的影响。以质子穿透铝材为例,铝的 K 层电子速度约为 2.8×10^7 m·s^{-1},使质子达到这一速度的能量约为 4 MeV。式(3-1)所表示的关系如图 3-3 所示。

从式(3-1)可以看出,$\ln(1-v^2/c^2)$ 和 v^2/c^2 两项是在 v 接近于 c 时才起作用,当 $v/c \ll 1$ 时这两项的值趋近于零,它们是考虑相对论效应而引入的。

由式(3-1)可以得到如下几个结论。

(1) $(-dE/dx)_{ion}$ 与重带电粒子电荷数的平方成正比。如果 α 粒子和质子的速度相等,则物质对 α 粒子的阻止本领是对质子阻止本领的 4 倍。带电粒子的电荷越多,能量损失率越大,穿透能力也就越弱。

(2) $(-dE/dx)_{ion}$ 与带电粒子的质量无关。原因

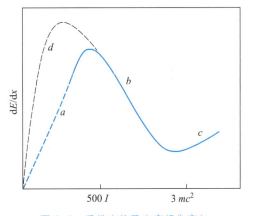

图 3-3 重带电粒子电离损失率与本身能量的关系

在于重带电粒子的质量比电子的质量至少大 1 800 倍。重带电粒子的质量与电子质量相比,都可以近似地被看成是无穷大。因此,重带电粒子质量的确切数值就对阻止本领没有影响了。

（3）$(-dE/dx)_{ion}$ 与重带电粒子的速度有关。当速度较小时,可以近似地认为电离损失率与速度的平方成反比,对数项的数值影响不大;当速度比较大时,$1/v^2$ 项变化很小,此时对数项的数值影响较大。

（4）右边方括号中第二、三项是相对论修正项,其结果是使能量损失随带电粒子速度增加而减小到极小值之后,又重新随速度增加而增加,如图 3-3 中的 bc 段所示。

（5）$(-dE/dx)_{ion}$ 与物质的电子密度 NZ 成正比。物质密度越大,物质中原子的原子序数越高,则此种物质对重带电粒子的阻止本领也越大。

必须指出,式（3-1）不适用于低能区,低能区时该公式中电离损失率与 v^2 近似成反比,对数项的数值影响不大,如图 3-3 中 d 段所示,但实际情况如图 3-3 中的 a 段所示,电离损失率与 v^2 成正比。

当重带电粒子速度慢到一定程度时,不再使内壳层电子电离或者激发。而且速度减小时,重带电粒子从介质中俘获电子的概率增加,减少了其有效电荷,电离损失也会因此减少。但这一能区,至今仍无满意的理论解释。

重带电粒子的有效电荷定义为:

$$z^*(v,Z) = \left[\frac{(dE/dx)_h}{(dE/dx)_p} \right]^{1/2} \tag{3-3}$$

式中：　　v——重带电粒子速度,$\text{m} \cdot \text{s}^{-1}$;

　　　　　z^*——重带电粒子的有效电荷;

　　　　　Z——吸收物质原子序数;

$(dE/dx)_h$——重带电粒子在吸收物质中的能量损失率;

$(dE/dx)_p$——质子在吸收物质中的能量损失率。

3.2.2　重带电粒子与原子核的相互作用

前述内容着重考虑了重带电粒子与核外电子发生的非弹性碰撞过程,即电离与激发。重带电粒子与物质原子的原子核之间也存在库仑作用力,也会发生弹性碰撞与非弹性碰撞使重带电粒子损失能量。但实际上,当入射粒子初始能量在十几兆电子伏以上时,因为轫致辐射等占比很小,非弹性碰撞损失是可以忽略的。

对重带电粒子来讲,入射粒子与物质原子核主要发生弹性碰撞。特别是当入射粒子速度极低时（接近电子轨道速度时）,入射粒子与原子核的弹性碰撞作用引起的能量损失可以与电子的阻止作用引起的能量损失相比较。通常把原子核对入射粒子的阻止作用称为核阻止。

3.2.3　重带电粒子在物质中的能量损失

当重带电粒子速度很低时,阻止本领是两部分的叠加:一部分是电子阻止本领,就是入射粒子的能量转移给靶物质原子中的电子;另一部分是核阻止本领,就是能量转移给靶物质中的原子核。在低能区,电子阻止本领随入射粒子速度的增加而增加,而核阻止本领却随速度的增加先迅速增加,直至超过电子阻止本领、达到最大值,然后再降低,如图 3-4 中的曲线所示。单位路程上因核阻止而损失的能量可用 $(-\mathrm{d}E/\mathrm{d}x)_\mathrm{n}$ 表示。对于速度远远超过玻尔速度(氢原子电子在第一轨道上的速度,数值为 $2.2 \times 10^6\ \mathrm{m \cdot s^{-1}}$)的重带电粒子,核阻止本领是电子阻止本领的数千分之一。对于能量为 10 keV 的质子来说,核阻止的贡献占总能量损失的 $1\% \sim 2\%$,能量越高,这种贡献越小,因而可忽略这部分贡献。但对能量很低的重带电粒子和具有很大核电荷的离子(如裂变碎片)来说,核阻止贡献占主要成分。

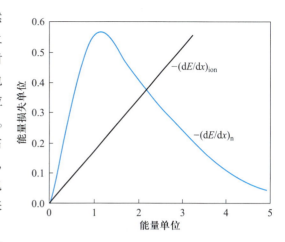

图 3-4　低能量时重带电粒子的核阻止和电子阻止本领曲线

对于高能重带电粒子,在单位路程上的能量损失主要是由于原子核外电子非弹性碰撞作用造成的,可用下式表示重带电粒子的能量损失率

$$-\frac{\mathrm{d}E}{\mathrm{d}x} = \left(-\frac{\mathrm{d}E}{\mathrm{d}x}\right)_\mathrm{ion} + \left(-\frac{\mathrm{d}E}{\mathrm{d}x}\right)_\mathrm{n} \tag{3-4}$$

近似地有

$$-\frac{\mathrm{d}E}{\mathrm{d}x} = \left(-\frac{\mathrm{d}E}{\mathrm{d}x}\right)_\mathrm{ion} \tag{3-5}$$

物质对重带电粒子的质量阻止本领 $(-\mathrm{d}E/\mathrm{d}x)_\mathrm{m}$ 可用下式表示

$$\left(-\frac{\mathrm{d}E}{\mathrm{d}x}\right)_\mathrm{m} = \left(-\frac{\mathrm{d}E}{\mathrm{d}x}\right)_\mathrm{ion} \Big/ \rho \tag{3-6}$$

式中:ρ——物质的密度,$\mathrm{kg \cdot m^{-3}}$。

相对阻止本领是指一种物质的阻止本领与某一标准物质的阻止本领的比值。通常把在 15 ℃、101.325 kPa 气压下的空气选作这种标准物质。物质 A 的相对阻止本领可用下式表示

$$Q = \left(-\frac{\mathrm{d}E}{\mathrm{d}x}\right)_\mathrm{A} \Big/ \left(-\frac{\mathrm{d}E}{\mathrm{d}x}\right)_\mathrm{st} \tag{3-7}$$

$$Q = \frac{\left(-\dfrac{\mathrm{d}E}{\mathrm{d}x}\right)_\mathrm{A}}{\left(-\dfrac{\mathrm{d}E}{\mathrm{d}x}\right)_\mathrm{st}} \times \frac{\rho_\mathrm{st}}{\rho_\mathrm{A}} \tag{3-8}$$

$$Q = \frac{A_\mathrm{st} Z_\mathrm{A} \ln(2m_\mathrm{e} v^2 / \bar{I}_\mathrm{A})}{A_\mathrm{A} Z_\mathrm{st} \ln(2m_\mathrm{e} v^2 / \bar{I}_\mathrm{st})} \tag{3-9}$$

式中:ρ_A 和 ρ_st——物质 A 及标准物质的密度,$\mathrm{kg \cdot m^{-3}}$;

A_A 和 A_st——物质 A 及标准物质的原子量;

Z_A 和 Z_st——物质 A 及标准物质原子的原子序数;

$\bar{I}_\mathrm{A}$ 和 $\bar{I}_\mathrm{st}$——物质 A 及标准物质原子的平均激发能,MeV;

m_e——电子的静止质量,$m_e = 9.109\,534 \times 10^{-31}\ \text{kg}$;

v——重带电粒子的速度,$\text{m} \cdot \text{s}^{-1}$。

每个原子对重带电粒子的阻止本领称为原子对重带电粒子的阻止截面,用 Σ 表示,单位为 $\text{MeV} \cdot \text{cm}^2$。如果可以忽略核阻止本领,阻止截面可用下式表示

$$\Sigma = \Sigma_e = \frac{1}{N}\left(-\frac{\text{d}E}{\text{d}x}\right)_{\text{ion}} \tag{3-10}$$

式中:N——单位体积的原子数目。

对于包含 k 种元素的物质来说,重带电粒子在单位路程上的电离损失可用下式计算

$$\left(-\frac{\text{d}E}{\text{d}x}\right) = \rho \sum_{i=1}^{k}\left(w_i \frac{N_A}{A_i}\Sigma_i\right) \tag{3-11}$$

式中:ρ——物质的密度,$\text{kg} \cdot \text{m}^{-3}$;

w_i——第 i 种元素的质量分数;

A_i——第 i 种元素的原子量;

N_A——阿伏伽德罗常数,$N_A = 6.022\,136\,7 \times 10^{23}$;

Σ_i——第 i 种元素原子的阻止截面,$\text{MeV} \cdot \text{cm}^2$。

图 3-5 为 α 粒子射入标准状况空气后,在它路径上各点的比电离值变化情况。标准状况的空气是指压力为 101.325 kPa、温度为 15℃、密度为 1.225 kg/m³ 时的空气。图 3-5 中纵坐标为 α 粒子在路径上各点的比电离值,横坐标为 α 粒子在路径上某一点距路程末端的距离,通常把这个距离称为 α 粒子的剩余射程。

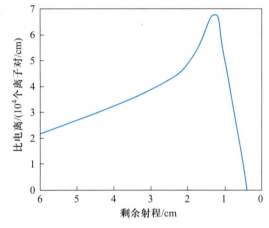

图 3-5   α 粒子的比电离与其在空气中剩余射程的关系

3.3   快速电子与物质的相互作用

快速电子包括 β 射线(正电子和电子)和单能电子束。由于电子的静止质量与重带电粒子相差甚远,比如电子质量只有 α 粒子的 1/7 000,所以它与物质相互作用及在物质中的运动轨迹都与重带电粒子有很大差异。快速电子与原子发生非弹性碰撞,使原子电离或激发,而自身损失能量,这与重带电粒子的情况类似。但不同的是,它与轨道电子的一次作用中,可以损失相当大份额甚至全部的能量,并显著改变自己的运动方向。电子与原子核库仑场作用发生非弹性碰撞,产生轫致辐射,能量为几个 MeV 的电子在铅中的轫致辐射损失率接近电离损失率,因此快速电子在物质中的损失一般需考虑电离损失和轫致辐射损失。

轫致辐射是指带电粒子受核或其他带电粒子的电场的作用,改变其运动速率或运动方向时所产生的电磁辐射。它是 X 射线的一种,如图 3-6 所示。

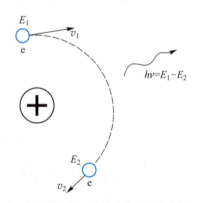

图 3-6   电子因为原子核的库仑力而发生轫致辐射

电子与原子核发生弹性碰撞,由于电子质量小,虽能量损失额很少,但运动方向变化大,即散射严重,这一点和重带电粒子与原子核弹性散射不同,因此快速电子在物质中会穿过较长的路程,且路径曲折,路程与射程差别较大,1 MeV 的电子在水中每微米只产生 5 个离子对。重带电粒子在吸收物质中的径迹基本上是直线,射程与路程长度的差别不大,1 MeV 的 α 粒子在水中每微米约产生 800 个离子对。

3.3.1 快速电子与核外电子的相互作用

快速电子在穿过物质时与物质原子的核外电子发生非弹性碰撞,快速电子将能量传给核外电子使原子发生电离或激发。对于能量达到 100 keV 以上的快速电子来说,一般需要考虑相对论效应,这样得到的快速电子在单位路程上的电离损失,即电离损失率,可写成公式如下

$$\left(-\frac{dE}{dx}\right)_{ion} = \frac{4\pi e^4}{m_e v^2} NZ \frac{1}{(4\pi\varepsilon_0)^2} \left[\ln\frac{2m_e v^2}{I} + \ln(\gamma-1) + \frac{1}{2}\ln(\gamma+1) - \left(3+\frac{2}{\gamma}-\frac{1}{\gamma^2}\right)\times\ln\sqrt{2} + \frac{1}{16} - \frac{1}{8\gamma} + \frac{9}{16\gamma^2}\right]$$

$$(3-12)$$

式中:$\gamma = [1-(v^2/c^2)]^{-1/2}$ 的意义与式(3-1)相同。

在快速电子能量低到不需考虑相对论效应时,即 γ 接近于 1 时,式(3-12)可简化为

$$\left(-\frac{dE}{dx}\right)_{ion} = \frac{4\pi e^4}{m_e v^2} NZ \frac{1}{(4\pi\varepsilon_0)^2} \left[\ln\frac{2m_e v^2}{I} - 1.2329\right]$$

$$(3-13)$$

在忽略了相对论效应后,电子的电离损失近似与 v^2 成反比。在相同能量时,电子的速度比重带电粒子大得多,单位路程具有更小的电离损失,因而具有更强的穿透本领。

3.3.2 快速电子与原子核的相互作用

因为电子与原子核质量相差很大,发生弹性碰撞时电子的能量变化很小。因此,发生弹性散射时,电子的运行方向变化很大。电子越靠近原子核,受到的库仑力越大,散射越厉害,散射角度越大。

电子穿过物质时先后受到许多原子核的弹性散射作用,称为多次散射。电子在物质中的行程越大,散射次数越多,电子的偏转就越显著。电子经过多次散射,最终散射角可能大于 90°,甚至可能发生 180°折返,这种大于 90°的散射称为反散射,如图 3-7 所示。

电子与原子核发生非弹性散射时主要通过韧致辐射损失能量。在单位路程上由于韧致辐射而损失的能量称为辐射损失率,可用符号 $(-dE/dx)_{rad}$ 表示。$(-dE/dx)_{rad}$ 与带电粒子的质量 M、电荷数 z、动能 E、吸收物质等之间的关系可用下式表示

图 3-7 电子的反散射

$$\left(-\frac{dE}{dx}\right)_{rad} \propto \frac{z^2 E}{M^2} NZ^2$$

$$(3-14)$$

式中:N——吸收物质单位体积的原子数目;

Z——吸收物质的原子序数。

由式(3-14)可以看出:

(1)辐射损失率和带电粒子静止质量的平方成反比,重带电粒子的辐射损失率是很小的,只

有电子才需要考虑辐射损失；

（2）辐射损失率和吸收物质原子的原子序数 Z 的平方成正比，所以，重物质比轻物质更易产生轫致辐射。在使用重物质防护电子时，必须同时考虑由电子产生的轫致辐射；

（3）辐射损失率随粒子动能的增加而增加，这是与电离损失的情况不同的。

可用下式计算快速电子的辐射损失率 $(-\mathrm{d}E/\mathrm{d}x)_{\mathrm{rad}}$，即

$$\left(-\frac{\mathrm{d}E}{\mathrm{d}x}\right)_{\mathrm{rad}} = NE\sigma_{\mathrm{rad}} \tag{3-15}$$

式中：E——快速电子能量；

　　N——单位体积内原子数目；

　　σ_{rad}——每个原子的轫致辐射截面。

σ_{rad} 可表示为

$$\sigma_{\mathrm{rad}} = \frac{1}{137}\left(\frac{e^2}{m_{\mathrm{e}}c^2}\right)^2 Z(Z+1)B \tag{3-16}$$

式中：e——电子电荷，$e = 1.602\,189\,2\times10^{-19}$ C；

　　m_{e}——电子的静止质量，$m_{\mathrm{e}} = 9.109\,534\times10^{-31}$ kg；

　　c——光速，$c = 2.997\,9\times10^{8}\mathrm{m}\cdot\mathrm{s}^{-1}$；

　　B——与计算轫致辐射截面有关的常数。

轫致辐射产生的 X 射线谱是连续谱，这是由于在靶原子核的电磁场作用下，带电粒子的速度是连续变化的，损失的能量是连续的，所以放出的 X 射线的能谱也是连续的，如图 3-8 所示。

当 β 射线在屏蔽材料内被完全阻止时，转换为轫致辐射的份额 F，可根据式（3-16）对 β 射线的最大射程积分获得

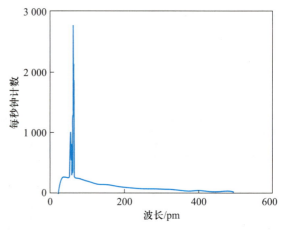

图 3-8　电子射入铑（Rh）中产生的轫致辐射

$$F = 3.33\times10^{-4}\cdot E_{\max}\cdot Z_{\mathrm{e}} = 1\times10^{-3}\cdot\overline{E_{\beta}}\cdot Z_{\mathrm{e}} \tag{3-17}$$

式中：Z_{e}——材料有效原子序数；

　　$E_{\max}$——β 射线的最大能量，MeV；

　　$\overline{E_{\beta}}$——β 射线的平均能量，MeV。

轫致辐射的研究具有重要的意义，X 射线装置产生的 X 射线连续谱就是快速电子在厚靶中的轫致辐射谱；β 放射源的防护必须考虑具有连续能量的 β 粒子轫致辐射的能量分布；电子加速器的防护更必须考虑轫致辐射；在 γ 能谱测量中必须考虑轫致辐射对标准 γ 谱和本底的影响等。

3.3.3　快速电子在物质中的能量损失

快速带电粒子穿过物质时总的能量损失率应是电离损失率与辐射损失率之和，可表示为

$$-\frac{\mathrm{d}E}{\mathrm{d}x} = \left(-\frac{\mathrm{d}E}{\mathrm{d}x}\right)_{\mathrm{ion}} + \left(-\frac{\mathrm{d}E}{\mathrm{d}x}\right)_{\mathrm{rad}} \tag{3-18}$$

由式（3-12）、式（3-15）和式（3-16）可知，两种能量损失的比值可表示为

$$\frac{(-\mathrm{d}E/\mathrm{d}x)_{\mathrm{rad}}}{(-\mathrm{d}E/\mathrm{d}x)_{\mathrm{ion}}}=\frac{ZE}{800} \tag{3-19}$$

式中：E——带电粒子的能量，MeV；

Z——吸收物质的原子序数。

电子的电离损失和辐射损失随能量的变化如图 3-9 所示。

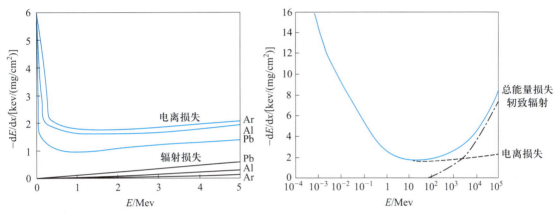

图 3-9 电子的电离损失和辐射损失与电子能量的关系

为了比较电离和辐射损失作用的大小，把某种物质中电离损失率和辐射损失率相等的电子能量，称为该物质的临界能量，用符号 E_c 表示。当电子能量 $E>E_c$ 时，辐射损失率超过电离损失率，当 $E<E_c$ 时，电离损失率超过辐射损失率。

对于能量为几兆电子伏的电子或 β 射线来说，电离损失仍是主要的。举例来讲，10 MeV 的 β 粒子在铅中的辐射损失仅占能量总损失率的 16%，尽管如此，在对 β 射线的防护中仍需要考虑辐射损失，在 β 射线测量时对于韧致辐射造成的本底计数也不能忽略。因此，为了减少韧致辐射的本底干扰，在用于屏蔽宇宙 β 射线的铅室内部宜采用原子序数低的材料作为内壁和探测器支架。

3.4 正电子与物质的相互作用

正电子与物质发生相互作用的能量损失机制即电离损失和辐射损失与电子相同。不同点在于高速正电子进入物质后会迅速被慢化，然后在正电子径迹的末端，即停下来的瞬间与介质中的电子发生湮灭，放出湮灭辐射；同时它还可以与介质中的一个电子结合成电子偶素，即电子-正电子对的束缚态，如图 3-10 所示；然后再湮灭，产生湮灭辐射。

一个粒子与其反粒子相遇发生湮灭时所产生的辐射称为湮灭辐射。在湮灭过程中，正、反粒子本身消失而发

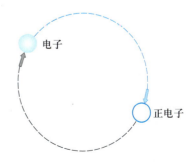

图 3-10 一个电子和一个正电子围绕着它们的质心旋转形成电子偶素

射与它们性质不同的粒子。如正电子和负电子相遇时,正、负电子本身消失,产生两个能量为 0.511 MeV 的光子。这种湮灭辐射与两个碰撞粒子之间遵循能量守恒和动量守恒定律。

当正负电子湮灭成两个光子时,由能量守恒和动量守恒分别可得

$$m_{e^+}c^2 + m_{e^-}c^2 = h\nu_1 + h\nu_2 \qquad (3-20)$$

$$\frac{h\nu_1}{c} - \frac{h\nu_2}{c} = 0 \qquad (3-21)$$

式中:m_{e^+},m_{e^-}——正电子和负电子质量;

ν_1,ν_2——两个光子的频率;

h——普朗克常量,$h = 6.626\,068\,96 \times 10^{-34}$ J·s。

因此,两个湮灭光子的能量相同,均为 0.511 MeV;两个湮灭光子的发射方向相反,其发射是各向同性的。实际上,正电子发生湮灭时速度不为 0,两个湮灭光子的体系动量不为 0,因此湮灭产生的 γ 射线能量存在对称的多普勒展宽,这一宽度约为 2 keV。

3.5 带电粒子在物质中的射程

辐射穿过物质时,部分或全部被阻止在物质中的现象称为吸收。吸收又可分为能量吸收和粒子吸收。辐射穿过物质时,将其部分或全部的能量传递给物质的现象,称为能量吸收,如带电粒子引起物质的电离或激发。辐射与原子相互作用,在这个过程中粒子不再作为一个自由粒子存在,即使随后又发射一个或几个与入射粒子相同或不同的粒子,都称作粒子吸收。射程是指带电粒子在物质中不断与原子核和电子相互作用,其动能减少至不能再产生电离、激发时所经过的距离。如果不指明在哪种物质中,而只是说射程多少,就是指粒子在标准状况下的空气中的射程。路程是指粒子在吸收物质中所经过的实际路径的长度。射程和路程的表达如图 3-11 所示。

角度歧离是指由于粒子与靶原子核碰撞时经历小角度偏转,多次碰撞导致粒子偏离原来的运动方向的现象。这种过程也是随机的,有的粒子角度偏离大,有的偏离小,如图 3-12 所示。

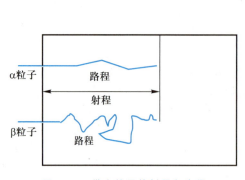

图 3-11 带电粒子的射程和路程

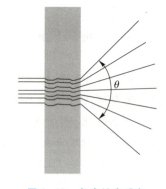

图 3-12 角度歧离现象

除了角度歧离外,入射粒子还会发生射程歧离。相同能量的粒子在同一种物质中的射程并不完全相同,这种现象称为射程歧离。发生这种现象的原因是粒子在每两次碰撞间穿过的距离

以及每次碰撞带电粒子失去的能量不完全相同,因而相同能量粒子的射程不是一个定值。

3.5.1　重带电粒子在物质中的射程

重带电粒子的质量大,与物质原子相互作用时,其运动方向几乎不变。因此,重带电粒子的射程与其路程相近,如图 3-11 所示。设重带电粒子的初始动能为 E_0,则粒子的路程 R 可用下式计算,即

$$R = \int_{E_0}^{0} dx = \int_{E_0}^{0} dE \Big/ \Big(-\frac{dE}{dX} \Big) = \frac{m_e m}{4\pi z^2 e^4 NZ} \int_{0}^{v_0} \frac{v^3}{B(v)} dv \tag{3-22}$$

其中,

$$B(v) = \ln \frac{2m_e v^2}{I} - \ln\Big(1 - \frac{v^2}{c^2}\Big) - \frac{v^2}{c^2} \tag{3-23}$$

R 可近似为重带电粒子的射程。

同一重带电粒子在不同吸收物质中的射程可按 Bragg-Kleeman 公式计算,误差在 15% 以内,此公式为

$$\Big(\frac{R\rho}{\sqrt{A}}\Big)_1 = \Big(\frac{R\rho}{\sqrt{A}}\Big)_2 = \Big(\frac{R\rho}{\sqrt{A}}\Big)_3 = \cdots \tag{3-24}$$

式中:R——粒子射程,cm;

　　　ρ——物质的密度,$g \cdot cm^{-3}$;

　　　A——物质的原子量;

　1、2、3——物质的种类。

对于 a、b 两种物质有

$$\frac{R_a}{R_b} = \frac{\rho_b}{\rho_a} \sqrt{\frac{A_a}{A_b}} \tag{3-25}$$

式中:ρ_a、ρ_b——物质 a 和 b 的密度,$g \cdot cm^{-3}$;

　　　A_a、A_b——物质 a 和 b 的原子量。

通过代入空气的密度和有效原子量,可知重带电粒子在其他物质中的射程 R 可用在空气中的射程 R_{air} 进行换算,即

$$R = 3.2 \times 10^{-4} \frac{\sqrt{A}}{\rho} R_{air} \tag{3-26}$$

对于由多种核素组成的物质,其有效原子量 A_{eff} 由下式计算

$$(A_{eff})^{1/2} = \frac{\sum_{i=1}^{K} (w_i A_i)}{\sum_{i=1}^{K} (w_i \sqrt{A_i})} \tag{3-27}$$

式中:A_i、w_i——第 i 种核素的原子量和质量分数。

对于由多种元素组成的物质,其有效原子序数 Z_{eff} 由下式计算:

$$Z_{eff} = \sqrt[2.94]{f_1 \times (Z_1)^{2.94} + f_2 \times (Z_2)^{2.94} + f_3 \times (Z_4)^{2.94} + \cdots} \tag{3-28}$$

式中：f_n——物质中每种元素电子的比例；

Z_n——物质中每种元素的原子序数。

射程有时以质量厚度来表示，单位是 g/cm^2，符号为 R_m，R_m 和 R 的关系为

$$R_m = R\rho \tag{3-29}$$

由于空气和人体组织的有效原子量相同，因此它们用质量厚度表示的射程具有大致相同的数值，这是用质量厚度表示射程的一大优点。

图 3-13a 所示为用于测量 α 粒子在空气中射程的实验装置。放射源发射的 α 射线经过准直器准直后，进入 α 粒子探测器，产生电脉冲信号，再由电子仪器进行计数。α 粒子探测器可沿 α 粒子的运动方向移动。通过改变探测器到放射源的距离，可以测量在不同位置上 α 粒子的计数率，也就是单位时间的计数，单位为 c/s（counts per second）。

在图 3-13b 中，dn/dx 是 $n(x)$ 对 x 的导数，它表示单位路程上 α 粒子计数的变化率。曲线 $n(x)$ 称为 α 粒子射程测量的积分曲线，曲线 dn/dx 称为 α 粒子射程测量的微分曲线。

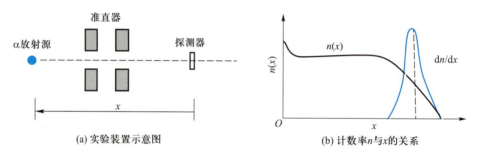

(a) 实验装置示意图   (b) 计数率 n 与 x 的关系

图 3-13 α 粒子射程实验装置和测量结果

一组单能 α 粒子射程的平均值称为平均射程，在图 3-13b 中 dn/dx 曲线的纵坐标最大值所对应的横坐标数值就是平均射程。通常用式（3-22）计算出来的重带电粒子射程都是平均射程。

重带电粒子的射程与它的能量有关，能量越大则射程越长。表 3-2 给出几种能量的 α 粒子在空气、生物组织和铝这三种物质中的射程。

表 3-2 α 粒子在三种物质中的射程

吸收物质	α 粒子能量/MeV					
	5	6	7	8	9	10
	射程/μm					
空气	$3.5×10^3$	$4.6×10^3$	$5.9×10^3$	$7.4×10^3$	$8.9×10^3$	$10.4×10^3$
生物组织	43	56	72	91	110	130
铝	23	30	38	48	58	69

重带电粒子沿其路径所经受的碰撞次数和每次碰撞所损失的能量都是一个随机量，这个原因也可导致能量歧离现象的出现。由实验可知，大量能量相同的同一种重带电粒子在穿透物质以后，能量在平均值上下涨落。3 MeV 的单能质子穿透 $3.3\ mg \cdot cm^{-3}$ 金箔后能量的歧离现象如

图 3-14 所示。由图 3-14 可以看出,同一能量的大量重带电粒子在进入物质后,在不同深度处的能量歧离是不同的,进入物质越深,歧离现象越严重。

3.5.2　快速电子的吸收和射程

快速电子可以是单能电子束或者是 β 射线。以单能电子束在铝中的射程为例,最大射程 $R_{\beta max}$ 与其能量 $E(\text{MeV})$ 之间的关系可以表示为

$$
\begin{aligned}
R_{\beta max}(E) &= 412E^n, n = 1.265 - 0.095\,4\ln E \quad 0.01\ \text{MeV} < E < 3\ \text{MeV} \\
R_{\beta max}(E) &= 0.530E - 0.106 \quad\quad\quad\quad\quad\quad 2.5\ \text{MeV} < E < 20\ \text{MeV}
\end{aligned}
\tag{3-30}
$$

但是 β 射线的能量是从零到 $E_{\beta max}$ 连续分布,所以各 β 粒子的射程差别很大。即使是初始能量相同的一束电子,由于它们在电离过程中损失的能量涨落很大,同时还存在韧致辐射和多次散射,因而它们在同一物质中穿过的直线距离差别也很大,所以不能用 α 粒子那样的平均射程的概念来说明 β 粒子的情况。β 粒子在吸收物质中的路径如图 3-15 所示,显而易见,不能用平均射程的概念说明 β 粒子在物质中的穿透情况。

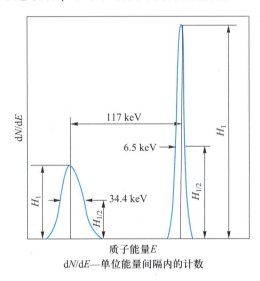

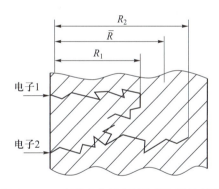

图 3-14　单能质子穿透一定厚度物质后的能量歧离现象　　　图 3-15　β 射线在物质中的路径和平均射程

图 3-16 所示为 β 射线吸收实验装置和 β 射线的吸收曲线。这是一束 β 射线垂直入射到某种物质的吸收片上,用 β 射线探测器测量透过不同厚度吸收片的 β 粒子数目的结果。

由图 3-16b 可以看出,随着吸收厚度的增加,穿透吸收片的快速电子在单位时间内的数目是不断减少的,产生这种现象的原因包括两个方面:一是部分快速电子失去全部能量而停留在吸收片中;二是快速电子受原子核的多次散射,大大偏离了入射到物质上的初始方向,而没有进入探测器。

还有一种计算射程的方法,是把快速电子的吸收曲线按其下降趋势外推到计数为零(扣除本底以后)时的吸收物质的厚度,把这个厚度 R 称为 β 射线在该种物质中的射程,这样确定的 β 粒子的射程实际上是一束 β 粒子或一束单能电子的最大射程,如图 3-16c 所示。由于电子在电离碰撞过程中损失能量具有统计性质,所以电子射程的涨落高达 10% ~ 15%。一束单能电子和能

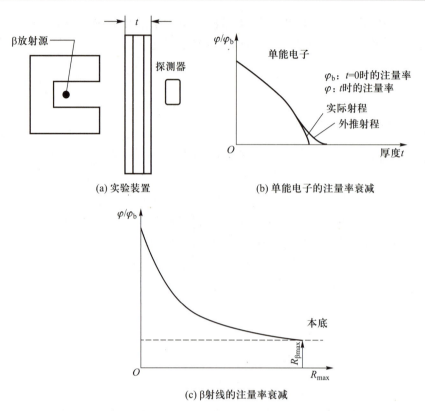

(a) 实验装置　　　　　　　　(b) 单能电子的注量率衰减

(c) β 射线的注量率衰减

图 3-16　快速电子穿透物质时的实验装置和吸收曲线

量连续的 β 粒子在物质中的吸收情况是不同的,但最大能量为 E 的 β 射线和能量都是 E 的一束电子具有相同的射程。

表 3-3 中给出 β 粒子在空气、生物组织和铝中的射程。根据实际得到的以质量厚度单位 $(g \cdot cm^{-2})$ 表示的 β 射线在铝中的最大射程 $R_{\beta max}$ 与 β 射线最大的能量 $E_{\beta max}$ 之间的关系可用下式表示

$$R_{\beta max} = 4.07 E_{\beta max} \qquad\qquad 0.15 \text{ MeV} < E_{\beta max} < 0.8 \text{ MeV}$$
$$R_{\beta max} = 5.42 E_{\beta max} - 0.133 \qquad E_{\beta max} > 0.8 \text{ MeV}$$

(3-31)

用质量厚度表示射程有两个原因:一是对薄吸收片的质量测量比厚度测量更准确;二是对于原子序数相差不大的两种物质,用质量厚度表示的射程在数值上相差不大,这是由于 β 粒子和物质的相互作用主要取决于物质单位体积的原子数目和原子序数。

表 3-3　β 粒子在几种物质中的最大射程

β 粒子的最大能量 E_β/MeV	铝		生物组织或水	空气
	$R_{\beta max}/(mg \cdot cm^{-2})$	$R_{\beta max}$/mm	$R_{\beta max}$/mm	$R_{\beta max}$/mm
0.01	0.16	0.000 6	0.002	0.13
0.02	0.70	0.002 6	0.008	0.52
0.03	1.50	0.056	0.018	1.12

续表

β 粒子的最大能量 E_β/MeV	铝		生物组织或水	空气
	$R_{\beta max}$/(mg·cm^{-2})	$R_{\beta max}$/mm	$R_{\beta max}$/mm	$R_{\beta max}$/mm
0.04	2.6	0.096	0.030	1.94
0.05	3.9	0.014 4	0.046	2.94
0.06	5.4	0.020 0	0.063	4.03
0.07	7.1	0.026 3	0.083	5.29
0.08	9.3	0.034 4	0.109	6.93
0.09	11	0.010 7	0.129	8.20
0.1	14	0.050 0	0.158	10.1
0.2	42	0.155	0.491	31.3
0.3	76	0.281	0.889	56.7
0.4	115	0.426	1.35	85.7
0.5	160	0.593	1.87	119
0.6	220	0.778	2.46	157
0.7	250	0.926	2.92	186
0.8	310	1.15	3.63	231
0.9	350	1.30	4.10	261
1.0	410	1.52	4.80	306
1.25	540	2.02	6.32	406
1.50	670	2.47	7.80	494
1.75	800	3.01	9.50	610
2.0	950	3.51	11.1	710
2.5	1 220	4.52	14.3	910
3.0	1 500	5.50	17.4	1 100
3.5	1 750	6.48	20.4	1 300
4.0	2 000	7.46	23.6	1 500
4.5	2 280	8.44	26.7	1 700
5	2 540	9.42	29.8	1 900
6	3 080	11.4	36.0	2 300
7	3 650	13.3	42.2	2 700
8	4 140	15.3	48.4	3 100
9	4 650	17.3	54.6	3 500

β 粒子的最大能量 E_β/MeV	铝		生物组织或水	空气
	$R_{\beta max}$/(mg·cm^{-2})	$R_{\beta max}$/mm	$R_{\beta max}$/mm	$R_{\beta max}$/mm
10	5 200	19.2	60.8	3 900
12	6 250	23.2	73.2	4 700
14	7 300	27.1	85.6	5 400
16	8 400	31.0	98.0	6 200
18	9 500	35.0	110	7 000
20	10 600	39.0	123	7 800

β 射线穿过物质一个明显的特点是 β 粒子数目随穿透深度增大而逐渐减少。在 0.6 MeV < $E_{\beta max}$ < 6 MeV 的能量范围内,β 射线穿过物质的衰减通常按指数规律表示,即

$$\varphi = \varphi_0 e^{-\mu_1 x} \tag{3-32}$$

式中:I_0——β 射线穿过吸收物质之前的注量率,cm^{-2}·s^{-1};在平行束情况下,注量率即为单位时间内穿过与粒子入射方向垂直的单位面积上的粒子数;

　　φ——β 射线穿过 x 厚度吸收物质之后的注量率,cm^{-2}·s^{-1};

　　x——β 射线穿过厚度,cm;

　　μ_1——物质对 β 射线的线衰减系数,cm^{-1}。

对式(3-32)求导可得

$$\mu_1 = -\frac{d\varphi}{\varphi dx} \tag{3-33}$$

可知,线衰减系数 μ_1 的物理意义是射线穿过单位厚度物质后被减少部分的份额,μ_1 值依赖于物质类型、射线种类及能量。

同时,衰减公式还可变换为

$$\varphi = \varphi_0 e^{-\mu_1 x} = \varphi_0 e^{-\frac{\mu_1}{\rho} x \rho} = \varphi_0 e^{-\mu_{1,m} x_m} \tag{3-34}$$

式中:ρ——物质的密度,g·cm^{-3};

　　x_m——物质的质量厚度,g·cm^{-2};

　　$\mu_{1,m}$——物质的质量吸收系数,cm^2·g^{-1}。

$\mu_{1,m}$ 定义为 $d\varphi/\varphi$ 除以 ρdl 而得的商,即

$$\mu_{1,m} = -\frac{1}{\rho dx} \frac{d\varphi}{\varphi} \tag{3-35}$$

质量衰减系数的物理意义是射线穿过单位质量厚度物质后被减少部分的份额,与 β 粒子的最大能量 $E_{\beta max}$ 有关,并随着物质的原子序数 Z 的增加而缓慢增加。比如铝的 $\mu_{1,m}$ 可用如下的经验公式表示

$$\mu_{1,m} = \frac{17}{E_{\beta max}^{1.48}} \tag{3-36}$$

线衰减系数是描述注量率的参数,与之对应的系数为吸收系数 μ_{en},用来描述射线通过物质时的能量衰减规律,即

$$E = E_0 e^{-\mu_{en}x} \tag{3-37}$$

式中:E_0——β 射线穿过吸收物质之前的能量,MeV

E——β 射线穿过 x cm 物质之后的能量,MeV;

μ_{en}——物质对 β 射线的线吸收系数,cm^{-1}。

线吸收系数 μ_{en} 的物理意义是射线穿过单位厚度物质时被吸收的能量份额,记作

$$\mu_{en} = -\frac{1}{E}\frac{dE}{dx} \tag{3-38}$$

为描述单位质量物质对射线能量的吸收程度,引入质量吸收系数,记作

$$\mu_{en,m} = \frac{\mu_{en}}{\rho} = \frac{1}{\rho dx}\frac{dE}{E} \tag{3-39}$$

质量吸收系数 $\mu_{en,m}$ 的物理意义是射线穿过单位质量厚度物质时被吸收的能量份额。用 $\mu_{en,m}$ 表示的射线能量衰减规律为

$$E = E_0 e^{-\mu_{en,m}x_m} \tag{3-40}$$

3.6　γ 射线与物质的相互作用

γ 射线与物质的相互作用和带电粒子与物质的相互作用显著不同。带电粒子通过吸收物质的原子产生电离或激发以及韧致辐射来损失能量,每次碰撞所损失的能量是很小的,需经过多次碰撞才损失全部能量。γ 射线与物质的相互作用一次就可能损失大部分或全部能量,而与物质未发生相互作用的 γ 射线将保持初始的能量穿过物质。γ 射线主要有三个来源:被激发的原子核退激发出特征 γ 射线;原子核衰变产生 γ 射线;正负电子湮灭辐射产生 γ 射线。γ 射线与物质的相互作用主要有三类过程:光电效应、康普顿效应和电子对效应。

3.6.1　光电效应

光子在原子中被完全吸收,将全部能量传递给一个轨道电子并使其从原子中飞出,而光子本身消失的现象称作光电效应。如图 3-17 所示,光电效应中发射出来的电子称为光电子。

根据经典电磁理论,光是电磁波,电磁波的能量决定于它的强度,即与振幅的平方成正比,如图 3-18 所示,图 3-18b 所示的光比图 a 的强。即使光的频率较小,当增大光强时也应该可以击出电子。而实验中发现每一种金属在产生光电效应时都存在极限频率(或称截止频率),即照射光的频率不能低于某一临界值。相应的波长被称为极限波长(或称红限波长)。当入射光的频率低于极限频率时,无论多强的光都没有光电子逸出。同时实验中还发现,光电效应中产生的光电子的速度与入射光的频率有关,与光强无关。入射光的强度只影响光电流的强弱,即只影响在单位时间内由单位面积逸出的光电子数目。且光电子的产生是

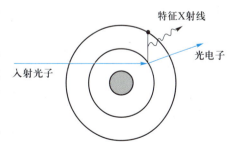

图 3-17　光电效应示意图

瞬时性的。这些观察到的现象都与经典理论相悖。

(a)　　　　　　　　　　　　　　(b)

图 3-18　频率相同振幅不同的两束光

1905 年,爱因斯坦基于普朗克的量子理论提出光量子理论,即光是具有能量 $E = h\nu$ 的光子流。当打在金属上光的频率低于极限频率时,每个光子能量较小,不足以使电子克服脱离金属表面所需要的逸出功,则产生不了光电效应。光的频率大于极限频率时,电子吸收的能量足以克服逸出功而脱离金属表面时,即可产生光电效应。

发生光电效应时,光子损失全部能量。光子能量和逸出电子的动能、逸出功之间的关系表示为

$$h\nu = \frac{1}{2}mv_{\mathrm{e}}^2 + \varphi \tag{3-41}$$

式中:h——普朗克常数,$h = 6.626\,068\,96 \times 10^{-34}$ J·s;

　　　ν——光的频率,Hz;

　　　m——光电子质量,kg;

　　　v_{e}——光电子初始速度,m·s^{-1};

　　　φ——逸出功,MeV。

逸出功是指电子从表面内逃逸到表面外所需克服的最低表面能量势垒,即

$$\varphi = h\nu_0 \tag{3-42}$$

式中:ν_0——光电效应的极限频率,Hz。

光电效应仅当光子与原子中的束缚电子作用时才能发生,光子与自由电子作用时不能发生光电效应。对于静止电子,假设能够发生光电效应,则系统中的能量与动量守恒,在相对论下可以表示为

$$mc^2 + h\nu = \gamma mc^2$$
$$h\nu/c = \gamma mc\beta \tag{3-43}$$

$$\gamma = 1/\sqrt{1 - \beta^2}, \quad \beta = \nu/c \tag{3-44}$$

上式的解只有 $\beta = 0$ 或 1 两种。当 $\beta = 0$ 时,碰撞后电子的速度为 0,当 $\beta = 1$ 时,碰撞后电子的速度为光速,两者皆与理论不符。

因此,光子与自由电子不能发生光电效应,必须要求第三者参与这一过程,带走一些反冲动能和动量,这第三者就是除了发射出去的那个光电子以外的整个原子。电子在原子中束缚越紧,越易使原子参与上述过程,发生光电效应的概率就越大。因此,光电效应一般发生在内层电子而不是外层松散电子。当入射光子的能量大于 K 层的电离能时,实验和理论都表明,光电效应在 K 层发生的概率约为 80%,在 L 层发生的概率比较小一些,在 M 层发生的概率更小。

原子的内壳层失掉一个电子(变成光电子发射出去)以后,原子就处于激发态,这种状态是不稳定的,很快通过退激回到基态。退激的方式有两种:一种是外壳层电子向内壳层空位填补使

原子回到基态,跃迁时多余的能量以特征 X 射线的形式释放出来;另一种是多余的激发能直接使外层电子从原子中发射出来,这样发射出来的电子称为俄歇电子。原子退激的两种方式如图 3-19 所示,两种方式的相对比例与物质原子的原子序数 Z 有关。用 N_K 表示 K 层上每个空位发射荧光光子的数目,$(1-N_K)$ 是相应的 K 层俄歇电子产额,即产生俄歇电子的概率对两种退激发概率之和的比例,N_K 与 Z 的关系如图 3-20 所示。

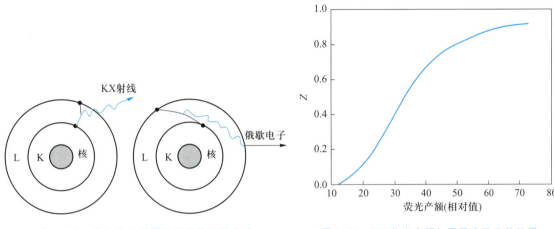

图 3-19　光电效应后原子退激的两种方式　　　　图 3-20　KX 荧光产额与原子序数 Z 的关系

特征 X 射线是指原子的内层电子重新排列时所产生的电磁辐射。特征 X 射线的能量等于与跃迁有关的两个电子轨道能量之差。特征 X 射线可以由电离辐射与原子相互作用打出其内层电子而产生,也可以由内层电子被核俘获而产生。KX 射线是电子从 L 层向 K 层跃迁产生的 X 射线。

如果入射光子是单能的,则光电子的动能也是单能的,如果已知物质原子各壳层的电离能,则利用式(3-36)在测定光电子动能后可以求光子的能量,各个壳层和整个原子的结合能表示为

$$\left\{\begin{array}{l} 对 K 层: B_K = R(Z-1)^2 \\[2mm] 对 L 层: B_L = \dfrac{R}{4}(Z-5)^2 \\[2mm] 对 M 层: B_M = \dfrac{R}{9}(Z-13)^2 \\[2mm] 对整个原子: B_t = 15.73Z^{7/3} \end{array}\right. \qquad (3-45)$$

式中:R——以能量单位表示里德伯常数,$R = 13.61$ eV;

　　　Z——物质原子的原子序数。

光子的能量一般比 B 大得多,这时近似认为 $E_e \approx h\nu$。

3.6.2 康普顿效应

1922 年,康普顿使用钼元素的特征 X 射线(17.4 keV,波长 0.714 Å)照射石墨(图 3-21)研究 X 射线的散射时,通过实验发现,散射光中除了有原波长 λ_0 的 X 光外,还产生了波长 $\lambda > \lambda_0$ 的 X 光,其波长的增量($\Delta\lambda$)只跟散射角度有关,与入射光

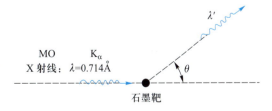

图 3-21　康普顿散射示意图

波长无关,如图 3-22 所示。

康普顿效应是光子与原子的核外电子发生弹性散射的现象,如图 3-23 所示。在此过程中,光子的部分能量和动量传给电子,而本身的波长发生改变,所产生的反冲电子称为康普顿电子。康普顿散射中能量变低的光子称为散射光子。散射光子运动方向与入射光子入射方向之间的夹角 θ 为散射角。反冲电子发射方向与入射光子入射方向夹角 φ 称为反冲角。

光电效应通常发生在原子内层电子上,一次作用就将能量全部传递给电子,光子本身不再存在;而康普顿效应与光电效应不同,康普顿效应通常发生在束缚得最松的原子外层电子上,光子在作用过程中只损失部分能量,运动方向发生变化。虽然光子和束缚电子之间发生的康普效应严格来讲是一种非弹性碰撞,但由于这种效应总是发生在外层电子上,而外层电子的电离能较小,一般是电子伏数量级,与入射光子能量相比,完全可以忽略,所以可以把外层电子看作是"自由电子",这样就可以把康普顿效应看成是光子与处于静止状态的自由电子之间的弹性碰撞,如图 3-23 所示。

根据能量守恒和动量守恒定律,并利用相对论的能量和动量公式,可得

$$h\nu + mc^2 = h\nu' + E'$$

$$E' = \frac{mc^2}{\sqrt{1 - \nu^2/c^2}} \tag{3-46}$$

$$\frac{h\nu}{c} = \frac{h\nu'}{c}\cos\theta + P'\cos\varphi$$

$$\frac{h\nu'}{c}\sin\theta = P'\sin\varphi \tag{3-47}$$

$$P' = \frac{m\nu}{\sqrt{1 - \nu^2/c^2}}$$

式中:$h\nu$——光子散射前的能量,MeV;

　　　$h\nu'$——光子散射后的能量,MeV;

　　　P'——反冲电子动量。

得到散射光子与入射光子的波长差、散射光子和反冲电子的能量 E'_γ、E_∞、φ 与 θ 之间的关系如下

$$\Delta\lambda = \frac{h}{m_e c}(1 - \cos\theta) \tag{3-48}$$

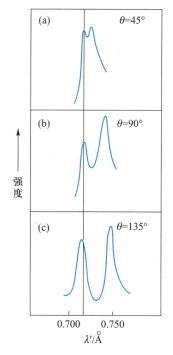

图 3-22　不同角度的散射光子的波长

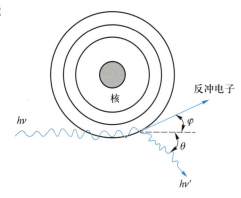

图 3-23　康普顿效应示意图

$$E'_\gamma = h\nu' = \frac{h\nu}{1+\dfrac{h\nu}{m_e c^2}(1-\cos\theta)}$$

$$E_\infty = h\nu - h\nu' = \frac{(h\nu)^2(1-\cos\theta)}{m_e c^2 + h\nu(1-\cos\theta)}$$

$$\cot\varphi = \left(1+\frac{h\nu}{m_e c^2}\right)\tan\frac{\theta}{2} \tag{3-49}$$

$\Delta\lambda$ 只与散射角有关,与波长无关。$\theta=0°$时,$E_\gamma = h\nu$,光子从电子近旁掠过,没有能量损失。$\theta=180°$时,光子与电子正面碰撞,散射光子向相反方向飞出,反射电子沿入射光子方向飞出,发生反散射,反冲电子的动能达到最大值。φ 与 θ 一一对应,且 $0°\leqslant\varphi\leqslant90°$,$0°\leqslant\theta\leqslant180°$,反冲电子的能量在 0 与最大能量之间连续分布。入射光子的能量和动量则在散射光子和反冲电子两者之间进行分配,即

$$E_{max} = \frac{2(h\nu)^2}{m_e c^2 + 2h\nu} \tag{3-50}$$

3.6.3 电子对效应

电子对效应是指能量大于 1.02 MeV 的光子与原子核或其他粒子场相互作用而同时形成一个正电子和一个负电子的过程。在这个过程中,光子消失,如图 3-24 所示。

电子对中的正电子和电子与物质的原子又发生相互作用,负电子最终被物质吸收(若物质厚度大于该电子的射程),正电子在损失其绝大部分能量后和周围物质达到热平衡时与物质中的一个电子发生湮灭,放出两个能量均为 0.511 MeV 的 γ 光子。电子对效应必须在有原子核或电子参与下才能同时满足能量和动量守恒定律。

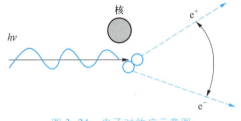

图 3-24 电子对效应示意图

根据能量守恒定律,产生电子对效应的 γ 光子能量必须大于 1.02 MeV。

电子对效应中正负电子对取得的动能之和应为 $(h\nu-2m_e c^2-\Delta)$,Δ 是参加的原子核的反冲动能。通常,Δ 几乎可以忽略不计,正电子和负电子的总动能为 $(h\nu-2m_e c^2)$,但正电子(或负电子)的动能可能是从零到 $(h\nu-2m_e c^2)$ 范围内的各种数值。

3.7 γ 射线与物质的作用截面

当 γ 射线穿过一定厚度的物质时,发生光电效应、康普顿效应和电子对效应是以一定概率出现的,为此,可用截面这个物理量来表示发生这三种相互作用概率的大小。

假设有一平行光子束垂直入射到物质的表面上,单位时间在每平方厘米面积上的光子数目设为 $\varphi(\text{s}^{-1}\cdot\text{cm}^{-2})$,$N$ 为吸收物质单位体积内的原子数目(cm^{-3}),当光子束穿过厚度为 Δx 的吸收物质时,发生相互作用的光子数为 $\text{d}\varphi$,如图 3-25 所示。则有

$$\text{d}\varphi \propto \varphi N \text{d}x \tag{3-51}$$

假设比例系数为 σ,并且考虑到光子与物质作用时数目减少,式(3-51)可以写为

$$-\mathrm{d}\varphi = \varphi N \sigma \mathrm{d}x \qquad\qquad (3-52)$$

$$\sigma = \frac{-\mathrm{d}\varphi}{\varphi N \mathrm{d}x} \qquad\qquad (3-53)$$

式中:$N\mathrm{d}x$——$\mathrm{d}x$ 厚度内单位面积的原子数目;

　　　σ——γ 光子与物质的作用截面。

因为 γ 光子经过物质时发生上述三种效应是相互独立的,所以每个原子的总截面应该是每个原子的三种效应截面之和,表示为

$$\sigma = \sigma_{\mathrm{ph}} + \sigma_{\mathrm{c}} + \sigma_{\mathrm{p}} \qquad\qquad (3-54)$$

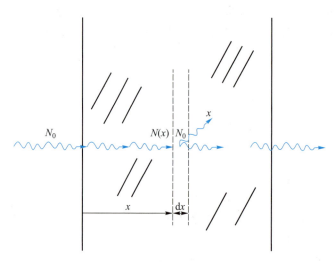

图 3-25　γ 光子在物质中的吸收

3.7.1　光电效应截面

原子的光电效应截面与光子能量的关系曲线称为光电吸收曲线,光电吸收曲线如图 3-26 所示,图中显示出作为光电吸收曲线特征的锯齿状结构,这种尖锐的突变称为光电效应的吸收限,它是在光子能量与 K 层或 L 层或 M 层电子的电离能相一致时出现的。这是因为光子能量逐渐增加到某一壳层的电离能时,会更容易把所有的能量都传递给此壳层上的电子。所以图上出现了截面剧增的情况,这就是光电吸收曲线上的尖锐突变。随着光子能量的进一步增加,光电效应截面又平稳地下降,直到下一个锯齿出现。

原子的光电吸收截面曲线可以分为三个区域:吸收限附近区域 a;离吸收限一定距离的区域 b;相对论区域 c。

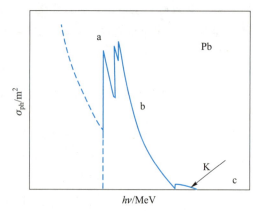

图 3-26　铅的光电效应截面与
光子能量 $h\nu$ 的关系

区域 b K 层电子的光电吸收截面可用表示为

$$\sigma_{K} = \sqrt{32}\left(\frac{m_e c^2}{h\nu}\right)^{7/2} \alpha^4 \sigma_{Th} Z^5 \tag{3-55}$$

区域 c 的 σ_{K} 可用式（3-56）表示，吸收限附近区域的截面需要引进复杂的修正函数，这里予以忽略，即

$$\sigma_{K} = 1.5\left(\frac{m_e c^2}{h\nu}\right) \alpha^4 \sigma_{Th} Z^5 \tag{3-56}$$

式中：α——精细结构常数，$\alpha = 1/137$；

$\quad\sigma_{Th}$——经典电子散射截面，又称 Thomson 截面，$\sigma_{Th} = \frac{8\pi}{3}\left(\frac{e}{m_e c^2}\right)^2 = 6.65 \times 10^{-2} m^2$；

$\quad h\nu$——γ 光子能量；

$\quad Z$——物质原子的原子序数。

由式（3-55）和式（3-56）两个公式可知，无论在哪个能量范围内，光电效应截面与 Z^5 成正比。随着 Z 的增大，光电截面迅速增加。这是因为光电效应是光子和束缚电子的相互作用，Z 越大则电子在原子中束缚得越紧，越容易使原子核参与光电效应过程来满足能量和动量守恒要求。因此，应尽可能选用高原子序数材料来探测 γ 射线或者防护 γ 射线，以提高探测效率或获得更好的防护效果。

由式（3-55）和式（3-56）还可以看出，无论在哪个能量范围，光电截面都是随 γ 射线能量的增加而减少的，只不过在低能区减少得更快些。这一变化趋势可以理解为 γ 射线能量低时，电子在原子中的束缚能相对来说就起着更大的作用，光子能量越低，电子就束缚得越紧，就越容易同时满足能量和动量守恒，发生光电效应。γ 射线的能量越高，电子的束缚相对地松一些，因而产生光电效应的概率就越小。

3.7.2　康普顿散射截面

康普顿散射截面公式可由量子力学推导而得。当入射光子能量很低时（$h\nu < m_e c^2$），作用截面为 $\sigma_c = \frac{8}{3}\pi Z r_0^2$，其中 $r_0 = \frac{e^2}{m_e c^2}$，为经典电子半径。此时作用截面与入射光子能量无关，仅与 Z 成正比。当入射光子能量较高时（$h\nu > m_e c^2$），作用截面为

$$\sigma_c = Z\pi r_0^2 \left(\frac{m_e c^2}{h\nu}\right)\left(\ln\frac{2h\nu}{m_e c^2} + \frac{1}{2}\right) \tag{3-57}$$

此时作用截面与 Z 成正比，近似地与光子能量成反比。散射截面与光子能量的关系如图 3-27 所示。

能量很低时，截面几乎不随光子能量变化，能量较高时，截面随能量升高而降低。

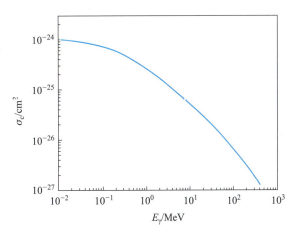

图 3-27　康普顿效应截面与光子能量 $h\nu$ 的关系

3.7.3　电子对效应截面

原子的电子对效应截面 σ_{p},可由理论计算得到。它是吸收物质的原子序数 Z 和 γ 光子能量 E_{γ} 的函数。当 $h\nu$ 稍微大于 $2m_{e}c^{2}$,但并不太大时,则

$$\sigma_{p} \propto Z^{2}E_{\gamma} \tag{3-58}$$

当 $h\nu \gg 2m_{e}c^{2}$ 时,则

$$\sigma_{p} \propto Z^{2}\ln E_{\gamma} \tag{3-59}$$

原子的电子对效应的截面 σ_{p} 与 γ 光子能量的关系如图 3-28 所示。

由以上分析可见,三种效应的截面都与原子序数 Z 有关,σ_{ph} 与 Z^{5} 成正比,σ_{c} 与 Z 成正比,σ_{p} 与 Z^{2} 成正比,所以物质的衰减系数与物质原子的原子序数有密切的关系,同时也与 γ 射线的能量有关。三种效应占比与 Z 及能量 $h\nu$ 的关系如图 3-29 所示。

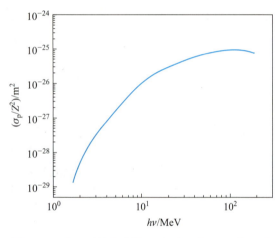
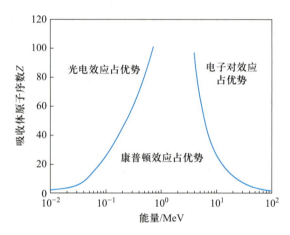

图 3-28　电子对效应截面 σ_{p} 与光子能量 $h\nu$ 的关系　　　图 3-29　不同能量和原子序数时三种效应的占比

低能射线和原子序数高的吸收物质,光电效应占优势;中能射线和原子序数低的吸收物质,康普顿效应占优势;高能射线和原子序数高的吸收物质,电子对效应占优势。

3.8　物质对 γ 射线的吸收

γ 射线通过物质时,如果发生上述几种效应中间的一种效应,γ 光子就从光子束中分离出来,这种情况称为 γ 射线窄束衰减;除了窄束外,还包括散射 γ 射线,则这种情况称为 γ 射线宽束衰减,如图 3-30 所示。

3.8.1　物质对 γ 射线的衰减规律

实验发现,γ 射线在窄束衰减情况下,服从下式:

$$\varphi = \varphi_{0}e^{-N\sigma x} \tag{3-60}$$

式中:φ_{0}——入射前 γ 光子的注量率;

　　　φ——穿过物质后 γ 光子的注量率;

N——物质单位体积内的原子数目;

σ——每个物质原子对 γ 光子的作用截面,是三种效应的总截面。

令

$$\mu = N\sigma \tag{3-61}$$

则

$$\varphi = \varphi_0 \mathrm{e}^{-\mu x} \tag{3-62}$$

式中:μ——物质对 γ 射线的线衰减系数。

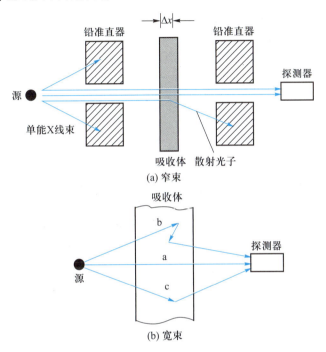

图 3-30 窄束和宽束示意图

3.8.2 物质对 γ 射线的衰减系数

光电效应的线衰减系数 μ_{ph},康普顿散射的线衰减系数 μ_{c} 和电子对应效应的线衰减系数 μ_{p} 分别用下式表示

$$\mu_{\mathrm{ph}} = N\sigma_{\mathrm{ph}} \tag{3-63}$$

$$\mu_{\mathrm{c}} = N\sigma_{\mathrm{c}} \tag{3-64}$$

$$\mu_{\mathrm{p}} = N\sigma_{\mathrm{p}} \tag{3-65}$$

$$\mu_{\mathrm{ph}} = \mu_{\mathrm{ph}} + \mu_{\mathrm{c}} + \mu_{\mathrm{p}} \tag{3-66}$$

光电效应的质量衰减系数、康普顿散射的质量衰减系数和电子对效应的质量衰减系数分别用下式表示

$$\mu_{\mathrm{mph}} = N_A \sigma_{\mathrm{ph}} / A \tag{3-67}$$

$$\mu_{\mathrm{mc}} = N_A \sigma_{\mathrm{c}} / A \tag{3-68}$$

$$\mu_{\mathrm{mp}} = N_A \sigma_{\mathrm{p}} / A \tag{3-69}$$

$$\mu_m = \mu_{mph} + \mu_{mc} + \mu_{mp} \tag{3-70}$$

式中：σ_{ph}、σ_c 和 σ_p——每个原子的光电效应截面、康普顿散射截面和电子对效应截面；

　　　　N_A——阿伏伽德罗常数，$N_A = 6.022\,136\,7\times10^{23}$；

　　　　A——物质原子质量数。

3.9　中子源与中子、物质的相互作用

中子是组成原子核的核子之一，呈现电中性，因此它在靠近原子核时不受核内正电的斥力；它也不能产生初级电离。

中子具有粒子性和波动性，它与原子核的相互作用过程有时表现为两个粒子的碰撞，有时表现为中子波与核的相互作用，中子的波长为

$$\lambda = \frac{2.86\times10^{-11}}{\sqrt{E}} \tag{3-71}$$

式中：λ——中子波长，m；

　　　　E——中子能量，eV；这里取中子静止质量 m 等于 1。

$$\lambdabar = \frac{\lambda}{2\pi} = \frac{4.55\times10^{-12}}{\sqrt{E}} \tag{3-72}$$

中子波长随能量减少而变长，$E=1$ MeV 时，波长约为 10^{-14} m，和原子核的直径相当；即使能量降低到 $E=0.01$ MeV 时，波长约为 4.55×10^{-11} m，和原子的直径相当，但比起平均自由程或宏观尺寸还是要小许多个数量级。因此，除非对于能量非常低的中子，在讨论中子的运动时，把它看成一个粒子来描述是合适的。

3.9.1　中子源

产生中子的设备称为中子源。大多数中子源都是利用核反应来产生中子。根据所产生的中子束流的状况来分，中子源可分为：连续通量中子源和脉冲中子源。根据所产生的中子能量的品质来分，中子源大体可分为单能中子源和白光谱中子源。

1. 同位素中子源

同位素中子源是利用元素的放射性直接产生中子的装置，具有体积小、制备简单以及使用方便的特点。有自发裂变中子源、(α,n)型中子源和(γ,n)型中子源。

（1）自发裂变中子源

自发裂变中子源一般利用超铀元素的自发裂变产生中子，典型的是 ^{252}Cf，常用作核反应堆的初级中子源，用于反应堆的首次启动。^{252}Cf 的等效半衰期为 85.5 a。1 g ^{252}Cf 每秒可以发射 2.31×10^{13} 个平均能量为 2.2 MeV 的中子。

（2）(γ,n)型中子源

(γ,n)型中子源利用(γ,n)反应获得中子。中子能量单一但是中子产额低。比如 Sb-Be 中子源，常作为次级中子源用于反应堆换料之后的重启，反应式为

$$^{124}\text{Sb} \longrightarrow {}^{124}\text{Te} + \beta^- + \gamma \tag{3-73}$$

$$\gamma + {}^9\text{Be} \longrightarrow {}^8\text{Be} + n \tag{3-74}$$

产生的中子能量约为 23 keV。

（3）（α,n）型中子源

（α,n）型中子源利用（α,n）反应产生中子，常见的是 ^{241}Am-Be 中子源。由 ^{241}Am 放射源发出的 α 粒子，打在 Be 上发生反应，产生中子，反应式为

$$\alpha + {}^9\mathrm{Be} \longrightarrow {}^{12}\mathrm{C} + n \tag{3-75}$$

^{241}Am 半衰期为 433 a，中子产额为 $2.2 \times 10^6 \mathrm{~s}^{-1} \cdot \mathrm{Ci}^{-1}$，中子能量为 0.1~11.2 MeV，平均为 5 MeV。^{241}Am-Be 中子源中子产生率高，产生的中子与 γ 光子比例约为 10：1。

2. 加速器中子源

加速器中子源利用加速器加速的带电粒子轰击适当的靶核，通过核反应产生中子。如 ^{2}H(d,n)^{3}He 和 ^{3}H(d,n)^{4}He，当入射氘核能量不高时（$T_d \approx 200$ keV），具有较大反应截面，反应就可以有效进行。这种方法可以在相当宽的能区内获得能量可控的单能中子源，反应式为

$$^2\mathrm{H} + d \longrightarrow {}^3\mathrm{He} + n \tag{3-76}$$

^{2}H(d,n)^{3}He 反应放出的中子，能量约为 2.5 MeV。

$$^3\mathrm{H} + d \longrightarrow {}^4\mathrm{He} + n \tag{3-77}$$

^{3}H(d,n)^{4}He 反应放出的中子，能量约为 14 MeV。

3. 反应堆中子源

反应堆中子源是利用重核裂变，在反应堆内形成链式反应，不断地产生大量的中子。反应堆产生的中子能谱是复杂的，中子能量从几千电子伏到十几兆电子伏，平均中子能量大约为 2 MeV，可以产生高达 $10^{10} \sim 10^{16} \mathrm{~s}^{-1} \cdot \mathrm{cm}^{-2}$ 的中子通量。为了从反应堆中得到单能中子，一般通过晶体单色器、过滤器和机械转子等，从辐照孔道中引出。辐照孔道是指从反应堆外穿过堆的屏蔽层径直通到堆内部的孔道。可以将实验样品放入其中进行辐照，或将中子、γ 射线引出堆外，供实验研究使用。

3.9.2 中子与物质的相互作用

中子与物质的相互作用可以分为三类：弹性散射、非弹性散射和中子俘获。

1. 弹性散射

在核反应中，入射粒子与靶核发生碰撞后，除出射粒子方向发生变化外，碰撞前后系统的总动能不变，则此反应称为弹性散射。反应方式为（n,n），出射粒子仍为中子，剩余核仍为靶核，如图 3-31 所示。在弹性散射过程中，由于散射后靶核的内能没有变化，它仍保持在基态，散射前后中子-靶核系统的动能和动量是守恒的，可以把这一过程看作"弹性球"式的碰撞。对于该过程，可根据动能和动量守恒，用经典力学的方法来处理。

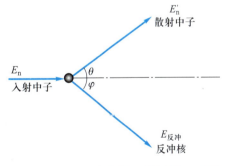

图 3-31 中子与物质原子弹性碰撞示意图

依照图 3-31，根据能量和动量守恒，弹性散射时，散射中子的动能为

$$E_n' = E_n \frac{m^2}{(M+m)^2}\left[\cos\theta + \sqrt{\frac{M^2}{m^2} - \sin^2\theta}\right]^2 \tag{3-78}$$

反冲核的动能为

$$E_{反冲} = \frac{4mM}{(M+m)^2} E_n \cos^2 \varphi \qquad (3-79)$$

式中:M——反冲核质量;

　m——中子质量。

从式(3-79)可以看出,当反冲核质量与中子质量接近时,反冲核具有最大的动能。由于水中含有大量的氢原子,与中子质量最接近,中子在水中的慢化效果好,所以反应堆一般用水作为慢化剂。

当反冲核为质子(氢核)时,$M=m$,式(3-79)变为

$$E_p = T_n \cos^2 \varphi \qquad (3-80)$$

当 $\varphi = 0$ 时,反冲质子能量最大,$E_p = E_n$,此时中子失去最多能量。

弹性散射可分为势散射和共振弹性散射。势散射不经过复合核的形成,是最简单的核反应,它是中子波和核表面势相互作用的结果。此情况下的中子并未进入靶核。任何能量的中子都有可能引起这种反应。入射中子把它的一部分或全部动能传给靶核,成为靶核的动能。势散射时,中子改变了运动的方向和能量。势散射的反应式为

$$_Z^A X + _0^1 n \longrightarrow (_Z^A X) + _0^1 n \qquad (3-81)$$

当入射中子的能量具有某些特定值,恰好使形成的复合核激发态接近于一个量子能级时,就会有很大概率形成复合核。处于激发态的复合核可以通过释放出多余的中子回到基态。经过复合核形成过程的弹性碰撞称为共振弹性碰撞。反应式为

$$_Z^A X + _0^1 n \longrightarrow (_Z^{A+1} X)^* \longrightarrow (_Z^A X) + _0^1 n \qquad (3-82)$$

式中:＊表示处于激发态。

2. 非弹性散射

在核反应中,入射粒子与靶核发生碰撞,若出射粒子与入射粒子相同,剩余核与靶核是同一种核,但碰撞后系统的总动能小于碰撞前系统的总动能,此动能的减少转变为反应产物的内能,则称此反应为非弹性散射。反应过程可以表达为

$$_Z^A X + _0^1 n \longrightarrow (_Z^{A+1} X)^* \longrightarrow (_Z^A X)^* + _0^1 n$$
$$\downarrow \qquad\qquad (3-83)$$
$$_Z^A X + \gamma$$

只有入射中子的动能高于靶核的第一激发态的能量时才能使靶核激发,也就是说,只有入射中子的能量高于某一数值时才能发生非弹性散射。由此可知,非弹性散射具有阈能的特点。

实验证明,轻核激发态的能量高,重核激发态的能量低,但即使对于 ^{238}U 核,中子至少具有 45 keV 以上的能量才能发生非弹性散射,因此只有在快中子反应堆中,非弹性散射过程才是重要的。

由于裂变中子的能量在兆电子伏范围内,因此在热中子反应堆内高能区仍会发生一些非弹性散射现象。但是,在中子能量降低到非弹性散射阈能以下之后,便需借助弹性散射来使中子慢化。

由以上分析可见,复合核的形成是中子与原子核重要的相互作用形式。

入射粒子打入靶核后,与靶核融合在一起,暂时形成一个处于激发态的核体系就叫复合核。为解释核反应共振现象引入复合核模型,把 $X(a, b)Y$ 的核反应分成两阶段进行。

第一阶段:复合核的形成阶段。入射粒子打入靶核,与靶核融合在一起形成复合核。

复合核存在的时间为 $10^{-16} \sim 10^{-15}$ s,长于中子直接穿过原子核的时间(约为 10^{-21} s),因此在形成复合核的过程中,入射中子除将一部分能量传递给复合核转化为动能外,另一部分动能转化

为复合核的内能。例如对于核反应

$$n+A \longrightarrow A^* \longrightarrow B+b \qquad (3-84)$$

假设 n、A、A^*、B、b 的动能分别为 E_n、E_A、E_A^*、E_B、E_b，质量分别为 m_n、m_A、m_A^*、m_B、m_b，动能转化为复合核激发能的部分为 E_A'，则有能量和动量守恒方程为

$$E_n = E_n^* + E_A'$$

$$m_n E_n = m_{A^*} E_n^* = (m_n + m_A) E_n^* \qquad (3-85)$$

这里忽略了中子形成复合核时体系质量的改变。由式(3-84)、式(3-85)可求得转化为复合核的内能 E_A' 为

$$E_A' = \frac{m_A}{m_A + m_n} E_n \qquad (3-86)$$

由反应前后体系能量守恒可知

$$(m_n + m_A) c^2 + E_n + E_A = (m_B + m_b) c^2 + E_B + E_b \qquad (3-87)$$

定义反应能为反应前后系统动能的变化量，用 Q 表示，即

$$Q = (E_B + E_b) - (E_n + E_A) = (m_n + m_A) c^2 - (m_B + m_b) c^2 = \Delta m c^2 \qquad (3-88)$$

Δm 为核反应前后的质量亏损。

吸能反应发生核反应的条件为中子传递给靶核的内能要大于等于反应能，即

$$E_n' = E_n \frac{m_A}{m_A + m_n} \geqslant |Q| \qquad (3-89)$$

由此可知，发生(n,b)反应的阈能为

$$E_{th}(n,b) = \frac{m_A + m_n}{m_A} |Q| \qquad (3-90)$$

需要指出的是，对于放能反应，由于不需要供给能量，阈能原则上等于零。但实际阈能并不为零，而是取决于库仑势垒的大小。

第二阶段：复合核的衰变阶段。复合核处于激发态（或能级）上。激发态的复合核衰变或分解有多种方式。由于激发的能量是统计地分配在许多核子上的，因此复合核可以在激发态上停留一段时间，当核内某一个或一组核子得到足够的能量时，复合核便通过放出一个核子或一组核子而衰变。若放出的核子是一个中子，而余核 $_Z^A X$ 又重新直接回到基态，这个过程则为共振弹性散射，或称为复合弹性散射。如果放出中子后，余核 $_Z^A X$ 仍处于激发态，然后通过发射 γ 射线返回基态，这个过程则为共振非弹性散射，或称为复合非弹性散射。若放出一个质子而衰变，就称之为(n,p)反应；放出 α 粒子的衰变称之为(n,α)反应。复合核还可以通过分裂成两个较轻核的方式而衰变，称这一过程为核裂变，简称(n,f)反应。

当入射中子的能量具有某些特定值恰好使形成的复合核激发态接近于一个量子能级时，形成复合核的概率就显著地增大，这种现象就称为共振现象，包括共振吸收、共振散射和共振裂变等。共振吸收对反应堆内的物理过程有着很大的影响。

综上所述，在反应堆内，中子与原子核的相互作用可分为两大类：

(1) 散射　有弹性散射和非弹性散射；

(2) 吸收　包括辐射俘获、(n,α)等发射带电粒子的核反应、多粒子发射和核裂变等。

3. 中子的俘获

（1）辐射俘获（n,γ）

热中子可以较容易地被任何原子核吸收。其过程是中子与原子核形成处于激发态的核,该核退激时若发射光子,则这个过程称为中子的辐射俘获。这种热中子的俘获一般伴随发射 γ 射线,称为俘获辐射。辐射俘获是最常见的吸收反应。它的一般反应式为

$$_Z^A X + _0^1 n \longrightarrow (_Z^{A+1} X)^* \longrightarrow _Z^{A+1} X + \gamma \tag{3-91}$$

生成的核 $_Z^{A+1} X$ 是靶核的同位素,往往具有放射性。吸收反应可以在中子的所有能区发生。但低能中子与中等质量核、重核作用易于发生这种反应。在慢中子能量范围内,反应截面 σ 与中子能量 E 的平方根成反比,即

$$\sigma \propto \frac{1}{\sqrt{E}} \tag{3-92}$$

在双对数坐标系下截面关于能量的曲线斜率近似$-1/2$,截面正比于$\frac{1}{\sqrt{E}}$,如图 3-32 所示。利用 $E = \frac{1}{2} mv^2$,将中子速度代替中子能量,可以得到

$$\sigma \propto \frac{1}{v} \tag{3-93}$$

反应截面与中子速度成反比。这一关系称为截面变化的$\frac{1}{v}$定律。

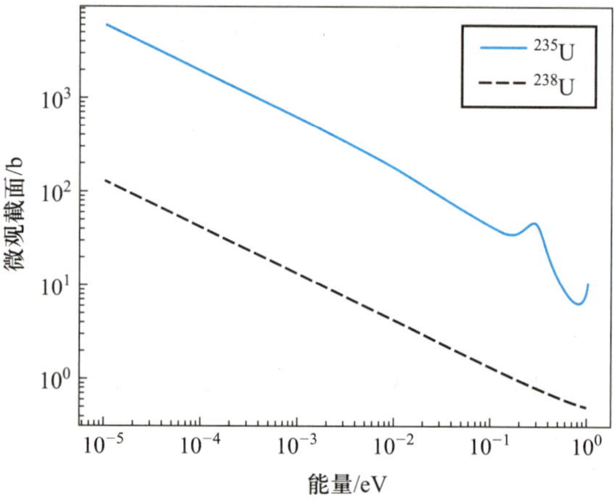

在反应堆内重要的俘获反应有

图 3-32 俘获反应截面与中子能量的关系

$$_{92}^{238} U + _0^1 n \longrightarrow _{92}^{239} U + \gamma$$

$$_{92}^{238} U \xrightarrow[23\ \min]{\beta^-} _{93}^{239} Np \xrightarrow[2.3\ d]{\beta^-} _{94}^{239} Pu \tag{3-94}$$

^{238}U 核吸收中子后生成^{239}U,^{239}U 经过两次衰变成^{239}Pu。^{239}Pu 在自然界里是不存在的,它是一种人工易裂变材料。这一过程对核燃料的增殖和核能利用有重大的意义。

类似的反应还有

$$_{90}^{232} Th + _0^1 n \longrightarrow _{90}^{233} Th + \gamma$$

$$_{90}^{233} Th \xrightarrow[22\ \min]{\beta^-} _{91}^{233} Pa \xrightarrow[27\ d]{\beta^-} _{92}^{233} U \tag{3-95}$$

^{233}U 在自然界中也不存在,它也是一种人工易裂变材料。^{232}Th 在自然界的蕴藏量是丰富的,这一过程可以把不能在反应堆中直接利用的^{232}Th 变成易裂变材料^{233}U,因此,对于钍资源的利用是非常重要的。

应当指出,由于辐射俘获会产生放射性,这就给反应堆设备维护、三废处理、人员防护等带来了问题。例如,在用轻水做慢化剂、冷却剂、反射层或屏蔽材料时,就需要考虑中子与氢核的辐射俘获反应

$$_1^1\text{H} + _0^1\text{n} \longrightarrow _1^2\text{H} + \gamma \tag{3-96}$$

此反应放出高能 γ 射线（能量超过 2.2 MeV）。此外，还有空气中的 ^{40}Ar 在辐射俘获反应后，生成半衰期为 1.82 h 的 ^{41}Ar 等。

（2）(n,α)、(n,p) 等发射带电粒子的核反应

(n,α) 反应式一般为

$$_Z^A\text{X} + _0^1\text{n} \longrightarrow (_Z^{A+1}\text{X})^* \longrightarrow (_{Z-2}^{A-3}\text{Y}) + _2^4\text{He} \tag{3-97}$$

例如，热中子与 ^{10}B 引起的 (n,α) 反应为

$$_5^{10}\text{B} + _0^1\text{n} \longrightarrow _3^7\text{Li} + _2^4\text{He} \tag{3-98}$$

在低能区，这个反应的截面很大。所以 ^{10}B 被广泛地用作热中子反应堆的控制材料。同时，这个反应在很宽的能区内很好地满足 $1/v$ 变化规律。^{10}B 也经常用来制作热中子探测器。

对 (n,p) 反应，则有

$$_8^{16}\text{O} + _0^1\text{n} \longrightarrow _7^{16}\text{N} + _1^1\text{H} \tag{3-99}$$

^{16}N 的半衰期为 7.3s，它放出 β 和 γ 射线，这一核反应是水中放射性的主要来源。

（3）多粒子发射

当原子核俘获中子时，还可能发射出多个粒子，称为多粒子发射，比如 $(\text{n},2\text{n})$、(n,np) 等。反应式为

$$_9^{19}\text{F} + _0^1\text{n} \longrightarrow _9^{18}\text{F} + 2_0^1\text{n} \tag{3-100}$$

^{19}F 受到中子照射时可能会释放出两个中子。

这些反应的阈能较高，在 8~10 MeV 以上，只有特快中子才能发生。

（4）核裂变

一个较重的原子核自发地或在外来粒子作用下，分裂为大小相当的两块或稍多于两块的碎块的过程称为核裂变。核裂变又可分为自发裂变和诱发裂变两种类型。自发裂变类似于核衰变，已观察到铀和超铀元素都具有自发裂变现象，^{252}Cf 即为一重要的自发裂变源（和中子源）；诱发裂变实属核反应的一种类型，符号记作 A(a,f)，a 为入射粒子、A 为靶核、f 表示裂变反应。中子诱发裂变为最重要的一种诱发裂变，如 ^{235}U 吸收热中子发生裂变。同位素 ^{233}U、^{235}U、^{239}Pu 和 ^{241}Pu 在各种能量的中子作用下均能发生裂变，并且在低能中子作用下发生裂变的可能性较大，通常把它们称为易裂变同位素或裂变同位素。而同位素 ^{232}Th、^{238}U 和 ^{240}Pu 等只有在中子能量高于某一阈值时才能发生裂变，通常把它们称为可裂变同位素。目前，热中子反应堆内最常用的核燃料是易裂变同位素 ^{235}U。

^{235}U 裂变反应一般为

$$_{92}^{235}\text{U} + _0^1\text{n} \longrightarrow _{92}^{236}\text{U} \longrightarrow _{z_1}^{A_1}\text{X} + _{z_2}^{A_2}\text{Y} + \nu_0^1\text{n} \tag{3-101}$$

式中：$_{z_1}^{A_1}\text{X}$ 和 $_{z_2}^{A_2}\text{Y}$——中等质量数的核，称为裂变碎片；

ν——每次裂变平均放出的中子数。

在该过程中，还释放出约 200 MeV 的能量。

然而，^{235}U 吸收中子后并非仅产生核裂变，除产生上述裂变反应外还可能产生辐射俘获反应，如

$$_{92}^{235}\text{U} + _0^1\text{n} \longrightarrow _{92}^{236}\text{U}^* \longrightarrow _{92}^{236}\text{U} + \gamma \tag{3-102}$$

本章知识拓扑图

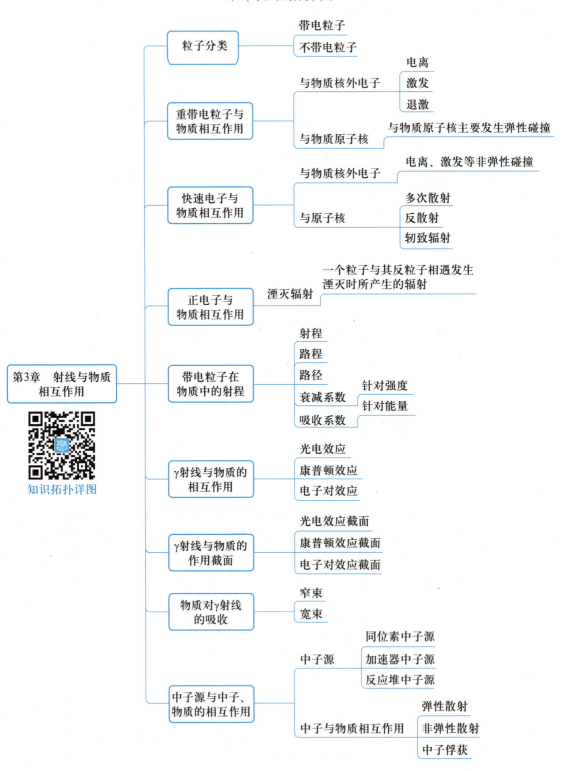

习题

3-1　什么是带电粒子的电离损失和辐射损失？其作用机制各是什么？

3-2　什么叫能量歧离？引起能量歧离的本质是什么？

3-3　射程与路程有什么差别？入射粒子的射程如何定义？

3-4　试推导式(3-11)，包含 K 种元素的物质中，重带电粒子在单位路程上的电离损失表达式。

3-5　从辐射损失的理论表达式得到什么重要结论？为什么在电子与物质相互作用中辐射损失才是重要的？

3-6　射线与物质相互作用和带电粒子与物质相互作用的最基本的差别是什么？

3-7　光电效应截面与入射射线的能量和吸收介质有什么关系？

3-8　康普顿散射是入射光子与原子的核外电子之间的非弹性散射，为什么可以按弹性散射来处理？

3-9　韧致辐射的产生机制是什么？韧致辐射的最大能量与入射带电粒子(主要是电子)能量有什么关系？

3-10　α 粒子和电子均具有 1 MeV 的能量，不考虑相对论效应，分别计算它们在硅中的阻止本领。

3-11　有一单能质子束，能量为 6 MeV，今用两片厚度(几何厚度)相等但材料不同的薄箔作为吸收片，质子先穿过铝吸收片，再穿过金吸收片，出射的质子能量(平均能量)降至 3 MeV。如果把这两块吸收片安放的顺序倒一下，质子先穿过金吸收片，后穿过铝吸收片，最后质子射出的平均能量是否与刚才的一样？

3-12　4 MeV 的 α 粒子和 1 MeV 的质子，它们在同一物质中的能量损失和射程是否一样？在低能区，例如，10 keV 的质子和 40 keV 的 α 粒子，它们在同一物质中的 dE/dx 相同吗？为什么？

3-13　为什么中子不能直接使物质电离？

3-14　发生电子对效应时光子的能量要大于而不是等于 1.02 MeV？

3-15　为什么 γ 光子和原子核作用产生电子对的概率比与电子作用产生电子对的概率大？

3-16　如图 3-4 所示，原子核对重带电粒子的阻止本领会不会随着重带电粒子能量的增加而下降到零？为什么？

3-17　电子在物质中发生韧致辐射时，其发射的 X 射线是否一定沿着电子运动方向的切线方向？为什么？

参 考 文 献

［1］ KNOLL G F. Radiation detection and measurement［M］. Hoboken,NJ:John Wiley & Sons,2010.

［2］ 卢希庭. 原子核物理［M］. 北京:原子能出版社,2010.

［3］ 王汝赡,卓韵裳. 核辐射测量与防护［M］. 北京:原子能出版社,1990.

［4］ KAMAKURA S,SAKAMOTO N,OGAWA H,et al. Mean excitation energies for the stopping power of atoms and molecules evaluated from oscillator-strength spectra［J］. Journal of Applied Physics,2006,100(6):325.

［5］ BERGER M.,INOKUTI M.,SELTZER S,et al. Stopping powers and ranges for protons and alpha particles［R］. Bethesda,MD:International Commission on Radiation Units and Measurements,1993.

［6］ LEROY C,RANCOITA P G. Principles of radiation interaction in matter and detection［M］. Singapore:World Scientific,2011.

第4章 辐射测量中的概率统计

利用辐射探测器对辐射进行测量时,一方面由于放射性衰变、射线与物质的相互作用存在随机性,另一方面由于测量过程中的信号在时间、幅度分布上都具有随机性、非周期或非等值性,因此需要对被测样品及测量数据进行统计分析和处理,以得到准确的被测样品活度、发射射线能量等信息。

4.1 辐射测量的统计分布

放射性衰变是一种随机过程,衰变过程辐射的任何测量结果都会有一定的统计涨落。这就意味着在放射性测量中,在实验条件和参数严格保持不变的情况下,对同一放射性样品进行一组测量,每次测量的计数不会完全相同,而是围绕某一平均值上下涨落。而且重复另一组相同的测量时,又会服从大致相同的分布。统计涨落是辐射测量过程中的内在属性,无法消除。统计涨落决定了辐射测量过程精度的极限,由于其他因素的影响,实际的测量结果只能低于这个精度。对于一定条件下的每次观测称为随机试验,随机试验获得的各种结果称为随机事件,代表随机事件的量称为随机变量。

N 次测量的随机变量取值 $x_1, x_2, x_3, \cdots, x_i, \cdots, x_N$ 构成了测量样本,在某种随机试验中的各个随机事件 x_i 出现的概率 P 为

$$P(x_i) = \lim_{N \to \infty} \frac{N_{x_i}}{N} \tag{4-1}$$

式中:N_{x_i}——出现事件取值为 x_i 的次数;

N——总试验次数。

数学期望 E 是试验中每次可能结果的概率乘以其结果的总和,简称为期望。期望反映了随机变量平均取值的大小,其表达式为

$$E(x) = \sum_{i=1}^{N} P(x_i) x_i \tag{4-2}$$

算术平均值是对若干次试验中随机变量所取的数值相加,再除以试验次数得到的平均值,即

$$\bar{x} = \frac{1}{N} \sum_{i=1}^{N} x_i \tag{4-3}$$

当试验次数无限增加时,算术平均值将无限接近期望。

方差 D 是每个样本值与全体样本值平均数之差平方值的平均数。方差用来度量随机变量的离散程度,即随机变量和期望之间的偏离程度,其表达式为

$$D(x) = \sum_{i=1}^{N} \left[(x_i - E)^2 P(x_i) \right] \tag{4-4}$$

为在应用中引入与随机变量具有相同量纲的量,将方差的平方根称为标准差 σ,也称为均方根偏差,其表达式为

$$\sigma = \sqrt{D(x)} \tag{4-5}$$

将方差或标准差参考期望按量纲为一进行处理,即获得相对方差 ν^2 或相对标准差 ν:

$$\nu^2 = \frac{D(x)}{E^2(x)} \tag{4-6}$$

$$\nu = \frac{\sigma(x)}{E(x)} \tag{4-7}$$

4.1.1　核衰变数的统计分布

假定一定时间间隔 Δt 内放射性原子核发生衰变的概率 $p_{\Delta t}$ 与该原子核历史和现属环境无关,而是正比于时间间隔 Δt,则存在如下关系

$$p_{\Delta t} = \lambda \cdot \Delta t \tag{4-8}$$

式中:λ——衰变常数,表征该放射性核素的衰变特征。

同时,该时间间隔内未发生衰变的概率 $q_{\Delta t}$ 为

$$q_{\Delta t} = 1 - p_{\Delta t} = 1 - \lambda \cdot \Delta t \tag{4-9}$$

经过 t 时间后未发生衰变的概率为

$$q_t = \left(1 - \lambda \frac{t}{n}\right)^n \tag{4-10}$$

式中:n——将 t 时间划分为时间间隔 Δt 的数目。

假设在初始时刻($t = 0$)有 N_0 个不稳定的原子核,在某一时刻 t 已有部分原子核发生了衰变,那么未发生衰变的原子核数目为

$$N = \lim_{n \to \infty}\left[N_0\left(1 - \lambda \frac{t}{n}\right)^n\right] = N_0 \cdot \mathrm{e}^{-\lambda t} \tag{4-11}$$

t 时刻未发生衰变的概率 q 为

$$q = N/N_0 = \mathrm{e}^{-\lambda t}。$$

上式为原子核衰变时遵循的指数衰减规律。从数理统计来看,该随机事件服从一定的统计分布规律,如二项分布、泊松分布和正态分布等。

二项分布是最基本的统计分布规律。放射性原子核的衰变可以看成数理统计中的伯努利试验问题,满足二项分布,即在 $t = 0$ 时刻存在 N_0 个不稳定的原子核,任意时刻已发生衰变的概率为 p,未发生衰变的概率为 q,其中 $p + q = 1$。由此可知,在 t 时刻内发生核衰变数为 n 的概率为

$$P(n) = \frac{N_0!}{(N_0-n)!n!} p^n(1-p)^{N_0-n} \tag{4-12}$$

由于 $q = \mathrm{e}^{-\lambda t}$,$p = 1 - q = 1 - \mathrm{e}^{-\lambda t}$,则有

$$P(n) = \frac{N_0!}{(N_0-n)!n!}(1-\mathrm{e}^{-\lambda t})^n(\mathrm{e}^{-\lambda t})^{N_0-n} \tag{4-13}$$

上述随机事件的期望 E 与方差 σ^2 分别为

$$E = N_0 p = N_0(1-\mathrm{e}^{-\lambda t}) \tag{4-14}$$

$$\sigma^2 = N_0 pq = N_0(1-\mathrm{e}^{-\lambda t})\,\mathrm{e}^{-\lambda t} \tag{4-15}$$

通常情况下,可以用多次测量的平均值 m 来代替期望 E,则有

$$E = m \tag{4-16}$$

$$\sigma^2 = m\mathrm{e}^{-\lambda t} \tag{4-17}$$

假如时间 t 远远小于半衰期,即 $\mathrm{e}^{-\lambda t}$ 近似为 1,可以不考虑放射源活度的变化,此时方差可以简化为

$$\sigma^2 = m \tag{4-18}$$

当 m 值较大时,由于一次测量到的核衰变数 n 值出现在平均值 m 附近的概率较大,式(4-18)还可以简化为

$$\sigma^2 = n \tag{4-19}$$

即方差可以用任意一次测量的核衰变数代替多次测量的平均值来进行计算。

二项分布有两个独立的参数 N_0 和 p,计算复杂。对于放射性核衰变来说,通常 N_0 数目较大,可以采用泊松分布或正态分布(也称高斯分布)来代替。当二项分布中的 N_0 远远大于观测衰变数 n 并且 p 较小时,可近似于泊松分布。由于

$$\frac{N_0!}{(N_0-n)!} \approx N_0^n \quad \text{和} \quad (1-p)^{N_0-n} \approx (\mathrm{e}^{-p})^{N_0-n} \approx \mathrm{e}^{-N_0 p} \tag{4-20}$$

将式(4-20)代入式(4-12)中有

$$P(n) = \frac{N_0^n}{n!} p^n \mathrm{e}^{-N_0 p} = \frac{m^n}{n!}\mathrm{e}^{-m} \tag{4-21}$$

式(4-21)为二项分布到泊松分布的过渡。一般对于 N_0 大于 100,p 小于 0.01 的二项分布能够和泊松分布较好地近似。泊松分布只有一个参数 m,当 m 较小时该分布不对称,当 m 较大时分布趋于对称,符合正态分布,推导过程如下:

对 $n!$ 使用斯特灵公式,$n! \rightarrow \sqrt{2\pi n}\,\mathrm{e}^{-n} n^n$,并令 $n = m(1+\delta)$,代入式(4-21)中可以得到

$$P(n) = \frac{m^{m(1+\delta)}}{\sqrt{2\pi}\,\mathrm{e}^{-m(1+\delta)}\left[m(1+\delta)\right]^{m(1+\delta)+1/2}}\mathrm{e}^{-m} = \frac{\mathrm{e}^{-m\delta^2/2}}{\sqrt{2\pi m}} \tag{4-22}$$

简化过程中使用级数展开,得

$$\ln(1+\delta) = \delta - \frac{\delta^2}{2} + \cdots$$

将 δ 代入式(4-22)中即得到正态分布

$$P(n) = \frac{1}{\sqrt{2\pi}\,\sigma}\mathrm{e}^{-\frac{(n-m)^2}{2\sigma^2}} \tag{4-23}$$

正态分布的期望与方差分别为

$$E = m \tag{4-24}$$

$$\sigma^2 = m \tag{4-25}$$

正态分布是对称的,一般当 $m \geqslant 20$ 时,泊松分布就可以用正态分布来代替。

符合正态分布的概率可以转化为标准正态分布后再查表获得。标准正态分布的概率 $\Phi(z)=$

$P(n \leqslant z)$，其中 $z = \dfrac{(n-E)}{\sigma}$，标准正态分布概率值见表 4-1。

表 4-1　标准正态分布概率值

z	+0.00	+0.01	+0.02	+0.03	+0.04	+0.05	+0.06	+0.07	+0.08	+0.09
0.0	0.500 0	0.504 0	0.508 0	0.512 0	0.516 0	0.519 9	0.523 9	0.527 9	0.531 9	0.535 9
0.1	0.539 8	0.543 8	0.547 8	0.551 7	0.555 7	0.559 6	0.563 6	0.567 5	0.571 4	0.575 3
0.2	0.579 3	0.583 2	0.587 1	0.591 0	0.594 8	0.598 7	0.602 6	0.606 4	0.610 3	0.614 1
0.3	0.617 9	0.621 7	0.625 5	0.629 3	0.633 1	0.636 8	0.640 4	0.644 3	0.648 0	0.651 7
0.4	0.655 4	0.659 1	0.662 8	0.666 4	0.670 0	0.673 6	0.677 2	0.680 8	0.684 4	0.687 9
0.5	0.691 5	0.695 0	0.698 5	0.701 9	0.705 4	0.708 8	0.712 3	0.715 7	0.719 0	0.722 4
0.6	0.725 7	0.729 1	0.732 4	0.735 7	0.738 9	0.742 2	0.745 4	0.748 6	0.751 7	0.754 9
0.7	0.758 0	0.761 1	0.764 2	0.767 3	0.770 3	0.773 4	0.776 4	0.779 4	0.782 3	0.785 2
0.8	0.788 1	0.791 0	0.793 9	0.796 7	0.799 5	0.802 3	0.805 1	0.807 8	0.810 6	0.813 3
0.9	0.815 9	0.818 6	0.821 2	0.823 8	0.826 4	0.828 9	0.835 5	0.834 0	0.836 5	0.838 9
1.0	0.841 3	0.843 8	0.846 1	0.848 5	0.850 8	0.853 1	0.855 4	0.857 7	0.859 9	0.862 1
1.1	0.864 3	0.866 5	0.868 6	0.870 8	0.872 9	0.874 9	0.877 0	0.879 0	0.881 0	0.883 0
1.2	0.884 9	0.886 9	0.888 8	0.890 7	0.892 5	0.894 4	0.896 2	0.898 0	0.899 7	0.901 5
1.3	0.903 2	0.904 9	0.906 6	0.908 2	0.909 9	0.911 5	0.913 1	0.914 7	0.916 2	0.917 7
1.4	0.919 2	0.920 7	0.922 2	0.923 6	0.925 1	0.926 5	0.927 9	0.929 2	0.930 6	0.931 9
1.5	0.933 2	0.934 5	0.935 7	0.937 0	0.938 2	0.939 4	0.940 6	0.941 8	0.943 0	0.944 1
1.6	0.945 2	0.946 3	0.947 4	0.948 4	0.949 5	0.950 5	0.951 5	0.952 5	0.953 5	0.953 5
1.7	0.955 4	0.956 4	0.957 3	0.958 2	0.959 1	0.959 9	0.960 8	0.961 6	0.962 5	0.963 3
1.8	0.964 1	0.964 8	0.965 6	0.966 4	0.967 2	0.967 8	0.968 6	0.969 3	0.977 0	0.970 6
1.9	0.971 3	0.971 9	0.972 6	0.973 2	0.973 8	0.974 4	0.975 0	0.975 6	0.976 2	0.976 7
2.0	0.977 2	0.977 8	0.978 3	0.978 8	0.979 3	0.979 8	0.980 3	0.980 8	0.981 2	0.981 7
2.1	0.982 1	0.982 6	0.983 0	0.983 4	0.983 8	0.984 2	0.984 6	0.985 0	0.985 4	0.985 7
2.2	0.986 1	0.986 4	0.986 8	0.987 1	0.987 3	0.987 8	0.988 1	0.988 4	0.988 7	0.989 0
2.3	0.989 3	0.989 6	0.989 8	0.990 1	0.990 4	0.990 6	0.990 9	0.991 1	0.991 3	0.991 6
2.4	0.991 8	0.992 0	0.992 2	0.992 5	0.992 7	0.992 9	0.993 1	0.993 2	0.993 4	0.993 6
2.5	0.993 8	0.994 0	0.994 1	0.994 3	0.994 5	0.994 6	0.994 8	0.994 9	0.995 1	0.995 2
2.6	0.995 3	0.995 5	0.995 6	0.995 7	0.995 9	0.996 0	0.996 1	0.996 2	0.996 3	0.996 4
2.7	0.996 5	0.996 6	0.996 7	0.996 8	0.996 9	0.997 0	0.997 1	0.997 2	0.997 3	0.997 4
2.8	0.997 4	0.997 5	0.997 6	0.997 7	0.997 7	0.997 8	0.997 9	0.997 9	0.998 0	0.998 1
2.9	0.998 1	0.998 2	0.998 2	0.998 3	0.998 4	0.998 4	0.998 5	0.998 5	0.998 6	0.998 6
3.0	0.998 7	0.998 7	0.998 7	0.998 8	0.998 9	0.998 9	0.998 9	0.998 9	0.999 0	0.999 0

4.1.2 脉冲计数统计分布

探测器对射线的测量也是一个随机的过程。假定在某时间间隔内,放射源衰变发出 N 个粒子或射线,每个粒子引起探测器计数的概率为 ε,未引起计数的概率为 $1-\varepsilon$。假定 N 个可入射粒子产生的计数为 n,n 服从二项分布,即

$$P(n) = \frac{N!}{(N-n)!\,n!}\varepsilon^n(1-\varepsilon)^{N-n} \tag{4-26}$$

由于衰变的随机性,进入探测器粒子数 N 也是一个随机数,假定服从泊松分布

$$P(N) = \frac{M^N}{N!}e^{-M} \tag{4-27}$$

式中:M——入射粒子数 N 的期望。

根据全概率公式,n 的概率为

$$P(n) = \sum_{N=n}^{\infty}\left[\frac{N!}{(N-n)!\,n!}\varepsilon^n(1-\varepsilon)^{N-n}\frac{M^N}{N!}e^{-M}\right] = \frac{(M\varepsilon)^n}{n!}e^{-M}\sum_{N=n}^{\infty}\frac{[(1-\varepsilon)M]^{N-n}}{(N-n)!} \tag{4-28}$$

对上式整理得

$$P(n) = \frac{(M\varepsilon)^n}{n!}e^{-M\varepsilon} \tag{4-29}$$

可见,当入射粒子数 N 满足泊松分布时,探测器计数 n 也服从泊松分布,平均值为 $M\varepsilon$,方差也为 $M\varepsilon$。同样,当 n 较大时,上述泊松分布可以转换为正态分布

$$P(n) = \frac{1}{\sqrt{2\pi}\,\sigma}e^{-\frac{(n-m)^2}{2\sigma^2}} \tag{4-30}$$

式中:$m = M\varepsilon$,$\sigma = \sqrt{M\varepsilon}$。

此时测量结果的相对标准差为

$$\nu = \frac{\sigma}{E} = \frac{1}{\sqrt{M\varepsilon}} \tag{4-31}$$

可见,如果要减小相对标准差,需要采用如下方法。

(1)增大衰变发射的粒子数 N。由于 M 是 N 的期望,因此可以通过延长测量时间或增大放射源活度的方式增大衰变发射的粒子数。

(2)采用灵敏体积更大的探测器等,增加探测器计数的概率 ε。

4.1.3 脉冲幅度统计分布

带电粒子射入探测介质后,会发生电离或激发,在介质内产生电子/离子对或电子/空穴对。若粒子在介质中损失的能量为 E,产生的粒子平均对数 $\bar{n}$ 为

$$\bar{n} = \frac{E}{\omega} \tag{4-32}$$

式中:ω——平均电离能。

假设入射粒子与电子发生了 N 次碰撞,平均产生 $\bar{n}$ 对电子和离子,则每次碰撞产生一对电子和离子的概率为 $\bar{n}/N$,不产生的概率为 $1-\bar{n}/N$。那么,在该 N 次碰撞中,产生 n 对电子和离子

的概率服从二项分布

$$P(n) = \frac{N!}{(N-n)!\,n!} \cdot \left(\frac{\bar{n}}{N}\right)^n \cdot \left(\frac{1-\bar{n}}{N}\right)^{N-n} \tag{4-33}$$

通常情况下，上述二项分布可化为泊松分布

$$P(n) = \frac{\bar{n}^n}{n!} \mathrm{e}^{-\bar{n}} \tag{4-34}$$

当 $\bar{n}$ 较大时，上述泊松分布又可进一步化为

$$P(n) = \frac{1}{\sqrt{2\pi}\,\sigma} \mathrm{e}^{-\frac{(n-\bar{n})^2}{2\sigma^2}} \tag{4-35}$$

上述分布的标准差为

$$\sigma = \sqrt{\bar{n}} = \sqrt{\frac{E}{\omega}} \tag{4-36}$$

相对标准差为

$$\frac{\sigma}{\bar{n}} = \frac{\sqrt{\bar{n}}}{\bar{n}} = \sqrt{\frac{\omega}{E}} \tag{4-37}$$

上式表明，入射粒子在探测介质中损失的能量 E 越大，或平均电离能 ω 越小，产生的电子和离子对的数目就越多，相对涨落也就越小。

在实际测量中，电离涨落并不严格遵守泊松分布，原因包括：入射粒子在不断碰撞中其能量不断变化，产生的电子和离子对如果具有足够的动能也会再次发生碰撞等。因此，产生电子和离子对的事件并不完全独立，需要在方差中引入法诺因子

$$\sigma^2 = F\bar{n} = F\frac{E}{\omega} \tag{4-38}$$

式中：F——法诺因子，早期估算气体介质的 F 为 $1/3 \sim 1/2$，目前获得的气体介质 $F \leqslant 0.2$；半导体 Ge 与 Si 介质中 F 为 $0.1 \sim 0.15$。

4.1.4　脉冲时间间隔的统计分布

根据前述分析，辐射事件服从泊松分布，在 t 时间内发生 n 次辐射事件的概率为

$$P(n) = \frac{(mt)^n}{n!} \mathrm{e}^{-mt} \tag{4-39}$$

式中：t——时间内发生辐射事件的数目；

　　　m——单位时间内发生辐射事件的平均数；

　　　mt——t 时间内发生辐射事件的平均数。

辐射事件的时间间隔为发生一次辐射事件后再发生第二次辐射事件所经历的时间。因此，在第一个辐射事件发生后的 t 时间内不再发生辐射事件，其概率为

$$P(0) = \frac{(mt)^0}{0!} \mathrm{e}^{-mt} = \mathrm{e}^{-mt} \tag{4-40}$$

在 t 时间后立即（在 $\mathrm{d}t$ 时间内）再发生一次辐射事件，其概率为

$$P(1) = \frac{(m \cdot \mathrm{d}t)^1}{1!} \mathrm{e}^{-m\mathrm{d}t} = m\mathrm{d}t \tag{4-41}$$

这两个是相互独立的事件,因此辐射事件时间间隔为 t 的概率为

$$\mathrm{d}P(t) = \mathrm{e}^{-mt} m\mathrm{d}t \tag{4-42}$$

可以得到 t 的期望与方差为

$$\bar{t} = \int_0^\infty t\mathrm{d}P(t) = \int_0^\infty t\mathrm{e}^{-mt} m\mathrm{d}t = \frac{1}{m}(-\mathrm{e}^{-mt} \cdot mt - \mathrm{e}^{-mt})\Big|_{t=0}^{t=\infty} = \frac{1}{m} \tag{4-43}$$

$$\sigma^2 = \int_0^\infty (t-\bar{t})^2 \mathrm{d}P(t) = \frac{1}{m^2} \int_0^\infty [(mt)^2 - 2mt + 1] \mathrm{e}^{-mt} \mathrm{d}(mt) = \frac{1}{m^2} \tag{4-44}$$

对于辐射事件的时间间隔 t 大于 T 的分布概率为

$$P(t \geq T) = \int_T^\infty \mathrm{e}^{-mt} m\mathrm{d}t = -\mathrm{e}^{-mt}\Big|_{t=T}^{t=\infty} = \mathrm{e}^{-mT} \tag{4-45}$$

对于辐射事件的时间间隔 t 小于 T 的分布概率为

$$P(t \leq T) = \int_0^T \mathrm{e}^{-mt} m\mathrm{d}t = -\mathrm{e}^{-mt}\Big|_{t=0}^{t=T} = 1 - \mathrm{e}^{-mT} \tag{4-46}$$

当 T 为 t 的均值 $\bar{t}$ 时, $T = 1/m$,代入式(4-45)得

$$P(t \geq \bar{t}) = \frac{1}{\mathrm{e}} \tag{4-47}$$

可见,当脉冲数很大时,时间间隔大于均值的辐射事件数占总体样本数的 $1/\mathrm{e}$ 。

4.2　辐射测量的不确定度

4.2.1　不确定度及评定标准

测量的不确定度是指测量值的分散性程度,即可信赖程度,它是由于测量误差造成的。不确定度是反映测量结果质量的指标,不确定度越小,表明结果与真值越接近,价值越高;反之,不确定度越大,结果与真值越远,价值也越低。

测量结果的不确定度主要评定标准包括 A 类与 B 类标准。采用观测列(即通过重复性试验取得的一组或多组测量数据)统计分布来进行不确定度评定的称为 A 类不确定度评定。该不确定度称为 A 类不确定度,用符号 u_A 表示。它是用试验标准偏差来表征的。用不同于观测列的统计分布来评定不确定度,称为 B 类不确定度评定。该不确定度称为 B 类不确定度,用符号 u_B 表示。它是用试验或其他信息来估计,含有主观鉴别的成分,但应用相当广泛。

当测量结果是由若干个其他量的值求得时,按各量的方差和协方差算得的标准不确定度,称为合成标准不确定度。合成标准不确定度仍然是标准偏差,合成方法涉及不确定度的传递。对于相互独立的随机变量 $x_1, x_2, x_3, \cdots, x_i, \cdots, x_N$,其标准差相应为 $\sigma_{x_1}, \sigma_{x_2}, \cdots, \sigma_{x_i}, \cdots, \sigma_{x_N}$ 。对于随机变量 y 是随机变量 x 的函数, $y = f(x_1, x_2, \cdots, x_i, \cdots, x_N)$ 。 y 的方差采用下式计算

$$\sigma_y^2 = \left(\frac{\partial y}{\partial x_1}\right)^2 \sigma_{x_1}^2 + \left(\frac{\partial y}{\partial x_2}\right)^2 \sigma_{x_2}^2 + \cdots + \left(\frac{\partial y}{\partial x_N}\right)^2 \sigma_{x_N}^2 \tag{4-48}$$

几个典型函数的标准差计算:

（1）和差关系 $y=x_1\pm x_2$，标准差为

$$\sigma_y=\sqrt{(\sigma_{x_1}^2+\sigma_{x_2}^2)} \tag{4-49}$$

（2）倍数关系 $y=cx$，标准差为

$$\sigma_y=c\sigma_x \tag{4-50}$$

（3）乘法关系 $y_1=x_1\cdot x_2$，标准差为

$$\sigma_{y_1}=x_1x_2\left[\left(\frac{\sigma_{x_1}}{x_1}\right)^2+\left(\frac{\sigma_{x_2}}{x_2}\right)^2\right]^{1/2} \tag{4-51}$$

（4）除法关系 $y_2=x_1/x_2$，标准差为

$$\sigma_{y_2}=\frac{x_1}{x_2}\left[\left(\frac{\sigma_{x_1}}{x_1}\right)^2+\left(\frac{\sigma_{x_2}}{x_2}\right)^2\right]^{1/2} \tag{4-52}$$

扩展不确定度是确定测量结果区间的量，测量结果大部分会分布在此区间，也被称为范围不确定度。扩展不确定度是由合成不确定度的倍数表示的。该倍数被称为包含因子，其值一般为 1 至 3。测量结果的取值区间在被测量值概率分布中所包含的百分数，被称为置信概率或置信水平。假设概率服从正态分布，当包含因子为 1 时，置信概率为 68.3%；当包含因子为 2 时，置信概率为 95.5%；当包含因子为 3 时，置信概率为 99.7%。

辐射测量的各次测量值会存在涨落，如果是无限多次测量，该平均值为真平均值，其标准不确定度可采用标准偏差 σ。但在实际测量中，测量次数有限，样本的平均值与真平均值存在差异，不确定度采用试验标准差 s 作为标准偏差 σ 的估计量。目前国家计量技术规范推荐使用贝塞尔法来进行计算。

贝塞尔法是在重复性或复现性条件下，对被测的量（如脉冲计数 N）进行 K 次独立观测，得到的测量结果分别为 $N_1,N_2,\cdots,N_i,\cdots,N_K$，$K$ 次测量的平均值为 $\overline{N}$。用贝塞尔公式可以求出单次测量结果 N_i 的试验方差 $s_{N_i}^2$，该方法的自由度为 $K-1$，即

$$s_{N_i}^2=\frac{1}{K-1}\sum_{i=1}^{K}(N_i-\overline{N})^2 \tag{4-53}$$

贝塞尔法由于使用了全部 K 个测量结果，可以增大评定的标准不确定度的自由度，也就提高了可信程度。

4.2.2　辐射测量的统计误差

辐射测量结果的误差可能是由放射性核素衰变和射线与物质相互作用的统计涨落引起的，属于统计误差，与测量过程无关；在测量过程中也存在各种因素造成的误差，属于偶然误差，可以通过对大量测量值进行平均的方法来减小偶然误差。脉冲计数的统计误差服从正态分布，其方差与期望相等，故脉冲计数的标准差为

$$\sigma_N=\sqrt{E}=\sqrt{N} \tag{4-54}$$

式中：E——计数的期望；

N—— 一次测量的脉冲计数值或多次测量的平均值。

这是依据放射性计数的统计规律得到的标准差的近似算法，只需用一次或几次测量的平均计数来代替。因此，测量的结果可以表示为

$$N \pm \sigma_N = N \pm \sqrt{N} \tag{4-55}$$

这样,对测量结果就给出一个概率意义的分布宽度,落在这个区间观测结果的概率为 68.3%。通过该式可知,当观测得到的计数越大时,分布宽度在数值上也越大。但是,相对标准差为

$$\frac{\sigma_N}{N} \approx \frac{1}{\sqrt{N}} \tag{4-56}$$

可见,计数 N 越大,相对标准差越小,这实质反映测量准确度越高。

如果辐射存在多次测量,假设测量次数为 K,第 i 次测量的时间为 t_i,测量的辐射计数为 N_i,那么第 i 次测量的计数率为 $n_i = N_i/t_i$。

第 i 次测量计数率的标准差为

$$\sigma_{n,i} = \sqrt{\frac{\sigma_{N_i}^2}{t_i^2}} = \sqrt{\frac{N_i}{t_i^2}} = \sqrt{\frac{n_i}{t_i}} \tag{4-57}$$

相对标准差为

$$\frac{\sigma_{n,i}}{n_i} = \sqrt{\frac{1}{n_i t_i}} = \sqrt{\frac{1}{N_i}} \tag{4-58}$$

对于 K 次测量,总的平均计数率为

$$\bar{n} = \frac{\sum_{i=1}^{K} N_i}{\sum_{i=1}^{K} t_i} \tag{4-59}$$

其标准差为

$$\sigma_n = \sqrt{\frac{\sum_{i=1}^{K} \sigma_{N_i}^2}{\left(\sum_{i=1}^{K} t_i\right)^2}} = \sqrt{\frac{\sum_{i=1}^{K} N_i}{\left(\sum_{i=1}^{K} t_i\right)^2}} = \sqrt{\frac{\bar{n}}{\sum_{i=1}^{K} t_i}} \tag{4-60}$$

相对标准差为

$$\frac{\sigma_n}{\bar{n}} = \sqrt{\frac{1}{\bar{n} \sum_{i=1}^{K} t_i}} = \sqrt{\frac{1}{\sum_{i=1}^{K} N_i}} \tag{4-61}$$

可见,多次测量的平均计数率相对统计误差与总计数有关,无论是一次测量还是多次测量,只要总计数相同,其相对误差也相同。

平均计数率 $\bar{n}$ 及其分布宽度为

$$\bar{n} \pm \sigma_{\bar{n}} = \bar{n} \pm \sqrt{\frac{\bar{n}}{\sum_{i=1}^{K} t_i}} \tag{4-62}$$

如果每次测量的时间相同,均为 t,则 $\bar{n} \pm \sigma_{\bar{n}} = \bar{n} \pm \sqrt{n/Kt}$。

在放射性测量中还存在本底辐射,即来自所测对象以外的所有其他辐射。本底辐射会造成测量计数的增加,分析时应将本底辐射去除。假设开始先进行本底测量,测量时间为 t_b,计数为 N_b;然后进行含本底的样品测量,测量时间为 t_s,计数为 N_s。样品的净计数率为

$$n_0 = \frac{N_s}{t_s} - \frac{N_b}{t_b} \tag{4-63}$$

样品净计数率 n_0 的标准差为

$$\sigma_{n_0} = \sqrt{\frac{\sigma_s^2}{t_s^2} + \frac{\sigma_b^2}{t_b^2}} = \sqrt{\frac{N_s}{t_s^2} + \frac{N_b}{t_b^2}} = \sqrt{\frac{n_s}{t_s} + \frac{n_b}{t_b}} \tag{4-64}$$

式中：n_s，n_b——含本底的样品测量计数率及本底测量的计数率。

测量结果及分布宽度为

$$n_0 \pm \sigma_{n_0} = (n_s - n_b) \pm \sqrt{\frac{n_s}{t_s} + \frac{n_b}{t_b}} \tag{4-65}$$

如果总的测量时间 $T = t_s + t_b$，为了使测量结果的误差最小，则 n_0 的标准差存在极值的条件为

$$\frac{\partial \sigma_{n_0}}{\partial t_s} = \frac{\partial}{\partial t_s} \sqrt{\frac{n_s}{t_s} + \frac{n_b}{T - t_s}} = 0 \tag{4-66}$$

整理得

$$\frac{t_s}{t_b} = \frac{t_s}{T - t_s} = \sqrt{\frac{n_s}{n_b}} \tag{4-67}$$

这说明，标准差最小的条件为两者的测量时间之比等于对应计数率的平方根之比。因此，在总测量时间 T 内，本底测量时间 t_b 和样品测量时间 t_s 分别为

$$t_s = \frac{\sqrt{\frac{n_s}{n_b}}}{1 + \sqrt{\frac{n_s}{n_b}}} T \tag{4-68}$$

$$t_b = \frac{1}{1 + \sqrt{\frac{n_s}{n_b}}} T \tag{4-69}$$

此时相对标准差为

$$\nu_{n_0} = \frac{1}{n_s - n_b} \sqrt{\frac{n_s}{t_s} + \frac{n_b}{t_b}} = \frac{\sqrt{\frac{1}{T}}}{\sqrt{n_s} - \sqrt{n_b}} \tag{4-70}$$

在给定相对标准差时，所需的最小测量时间为

$$T_{min} = \frac{1}{\nu_{n_0}^2 (\sqrt{n_s} - \sqrt{n_b})^2} \tag{4-71}$$

可见，样品总计数率越高，测量需要的时间越短；本底计数率越高，测量需要的时间则越长。

为了表征测量装置和方法的性能，可引入测量装置和方法的优质因子。优质因子是指对应某一放射性活度测量精度所需要的最小总计数时间 T_{min} 的倒数 M，即

$$M = \frac{1}{T_{min}} = \nu_{n_0}^2 (\sqrt{n_s} - \sqrt{n_b})^2 = \left(\frac{\sigma_{n_0}}{n_0}\right)^2 \frac{n_0^2}{(\sqrt{n_0 + n_b} + \sqrt{n_b})^2} \tag{4-72}$$

优质因子是比较、评价和选择放射性活度测量装置和方法的一项重要技术指标,其物理意义是表征在同样精度下测量速度的快慢。优质因子越大,测量速度越快,测量装置和方法越好,反之越差。若 $n_0 \ll n_b$,则有

$$M \approx \frac{n_0^2}{n_b} \propto \frac{\eta^2}{n_b} \tag{4-73}$$

式中: η——测量装置的探测效率。

由此可以看出,探测效率越高,本底计数率越低则优质因子 M 越大,测量装置和方法越优。

4.3 辐射测量的数据检验

在辐射测量中,需要对测量数据的可靠性进行检验,一方面用于掌握数据本身的可靠程度,另一方面对仪器是否稳定、测量条件是否正常来进行检查,以利于误差分析。

4.3.1 两次测量计数的差异检测

在相同的测试条件下对同一放射性样品进行两次测量,在相同的测量时间下计数分别为 N_1 和 N_2,其差值为

$$\Delta N = |N_1 - N_2| \tag{4-74}$$

如果两次测量结果均服从正态分布,其差值 ΔN 也将服从正态分布,平均值为零,标准差为

$$\sigma_{\Delta N} = \sqrt{N_1 + N_2} \tag{4-75}$$

分布的概率密度函数可以表示为

$$f(\Delta N) = \frac{1}{\sqrt{2\pi}\,\sigma_{\Delta N}} e^{-\frac{(\Delta N)^2}{2\sigma_{\Delta N}^2}} \tag{4-76}$$

假设在显著水平 α 下,概率 $P(|\Delta N| \geqslant K_\alpha \sigma_{\Delta N}) = \alpha$ 成立,经 $Z = \Delta N / \sigma_{\Delta N}$ 的变量置换,可得

$$P(|\Delta N| \geqslant K_\alpha \sigma_{\Delta N}) = 1 - P\left(\frac{|\Delta N|}{\sigma_{\Delta N}} < K_\alpha\right) = 1 - P(|Z| < K_\alpha) \tag{4-77}$$

因此

$$\alpha = 1 - 2P(0 < Z < K_\alpha) = 1 - 2\int_0^{K_\alpha} \frac{1}{\sqrt{2\pi}} e^{-\frac{Z^2}{2}} dZ \tag{4-78}$$

式中,显著水平 α 与 K_α 的关系可以查表 4-2 获得。

表 4-2　显著水平 α 与 K_α 的关系

K_α	1	1.5	1.96	2.58
$\alpha = P(|\Delta N| \geqslant K_\alpha \sigma_{\Delta N})$	0.318	0.134	0.05	0.01

在检验时,首先需要确定期望达到的显著度或显著水平 α,得到对应的 K_α。根据测量的 N_1 和 N_2,计算 Z,如果 $Z < K_\alpha$,则可以认为在该显著水平下,测量数据可信。

4.3.2　一组测量计数的差异检测

在相同条件下,进行 K 次测量获得了一组计数 $N_i(k=1,2,\cdots,i,\cdots,K)$,且都服从相同的正态分布,数学期望为 E_N,可采用平均计数 $\overline{N}$ 代替,标准差为 $\sigma_N=\sqrt{N}$。对该分布做变量置换,得

$$Z_i=\frac{N_i-E_N}{\sigma_N}\approx\frac{N_i-\overline{N}}{\sqrt{\overline{N}}} \tag{4-79}$$

变量置换后的随机变量 Z 符合标准正态分布。Z 的平方和也是一个随机变量

$$\chi^2=\sum_{i=1}^{K}\frac{(N_i-\overline{N})^2}{\overline{N}} \tag{4-80}$$

称之为 χ^2 分布。假设在显著水平 α 下,概率 $P(\chi^2\geqslant\chi_\alpha^2)=\alpha$ 成立,即

$$\alpha=P(\chi^2\geqslant\chi_\alpha^2)=\int_{\chi_\alpha^2}^{\infty}f(\chi^2)\,\mathrm{d}\chi^2 \tag{4-81}$$

χ^2 分布数值与显著水平 α 和自由度有关。自由度一般为独立随机变量个数减去约束条件个数的值。上述分布可以查表 4-3 获得某显著水平 α 下的 χ_α^2 值。

表 4-3　在三种显著水平下的 χ_α^2 值

α	自由度													
	1	2	3	4	5	6	7	8	9	10	15	20	25	30
	χ_α^2													
0.95	0.004	0.103	0.352	0.711	1.145	1.635	2.167	2.733	3.325	3.940	7.261	10.85	14.61	16.31
0.50	0.455	1.165	2.366	3.357	4.351	5.348	6.346	7.344	8.343	9.342	14.34	19.34	23.34	29.34
0.05	3.841	5.991	7.815	9.488	11.07	12.59	14.07	15.51	16.92	18.31	25.0	31.41	37.65	43.77

采用该方法对实际数据检验时,首先要确定期望的显著水平 α。对于 K 次独立测量,减去一个平均值约束条件,自由度为 $K-1$,查表获得 χ_α^2 值。再根据样本数据计算 χ^2。如果 $\chi^2\leqslant\chi_\alpha^2$,说明在该显著水平下,方差小于估计值,测量数据可信。

此外,还需要查出相应自由度下的 $\chi_{1-\alpha}^2$,如果样本数据计算的 $\chi^2\leqslant\chi_{1-\alpha}^2$,表明测量结果重复性过分好,属于不正常现象。如果 $\chi^2>\chi_{1-\alpha}^2$,表明试验数据可以接受。

4.3.3　低水平放射性样品测量

样品计数测量一般要回答两个问题:(1) 样品中是否有待测放射性;(2) 如果有放射性,量是多少。对于一般样品的测量,由于样品净计数率远比本底高,在测量中不存在上述问题。然而,对于低水平测量,由于净计数率与本底计数率不相上下,甚至还要低,这时首先要判断所测的计数究竟是样品中放射性的贡献还是本底涨落所致。

同时低水平放射性样品测量结果还与探测器灵敏度息息相关。灵敏度是指所得到的观测量的变化与相应的被测量的变化的比值。对某一给定的被测量变化值为 ΔW,相应的观测量变化

值为 ΔN,则灵敏度 S 为

$$S = \frac{\Delta N}{\Delta W} \tag{4-82}$$

当测量装置的观测量与被测量的关系呈直线关系时,灵敏度 S 就是回归直线的斜率;否则 S 将随着 W 的不同而不同。

4.4 辐射测量的探测限

4.4.1 第一类错误

假设对放射性样品测量的计数为 N_s,本底测量计数为 N_b,测量时间均为 t。样品的净计数为

$$N_0 = N_s - N_b \tag{4-83}$$

净计数率为

$$n_0 = \frac{N_0}{t} = n_s - n_b \tag{4-84}$$

式中:n_0——净计数率,c/s(count per second);

n_s——样本测量的总计数率,c/s;

n_b——本底测量的计数率,c/s。

如果样品具有放射性,则 $N_s > N_b$ 或 $N_0 > 0$;如果不具有放射性,则 $N_s = N_b$ 或 $N_0 = 0$。但是当样品的放射性活度很小时,由于净计数 N_0 会非常小,并且测量计数会存在涨落,N_0 的值也存在一定的分布,因此难以采用 $N_0 = 0$ 作为判断样品是否具有放射性的依据。此时,会选择一个大于零的判断的阈值 N_c,如果 $N_0 > N_c$,则认为样品具有放射性;反之,样品不具有放射性。该阈值被称为判断限。

如果判断限 N_c 选取不当,则会引起误判,其中一类误判为第一类错误。第一类错误(α 错误)是指,如果样品实际不具有放射性,但由于计数的统计涨落使得测量到的净计数 N_0 大于判断限 N_c,此时会误认为样品具有放射性。

假设当样品不具有放射性时,净计数统计涨落服从正态分布,均值为零,分布的概率密度函数为

$$f(N_0) = \frac{1}{\sqrt{2\pi}\,\sigma_0}\mathrm{e}^{-\frac{N_0^2}{2\sigma_0^2}} \tag{4-85}$$

式中:σ_0——样品净计数 N_0 为 0 的标准差。

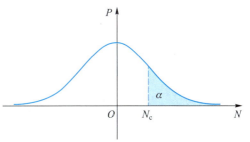

图 4-1 第一类错误示意图

第一类错误的示意图如图 4-1 所示。判断限 N_c 可以由标准差的 K_α 倍确定,即

$$N_c = K_\alpha \sigma_0 \tag{4-86}$$

由于样品中没有放射性,测量到的是本底计数 N_b,此时样品测量的净计数 $N_0 = N_b - N_b$,已知 N_b 的标准差为 $\sqrt{N_b}$,根据合成标准不确定的计算方法可知样品测量的净计数的标准差 $\sigma_0 = \sqrt{2N_b}$,则此时 $N_c = \sqrt{2}\,K_\alpha \sqrt{N_b}$。

出现第一类错误的概率 α 为

$$\alpha = \int_{N_c}^{\infty} f(N_0)\,\mathrm{d}N_0 = \int_{K_\alpha\sigma_0}^{\infty} \frac{1}{\sqrt{2\pi}\,\sigma_0} \mathrm{e}^{-\frac{N_0^2}{2\sigma_0^2}}\mathrm{d}N_0 \tag{4-87}$$

式中, α 和 K_α 存在关系, 几个典型的 α 和 K_α 值见表 4-4。 N_c 的取值, 直接关系到第一类错误发生的概率 α。当 $N_0 > N_c$ 时, 虽然不能简单地认为样品具有放射性, 但是通过该分析可以获得发生误判的概率。假设 $\alpha = 0.05$ 时, $K_\alpha = 1.645$, 即净计数大于该判断限时认为样品具有放射性的错误概率仅为 5%。

表 4-4　典型的 α 和 K_α 值

K_α	0.675	0.994	1.282	1.645	1.960	2.326	2.576
$\alpha = P(N_0 > K_\alpha \sigma_0)$	0.250	0.160	0.100	0.050	0.025	0.010	0.005

4.4.2　第二类错误

第二类错误(β 错误)与第一类错误相反, 如果样品实际具有放射性, 但由于计数的统计涨落, 测量的净计数 N_0 小于判断限 N_c, 此时会误认为样品不具有放射性。

假设样品具有放射性, 真实计数为 N_D。净计数统计涨落服从正态分布, 分布的概率密度函数为

$$f(N_0) = \frac{1}{\sqrt{2\pi}\,\sigma_D} \mathrm{e}^{-\frac{(N_0 - N_D)^2}{2\sigma_D^2}} \tag{4-88}$$

式中: σ_D ——样品净计数为 N_D 时的标准差。

此时出现第二类错误, 即认为样品无放射性(判断限为 N_c)的误判概率 β 为

$$\beta = \int_{-\infty}^{N_c} f(N_0)\,\mathrm{d}N_0 = \int_{-\infty}^{N_c} \frac{1}{\sqrt{2\pi}\,\sigma_D} \mathrm{e}^{-\frac{(N_0 - N_D)^2}{2\sigma_D^2}}\,\mathrm{d}N_0 \tag{4-89}$$

令 $N = N_0 - N_D$, 进行变量置换得

$$\beta = \int_{-\infty}^{N_c - N_D} \frac{1}{\sqrt{2\pi}\,\sigma_D} \mathrm{e}^{-\frac{N^2}{2\sigma_D^2}}\mathrm{d}N = \int_{N_D - N_c}^{\infty} \frac{1}{\sqrt{2\pi}\,\sigma_D} \mathrm{e}^{-\frac{N^2}{2\sigma_D^2}}\mathrm{d}N \tag{4-90}$$

可见, 概率 β 不仅跟 N_c 有关, 还与 N_D 有关。第二类错误的示意图如图 4-2 所示, N_D 越大, 分布曲线会右移, 被漏检的概率 β 会越小; 同理, N_D 越小, 分布曲线会左移, 被漏检的概率 β 会越大。

4.4.3　探测限的估计

如果以一定的概率为上限, 要满足漏检的概率小于设定的概率 β, 就会存在最小的 N_D, 该值就是辐射测量的探测限。探测限可以由判断限 N_c 加上标准差 σ_D 的 K_β 倍来确定, 即

$$N_D = N_c + K_\beta \sigma_D \tag{4-91}$$

将式(4-91)代入式(4-90), 并且令 $N' =$

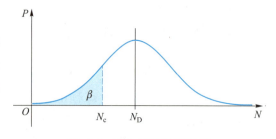

图 4-2　第二类错误示意图

N/σ_D,可以得到概率 β 的表达式如下

$$\beta = \int_{K_\beta \sigma_D}^{\infty} \frac{1}{\sqrt{2\pi}\,\sigma_D} e^{-\frac{N^2}{2\sigma_D^2}} dN = \int_{K_\beta}^{\infty} \frac{1}{\sqrt{2\pi}} e^{-\frac{N'^2}{2}} dN' \quad (4-92)$$

式(4-92)表明 β 和 K_β 的关系也可以通过查正态分布表获得。

根据净计数的标准差,可得 $\sigma_D = \sqrt{N_D + 2N_b}$。将 N_D 的表达式代入,同时考虑到 $N_c = K_\alpha \sqrt{2N_b}$,则

$$\sigma_D = \sqrt{K_\alpha \sqrt{2N_b} + K_\beta \sigma_D + 2N_b} \quad (4-93)$$

将上式的两边同时平方,整理得

$$\sigma_D^2 - K_\beta \sigma_D - K_\alpha \sqrt{2N_b} - 2N_b = 0 \quad (4-94)$$

求解该方程,并根号前只取正号解,得

$$\sigma_D = \frac{K_\beta + \sqrt{K_\beta^2 + 4K_\alpha \sqrt{2N_b} + 8N_b}}{2} \quad (4-95)$$

当倍数系数 K_α 和 K_β 均为 K 时,上式可简化为

$$\sigma_D = K + \sqrt{2N_b} \quad (4-96)$$

代入式(4-91),得

$$N_D = K\sqrt{2N_b} + K(K + \sqrt{2N_b}) = K^2 + 2K\sqrt{2N_b} \quad (4-97)$$

或以判断限 N_c 表示为

$$N_D = K^2 + 2N_c \quad (4-98)$$

以计数率表示为

$$n_D = \frac{K^2}{t} + 2K\sqrt{2\frac{n_b}{t}} \quad (4-99)$$

$$\sigma_{n_D} = \frac{K}{t} + \sqrt{2\frac{n_b}{t}} \quad (4-100)$$

可见,设定第一、二类错误的发生概率,则可以确定 K 值,再结合本底计数 N_b,可获得该概率下的探测限 N_D。当放射性样品计数大于 N_D 时,漏检概率小于第二类错误的发生概率 β。

假设第一、二类错误的发生概率 α 和 β 均为 0.05,则 $K = 1.645$,那么探测限 N_D 为

$$N_D = 2.706 + 4.653\sqrt{N_b} \quad (4-101)$$

测量的相对标准差为

$$\frac{\sigma_D}{N_D} = \frac{K + \sqrt{2N_b}}{K^2 + 2K\sqrt{2N_b}} = \frac{1}{K}\left(1 - \frac{1}{\dfrac{K}{\sqrt{2N_b}} + 2}\right) \quad (4-102)$$

如果测量时间足够长,使得 $N_b \gg K^2$ 时,$K/\sqrt{2N_b} \approx 0$,那么

$$\frac{\sigma_D}{N_D} = \frac{1}{2K} \quad (4-103)$$

同样,当 $K = 1.645$ 时,$\sigma_D/N_D = 0.304$,即如果辐射水平接近探测限时,相对标准差为 30.4%。这说明放射性水平较低时,难以获得较高的测量精度。

本章知识拓扑图

- 第4章 辐射测量中的概率统计
  - 统计分布
    - 核衰变数的统计分布
    - 脉冲计数的统计分布
    - 脉冲幅度的统计分布
    - 脉冲时间间隔的统计分布
  - 辐射测量的不确定度
    - 不确定度及评定标准
    - 辐射测量的统计误差
  - 辐射测量的数据检验
    - 两次测量计数的差异检测
    - 一组测量计数的差异检测
    - 低水平放射性样品测量
  - 辐射测量的探测限
    - 第一类错误
    - 第二类错误

知识拓扑详图

习题 ✍

4-1　在 Δt 时间内,某放射源发生的射线数平均值 $m=100$,试计算在相同时间内再发出射线数为 100 的概率是多少? 发出射线数的绝对偏差 $|m-n|>10$ 的概率是多少?

4-2　如果探测器测量某放射源的最小脉冲时间间隔 $\tau=1\ \mu s$,要实现控制计数损失小于 3% 和 1%,允许的计数率分别是多少?

4-3　对某放射性样品测量总计数率为 25 c/s,本底计数率为 4 c/s,若要求相对测量误差小于 5%,测量时间如何确定?

4-4　两次测量计数为 1128 和 1040,试检验这组数据的可靠性。

4-5　用一计数器测得了 7 个计数值:1050,986,995,1034,1025,987,935,试问这组数据是否正常?

4-6　对一低水平的放射性样品进行测量,测得的本底计数为 100。设定发生第一、二类错误的概率均为 5%,其探测限为多少?

4-7　已知 ^{85}Kr 的半衰期为 10.756 a,求经过一星期后,单个 ^{85}Kr 原子的衰变概率。

4-8　已知 ^{233}Th 的半衰期为 21.83 min,求 120 个 ^{233}Th 原子经过 15 s 后的衰变数期望,并写出经过 15 s 后的衰变数概率表达式。

4-9　已知入射探测器的粒子数期望为 20,且每个粒子引起探测器计数的概率为 0.95,求探测器计数为 15 的概率(如缺乏计算条件,列出概率的表达式即可)。

4-10　已知入射粒子在探测介质中损失的能量为 15 eV,法诺因子为 0.12,产生电子和离子对数的方差为 1,求入射粒子在探测介质中的平均电离能。

参 考 文 献

[1]　Knoll G F. Radiation detection and measurement[M]. Hoboken, NJ: John Wiley & Sons, 2010.

[2]　国防科学技术工业委员会. EJ/T 1204.1—2006. 电离辐射测量探测限和判断阈的确定: 第 2 部分忽略样品处理影响的计数测量[S]. 北京: 中国标准出版社, 2006.

第 5 章　辐射探测器

　　准确地探测辐射是人们防护和应用辐射的基础。辐射探测器是一种能够直接或间接给出某种信号或指示以确定辐射的一个量或几个有关量的器件。这种器件可以是一个组合体,也可以是一种材料。辐射探测器所测量的辐射量通常有入射辐射的种类、强度、能量、射程等。辐射探测器的种类很多,工作原理也各不相同。常用的辐射探测器有气体探测器、闪烁探测器、半导体探测器等。当辐射进入到辐射探测器的灵敏体积之内,会与探测器的介质发生相互作用,转变为可以探测到的信号,如电信号、声信号、光信号或者是热信号。辐射探测器的输出会通过直接或间接的方式反映出辐射的信息,如辐射的种类、能量、强度等。一般情况下,辐射探测器的组成包括探头、放大器、输出信号的处理装置以及其他附属设备。

　　目前,针对不同目的和场所使用的辐射探测器的种类或规格有很多,按其工作原理一般可以分为三类,分别是气体探测器、闪烁探测器与半导体探测器。这些探测器的共同特点都是把辐射信号转变为电信号从而进行处理分析。

5.1　辐射测量的一般性质

5.1.1　脉冲幅度谱

　　入射粒子通过与探测器发生相互作用而将全部的能量沉积在探测器内,会在探测器内产生一定数量的电荷 Q。通过在探测器两端施加电压,由入射粒子产生的正负电荷会向相反的方向移动,探测器外接负载电路会产生感应电流,即此时探测器已将入射粒子的能量收集并输出电信号。图 5-1 显示了探测器对于单个入射粒子的输出电流随时间变化的曲线。t_c 表示了电荷的收集时间。电流对时间的积分为 Q,$Q = \int_0^{t_c} I(t)\,\mathrm{d}t$,即入射粒子与探测器发生物质相互作用中所产生的全部电荷量。

　　在实际的辐射测量中,由于入射粒子的强度可能会很大,因此在一段时间内探测器输出的感应电流会由多个入射粒子产生的感应电流共同组成。为了便于讨论,假设入射粒子的强度足够小,因此可以分辨每个入射粒子产生的感应电流,如图 5-2 所示。由于电流与入射粒子发生的物

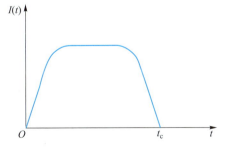

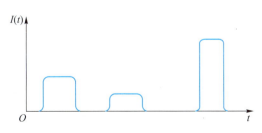

图 5-1　不同时间探测器的输出电流变化曲线　　　　图 5-2　不同时间的感应电流脉冲

质相互作用过程有关,因此每个电流脉冲的幅度和持续时间可能都不同。同时,由于粒子发射满足泊松分布,因此电流脉冲之间的时间间隔也是随机的。

探测器按照工作模式,一般可以分为脉冲模式和电流模式。图 5-3 为工作在脉冲模式下探测器的等效电路,其中 R 表示电路的输入电阻,C 为探测器和外部电路的等效电容,定义时间常数 $\tau = RC$。当 $nRC \ll 1$ 时,此时为脉冲模式,其中 n 为单位时间内的脉冲数目,探测器工作在脉冲模式下就是把每一个电流信号转换成一个脉冲信号。两个本征电流所产生的两个脉冲可以互相分开。因此,探测器负载电路的时间常数 τ 应该远远小于两个脉冲间隔时间的平均值。当 $nRC \gg 1$ 时,探测器工作为电流模式。

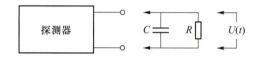

图 5-3 工作在脉冲模式下探测器的等效电路图

根据时间常数 τ 与电荷收集时间 t_c 的比值不同,脉冲模式又可以分为电流脉冲模式和电压脉冲模式。当 RC 小于电荷收集时间时,即 $\tau \ll t_c$,属于电流脉冲模式。图 5-4a 为负载电路的电流,图 5-4b 负载电路的电脉冲信号电压,可以发现脉冲信号电压 $U(t)$ 的形状几乎与输出电流曲线形状相同,此时脉冲信号 $U(t) = RI(t)$。

一般探测器在工作时,RC 大于电荷收集时间,即 $\tau \gg t_c$,此时为电压脉冲模式。在电荷收集的过程中,流过负载电路的电流很小,电流会对电容 C 充电形成电压,因此电容 C 上累积到的电荷最多为 Q,RC 两端的电压最大值 $U_{\max} = Q/C$,如图 5-4c 所示。在这种情况下,当电容 C 保持稳定,脉冲幅度 U 与电荷量 Q 成正比。由于 Q 与入射粒子的能量成正比,因此通过测量脉冲幅度就可以确定入射粒子的能量。

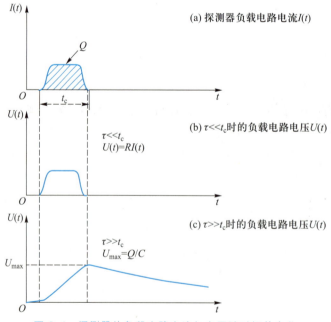

图 5-4 探测器的负载电路电流与电压随时间的变化

当探测器产生许多脉冲信号时,由于产生每个脉冲的入射粒子沉积的能量不同,或者探测器收集到的电荷量 Q 存在统计涨落,因此每个脉冲的幅度都是不同的。为了表示输出脉冲幅度的分布,一般采用微分脉冲幅度谱和积分脉冲幅度谱。在图 5-5a 中,横坐标是脉冲幅度,单位是 V,横坐标的范围是从零到探测器测得到最大脉冲幅度;纵坐标是 $\mathrm{d}N/\mathrm{d}H$ 表示脉冲数随脉冲幅度变化的变化量,单位为 V^{-1};阴影面积表示脉冲幅度在 H_1 和 H_2 之间的脉冲数目,即 $\int_{H_1}^{H_2}\dfrac{\mathrm{d}N}{\mathrm{d}H}\mathrm{d}H$。

图 5-5b 所示为与图 5-5a 相对应的积分脉冲幅度谱。横坐标 H 为脉冲幅度,纵坐标 N 为大于某一脉冲幅度 H 的脉冲数,脉冲数 N 为 H 到最大脉冲数 $H_{\max}$ 的积分,因此 N 为

$$N=\int_{H}^{H_{\max}}\frac{\mathrm{d}N}{\mathrm{d}H}\mathrm{d}H \tag{5-1}$$

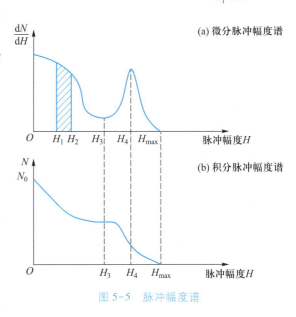

图 5-5　脉冲幅度谱

脉冲幅度 $H=0$ 时,脉冲数最大为 N_0;脉冲幅度 $H=H_{\max}$ 时,脉冲数为 0。

因为微分脉冲幅度谱中任意点的脉冲数可以通过积分脉冲幅度谱中同一幅度处的斜率绝对值给出,所以微分脉冲幅度谱和积分脉冲幅度谱所传递的信息完全一致。当微分分布中出现峰值,如 H_4,积分分布谱的斜率就会出现局部最大值;当微分分布中出现局部最小值,如 H_3,积分分布谱的斜率就会出现最小值。由于微分脉冲幅度谱更容易显示脉冲幅度及其数目的分布信息,因此在谱分析中常采用微分脉冲幅度谱。通过对微分脉冲幅度谱进行能量刻度划分,就可以获得计数率随粒子能量的分布曲线。

5.1.2　探测效率

理想情况下,进入辐射探测器灵敏体积的粒子与辐射探测器相互作用,会产生脉冲输出。探测效率是指单个粒子射入探测器的灵敏体积内形成信号的概率。其中,灵敏体积是指辐射探测器中对特定辐射有响应的部分。对于初级电离粒子,如 α 或 β 粒子,在灵敏体积内行进一小段距离后,就会在其路径上电离产生足够的离子对,使得探测器能够记录下脉冲信号。因此,对于 α 或 β 粒子,能够使进入辐射探测器灵敏体积内粒子产生的脉冲全部被记录下,此时辐射探测器的计数效率为 100%。

对于 γ 射线或中子等不带电粒子,在辐射探测器中可以穿过较大的距离,产生的次级电离粒子可能不足以使探测器记录下脉冲信号,此时辐射探测器的效率通常小于 100%。这种情况下,如果想建立放射源发出的粒子数和辐射探测器记录脉冲数的联系,就必须知道辐射探测器的探测效率。辐射探测器的探测效率可以分为两类:绝对探测效率和本征探测效率。

探测器的绝对探测效率定义为探测器记录下来的脉冲数所占放射源发出的粒子数的比例,即

$$\varepsilon_{\mathrm{abs}}=\frac{N}{N_{\mathrm{s}}}\times100\% \tag{5-2}$$

式中:N——记录下来的脉冲数;

N_s——放射源发出的粒子数。

探测器的本征探测效率是指入射到探测器灵敏体积内的一个粒子产生一个脉冲的概率,用符号 ε_{in} 表示。在脉冲工作方式下,探测器的本征探测效率是探测到的粒子数与在同一时间内入射到探测器中该种粒子数的比值,如式(5-3)所示;在电流工作方式下,它就是探测器的灵敏度。探测器的本征探测效率与探测器灵敏物质的类型、尺寸、入射辐射的种类、能量等因素有关。在给定探测器的本征探测效率时,一定要指明辐射的种类。本征探测效率可表示为

$$\varepsilon_{in}=\frac{N}{N_0}\times100\% \tag{5-3}$$

式中:N——记录下来的脉冲数;

N_0——入射到灵敏体积内的粒子数。

探测器的绝对探测效率不仅与探测器本身特性相关,还与放射源和探测器的相对空间位置有关;而探测器的本征探测效率只与探测器本身特性相关,与空间位置无关。

对于各向同性点源,绝对探测效率和本征探测效率有如下关系

$$\varepsilon_{abs}=\varepsilon_{in}\frac{\Omega}{4\pi} \tag{5-4}$$

式中:Ω——探测器的灵敏体积对放射源所张的平均立体角。

探测器的灵敏体积对放射源所张的平均立体角除以 4π 球面度的值 $\frac{\Omega}{4\pi}$ 称为几何因子。其中,球面度(steradian,sr)是立体角的国际单位。几何因子与放射源的形状、探测器灵敏体积以及放射源与探测器的相对位置有关。点源的几何因子可用下式计算

$$f_g=0.5\left(1-\frac{h}{\sqrt{h^2+R^2}}\right) \tag{5-5}$$

式中:f_g——几何因子;

h——样品与探测器的距离,m;

R——探测器窗的半径,m。

5.1.3　能量刻度

利用探测器对射线能量进行测量时,探测器通常处于脉冲工作方式,探测器的输出脉冲幅度 V 与射线能量 E 具有线性关系,即

$$V=K_1E+K_2 \tag{5-6}$$

式中,K_1 和 K_2 是与能量 E 无关的常数。

能量测量的一般过程是按幅度大小将射线引起的输出脉冲进行分类,并分别记录各类脉冲幅度的数目。可以同时测量多个幅度间隔内脉冲数的脉冲幅度分析器称为多道脉冲幅度分析器。多道脉冲幅度分析器是利用模数转换(A/D)将被测量的脉冲幅度范围平均分成 2^n 个间隔,从而把模拟脉冲信号转化成与其幅度对应的数字量,称为道址。在存储器空间里开辟一个数据区,在该数据区中有 2^n 个计数器,每个计数器对应一个道址。控制器每收到一个道址,便将该道址对应的计数器加 1,经过一段时间的累积,得到了输入脉冲幅度的分布数据,即谱线数据,如

图 5-6 所示。这里提到的幅度间隔的个数就是多道脉冲幅度分析器的道数,它由 n 值决定。

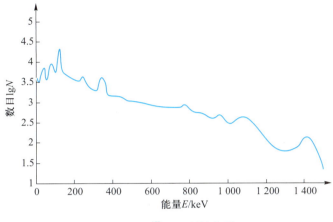

图 5-6 ^{152}Eu γ 射线能谱

如果用 x_i 表示道址,$E(x_i)$ 表示与道址 x_i 相对应的射线能量,则由式(5-6)可知,射线能量 $E(x_i)$ 与道址 x_i 也成正比

$$E(x_i) = Gx_i + E_0 \tag{5-7}$$

式中:G——单位道址增益所对应的能量增益,简称增益,它是与能量无关的常数,由能谱仪的工作状态决定;

E_0——零道址所对应的射线能量,称为零截。

由式(5-7)可知,$E(x_i)$ 与 x_i 为线性关系,如图 5-7 所示,该直线称为能谱仪的能量刻度曲线。在能谱测量时必须对能谱仪进行能量刻度,并绘制能谱仪的能量刻度曲线,这是因为能谱仪测的是脉冲幅度计数与道址 x_i 的关系,因此必须对能谱仪进行能量刻度并得到能量与道址的关系后,才能确定测得的射线脉冲幅度计数与能量的关系。

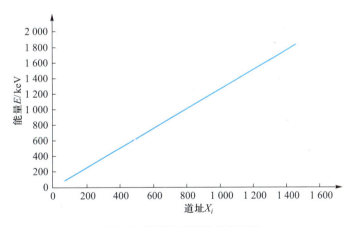

图 5-7 能谱仪的能量刻度曲线

5.1.4 能量分辨率

在辐射探测的许多应用中,其主要目的是获得射线的能量分布情况。通过对单能辐射的能

量响应分析可以检验探测器的性能。图 5-8 所示为不同探测器针对同一放射源测得的不同脉冲幅度分布谱。如果在这两种情况下探测器记录的脉冲数相同,则每个峰面积是相等的。虽然两个曲线分布的中心都是脉冲幅度的平均值 H_0,但是在分辨率低的情况下峰的宽度更大,意味着探测器产生的脉冲幅度统计涨落更大。脉冲幅度涨落越小,相应峰的宽度也越小,峰值越接近数学上的 δ 函数,此时探测器对于射线能量分辨的能力就越强。

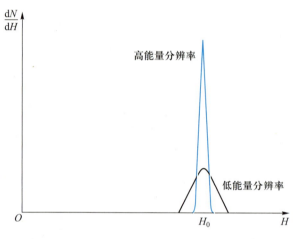

图 5-8   不同探测器能量分辨率响应示意图

假设探测器只记录了一种单能辐射,其脉冲幅度谱如图 5-9 所示,图中 $FWHM$(full width at half maximum)是全能峰半高宽,它是指本底辐射可以忽略或者已经被扣除时,全能峰的最大纵坐标的一半位置处水平上分布的宽度。探测器的能量分辨率定义为 $FWHM$ 除以峰值对应的脉冲幅度 H_0,其表达式为

$$R = FWHM / H_0 \tag{5-8}$$

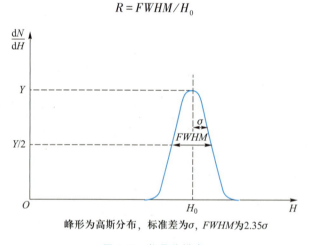

峰形为高斯分布,标准差为σ,$FWHM$ 为2.35σ

图 5-9   能量分辨率

能量分辨率 R 是一个量纲为一的分数,通常用百分数表示。探测器的能量分辨率值越小,则能量分辨率越好,更容易区分两种能量相近的辐射。从经验角度上看,如果两个峰的距离大于其中一个峰的 $FWHM$,则探测器可以将这两个能量的射线区分开来。

　　在探测器测量的过程中,会存在很多潜在的干扰,包括道址漂移,核电子学系统内部的随机噪声以及辐射信号本身的离散性质导致的统计噪声等,导致能量分辨率变差。统计噪声在某种程度上讲是非常重要的,因为探测器在测量信号中都会存在这个波动量,影响了探测器性能。

　　射线通过与探测器灵敏体相互作用产生载流子,从而产生感应电荷。这些载流子的数量不是恒定的,会产生统计噪声。假设每个载流子的形成都满足泊松分布,如果这是信号中的唯一波动来源,且载流子数量通常为一个很大的数,则探测器的响应函数 $G(H)$ 为高斯分布,即

$$G(H) = \frac{A}{\sigma\sqrt{2\pi}}e^{-\frac{(H-H_0)^2}{2\sigma^2}} \tag{5-9}$$

式中:H——脉冲幅度;

　　　H_0——峰值对应的脉冲幅度,也称为平均脉冲幅度;

　　　σ——宽度参数,通过高斯分布的 $FWHM = 2.35\sigma$ 来确定;

　　　A——峰的面积。

　　探测器的响应是近似线性的,因此平均脉冲幅度 H_0 表示为

$$H_0 = KN \tag{5-10}$$

式中:N——在泊松分布的假设下,平均产生的载流子总数;

　　　K—— 一个常量。

　　在脉冲幅度谱中的标准差 $\sigma = K\sqrt{N}$,因此 $FWHM = 2.35K\sqrt{N}$。则可以计算只考虑了由于载流子数目的统计波动而产生的能量分辨率的极限值 $R_{极限}$

$$R_{极限} = \frac{FWHM}{H_0} = \frac{2.35K\sqrt{N}}{KN} = \frac{2.35}{\sqrt{N}} \tag{5-11}$$

　　通过式(5-11)可以发现,这个能量分辨率的极限值仅取决于载流子总数 N,随着 N 的增加,分辨率会提高(R 值降低)。为了使能量分辨率高于 1%,N 的数量要大于 55 000。在对测量辐射时,一个理想的探测器应该尽可能产生多的载流子,以达到更好的能量分辨率。

　　在探测器测量辐射的整个过程中,需要将所有的其他的信号干扰和统计噪声相结合,从而给出测量系统总体的能量分辨率,即

$$(FWHM)_{overall}^2 = (FWHM)_{statistical}^2 + (FWHM)_{noise}^2 + (FWHM)_{drift}^2 + \cdots \tag{5-12}$$

　　等式右边的每一项都是在其他的干扰为零的情况下,测到的 $FWHM$ 的平方。$(FWHM)_{statistical}$ 和 $(FWHM)_{noise}$ 的下角标分别为辐射信号本身的离散性质导致的统计噪声以及探测器核电子学系统内部的随机噪声。

5.1.5　分辨时间

　　在辐射测量中,如果放射性水平较高,先后进入探测器的两个粒子产生的相邻脉冲的时间间隔小到一定程度后,将造成后一个脉冲不能被计数,此时会发生漏计数。探测系统能够辨别出两个脉冲的最小时间间隔被称为分辨时间,亦称为死时间或时间分辨率。

　　计数分辨时间有两种模式:扩展型和非扩展型。扩展型是指当在第一个脉冲发生后的 τ 时间内,第二个脉冲不能被记录,若第三个脉冲和第二个脉冲的时间间隔还小于 τ 时,第三个脉冲仍然不能被记录。τ 为分辨时间,这相当于将分辨时间进行扩展,直至两个相邻脉冲的发生时间

间隔大于 τ 时,才能作为新脉冲事件被进行计数。非扩展型是指第一个脉冲发生后的 τ 时间内,第二个脉冲不能被记录,但是如果第三个脉冲发生的时刻超出上一个分辨时间的范围(即第一、三脉冲时间间隔大于 τ),该脉冲可以被记录,此时漏计数的仅仅是第二个脉冲信号,如图 5-10 所示。

　　如果单位时间内产生的脉冲数为 m,探测器的分辨时间为 τ,单位时间被记录的脉冲数为 n,在第一种分辨时间模式下,如果连续出现的前后两个脉冲的时间间隔均小于 τ,此时所有的脉冲事件都不能被记录,即装置被完全阻塞。如果在单位时间内记录到 n 个脉冲,可以说明在单位时间发生 m 个脉冲里存在 n 个相邻脉冲时间间隔大于 τ 的情况。根据统计规律分析可知,脉冲时间间隔 t 大于 τ 的概率为

$$P(t \geqslant \tau) = \mathrm{e}^{-m\tau} \tag{5-13}$$

　　因此记录到的脉冲数 n 与 m 的关系为

$$n = m\mathrm{e}^{-m\tau} \tag{5-14}$$

　　在第二种分辨时间模式下,只要在一个脉冲被记录后经过 τ 时间,就可以再继续记录下一个脉冲。此时,漏计数可以用概率统计的方法来分析。由于在单位时间内被记录的脉冲数为 n,因此单位时间内存在的分辨时间为 $n\tau$。已知单位时间内产生的脉冲数为 m,那么在分辨时间内发生的脉冲数为 $mn\tau$,这些脉冲数无法被记录,根据定义易知单位时间的未记录的脉冲数为 $m-n$,两者应相等,因此,n 与 m 的关系为

$$mn\tau = m - n \tag{5-15}$$

　　两种情况下 n 与 m 的关系如图 5-11 所示。在实际脉冲发生率 m 较小时,这两种模式下得到的脉冲计数率 n 比较接近。随着 m 的增大,脉冲计数率 n 的变化规律则出现很大差异。在第一种情况下,随着 m 的增加,n 会趋近于零,说明极限情况下会出现计数完全阻塞。同时,当 $\frac{\partial n}{\partial m} = 0$,即 $m = 1/\tau$ 时,存在极值 $1/\tau e$。在小于该极值时,对于某一个特定的 n 会存在一小一大两个 m 与之对应,对应的情况分别为:(1)实际的脉冲发生率低;(2)实际的脉冲发生率高,但是漏计数多。在第二种非扩展型情况下,随着 m 的增加,n 趋近于一恒定值 $1/\tau$,这说明在极限情况下第一个脉冲被记录并经过分辨时间后,会立即记录第二个脉冲,即记录的脉冲数为测量时间除以分辨时间。

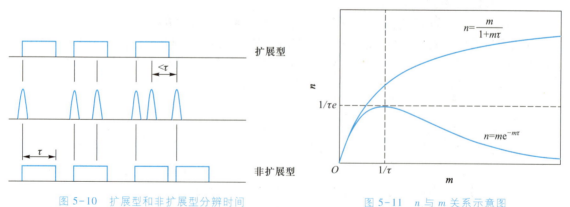

图 5-10　扩展型和非扩展型分辨时间　　　　　　图 5-11　n 与 m 关系示意图

　　在实际测量时,需要尽可能避免因分辨时间造成漏计数较大的情况。一方面由于探测器的分辨时间 τ 计数模式并不稳定,另一方面由于实际脉冲发生率 m 对计算脉冲计数率 n 的误差比

较敏感,因此分辨时间修正的精确性较低。一般当漏计数率大于30%或40%时,需要改变测量条件,或者更换分辨时间较小的探测设备。

进行分辨时间修正时,需要知道分辨时间 τ。一般对于确定的探测装置,设备参数中会给出分辨时间 τ。如果分辨时间未知,或者因各种原因发生改变时,需要对分辨时间 τ 进行测量。通常的方法为两源法,即采用探测器分别测量两个放射源并获得计数率 n_1 和 n_2,在不考虑本底的情况下,这两个放射源单位时间内的真实脉冲数为 m_1 和 m_2,在非扩展模式下为

$$n_1 = \frac{m_1}{1+m_1\tau} \tag{5-16}$$

$$n_2 = \frac{m_2}{1+m_2\tau} \tag{5-17}$$

然后测量两个源同时存在的情况,得到的计数率为 n_{12},也在非扩展模式下为

$$n_{12} = \frac{m_1+m_2}{1+(m_1+m_2)\tau} \tag{5-18}$$

对上述三个等式联立求解得

$$\tau = \frac{n_1 n_2 \pm \sqrt{n_1 n_2 (n_{12}+n_1)(n_{12}-n_2)}}{n_1 n_2 n_{12}} \tag{5-19}$$

由于 $m>n>0$,因此取负号得

$$\tau = \frac{n_1 n_2 - \sqrt{n_1 n_2 (n_{12}-n_1)(n_{12}-n_2)}}{n_1 n_2 n_{12}} \tag{5-20}$$

这样可以推断出测量仪器的分辨时间。

5.1.6 坪特性

探测器脉冲计数率与施加电压的关系曲线为坪特性曲线。坪特性包括起始电压、坪长、坪斜。探测器通常都有坪特性。

(1)起始电压。记录脉冲计数的电子学仪器开始计数时探测器所加的电压称为起始电压,如图5-12所示,U_s 为起始电压。探测器的起始电压愈低,信噪比越高,探测器性能就愈好。

(2)坪长。坪曲线中计数率随着探测器所加电压的增加变化不大,出现比较平坦的一段,即所谓的坪,坪区电压范围称为坪长,如图5-12所示,U_2-U_1 为坪长。正比计数器和 G-M 计数器的坪长一般大于300 V。

(3)坪斜。在坪区,计数率实际上仍随探测器所加电压的增加而有所增加,可用探测器所加电压每增加100 V 或1 V 时与计数率增加量之比来表示坪斜。

一般情况下,起始电压越低,坪长越大,坪斜越小,探测器性能越好。所以,在使用探测器之前,需

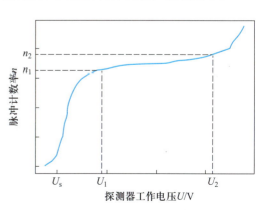

图 5-12 探测器的坪曲线

要先测出其坪特性,以评估探测器的性能,并确定探测器的工作电压,使其能够长期工作在最佳状态。工作电压一般选定在坪曲线上斜率最小处,例如坪长的 1/3 到 1/2 之间某个工作点。

5.2 气体探测器

5.2.1 气体探测器的原理

气体探测器是指以气体为工作介质,由入射粒子在其中产生的电离效应引起输出电信号的探测器。这里只考虑带电粒子产生电离效应的情况,是因为 X、γ 光子以及中子等中性粒子在气体中产生的电离或激发效应都是通过它们与物质作用后产生的次级带电粒子而产生的。最先使用的辐射探测器就是气体探测器,后来又相继研发出其他的探测器。气体探测器的结构简单、使用方便,迄今仍被广泛地应用。

1. 气体的电离

入射的带电粒子会使气体原子或分子激发或电离,在带电粒子通过的路径上会产生大量的离子对,即正离子和电子。入射的带电粒子与气体原子或分子作用直接产生初始电离,电离之后所产生的正离子和电子称为次级粒子。如果这些次级粒子具有足够大的能量,会使气体继续产生次级电离。对于电子,即使其能量很小也容易产生电离,因此气体的电离主要是由电子引起的次级电离。

在气体电离过程中,受激原子或分子可以通过下述三种方式退激。

(1)辐射光子

发射波长紫外光范围的光子,可能会在周围介质之中打出光电子或者被某些气体原子或分子吸收而使分子离解。

(2)发射俄歇电子

一个原子或分子从激发态回到低能级时发射一个电子的现象称为俄歇效应。原子或分子从激发态到低能级跃迁时,一般发射特征 X 射线把跃迁能带走,但有时不发射 X 射线,而是把跃迁能传给一个外层电子,使其脱离原子或分子成为自由电子。发射出的电子称为俄歇电子,如图 5-13 所

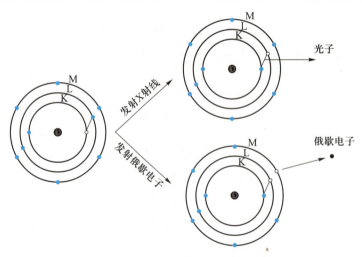

图 5-13　受激原子的退激方式

示,其能量等于相应跃迁的 X 射线的能量减去该电子的结合能。

（3）成为亚稳态原子或分子

上述两种退激发方式将在受激后的 10^{-9} s 内完成,但某些受激原子或分子处于禁戒的激发态,不能自发地退回基态,只有当它与其他粒子发生非弹性碰撞时才能退激,这种原子或分子的寿命较长,一般为 $10^{-4} \sim 10^{-2}$ s,称为亚稳态原子或分子。

2. 电子与离子在气体中的运动

电离过程中产生的电子和正离子具有一定的动能,在气体中不断运动并和气体原子或分子碰撞,则会发生如下一些物理过程。

（1）扩散

电离粒子在气体中的分布是不均匀的,在电离处的密度较大。电子和正离子会产生扩散,即从密度大的地方自发地向密度小的地方移动。扩散受到气压和温度的影响,气压越高,温度越低,扩散越慢。由于电子的质量远小于正离子,它的扩散速度比正离子快,电子的平均自由程比正离子大,与正离子的扩散相比,电子扩散的影响要大得多。

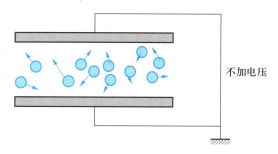

图 5-14　不加电压时电离粒子的扩散现象

（2）吸附

不断运动的电子会与气体原子或分子进行碰撞,在碰撞过程中自由电子可能吸附在气体原子或分子上,从而有负离子产生,这就是电子吸附。在碰撞过程中电子被原子或分子所吸附的概率就是吸附系数,符号为 h。吸附系数大的气体为负电性气体（$h > 10^{-5}$）,卤素气体的吸附系数为 10^{-3},O_2 和水蒸气的吸附系数为 10^{-4},负离子比电子的移动速度慢很多,所以其复合的概率大大增加,电子数目从而减少。所以,对于气体探测器,应该利用吸附系数小的气体,尽可能地降低负电性气体的含量。

（3）复合

当负离子与正离子相遇或者电子与正电离子相遇时,可能形成中性的原子或分子,这种现象称为复合。其中负离子与正离子的复合是离子复合,电子与正离子的复合是电子复合,它们复合的概率与正离子或电子（负离子）的密度成正比。复合现象在气体探测器中一般对收集信号不利。

（4）漂移

气体探测器在外加电压的作用下,气体空间会形成电场,电子会向正电极方向运动,正离子会向负电极方向运动,这种定向运动的现象称为漂移。电子和离子的漂移速度与电场强度成正比,但是离子的漂移速度远小于电子。外加电场越大,离子对产生后分离越快,复合效应越弱。

由于电场的作用,电子在不断与气体原子或分子碰撞的过程中会损失能量,也会在电场中获得能量。当电子的能量小于气体原子或分子的第一激发态跃迁能时,电子与气体原子或分子碰撞所损失的能量很小;当电子的能量比气体原子或分子的第一激发态跃迁能大时,就会进行非弹性碰撞,造成较大的能量损失。

3. 被收集离子对与外加电场的关系

为了使气体探测器能有效地收集辐射在气体中产生的电离电荷,在气体电离的空间要加上电场,也就是在气体探测器上设置两个电极,将电压加在电极上就会形成电场。正离子和电子会分别向两极漂移,漂移过程中产生的感应电荷就会被收集。

如果入射粒子的全部能量都损失在气体介质中,产生的离子对数 N 为

$$N = \frac{E_0}{W} \tag{5-21}$$

式中: E_0——入射粒子的能量,eV;

　　　W——平均电离能,eV。

图 5-15 为所收集到的离子对数与外加电压的关系,分为五个区。

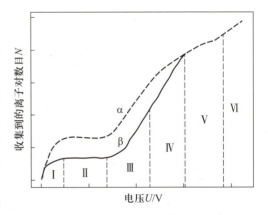

图 5-15　离子对收集数目与外加电压的关系

Ⅰ区为复合区。由于外加电压较小,离子漂移的速率很小,起主要作用的是扩散以及复合效应。由于存在复合效应,因此初始电离数大于所收集到的离子对数。两电极收集到的离子对数随着外加电压的增加而增加,直到电流接近饱和。

Ⅱ区为饱和区,也称为电离室区。两电极收集到的初始电离数随着外加电压的增加而增加,当电压到达某一个值后,复合效应就会消失,两电极收集到了全部的初始电离电荷并达到饱和,且在一段电压范围内饱和值保持常数。在该区,入射粒子在气体探测器灵敏体积内损失的能量会通过输出信号的大小所反映。

Ⅲ区称为正比区。在此区由于外加电压较大,使得初始电离产生的次级电子得到足够的能量,这些次级电子可以进一步电离气体原子或分子,这就是气体放大现象。通常把气体放大后的电离总数与初始电离总数之比称为气体放大系数 M,在正比区内 M 大于1。工作在正比区的探测器输出的脉冲幅度与初始总电离的离子对数目成正比。

Ⅳ区称为有限正比区。在此区由于电压过大,气体探测器中产生大量离子对,其中正离子漂移速度慢,滞留在气体空间,抵消了部分外电场,引起了探测器电场的变化,这就是气体探测器的空间电荷效应。在有限正比区,由于空间电荷效应的影响,总离子对的数目仍然随外加电压的增加而增加,但不再与入射粒子的能量成正比。在这个区,不能得到总离子对数和粒子能量的确定关系,因此这个区只是个过渡区,无法利用。

对于上述四个区,由于 β 粒子有可能发生散射而逃逸出灵敏体积,导致能量损失小于 α 粒子能量损失,因此 β 曲线要低于 α 曲线。

Ⅴ区称为 G-M 区。在此区气体放大产生的次级粒子进一步增加,同时产生了大量光子,光子打出光电子,光电子又引起新的离子增殖,此过程继续下去使得放电沿阳极丝发展,总的收集电荷又一次达到饱和。在该过程中,收集到的电荷与外加电压有关,但与初始总电离无关,也就是与入射粒子的能量无关,因此 α、β 射线的曲线重合。

Ⅵ区称为连续放电区。当电压继续增大时,气体被击穿,将会连续放电并有光产生。

综上所述,在不同的工作区,次级粒子和气体原子或分子相互作用的机制是不同的,输出信号的性质也是不同的,根据探测器工作区的不同,可将其分为电离室、正比计数器、G-M 计数器等气体探测器。

5.2.2 电离室

工作在饱和区的气体探测器称为电离室。外加电场不会使其产生复合效应也不发生气体放大。入射带电粒子在电离室内所形成的全部离子对都被与测量仪器相连的电极收集。它是最早应用的输出电信号的电离辐射探测器。

电离室的工作特点：在电离室两电极间构建电场形成灵敏体积，入射粒子在灵敏体积内电离成离子对，由于电场的作用离子对无法发生复合，且在电场内形成定向漂移，从而在回路中输出电流信号。以平板形电离室为例，在电离室外回路没有负载电阻的前提下，两平板电极直接接到电源两端，如图5-16所示。

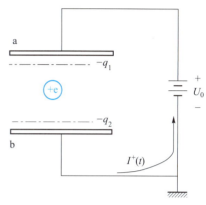

图 5-16　平板形电离室示意图

假设电源是内阻为零的理想电源，根据静电学，电离室的正极板 a 以及负极板 b 内侧分别充有电荷量相等的正电荷和负电荷，两个极板之间产生一个均匀的电场，电场的方向是由 a 极板指向 b 极板。现在电离室内某一点引入一个正离子，其电荷为 $+e$。由于静电感应效应，正离子将在两个极板上分别感应一定的负感应电荷，并且分别用 $-q_1$ 和 $-q_2$ 表示。由静电学中的高斯定理可知 e 和 q_1、q_2 之和在数值上相等，符号相反。只要正离子处于电离室电场作用范围之内的任何位置，上述结论总是成立的。

在电场作用下，正离子将向负极漂移。一旦正离子开始漂移，两电极上的感应电荷 q_1 和 q_2 的数值将发生变化，由于电荷间库仑力作用，在负极板上将产生更多的负感应电荷，而在正极板上的负感应电荷将相应地减少。实际上，由于 $q_1+q_2=e$，故 q_1 的减少量恒等于 q_2 的增加量。也就是当正离子在向负极漂移的过程中，它在 a 极板上的负感应电荷不断地通过外接回路流到 b 极板上，$-q_1$ 在外回路中的流动就形成了图5-16所示电流，由于有正离子漂移才有电流，所以电流是时间的函数。

电离室按照工作方式可以分为两类：脉冲电离室和电流电离室。前者以脉冲方式工作，后者以电流方式工作。

1. 脉冲电离室

（1）工作原理

脉冲电离室逐个记录入射的辐射粒子。当在脉冲电离室灵敏体积内进入了一个带电粒子后，其与气体原子或分子进行相互作用，气体电离，会产生大量的离子对。由于电场的作用，这些电子和正离子会向两个电极漂移，随之产生一个电流脉冲，同时一个电压脉冲也会产生在电离室的 RC 输出电路上。其能够产生的最大电压脉冲幅度为

$$U = \frac{N_0 e}{C} = \frac{Ee}{WC} \tag{5-22}$$

式中：U——在电离室的 RC 输出电路上所产生的最大电压脉冲幅度，V；

$\quad N_0$——在电离室的灵敏体积内入射的带电粒子直接使气体电离所产生的离子对数；

$\quad e$——一个电子的电荷量，C；

$\quad C$——电离室的电容量，F；

E——在电离室内一个入射带电粒子所损失的能量,eV;

W——电离室内气体的平均电离能,eV。

因为正离子漂移的速度很慢,脉冲电离室所输出的脉冲相对较宽,其量级一般在 10^{-13} s,如果放射源的强度高,则无法有效地分辨不同粒子的输出脉冲,此时脉冲电离室输出的脉冲无意义。因此,对于高强度的放射源无法利用脉冲电离室来测量。

通常情况下,脉冲电离室所测量的是输出电流在输出回路中所形成的电压脉冲信号。

（2）脉冲电离室的性能

脉冲电离室的性能优劣可以通过如下性能指标进行评估。

1）电离室的饱和特性曲线

电离室输出电压脉冲幅度与工作电压的关系称为脉冲电离室的饱和特性。电离室饱和特性曲线分为三部分。

① 复合区。在外加电压不够高的情况下,电离室内场强不足以阻止电子、离子复合的发生,导致电离室输出脉冲电荷量和电压脉冲幅度小于应有值。随着工作电压增高,电场增强,复合的影响变小,输出信号幅度变大。

② 饱和区。当工作电压高到一定程度时,电子和离子复合的影响基本消失,电离室输出电压脉冲幅度达到最大值,不再随着工作电压增加而增加。

③ 当工作电压进一步增加,电离室内电场过强而产生了碰撞电离,使正离子和电子数目变大,从而使输出的脉冲电荷量与电压脉冲幅度随着工作电压的增加急剧上升,这种情况发生后,探测器不再处于电离室工作状态。

2）探测效率

由于脉冲电离室受到带电粒子在灵敏体积内损失的能量大小和仪器的甄别阈大小等因素的影响,其探测效率达不到 100%。其中,甄别阈是指引起探测器输出脉冲的电流阈值。

2. 电流电离室

（1）工作原理

电流电离室是指一种测量由入射辐射产生的电离电流的电离室。射线在灵敏体积内发生电离辐射使电离室内的气体电离,形成正负离子。在电场作用下,正、负离子向两极运动,形成电离室的电离电流。电流电离室输出的平均电流为

$$I_{饱和} = N_0 e n_入 = \frac{E}{W} n_入 \, e \qquad (5-23)$$

式中:E——在电离室内一个入射粒子所损失的能量,eV;

W——电离室内气体的平均电离能,eV;

$I_{饱和}$——电流电离室所输出的平均电流,A;

$n_入$——单位时间入射的粒子数,s^{-1};

N_0——一个入射粒子在灵敏体积内平均产生的离子数目。

下角标"饱和"的意义是因为电离室电极间加的电场不足以引起气体放大,但能把核辐射在灵敏体积内产生的电子和正离子全部收集,达到最大电荷收集数。随着外加电压增加,收集的电荷数不再增加,即电离室输出的平均电流不再增加并达到饱和,这是电离室工作的特点。

还有一种累计电离室,它与电流电离室的工作原理相同,其输出信号表示大量入射粒子的平

均电离效果。

（2）电流电离室的性能

在两电极加上一定的工作电压，当粒子射入电离室内，使其工作气体电离，于是电子和正离子在外电场作用下分别向两极漂移，从而产生本征电流信号。

电流电离室和脉冲电离室是电离室的两种工作状态，它们在结构和本征电流的形成上本质是相同的，但是应用方式、场合和输出的信号上又存在着明显的不同，用来衡量二者使用性能的各项指标也不同。

电流电离室的主要性能包括：

① 饱和特性。电流电离室的饱和特性与脉冲电离室的饱和特性相似，脉冲电离室的饱和区对应着电流电离室的正常工作区域。

② 灵敏度。电流电离室的输出信号所反映的是大量入射粒子所产生的平均电离效应，其输出的是直流电压或者是直流电流，脉冲电流的探测效率对其不再适用。因此引进灵敏度来描述电流电离室的性能，其定义为信号电流或电压与入射粒子流强度之比。

对于不同的辐射场，表征粒子流强度的单位不同，则相应的灵敏度单位也不同。影响灵敏度的因素很多，对入射粒子而言，粒子的种类和能量、电离室窗的厚度、工作气体的阻止本领等都会影响灵敏度的值。

③ 线性范围。电流电离室的线性范围是指输出电流或电压与入射粒子流强度保持线性关系的范围。饱和区越长，饱和电压越低，线性范围就越大。

④ 时间响应特性。电流电离室的输出信号包含了电子和正离子漂移的贡献，当辐射强度变化时，电离室的电流信号会存在滞后的现象。因此，称离子收集时间为电流电离室电流信号的响应时间。

3. 几种常见的电离室

电离室按结构可分为平板形、圆柱形、鼓形和球形电离室等，常用的电离室结构是平板形和圆柱形，如图 5-17 所示。这两种电离室均可以探测 α、β、γ 和中子等辐射。

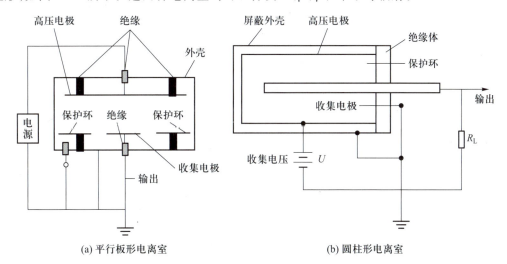

(a) 平行板形电离室 (b) 圆柱形电离室

图 5-17 电离室结构和输出示意图

探测中子的电离室常常是在电极表面涂覆一层含有易裂变核素的物质,利用核裂变法探测中子,所以称为裂变电离室;或在电极表面涂硼,利用中子与 ^{10}B 核反应探测中子。

5.2.3 正比计数器

1. 工作原理

正比计数器是指工作在气体放电正比区的计数器,它是利用非自持放电的气体电离进行工作的探测器。其中,非自持放电是指气体放电需要靠外电离来维持。当射线进入正比计数器后,与气体原子或分子直接作用并发生初始电离,产生的电子和正离子在电场作用下分别向阳极和阴极漂移。正离子的质量大,且沿漂移方向的电场强度逐渐减弱,因此,电场的加速不足以使它与气体发生碰撞电离。而电子则不一样,在向阳极漂移的过程中,电场强度逐渐增大,当电场对其加速一定距离后,电子在平均自由程内获得的能量足以与气体分子再次发生碰撞电离,且电子漂移越接近阳极,碰撞电离的概率越大,产生的电子和正离子越多。这样,正比计数器利用碰撞电离作用就将入射粒子直接产生的电离效应放大了,这就是气体放大过程,也称为电子雪崩。只要条件设置合适,正比计数器的输出电荷量与入射粒子在其灵敏体积内产生的离子对的数目成正比。这个比例系数叫气体放大倍数,其主要由正比计数器结构、充气类型以及工作电压决定,可达 10^6 量级。

正比计数器产生一次电子雪崩后,有两种方式引发第二次电子雪崩。

(1) 光子反馈。电子雪崩产生的电子会激发气体原子或分子,而气体原子或分子退激产生的紫外光打到阴极则会形成光电子。

(2) 离子反馈。漂移到达阴极的正离子,与阴极表面的感应电荷中和时,由于能量剩余,有一定概率产生次级电子。

光子反馈和离子反馈产生的电子在正比计数器中均可能再次产生电子雪崩。为了抑制该现象,通常向计数管中加入多原子气体分子。正比计数器混入多原子气体分子后,它们将强烈地吸收碰撞过程中产生的紫外光子,从而大大减少了因“光子反馈”而在阴极表面再次打出次级电子的可能性。而计数器内惰性气体的正离子在漂移过程中与多原子气体分子相碰撞时,会发生电荷交换,进而使其在中和过程不会再打出次级电子。这样就抑制了光子反馈和离子反馈,因此一次电子雪崩之后就会停止。

如前文所述,要有足够强的电场使电子加速才能引起气体放大。然而,利用平板电极间的均匀电场实现气体放大需要很高的工作电压,因此正比计数器往往采用圆柱形结构,即电极由圆筒状阴极与中心阳极丝构成,如图 5-18 所示。在圆柱形计数器灵敏体积中,径向距离为 r 处的电场强度为

$$E(r) = U_0 \Big/ \left(r \ln \frac{b}{a} \right) \tag{5-24}$$

式中:E——在圆柱形正比计数器的灵敏体积内与中心的距离为 r 处的电场强度,$V \cdot m^{-1}$;

U_0——两电极间所加工作电压,V;

r——圆柱形正比计数器的灵敏体积内距中心的距离,m;

b——圆柱形阴极的半径,m;

a——中心阳极的半径,m。

在圆柱形正比计数器中,通过控制两电极间的电位差,可以使气体放大在靠近阳极丝一侧区域发生。如图5-19中所示,将电场强度足以引起气体放大的区域称为倍增区,范围为 $a<r<r_0$。随着径向距离的增加,电场强度迅速减小,故 r_0 相比阴极半径非常小。

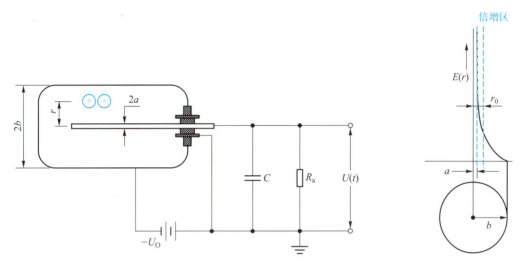

图 5-18　圆柱形正比计数器原理示意图　　　　图 5-19　圆柱形正比计数器的场强分布

如果由入射粒子初始电离所产生的气体放大效果都是相同的,那么探测器输出的饱和脉冲幅度就与初始电离发生的地点无关。这就要求所有的初级离子对都产生在倍增区以外,只有电子漂移到倍增区时才发生电子雪崩,如图5-20所示。这样,计数器内初始电离产生的电子都经历着相同的气体放大过程,从而产生与初始电离发生的地点无关的饱和脉冲幅度。对于圆柱形结构的正比计数器而言,气体倍增区被限制在比总灵敏体积小得多的区域内,故初始电离发生在倍增区内的概率很小,可以忽略。可以相当准确地说,圆柱形正比计数器在测量同能量的辐射时得到的脉冲幅度相同。

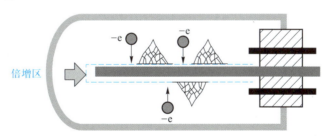

图 5-20　正比计数器中电子雪崩发生的位置

入射粒子引起的输出电压脉冲最大幅度为

$$U = MN_0e/C \tag{5-25}$$

式中:U——最大幅度的输出电压脉冲,V;

　　M——气体放大倍数;

　　C——输出电路的总电容,包括电离室极间电容与仪器输入电容,F;

　　N_0——初始的离子对数。

对圆柱形结构的正比计数器来说,气体放大倍数 M 值由下式表示

$$\ln M = \frac{U_0 \ln 2}{\ln \dfrac{b}{a} \Delta U} \ln \frac{U_0}{Kap \ln \dfrac{b}{a}} \tag{5-26}$$

式中: U_0 ——输出电压脉冲幅度,V;

$\quad\Delta U$ ——在两次相邻的电离事件间电子所经过的电压差,V;

$\quad b$ ——圆柱形阴极的半径,m;

$\quad a$ ——中心阳极的半径,m;

$\quad K$ ——能产生倍增的 E/p 的最小值,Td;

$\quad p$ ——正比计数管内气体压强,V/(m·Pa)。

由此可以看出,正比计数器的气体放大倍数 M 由结构、气压、电压差决定。

正比计数器常使用在脉冲工作方式,它既可以测量入射粒子的注量率,又可以测量入射粒子的能量。正比计数器的优点是输出脉冲幅度较大;输出信噪比大;甄别能力强,可在强 γ 本底下测量中子或在强 β 本底下测量 α 粒子。不同的用途要求正比计数器具有不同的结构。

2. 常用的正比计数器

（1）流气式正比计数器

这是一种通过工作气体在计数器中低速流动来保持适当工作气体气压的计数器。一般利用多原子分子气体作为正比计数器的工作气体,这些多原子分子气体在放大的过程中会分解,从而改变工作气体的成分,导致计数器性能下降。为了避免这种影响,可以让新的气体连续不断地流过计数器的灵敏体积,以保持气体成分不变。

（2）三氟化硼（BF_3）正比计数器

三氟化硼正比计数器中心阳极丝用钨丝做成,通过玻璃或陶瓷与金属外壳绝缘。计数器内充 BF_3 气体作为工作气体。三氟化硼正比计数器主要用于探测中子注量率。慢中子通过 $^{10}B(n,\alpha)^7Li$ 反应在其中产生 α 粒子及 ^7Li 核,而后在工作气体中引起电离,再经气体放大输出信号。

5.2.4　G-M 计数器

1. 工作原理

盖格-米勒计数器（通常称为 G-M 计数器,简称盖格管）是 1928 年由盖格和米勒研制的探测器,是现存最古老的探测器之一。作为气体探测器,它的工作区为 G-M 区。G-M 计数器利用气体自持放电。其中,自持放电的含义是指气体放电只靠外部施加电压就能维持。G-M 计数器的气体放大机制如图 5-21 所示。辐射粒子射入灵敏体积后使气体发生初始电离,产生的电子将在电场作用下向中心阳极漂移。与正比计数器不同,电子经过电场加速后除了会引发与正比计数器类似的由次级电离导致的电子雪崩以外,还会使计数器内的气体原子或分子激发。气体在退激时将发射波长在可见光或紫外光区的光子,光子与气体或阴极发生光电效应产生光电子,这些光电子在电场作用下也向阳极漂移,并至少会再触发一个新的次级电子雪崩。由于受激原子在退激过程中可能向各个方向发射光子,因此气体放大在整个 G-M 计数器内发生。

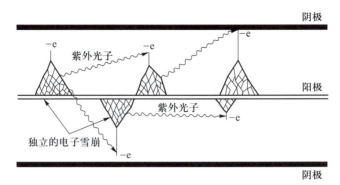

图 5-21　G-M 计数器内触发次级电子雪崩过程示意图

　　不管初始电离发生在探测器内何处,雪崩放电都会逐渐包围整个阳极丝。然而,在阳极丝附近的大量电子很快漂移到阳极而留下大量的正离子包围着阳极丝,形成一个"正离子鞘"。它使G-M 计数器中心阳极周围的电场强度减弱,抑制气体放大效应,最终使雪崩式放电结束。从初始电离发生到雪崩式放电结束的过程中,G-M 计数器输出一个电流脉冲。由此可见,入射粒子只是起触发自持放电的作用,且每次放电总是产生基本相同的感应电荷量,故 G-M 计数器的输出脉冲幅度与入射粒子的能量无关,其输出信号并不能分辨入射粒子的能量大小。

　　如果 G-M 计数器内充的是单原子分子或双原子分子的气体,那么产生的正离子就是这种气体的正离子。当正离子漂移到达阴极时,将与阴极上的电子中和放出能量,使阴极发射光子,这些光子在阴极上打出电子,或者直接把能量传递给阴极材料的电子使它逸出阴极表面成为自由电子。上述两个过程产生的电子在电场作用下,又会引起新的电子雪崩,形成第二次放电,从而使 G-M 计数器出现第二个脉冲。如果不采取措施,计数器输出信号将是一个接一个的脉冲,上述过程会反复进行。

　　为了使计数器对一个入射粒子只产生一个输出脉冲,必须设法终止计数器内连续不断的放电过程,即抑制正离子在阴极上产生的电子,这就是放电的猝灭。常用的猝灭办法是在计数器工作气体中加入少量的多原子分子气体,如卤素气体和有机气体。这些多原子分子气体能够强烈地吸收气体退激过程发出的紫外光子并发生分解,从而抑制连续雪崩。通常将充有卤素气体作为猝灭气体的 G-M 计数管称为卤素管,充有机气体作为猝灭气体的称为有机管。

　　G-M 计数器具有制造简单,输出脉冲幅度大等优点,广泛用来探测 α、β、γ 等射线的强度。

2. 常用的 G-M 计数器

（1）端窗形 G-M 计数器

　　端窗形 G-M 计数器是一种主要用于 α、β 放射性测量的计数器。计数器一端设有薄窗,它既能保证计数器不漏气,又能使穿透性差的 α 和 β 粒子射入灵敏体积,如图 5-22 所示。

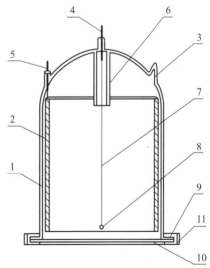

图 5-22　端窗形 G-M 计数器结构示意图

1-管壁;2-阴极;3-排气管;4-阳极引出线;
5-阴极引出线;6-屏蔽管;7-阳极丝;
8-玻璃小珠;9-黏合剂;10-入射窗;11-法兰盘

（2）γ 计数器

γ 计数器是一个圆柱形的计数器,如图 5-23 所示。γ 射线与管壁材料及计数器内的气体发生光电效应、康普顿散射及电子对效应而产生次级电子。次级电子在计数器内引起雪崩式放电,并在探测电路中输出电流脉冲。管壁一般为玻璃或金属。

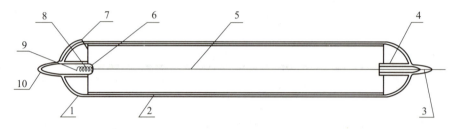

图 5-23　圆柱形 γ 计数器结构示意图

1-管壁;2-阴极;3-阳极引出线;4-屏蔽管;5-阳极丝;6-排气管;7-阴极引出线;8-弹簧;9-金属片;10-电极帽

（3）强流管

强流管是一种可以给出较强平均电流信号的卤素计数管,其输出的平均电流在一定范围内与入射的 γ 射线强度的对数成正比,用于测量高强度辐射。强流管外形结构与普通圆柱形 γ 计数器相似,主要差别在于其阳极较粗,直径为 0.5~1.5mm,阴极直径约为 1cm,阴极直径与阳极直径之比在 3~30 之间。这种结构使计数器内电场分布较均匀。在足够高的工作电压下,可以在整个探测器内产生电子雪崩。根据强流管的输出电流可以测定放射性活度。

5.2.5　气体探测器的特性

电离室和正比计数器的能量分辨率分别为

$$\eta = 2.355\sqrt{\frac{FW}{E_0}} \tag{5-27}$$

$$\mu = 2.355\sqrt{\frac{(F+f)W}{E_0}} \tag{5-28}$$

式中：F——法诺因子,即带电粒子使介质电离过程中产生的平均离子对数目与电离涨落方差的比例因子;

W——平均电离能,eV;

E_0——带电粒子能量,eV;

f——正比计数器的修正因子,其大小与气体的性质、计数器尺寸、压力以及气体放大倍数相关。

5.3　闪烁探测器

闪烁探测器是一种由闪烁体和光敏器件组成的辐射探测器。闪烁探测器利用了辐射在某些物质中会产生闪光的特性,这些物质称为荧光物质或闪烁体。光敏器件(例如光电倍增管)将微弱的闪烁光转化为光电子,并经多次倍增后,输出一个电脉冲。选用合适的闪烁体和光敏器件,闪烁探测器能探测各种类型的带电粒子和不带电粒子,既能测量粒子强度、能量,也能做粒子甄别。与其他类型的辐射探测器相比较,闪烁探测器的主要特点是探测效率高、分辨时间短等,是一种应用极为广泛的辐射探测器。闪烁探测器的结构如图 5-24 所示,主要由闪烁体、光电倍增管和电子线路等部件组成。

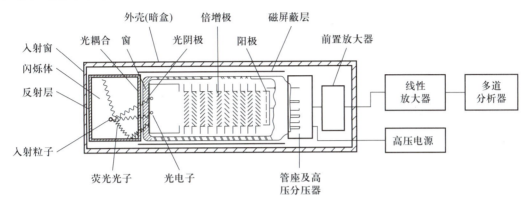

图 5-24 闪烁探测器结构示意图

5.3.1 闪烁体

闪烁体是吸收高能射线能量转换成多个低能闪烁光子的一类物质,分为两大类:无机闪烁体和有机闪烁体。无机闪烁体大多是掺杂激活剂的无机盐晶体,如 NaI(Tl)、BGO 等,其中 Tl 为激活剂;有机闪烁体则大多是属于苯环结构的芳香族化合物,如塑料闪烁体及液体闪烁体。

1. 无机闪烁体

晶体材料是指具有空间点阵结构的材料。组成晶体的原子、分子或离子按一定的规则排列在晶体中,相邻原子间的相互作用得到明显的加强。在晶体内按周期性排列的各原子核电场的作用下,各原子的外层电子可以转移到围绕晶体内其他原子核运动。这样的电子不再从属于某个特定的原子,而是从属于整个晶体。晶体内的这种现象称为电子的共有化。这种现象使晶体中电子所处的能量状态不再是原先孤立原子中的一系列能级,而是变为一组能带。对于由 N 个原子组成的晶体,每个能带由 N 个能级差非常小的能级组成,且只能容纳有限个电子。在基态时,总是低能量的能带先被占据,然后逐步向高能量的能带填充。

晶体能带结构如图 5-25 所示。能带可以分成价带和导带。在基态时,总是低能量的能带先被占据,然后逐步向上。价带是指基态下晶体未被激发的电子所具有的能量范围,在正常状态下价电子占据价带。比价带能级高的能带称为导带,是指激发态下晶体中被激发电子所具有的能量范围,被激发的电子占据导带,处于导带中的电子可以在晶体内自由移动成为自由电子。在价带和导带之间还存在一个禁带。电子只能在导带和价带之间跃迁,而不能在禁带中滞留。完全被电子占据的能带称为满带,满带中的电子不会导电。

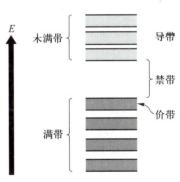

图 5-25 晶体中的能带示意图

射线进入无机闪烁体,与闪烁体相互作用损失能量,无机闪烁体原子获得的能量足以使原子电离时,电子就会从价带跃迁到导带,在价带中留下空穴,产生电子-空穴对。原子获得能量被激发时,在晶体中产生的电子-空穴对仍由静电库仑作用相互吸引而被束缚着,称为激子。电子和空穴在晶体中运动,对于纯晶体,由于禁带较宽,从导带回到价带并退激发射的光子能量在紫外光范围,这种能量的光子易被晶体自吸收,这是由于紫外光子能量较大,容易使电子越过禁带重新激发,所以材料易吸收紫外光子,如图 5-26 所示。

由于晶体中掺入了少量的杂质作为激活剂,杂质的激带比晶体导带的能量低,价带比晶体满带的能量高,在晶体的禁带中成为俘获中心。核辐射产生的电子、空穴遇到俘获中心时,可能发生以下三种过程。

(1) 电子从激发态立即跃迁回到基态并发射光子,时间在 10^{-7} s 左右,退激发射的这种光称为荧光。它属于可见光范围,这种光是闪烁光中的快成分。

(2) 电子也可能将激发能传递给周围的晶格产生振动并以热能的形式消耗掉而不发射光子,这种过程称为猝灭过程。这一猝灭过程不利于闪烁探测器的测量。

(3) 晶体中的其他杂质和晶体缺陷,也可能在晶体中形成"陷阱",运动的电子遇到"陷阱"会处于亚稳态,有的电子可从晶格振动中获得能量,重新跃迁到导带再重复荧光过程或猝灭过程;如果上述过程衰减时间为 10^{-6} s,则由该过程发出的光称为磷光,这种光是闪烁光中的慢成分。不利于闪烁探测器的测量。

加入激活剂后,荧光过程发出的闪烁光子的能量小于晶体的禁带宽度,不能被晶体自吸收,如图 5-27 所示。而且由于激活剂的浓度很低,闪烁光子一般也不能再引起激活剂的激发而被吸收。因此,激活剂使晶体的发射光谱和吸收光谱不再严重重叠,产生的闪烁光子容易从晶体中传输出来。适当地选择激活剂,可以使退激光子能量处于可见光范围,从而大大增加闪烁体的光输出。

图 5-26   晶体激子退激示意图   图 5-27   掺杂质之后的晶体发光机制示意图

2. 有机闪烁体

有机闪烁体的发光机制与无机闪烁体不同。有机闪烁体大多属于苯环结构的芳香族碳氢化合物,它们的分子结构具有一定的对称性。有机闪烁体发光过程主要是分子具有 π 电子结构的能态间的跃迁过程。由于电子组态有单一态(自旋为 0)和三重态(自旋为 1),单一态从较高能级跃迁到基态发射光子的波长在可见光到紫外光范围,称为荧光。若经过"系统内交叉"跃迁,某些单一态被转化为三重态,其激发态寿命较长,退激时发射的光则称为磷光,其光子波长比荧光光子的长。所以,有机闪烁体发射的可见光也分为荧光和磷光两种。

3. 闪烁体的物理特性

闪烁探测器的性能与闪烁体的性能密切相关,主要包括发光效率、发射光谱、衰减时间、衰减长度等几个物理特性。

（1）发光效率

发光效率表示闪烁体将所吸收的辐射能量转变为光子总能量的比例,故有时也称为能量转换效率,一般用 C_E 表示,即

$$C_E = \frac{Nh\nu}{E_0 K_1} \tag{5-29}$$

式中：E_0——带电粒子的能量,eV;

$\quad\quad K_1$——在闪烁体中带电粒子的能量损失率;

$\quad\quad N$——一个带电粒子在闪烁体中产生的光子数;

$\quad\quad h\nu$——荧光光子的平均能量,eV。

另一个表征闪烁体发光效率的物理量是光能产额,其定义为辐射粒子在闪烁体中损失单位能量所产生的光子数,用 Y 表示,即

$$Y = \frac{N}{E_0 K_1} \tag{5-30}$$

光能产额的单位是光子数/MeV,常用无机闪烁体 NaI(Tl) 的快电子光能产额 Y 约为 4.3×10^4/MeV。$1/Y$ 表示产生一个光子时核辐射所损失的能量,类似于气体探测器和半导体探测器中的平均电离能。NaI(Tl) 的 $1/Y$ 约为 300 eV,它比半导体和气体的平均电离能都大,因此闪烁探测器的能量分辨率较差。

（2）发射光谱

通常情况下,闪烁体受核辐射照射时所发射的荧光不是单色的,且不同波长的光子数目也不同。光子数随波长的分布曲线称为闪烁体的发射光谱。所选闪烁体的发射光谱与所用光电倍增管的响应光谱越匹配,在光阴极上产生的光电子越多。发射光谱应尽量靠近可见光,以减少闪烁体的自吸收。图 5-28 为某闪烁体的发射光谱,其发射光子数最多的波长称为最强波长,图 5-29 为某光电倍增管的响应光谱,由此可以看出该闪烁体最强波长为 440 nm,光电倍增管在该波长处的响应也较高,这说明该闪烁体和光电倍增管是匹配的。

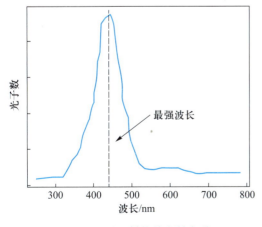

图 5-28　某闪烁体的发射光谱

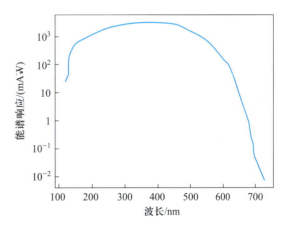

图 5-29　某光电倍增管的响应光谱

（3）发光衰减时间

射线进入闪烁体后大约在 10^{-11} s 内就损失其能量并使闪烁体的原子或分子电离或激发，因此可以认为能量损失和电离激发是同时发生的。但受激原子或分子退激过程却不能认为发生在同一时间，射线照射闪烁体后单位时间发射的光子数称为发光强度，可用如下公式计算

$$I(t) = \frac{N}{\tau} e^{-t/\tau} \tag{5-31}$$

式中：I——单位时间发射的光子数，s^{-1}；

　　　N——$t=0$ 时受激发光的原子或分子数，即一个带电粒子使闪烁体发出的总光子数；

　　　t——测量时间，s；

　　　τ——闪烁体的发光衰减时间，是指单次激发后，光子发射率下降到初始值的 $1/e$ 所需的时间，也称为发光衰减时间常数，s。

发光衰减时间越短越好，因为闪烁光衰减越快，信号甄别能力越强。不同的闪烁体会有不同的发光衰减时间，如 NaI(Tl) 晶体的发光衰减时间为 230 ns，锗酸铋（BGO）晶体的发光衰减时间为 350 ns。

（4）光衰减长度

闪烁体发射的荧光光子从产生地点向光阴极传输过程中，由于吸收、散射将发生衰减。光衰减长度是指光子数衰减到初始值的 $1/e$ 时光子在闪烁体中通过的路程长度。因此，光衰减长度标志着闪烁体所能使用的最大尺度。

除了以上几个指标外，闪烁体性能还包括可加工性能、辐照性能等，尤其在使用环境是强辐射场时，闪烁体的辐照性能至关重要。

5.3.2　光电倍增管

光电倍增管主要由光阴极、倍增极和阳极组成，它们都被密封在高真空度的玻璃管内，如图 5-30 所示。光阴极是接收入射光子并放出光电子的电极。倍增极使光电子倍增，要求倍增极有较高的电子收集效率和较高的二次电子发射率。阳极的作用是收集最后一个倍增极发射的二次电子，并在阳极负载上形成电脉冲信号。除了上述几个电极外，一般还有聚焦电极和加速电极。聚焦电极的作用是把光阴极发射的光电子聚焦到第一倍增极上，增加光电子收集效率。加速电极则使电子获得加速，减少电子从阴极到阳极的时间。

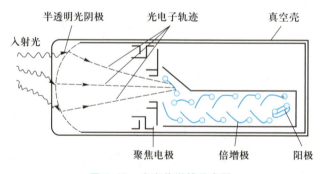

图 5-30　光电倍增管示意图

光电倍增管主要有以下性能指标。

（1）光阴极灵敏度和光谱响应

光阴极灵敏度可用多种方法表示，常用的有阴极光照灵敏度和量子效率等。阴极光照灵敏度是指标准白光照射光阴极时，光阴极产生的光电子流与照射光通量之比，其单位是 μA/lm。一般情况下标准白光光源是色温为 2 856 K 的钨丝灯。量子效率是指一定波长的光照射光阴极，光阴极发射的光电子数与入射光子数之比，它是波长的函数。

光阴极的光谱响应是指量子效率随波长变化的关系曲线，长波段的响应极值主要由光阴极材料的性质决定，短波段的响应极值主要由入射窗材料性质决定。值得注意的是，即使对同一个光电倍增管，光阴极不同位置的量子效率也不同，有一定涨落，这会影响闪烁探测器的能量分辨率。

（2）倍增系数和阳极光照灵敏度

荧光光子在光阴极发生光电效应并发射光电子至第一倍增极，随后在各倍增极中电子被不断倍增，一个电子经过光电倍增管后，其数量将增加到 $10^4 \sim 10^9$ 个。在此定义倍增系数或放大系数来表征光电倍增管对电子的放大性能，倍增系数定义为阳极接收到的电子数与第一倍增极接收的电子数之比，一般用 M 表示。

除了倍增系数外，阳极光照灵敏度也是光电倍增管的一项重要参数。阳极光照灵敏度是指在一定工作电压下，用标准白光照射光阴极时，阳极电流与入射到光阴极的光通量之比，其单位为 A/lm。可见，其物理意义是当单位光通量的白光入射到光阴极时，光电倍增管阳极输出电流的数值。

（3）暗电流和噪声

在完全没有光照射情况下，光电倍增管的阳极在一定工作电压下仍存在电流，该电流称为暗电流，因暗电流产生的脉冲信号称为噪声。阳极输出的暗电流实际上就是噪声电流的平均值，通常阳极暗电流的数值为 $10^{-10} \sim 10^{-6}$ A。暗电流形成的原因有光阴极热电子发射、光电倍增管内残余气体电离或激发、窗材料含有的少量放射性核素和高压尖端放电等，这些因素中光阴极热电子发射占主要地位，一般可通过冷却光电倍增管的方法减弱光阴极热电子发射率。

（4）时间特性

光阴极接收光子并发射光电子后，阳极并不能立即输出电信号，原因是光电倍增管内的电子从光阴极到阳极的飞行需要一定时间，一般用渡越时间来表征电子的飞行时间。渡越时间是指光子从到达光阴极的瞬间到阳极输出脉冲达到某一指定值的时间间隔，用 t_e 表示。光电倍增管中，光阴极和倍增极的电子发射所需要的时间非常短，约为 0.1 ns，所以光电倍增管的时间特性仅由电子的飞行速度和轨迹决定，渡越时间一般为 $10 \sim 100$ ns。

值得注意的是，由于电子的飞行轨迹不同，电子实际飞行的时间也不同。从同一光阴极上发射的电子，到达阳极的时间会围绕渡越时间 t_e 形成一个分布。一般用 t_e 分布函数的半宽度来描述飞行时间的离散程度，称为渡越时间的涨落，用 Δt_e 表示。

相比于渡越时间，渡越时间的涨落 Δt_e 是一个重要的物理量，它决定了光电倍增管阳极输出电流脉冲的宽度，也就限制了光电倍增管对事件发生时刻的测量精度，所以又称它为光电倍增管的时间分辨本领。

通常用如下指标来描述光电倍增管的时间特性：① 阳极输出电流脉冲的上升时间，即阳极输出脉冲前沿部分,从输出脉冲峰值的 10% 上升到峰值的 90% 的时间间隔;② 渡越时间的涨落 Δt_e。

（5）光电倍增管的稳定性

光电倍增管的稳定性是很重要的性能指标。稳定性是指在恒定辐射源照射下,光电倍增管的阳极电流随时间的变化。根据变化特点,可分为短期稳定性和长期稳定性两类,前者指快变化过程,即建立稳定工作状态所需的时间,一般在开机预热后阳极电流会下降,随后才能开始正式工作;后者指达到短期稳定后,阳极电流随时间平缓地下降的慢变化过程,与倍增管的材料、工艺及环境温度等因素有关,在长期工作的条件下,需采用稳峰措施。

此外,光电倍增管的倍增系数往往与计数率有关,一般情况下,将倍增系数随计数率变化而发生漂移的现象称为光电倍增管的疲劳。性能较好的光电倍增管,当计数率由 10^3 脉冲/s 变到 10^4 脉冲/s 时,倍增系数的变化应小于 1%。

在实际应用中,还应防止光电倍增管承受过大的机械冲击或振动,以避免损伤内部构件和消除由于振动产生的跳动式干扰信号。加固型光电倍增管具有较强的承受振动与冲击的能力。

5.3.3　闪烁探测器的原理

不管是无机闪烁探测器还是有机闪烁探测器,在结构上虽然有所差别,但其工作原理基本一样。总体来说,闪烁探测器的工作过程如下:

（1）光子产生。射线进入闪烁体使原子或分子电离或激发,其退激时产生荧光光子;

（2）光子传输。荧光光子从闪烁体传导至光阴极的过程;

（3）光电效应。荧光光子在光阴极被完全吸收并打出光电子;

（4）倍增放大。光电子数量在光敏器件中被放大 $10^4 \sim 10^9$ 倍;

（5）信号分析。电子流在阳极产生电信号,并被电子仪器记录和分析。

由式（5-29）可知,一个带电粒子在闪烁体中产生的光子数 N 为

$$N = \frac{E_0 K_1 C_E}{h\nu} \tag{5-32}$$

光子到达光阴极后发生光电效应,在光阴极上发射的光电子数为

$$N_e = N_0 C_e \tag{5-33}$$

式中:N_0——到达光阴极的光子数;

C_e——光阴极的光电转换效率。

光电子经倍增后到达阳极,在阳极上收集的电子电荷量为

$$Q_0 = N_0 C_e K_2 Me \tag{5-34}$$

式中:Q_0——阳极上收集的电子电荷量,C;

K_2——电子从光阴极到第一倍增极的传输系数,即第一倍增极的收集效率;

M——放大系数,即光电倍增管的倍增系数;

e——基本电荷,$e = 1.6 \times 10^{-19}$ C。

这些电荷将在输出电路中产生一个脉冲信号。

当光线从一种介质进入另一种介质时,在分界面上,光线的传播方向会发生改变,一部分光

线进入第二种介质,这种现象称为折射现象。如图 5-31 所示,其中 θ_1 为入射角,θ_2 为折射角,n_1 为光密介质的折射率,n_2 为光疏介质的折射率。

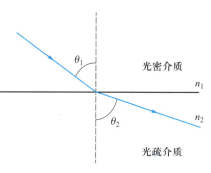

图 5-31 光线从光密介质射入光疏介质示意图

当光从光密介质射入光疏介质时,如果入射角增大到某一角度,折射光将完全消失,只剩下反射光,这种现象称为全反射。因此,发生全反射的条件为:光从光密介质射入光疏介质;入射角大于或等于临界角。临界角 θ_c 为发生全反射现象的临界角度,入射角度大于或等于该角度时即会发生全反射,临界角可用以下公式计算

$$\theta_c = \arcsin \frac{n_2}{n_1} \qquad (5-35)$$

闪烁体中产生的荧光光子在到达光敏器件的光阴极发生光电效应前,为使光阴极尽可能多地收集光子,需要在闪烁体表面(除光阴极面外)布置反射层以实现光的全反射,减少光子因界面折射造成的损失;如果闪烁体和光电倍增管之间存在空气,闪烁体的折射率 $n_{闪烁体}$ 约为 2,空气的折射率 $n_{空气}$ 为 1,则根据临界角计算公式(5-35),临界角为 30°,发生全反射的概率较高。

通过提高 n_1 可提高临界角,一般在闪烁体和光阴极之间加入折射率较高的透明介质,以增大临界角,使透射光增加,如图 5-32 所示。这种透明介质一般称为光学耦合剂。常用的光学耦合剂是折射率为 1.4~1.8 的硅脂或硅油。假设采用折射率为 1.4 的硅脂,则临界角由 30° 提高至 44.4°,透射光增加,光子产出率增大。

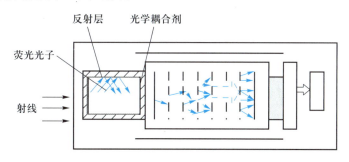

图 5-32 光子的收集系统

5.3.4 常用闪烁探测器

闪烁探测器分无机和有机两大类。无机闪烁探测器主要有 NaI(Tl)闪烁探测器和锗酸铋闪烁探测器等;有机闪烁探测器主要有液体闪烁计数器和塑料闪烁探测器等。

1. NaI(Tl)闪烁探测器

NaI(Tl)晶体是以 NaI 为基质材料掺以适当浓度的碘化铊(TlI)生长而成的,一般 Tl 含量为 0.1%~0.5%,Tl 浓度过高会引起自吸收,影响发光效率。NaI(Tl)晶体中 Na 原子序数为 11,I 原子序数为 53,Tl 原子序数为 81,高原子序数的碘占了总质量的 85%。Tl$^+$ 作为激活离子,在吸收射线能量后成为发光中心。NaI 晶体的密度为 3.67 g/cm^3,熔点为 651℃,莫氏硬度为 2。NaI 晶

体易潮解,即容易吸收空气中的水分而变质失效。在使用时,需封装在密闭金属盒中。

NaI(Tl)晶体针对 γ 射线的光子产额为 3.8×10^4/MeV,光衰减时间为 230 ns。NaI(Tl)晶体的发光效率在所有与光电倍增管耦合的闪烁晶体中是最高的,通常被定义为100%,其他闪烁晶体的发光效率则以其相对于 NaI(Tl)晶体发光效率的百分数来表示。NaI(Tl)晶体具体参数如表 5-1 所示。

表 5-1　NaI(Tl)晶体参数

参数	性能
密度/(g·cm⁻³)	3.67
硬度	~2(岩盐)
有效原子序数	50
潮解性	有
发光衰减时间/ns	230
发光峰值波长/nm	420
折射率	1.85
辐射长度/cm	2.59
相对脉冲幅度	100

晶体发射光谱对探测器的性能有很大影响。NaI(Tl)晶体发射光谱范围在 320~550 nm,最强波长在 415 nm 左右,如图 5-33 所示。NaI(Tl)晶体发射光谱能与光电倍增管的光谱响应较好匹配,晶体透明性也很好。

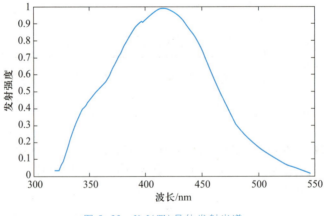

图 5-33　NaI(Tl)晶体发射光谱

NaI(Tl)晶体中高原子序数 I 占比大,NaI(Tl)闪烁探测器对 γ 射线有较高探测效率,但光子能量对其探测效率影响较大。NaI(Tl)晶体全能峰探测效率随光子能量 E 的变化曲线如图 5-34

所示。NaI(Tl)晶体探测效率遵从 $E^{-1/2}$ 衰减规律,随能量的上升呈现很快的下降趋势。

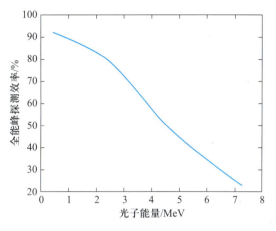

图 5-34 典型 NaI(Tl)晶体全能峰探测效率

NaI(Tl)闪烁探测器测量 γ 射线的能量分辨率也是闪烁探测器中较好的一种,当其晶体为直径 7.62 cm,长 7.62 cm 的圆柱体时,对 ^{137}Cs 的 662 keV γ 射线的能量分辨率大约为 7%。

NaI(Tl)晶体在约 40℃时呈现最大的光子产额,当温度升高或降低时都会出现光子产额下降的现象,在 -50~140 ℃ 范围内均能保持较大的光子产额,达 70% 以上,如图 5-35 所示。NaI(Tl)闪烁探测器热稳定性较高,温度适用范围较广。

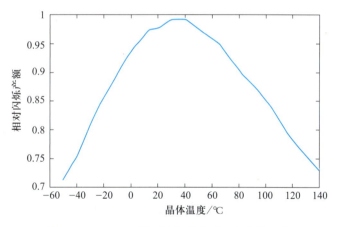

图 5-35 NaI(Tl)相对光子输出随温度变化关系

NaI(Tl)晶体较易受辐射损伤,若长时间暴露在高强度的辐照下则会降低其闪烁性能,一般在射线强度高于 1 Gy 时就会出现辐射损伤。所以,晶体不能直接受到荧光灯或太阳光的紫外线辐照。

NaI(Tl)晶体是一种性能优良的传统的无机闪烁晶体,可探测 X 和 γ 射线的能量和强度,具有良好的能量分辨率。该晶体除了具有出色的发光性能外,在发光波段基本没有自吸收,且易于生长大尺寸晶体,制造成本低,还可通过热锻工艺得到异形晶体。

2. 锗酸铋闪烁探测器

锗酸铋简称 BGO,化学式为 $Bi_4Ge_3O_{12}$,熔点为 1 050 ℃,密度为 7.13 g/cm^3,其中 Bi 原子序数为 83,Ge 原子序数为 32。BGO 晶体密度大,化学稳定性较好,不溶于水或有机溶剂,但溶于盐酸或硝酸。其机械强度较高,莫氏硬度为 5。此外,BGO 晶体透明性好,发光衰减时间约为 350 ns,同时还具有良好的压电性能、热学性能和光学性能,同时易加工、不易潮解且热膨胀系数较小。BGO 晶体性能见表 5-2。

表 5-2   BGO 晶体性能

参数	性能
密度/(g·cm^{-3})	7.13
硬度	~5(软玻璃)
有效原子序数	74
潮解性	无
发光衰减时间/ns	350
发光峰值波长/nm	480
折射率	2.15
辐射长度/cm	1.12
相对脉冲幅度	8~16

BGO 晶体的荧光光谱范围是 350~650 nm,峰值是 480 nm,如图 5-36 所示,能与光电倍增管很好地匹配。

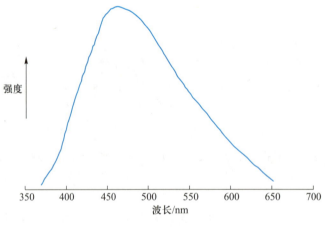

图 5-36   BGO 晶体发射光谱

如图 5-37 为典型 BGO 晶体全能峰探测效率随光子能量的变化曲线,其探测效率遵从 $E^{-1/4}$ 规律,随能量增加呈现较快的下降趋势。

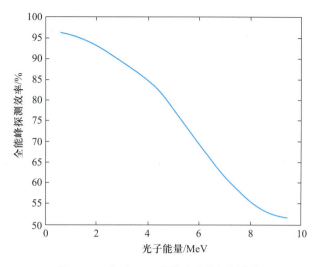

图 5-37　典型 BGO 晶体全能峰探测效率

同时,BGO 晶体光输出强度随温度升高而降低,其温度系数为-0.014/℃,在 30 ℃以上时光输出即降低到 70% 以下。如图 5-38 所示。

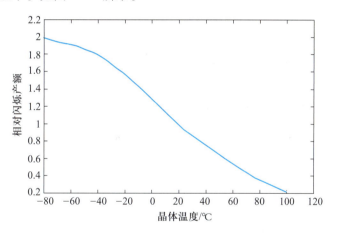

图 5-38　BGO 晶体相对光子输出随温度变化关系

综上所述,NaI(Tl)晶体和 BGO 晶体性能有较大差异,具体体现在以下几个方面。

(1)NaI(Tl)晶体的折射率为 1.85,而 BGO 晶体的折射率高达 2.15,能使大部分荧光发生全反射并终止于晶体内部,因此 BGO 晶体发光效率较低,仅为 NaI(Tl)晶体的 8%~16%,对 ^{137}Cs 的 662 keV γ 射线能量分辨率为 20%~32%。

(2)BGO 晶体相对光输出强度随温度升高呈现很快下降趋势,高温时 BGO 晶体对能量的分辨性快速变差,NaI(Tl)相对光输出强度随温度相对平稳。

(3)BGO 晶体探测效率随能量呈现 $E^{-1/4}$ 规律,而 NaI(Tl)晶体遵从 $E^{-1/2}$ 规律。随着能量的提高,BGO 晶体的能量分辨率会逐渐高于 NaI(Tl)晶体的能量分辨率,因此 BGO 闪烁探测器在测量高能射线时更有优势。

(4)BGO 晶体性能优良,其最大特点是原子序数较高、密度大,因此对 γ 射线的探测灵敏度很高,超过常用的 NaI(Tl)晶体,因此 BGO 闪烁探测器很适合用于 γ 能谱的测量。

（5）NaI(Tl)晶体莫氏硬度为 2,BGO 晶体为 5。莫氏硬度是材料相对硬度的表征。水滑石的硬度为 1,金刚石为 10。BGO 晶体莫氏硬度高于 NaI(Tl),具有更高的机械强度。

（6）对比 BGO 晶体与 NaI(Tl)晶体特性可知,在低温、潮湿、空间小、要求机械强度高的环境中测量 γ 射线强度时,可考虑选用 BGO 闪烁探测器;但在高温、要求能量分辨率高时则应考虑选用 NaI(Tl)闪烁探测器。

3. 液体闪烁计数器

有机溶液受到核辐射激发后产生荧光,基于这一原理提出了液体闪烁计数技术,并研制出液体闪烁计数器,主要用来测量低能 α 和 β 辐射。

液体闪烁计数器由四部分组成:探测器,包括样品室、样品瓶、光导、光电倍增管、屏蔽套等;电子线路,包括前置放大器、相加放大器、主放大器、电源等;自动换样装置;数据处理器。

（1）液体闪烁计数器工作原理

将放射性溶液和闪烁液放在样品瓶中混合均匀。放射溶液中的放射性核素放出的射线激发闪烁溶液,从而使闪烁液体发出与光电倍增管、光阴极相匹配的荧光。此荧光通过光电倍增管转变成电脉冲,由电子线路记录上述脉冲信息,再经数据处理器处理,即可获得所测放射性核素的活度。

液体闪烁体受到核辐射照射时,产生闪烁并被记录的过程如下:

① 溶剂分子吸收带电粒子(核辐射自身或核辐射相互作用的产物)的能量,形成激发的溶剂分子;

② 能量在溶剂分子之间转移;

③ 激发的溶剂分子向溶质分子进行能量传递;

④ 溶质分子受激后退激而发射光子;

⑤ 闪烁光子被传递给光电倍增管转换为电信号进行分析记录。

（2）液体闪烁体

液体闪烁体(不包括样品)是指有机闪烁物质溶于芳香族溶剂中构成的有机闪烁体。液体闪烁体的溶剂通常为一两种,有时还会采用三四种溶剂的复杂体系。一种典型的液体闪烁体为 4 g/L 的联三苯和 0.4 g/L 的 POPOP[1,4-双(5-苯基恶唑)苯]溶于甲苯溶液形成。液体闪烁体的主要特点是:闪烁衰减时间短,一般为 $2.5\times10^{-9}\sim4\times10^{-9}$ ns;相对于蒽的光输出为 40%~80%;透明度高;制备容易,成本低;体积形状不受限制;易引入必要的灵敏物质。

液体闪烁体的主要组成成分及其功能包括:

1）溶剂

溶剂是液体闪烁体的基质,是溶解溶质和样品的介质,并作为其均匀载体。溶剂的作用是溶解样品和吸收辐射能量。研究发现,初始激发往往发生在溶剂分子内,所以在选择溶剂时,应该选择溶剂分子在与核辐射相互作用时能被有效激发的溶剂。因此,在选择溶剂时应该满足以下几个要求:① 对溶质和样品的溶解度高;② 把激发能传给闪烁物质分子的能量转换率高;③ 对闪烁物质的发射光子透明度高。

按照溶剂在液体闪烁体中相对数量及其在闪烁过程中所起的作用,可分为第一溶剂和第二溶剂。第一溶剂是指液体闪烁体中的主要溶剂,也是核辐射能量的初始吸收剂,并产生初始受激分子。受激分子吸收的能量在溶剂分子之间传递,然后传给溶质分子。一般情况下,溶剂的能量传递效率不超过 5%,而 95% 的能量以热能等形式损耗。第二溶剂是指为提高液体闪烁体中从第一溶剂初始受激分子到溶质分子之间的能量传递效率、减少其他杂质对闪烁的猝灭作用而加入的其他溶剂,其中萘是重要的第二溶剂。

2）溶质

溶质是指液体闪烁体中的闪烁物质,它是一种高效的有机荧光物质。溶质的作用是接收受激溶剂分子退激时产生的能量而被激发,并在退激时释放光子。由于多数溶剂本身并不是有效的闪烁物质,通常需要将溶质加到溶剂中,制成液体闪烁体。

在溶剂分子向溶质分子传递能量的过程中,由于溶质分子的激发能比受激溶剂分子的能量稍低,所以这种能量变换是不可逆的。受激的溶质分子退激回到基态时释放能量,如果该能量以光子的形式输出,即为荧光过程;如果该能量不产生光子,则称为非辐射过程。定义发出光子的那部分受激分子的占比为荧光产额 φ

$$\varphi = \frac{n}{n_0} \tag{5-36}$$

式中:n——发出光子的受激分子数;

n_0——总受激分子数。

一般情况下,溶质也分为第一溶质和第二溶质。第一溶质是指接收受激溶剂分子退激时产生的能量,并在退激时发出荧光的溶质,主要起着能量受体的作用。对第一溶质的要求是:① 发射光谱和光电倍增管的光谱响应相近;② 发射光谱尽量不和吸收光谱重叠;③ 发光效率高;④ 在溶剂中的溶解性好;⑤ 能有效地参与能量传递。

为了改变第一溶质发出的荧光波长,使其发光光谱尽量不和吸收光谱重叠,在液体闪烁体中加入的少量溶质称为第二溶质。因此,第二溶质经常被称为移波剂。第二溶质的浓度通常只有第一溶质浓度的 1%。第二溶质的加入会显著提高闪烁效率,增加闪烁产额,原因是放出光子的能量分布向低能带移动,即向长波方向移动,如图 5-39 所示。随着新型光电倍增管的出现,有些液体闪烁体已经不需要第二溶质了。

（3）液体闪烁计数器的应用

液体闪烁计数器通过把待测放射性核素直接引入液体闪烁体中,根据液体闪烁计数器的计数来计算一定数量待测放射性核素的活度,因此液体闪烁计数器常采用 4π 计数法,即把放射源移到计数管内部,使计数管对源所张的立体角为 4π,这种方法也称内源液闪计数。该方法的优点如下:

① 有效降低了样品的自吸收;

② 避免了辐射经过探测器窗口时的衰减;

③ 避免了探测器的 β 反散射问题。

液体闪烁计数器特别适用于测量低能 β、γ 辐射和低放射性水平的 α 辐射。由于 ^{14}C

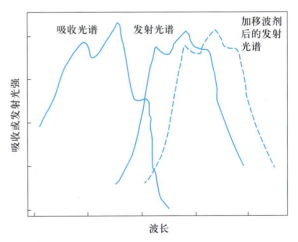

图 5-39　液体闪烁体的吸收光谱和发射光谱示意图

和 ^3H 衰变时会产生低能 β 辐射,平均能量分别为 45 keV 和 6.7 keV,所以非常适合用液体闪烁计数器对其进行活度测量。

液体闪烁计数器计数率高,可用 4π 计数法测量辐射,尤其在低水平放射性样品测量中有显著优势。但液体闪烁计数器能量分辨率与半导体探测器相比要差很多,一般在 5%~8%。

4. 塑料闪烁探测器

（1）晶体结构

塑料闪烁体是由溶剂、溶质(第一溶质)和移波剂(第二溶质)组成,溶剂是透明度好的有机固体,通常采用聚苯乙烯或聚乙烯基甲苯,移波剂是将第一溶质退激后发出的荧光(350~400 nm)光子全部吸收后再发出更长波长的光(420~480 nm),其目的是用于减少光的自吸收,增加其透明度。

塑料闪烁体探测器与液体闪烁计数器的原理基本一样,只是闪烁体的物理状态不一样。塑料闪烁体是溶剂中加入发光物质,通过高温聚合而成的有机固溶体。所以方便制作成柱、片、矩形、井形、管形、薄膜等多种形状,且体积较大。同时塑料闪烁体具有性能稳定、机械强度高、耐振动、耐冲击、耐潮湿、耐辐照的特性,不需要特殊封装,仅避光即可稳定存储 8~10 年。

（2）技术指标

塑料闪烁探测器的探测元件为圆柱形塑料闪烁体,其表面涂以 ZnS(Ag) 薄层。塑料闪烁体的能量响应曲线在很宽的光子能量范围(10 keV~3 MeV)内较为平坦。对于能量低于 100 keV 的光子,ZnS(Ag) 的发光率为塑料闪烁体的 9~10 倍,能够补偿塑料闪烁体对低能光子响应的降低。它的发光衰减时间极短,仅有 1~3 ns,适用于纳秒量级的时间测量。但能量分辨率低,一般只做强度测量。

（3）适用范围

塑料闪烁体可以用于 α、β、γ、快中子、质子、宇宙射线及裂变碎片的测量。常用于车载货物监测、人员出入监测以及放射性废物清洁解控监测等。

5. 溴化镧探测器

$LaBr_3(Ce)$ 是 21 世纪初开发的新型无机闪烁晶体,$LaBr_3$ 晶体本身不发光,需要引入激活剂 Ce^{3+},通过 Ce^{3+} 发光。Ce^{3+} 通过捕获自由电子和空穴,跃迁至激发态,然后从激发态跃迁回基态而发光,这是 $LaBr_3(Ce)$ 晶体中占主导地位的发光模式。表 5-3 是 $LaBr_3(Ce)$ 晶体性能。图 5-40 是 $LaBr_3(Ce)$ 探测器的截面视图,探测器外层是铝壳,其后端通过玻璃光导与 PMT 光阴极进行光学耦合。

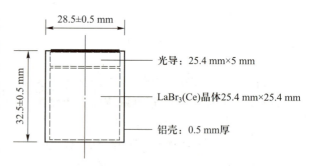

图 5-40　圆柱形 LaBr3(Ce) 探测器截面视图

表 5-3　$LaBr_3(Ce)$ 晶体性能

参数	性能
密度/(g/cm³)	5.29
熔点/K	1 116

续表

参数	性能
热膨胀系数/(1×10^{-6}/℃)	8
潮解性	是
最强发射波长/nm	380
折射系数(最强发射波长)	-1.9
能量分辨率(662 keV)	2.8
温度特性	<400K 保持不变

$LaBr_3(Ce)$探测器对 γ 射线的探测具有高阻止本领、快闪烁时间、高能量分辨率以及稳定的温度特性等特点。$LaBr_3(Ce)$探测器的缺点是 $LaBr_3(Ce)$ 晶体自身是携带放射性,这使得其本底谱和无放射性的探测器本底谱有很大不同,会形成探测器自身本底。同时 $LaBr_3(Ce)$ 晶体在空气中容易潮解,难以生长和加工出大尺寸的晶体。

(1) $LaBr_3$ 晶体自身放射性

$LaBr_3(Ce)$探测器的自发本底是由于天然产生的^{138}La 和^{227}Ac 产生的,而且其自发的本底较为复杂。^{138}La 在天然的镧中占到 0.09%,其半衰期长达 1.06×10^{11} a,并产生两种能量的 γ 射线:一种是788.7 keV,它是由^{138}La 通过 β 衰变变为稳定核素^{138}Ce 时产生的,该反应发生的概率为34%;另一种是1 435.8 keV,它是由^{138}La 通过电子俘获转变为稳定核素^{138}Ba 时产生的,该反应发生的概率为66%。

Ac 的化学性能与 La 非常接近,去除难度大,因此,^{227}Ac 也会出现在晶体中。^{227}Ac 的半衰期是21.77 a,通过 6 次 α 衰变变为稳定的^{207}Pb,衰变放出的 α 粒子能量为 4.86~8.01 MeV,但反应在 γ 能谱上却形成了能量在 1.6~2.8 MeV 的峰,原因是衰减同样能量时 α 粒子的光产额只有 γ 射线的 30%。

因此,$LaBr_3(Ce)$探测器需要使用一定的方法扣除自身本底,才能使测量准确可靠。

(2) $LaBr_3(Ce)$探测器的能量分辨率

$LaBr_3(Ce)$探测器能量的分辨率是无机闪烁体探测器中最好的,在 662 keV 下可达 2.7%,优于 NaI(TI)的 7%。图 5-41 是高纯锗、溴化镧、碘化钠探测器能谱的比较。从图中可以看出,溴化镧的分辨率比不上高纯锗(HPGe),但是优于碘化钠。

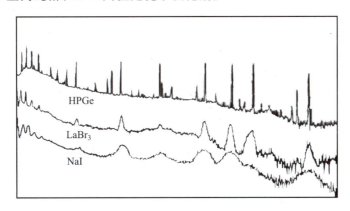

图 5-41 高纯锗、溴化镧、碘化钠探测器能谱比较

（3）LaBr$_3$（Ce）探测器的探测效率

表 5-4 给出了不同尺寸 LaBr$_3$（Ce）探测器的探测效率,同时与 NaI 和高纯锗作了对比。所有的探测效率都以 3 in×3 in 的 NaI 在 1.33 MeV 的探测效率值进行归一化处理。可以看出同样尺寸 LaBr$_3$（Ce）的探测效率值均高于 NaI（Tl）探测器。HPGe 虽然具有很好的能量分辨率,但是由于体积较小,限制了探测效率的提高。

表 5-4　全能峰探测效率

探测器种类（尺寸）	368 keV	1.33 MeV	6 MeV
LaBr$_3$（1.5 in×1.5 in）	0.522	0.138	0.026
LaBr$_3$（3 in×3 in）	2.941	1.362	0.457
HPGe（长 46.5 mm×直径 45.6 mm）	0.539	0.164	0.033
HPGe（长 50 mm×直径 50 mm）	0.703	0.226	0.048
HPGe（长 60 mm×直径 65 mm）	1.400	0.541	0.138
NaI（3 in×3 in）	2.822	1.000	0.259
NaI（5 in×5 in）	9.739	4.907	1.951
NaI（3 in×5 in）	8.151	3.229	1.058

（4）LaBr$_3$（Ce）探测器光输出特性

LaBr$_3$（Ce）闪烁体对 γ 光子能量的响应线性好,在 60~275 keV 能量范围内光输出的非线性是 7%,同样能量范围内的 NaI（Tl）的非线性是 20%。LaBr$_3$（Ce）闪烁体的发光波长为 380 nm,发光衰减时间为 16 ns,远低于 NaI（Tl）闪烁体的 250 ns,因此 LaBr$_3$（Ce）探测器输出信号速度更快。另外,LaBr$_3$（Ce）闪烁体的光子产额为 63 光子/keV,高于 NaI（Tl）闪烁体 38 光子/keV。

（5）LaBr$_3$（Ce）探测器温度漂移

HPGe 探测器使用液氮或者电制冷,都需要进行专门维护。而 LaBr$_3$ 晶体可以工作于室温,不需要附加设备,维护便利。但当 LaBr$_3$（Ce）探测器应用于开放环境等温度不稳定的环境中时。晶体的产光率、衰减时间常数等都可能发生变化。当环境温度改变,LaBr$_3$（Ce）探测器所获能谱中能峰位置会产生一定的漂移并伴随一定的频谱失真。所测量的能谱也会随之变化产生一定的漂移,需要通过已知核素对测量能谱进行能量漂移修正。

综上,LaBr$_3$（Ce）探测器能量分辨率高,衰减时间快,但在使用中需要解决能量漂移和探测器自身本底的双重影响。

5.4　半导体探测器

半导体是指常温下导电性能介于导体与绝缘体之间的材料。按化学成分可分为元素半导体和化合物半导体两大类。常见的元素半导体有锗和硅等;常见的化合物半导体有氮化镓和砷化镓等。半导体探测器是指以半导体材料为探测介质的核辐射探测器。半导体探测器是 20 世纪 60 年代以后迅速发展起来的一种新型核辐射探测器。半导体探测器的工作原理和气体电离室的十分相似。通常使用的半导体探测器包括 PN 结型半导体探测器、金硅面垒型半导体探测器、锂漂移型半导体探测器和高纯锗半导体探测器等。

5.4.1 半导体探测器的原理

晶体能带分布如图 5-42 所示,禁带宽度为 0 的是导体,0~4 eV 的是半导体,大于 4 eV 时即为绝缘体。电子必须由价带激发到导带才能导电。

半导体传输电流的方式分为电子传导和空穴传导。空穴是指晶体中元素共价键上流失一个电子而留下的空位。

电子传导就是在电场的作用下电子由负极向正极方向运动。半导体中电子传导的方式与金属相同,如图 5-43 所示。空穴传导是指在电场作用下,空穴被共价键上电子填充,原来电子处会出现一个新的空穴,空穴向与电子运动相反的方向移动,从而形成电流,一般称为正电流。

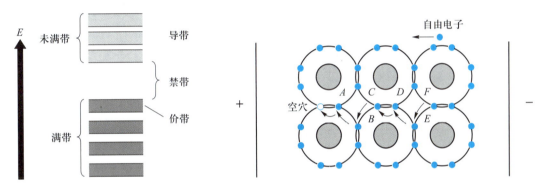

图 5-42　晶体能带示意图　　　　　图 5-43　半导体电子和空穴传导示意图

1. 本征半导体

半导体中自由电子和空穴统称为载流子。半导体可以分为本征半导体和杂质半导体。本征半导体是指理想的、绝对纯净的半导体。本征半导体中自由电子数和空穴数严格相等,其密度可以近似表达为

$$n_i = p_i \approx 10^{19} \times e^{-E_g/2KT} \tag{5-37}$$

式中: n_i, p_i——单位体积中电子和空穴的数目,下标"i"表示本征材料;

E_g——能级的禁带宽度,单位为 eV;

K——玻尔兹曼常数,$K = 1.38 \times 10^{-23}$ J·K^{-1};

T——材料的绝对温度,K。

在常温 300 K 左右,本征半导体中载流子密度很小,Si 的原子密度约为 5×10^{20} cm^{-3},而 Si 的本征载流子密度约为 8×10^8 cm^{-3}。

2. 杂质半导体

载流子数量对半导体的导电特性极为重要。杂质半导体是指掺杂一些"杂质"的半导体,实际的半导体材料总是存在杂质和晶格缺陷的。有时还故意掺杂一些所需要的杂质。掺杂后,电子浓度和空穴浓度一般不再相等,浓度大的载流子称为多数载流子,也称多子;浓度小的称为少数载流子,也称少子。杂质半导体可以按掺杂种类分为两类:N(negative)型半导体和 P(positive)

型半导体。

　　N 型半导体是指自由电子浓度远大于空穴浓度的杂质半导体,即多数载流子是电子,少数载流子是空穴。通常在纯硅中掺杂一些最外层有五个电子的磷或砷,它的四个价电子与相邻的原子形成共价键,这样就会有一个自由电子剩余,形成了 N 型半导体,如图 5-44 所示。此时的杂质也称为施主杂质。

　　P 型半导体是指空穴浓度远大于自由电子浓度的杂质半导体,即多数载流子是空穴,少数载流子是电子。通常在纯硅中掺杂一些最外层有三个电子的硼,它只能提供三个价电子形成共价键,这样就会使原有四个共价键中缺少一个自由电子,多出一个空穴,形成了 P 型半导体,如图 5-45 所示。此时的杂质称为受主杂质。

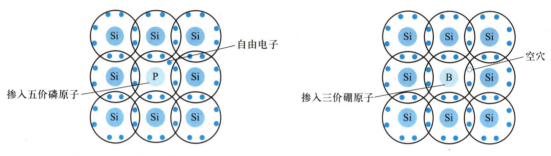

图 5-44　N 型半导体示意图　　　　　　　　图 5-45　P 型半导体示意图

　　在 P 型或 N 型半导体的一面注入相反类型的杂质,因补偿效应会生成另一种半导体,此时该两类半导体(P 型和 N 型)之间存在一个界面,即 PN 结。PN 结是指 P 型半导体与 N 型半导体接触的交界区域。由于存在浓度梯度和热运动,P 区中的空穴和 N 区中的自由电子会分别向低浓度区扩散,即电子从 N 区向 P 区扩散,空穴从 P 区向 N 区扩散,扩散中电子和空穴复合,如图 5-46 所示。

　　P 区一侧因失去空穴而留下不能移动的负离子,N 区一侧因失去电子而留下不能移动的正离子,因此两边的空间电荷产生一个内电场,方向由 N 区指向 P 区,这样就抑制了多子的继续扩散。当两边达到平衡后,在交界面处出现由数量相等的正负离子组成的空间电荷区,称为势垒区,即探测器的灵敏区。因势垒区内存在电场,区内的载流子通过定向漂移运动离开该区域,因此载流子的浓度很低,会在耗尽层形成一个高电阻区,如图 5-47 所示。所以势垒区也被称为耗尽层。

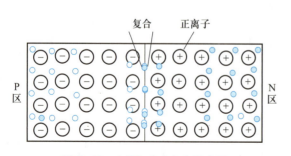

图 5-46　电子和空穴复合示意图

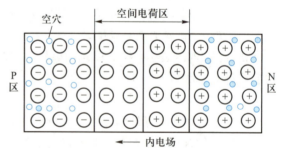

图 5-47　耗尽层形成示意图

在平衡情况下,PN 结区的电流处于一种动态平衡的状态。少数载流子的扩散产生少子扩散电流 I_s。在结区内的热运动仍会产生电子-空穴对漂向两边,也形成一个由 N 至 P 的电流 I_G。I_s 和 I_G 称为反向电流。耗尽层的电场抑制了多数载流子的扩散,但高能的多子仍然可以进行扩散,从而形成 P 至 N 的多子扩散电流 I_f,称为正向电流。在平衡时,正向电流等于反向电流。

平衡 PN 结区很薄,电场很弱,电子-空穴对复合严重,难以用于探测器。在半导体探测器两电极之间施加外电压(工作电压),其方向必须使半导体探测器得到反向偏置,故称反向偏压。外加电压使耗尽层内电场加强,势垒增高。反向电压越高,耗尽层宽度将越大。

加反向偏压相当于加强了 N 至 P 的电场,这样就使多数载流子的扩散大大减少,以致正向电流 I_f 可以忽略。只有 P 型半导体和 N 型半导体中的少子在电场作用下才能通过 PN 结,因此出现了由 N 至 P 的反向电流。又由于少子数量很少,其绝缘电阻很大,所以反向电流很小,漏电流就很小。尽管漏电流小,该电流也会覆盖低能粒子产生的小信号,常采用表面沟槽或保护环来降低漏电流。

有反向偏压时,半导体耗尽层厚度可表示为

$$d = \left(\frac{2\varepsilon(N_a + N_d)}{eN_a N_d} \cdot (U_{bi} + U_0) \right)^{1/2} \tag{5-38}$$

式中:d——半导体耗尽层厚度,cm;

$\quad$ ε——介电常数,F·cm^{-1};

$\quad$ U_0——偏置电压,V;

$\quad$ U_{bi}——内建电势,V;

$\quad$ e——电子的电荷,$e = 1.6 \times 10^{-19}$ C;

$\quad$ N_a——受主浓度,cm^{-3};

$\quad$ N_d——施主浓度,cm^{-3};

$\quad$ N——杂质浓度,cm^{-3}。

如果 P 区和 N 区掺杂浓度相差很大,上式可简化为

$$d \approx \left(\frac{2\varepsilon U_0}{eN} \right)^{1/2} \tag{5-39}$$

当射线进入灵敏区后与半导体相互作用,使半导体的原子形成初始电离,产生电子和空穴对,如图 5-48 所示。灵敏区的电子和空穴在电场作用下分别向两电极漂移,从而在半导体探测器输出电路上形成脉冲信号。值得注意的是,图 5-48 仅为原理示意图,实际灵敏区很薄,一般射线从电极面射入探测器内。为使半导体探测器输出稳定,输出端接电荷灵敏前置放大器。如果入射粒子的能量全部消耗在灵敏区,则输出脉冲幅度与入射粒子能量成正比。灵敏区越厚,探测器的探测效率越高。

一般情况下,射线在进入半导体探测器灵敏区之前会经过一个薄层,射线在该层内损失能量,但对形成输出电脉冲信号没有贡献,该薄层称为死层,其厚度称为死层厚度。

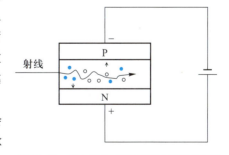

图 5-48 半导体探测器射线测量原理图

5.4.2　高纯锗探测器

对于通常的 Si 或 Ge,PN 结耗尽层的最大宽度一般为 2~3mm,不适用于快速电子或 γ 射线等强穿透力射线的探测。根据式(5-39)可知,降低半导体材料杂质的浓度可以提高耗尽层宽度 d。高纯锗(high-purity Germanium,HPGe)探测器是采用高纯度锗晶体制成的半导体探测器。高纯锗晶体内的杂质浓度很低,一般为 10^9 ~ 10^{10} cm^{-3},杂质原子与锗原子的比例约为 1：10^{12}。HPGe 的耗尽层宽度可达几厘米,能够高效率探测 γ 射线。HPGe 根据几何结构可分为平面型和同轴型。根据晶体材料分可分为 P 型和 N 型。

平面高纯锗探测器大都采用 P 型高纯锗晶体制备,其结构图如图 5-49 所示,是"N+PP+"结构,其中"+"表示重掺杂。半导体掺杂方式有扩散和注入两种方式,都是在真空条件下实施的。其电极在高纯锗晶体圆柱的两个端面:一端是 Li 扩散极,即 N+极(>300 μm);另一端是较薄的 B 离子注入极,即 P+极(<0.3 μm)。PN 结位于 N+极和 P 极接触处,随着工作电压的增长,其耗尽层从 N+边界开始延伸进入高纯锗区,并可以一直扩散到高纯锗的 P+边界,这时探测器达到全耗尽情况,灵敏区达到极大值。

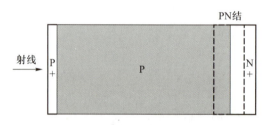

图 5-49　平面型高纯锗探测器结构示意图

从图 5-49 中可以看出,射线进入平面型高纯锗探测器之前会经过位于 P+极侧死层区,通常厚度为 0.3~0.4 μm。平面型高纯锗探测器的能量分辨率在 112 keV 处半高宽为 480 eV。

平面型高纯锗探测器灵敏区厚度一般为 0.5~1 cm,其灵敏体积可以做到 0.1~40 cm^3。因其灵敏区厚度有限,平面型高纯锗探测器主要用于测量中高能带电粒子,例如能量小于 220 MeV 的 α 粒子、能量小于 60 MeV 的质子以及能量小于 10 MeV 的电子,也可用于 3 keV~1 MeV 的 X 和 γ 射线的测量。对于更高能量的 γ 射线时,平面型高纯锗探测器不具有足够的灵敏体积,探测效率低。

同轴型高纯锗探测器可分为 P 型和 N 型,图 5-50 是 P 型同轴高纯锗探测器的结构,P 型探测器的外接触层是较厚的(>300 μm)锂扩散 N+极(图中阴影部分所示),孔内是薄的(<0.3 μm)硼离子注入 P+极。因此 P 型同轴高纯锗探测器是"N+PP+"结构,其 PN 结位于外表面的 N+和 P 的接触处,当电压足够高时,全部 P 区都会处在耗尽状态。

P 型同轴高纯锗探测器死层位于 N+级附近,厚度约为锂扩散层的厚度,受此影响,入射光子通过厚的外死层时会损失能量,因此 P 型同轴探测器一般只适用于 40 keV~10 MeV 的 γ 射线的测量。

图 5-51 是 N 型同轴探测器的结构,其电极排列正好与 P 型的相反,它的外接触层是薄的 P+极,而孔内为厚的 N+极(图中阴影部分所示)。N 型同轴高纯锗探测器是"P+NN+"结构。其 PN 结位于外表面 P+极和内部 N 的接触处,当电压足够高时,全部 N 区都会处在耗尽状态。

N 型同轴结构高纯锗探测器死层位于 P+级附近,厚度一般为 0.3~0.4 μm,死层厚度薄,有很宽的探测能量范围(5 keV~10 MeV)。

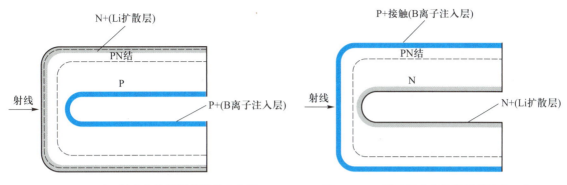

图 5-50 P 型同轴高纯锗探测器结构示意图   图 5-51 N 型同轴高纯锗探测器结构示意图

锗晶体在轴向可以制备得很长,因此同轴型高纯锗探测器的灵敏体积就大大高于平面型,目前商品化的同轴型高纯锗探测器的灵敏体积可达 400 cm³。其能量分辨率在 122 keV 处半高宽为 900 eV。

在高纯锗晶体制备过程中,最好的纯化过程也会使受主杂质在晶体中占优势,因此纯度高的 Ge 材料都是 P 型,N 型高纯锗晶体制备成本远高于 P 型,常用的同轴高纯锗探测器主要以 P 型为主。

由式(5-39)可计算出高纯锗半导体耗尽层厚度,高纯锗晶体内的杂质浓度很低,因此具有很高的电阻率。不到 1 000 V 的反向偏压就可以达到 10 mm 的耗尽深度,一般加压是千伏量级。通过增大反向偏压,最大耗尽深度可达 100 mm,而传统的 PN 结耗尽层厚度只有 1 mm 左右。因此,与 PN 结型半导体探测器相比,高纯锗探测器具有更高的探测效率。

1. 能量分辨率

半导体的平均电离能约为 3 eV,比气体的平均电离能 30 eV 小一个数量级,比闪烁探测器的平均电离能 300 eV 小两个数量级。与气体探测器和闪烁探测器相比,带电粒子在半导体探测器内损失同样能量产生的电子-空穴对要多得多,因此半导体探测器的能量分辨率要好得多。高纯锗探测器对不同能量 γ 射线的分辨率不同,对能量为 1.33 MeV 的 γ 射线的分辨率一般小于 0.15%,半高宽是 2.35 keV,而 NaI(Tl)的能量分辨率约为 6%,半高宽是 75 keV,如图 5-52 所示。

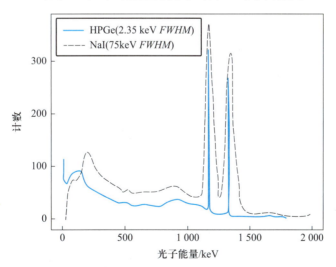

图 5-52 高纯锗和 NaI(Tl)探测器测得的⁶⁰Co 能谱

2. 探测效率

在选择高纯锗探测器时,一个重要参数就是探测效率,高纯锗晶体的形状不固定,只能通过效率刻度获得其探测效率。虽然高纯锗也具有绝对探测效率的概念,但其值一般非常小,表达不便,常用相对探测效率来表征其特性。高纯锗探测器相对探测效率是指 HPGe 探测器与标准圆柱形(直径 3 in×高 3 in)NaI(Tl)探测器的全能峰效率之比。标准测量方法为:

(1)源至探头距离 25cm;

(2)采用 ^{60}Co 源,测量其 1.33 MeV 光电峰;

(3)与标准闪烁探测器测量结果比较。

如图 5-53 所示,高纯锗探测器的探测效率随入射粒子能量的增加而降低,随灵敏区厚度的增加而增加,常规高纯锗探测器的探测效率为 10%~175%。

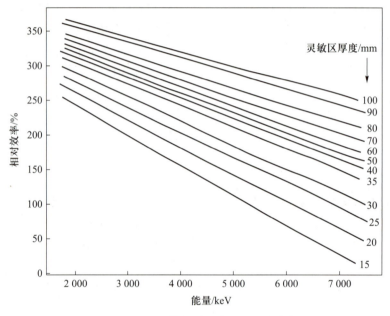

图 5-53 高纯锗探测器的相对探测效率

3. 峰康比

由于 Ge 在 150 keV~8 MeV 能量范围内康普顿散射截面大于光电效应截面和电子对效应截面,在复杂能谱中康普顿计数会叠加在低能 γ 射线全能峰上。因此,希望全能峰尽量高,而康普顿坪尽量低。提高峰康比的方法有增大灵敏体积和选择尽量"密集"的晶体几何形状,即要求同轴型探测器的长度与直径比近于 1。相对效率为 10%~100% 的同轴型 HPGe 探测器峰康比一般为 40:1~80:1。

4. 中子辐射损伤

当一定能量的中子射入 HPGe 探测器灵敏体积时会引起晶格的缺陷、错位等,从而影响探测器的能量分辨率。能量分辨率开始出现变化时所对应的中子注量称为阈注量。阈注量与探测器的尺寸有关,尺寸越大,阈注量越低,同时阈注量还与探测器的类型有关,表 5-5 列举了不同类型高纯锗探测器的探测效率和中子阈注量。

表 5-5　不同类型高纯锗探测器的探测效率和中子阈注量

探测器类型	探测效率/%	中子阈注量/cm^{-2}
同轴 P 型 HPGe	20	2×10^8
同轴 P 型 HPGe	70	1×10^7
同轴 N 型 HPGe	30	4×10^9
同轴 N 型 HPGe	70	1×10^8
平面型		2×10^9

5. 施加高电压

在 PN 结上施加反向电压(P 接负压,N 接正压),由于耗尽层电阻率很高,电位差几乎都降在耗尽层。外加电场使耗尽层宽度增大。反向电压越高,耗尽层越宽,灵敏体积越大,探测效率越高,如图 5-54 所示。

6. 低温运行

高纯锗的禁带带宽只有 0.67 eV。为了防止高温时电子自激发到达导带而产生电流,带来噪声,需要低温运行增加信噪比,一般用液氮冷却至 77 K 左右。同时温度较高时,高纯锗导电性能增强,会导致无法施加高电压。

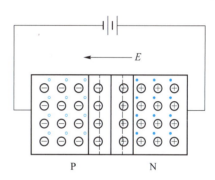

图 5-54　加反向偏置电压前(虚线)后(实线)半导体耗尽层厚度的变化

综上所述,高纯锗探测器的主要优点是能量分辨率高,线性范围宽,探测效率高,性能稳定等;主要缺点是对辐射损伤较为敏感,需要低温条件工作等。

5.4.3　金硅面垒型半导体探测器

金硅面垒型探测器结构如图 5-55 所示。一般用 N 型硅单晶作基片,表面经过酸处理后暴露在空气中,基片表面上会形成一层氧化层。然后在真空环境中,在灵敏面上镀一薄层金膜,厚度约 10 μm。靠近金膜的氧化层具有 P 型硅的特性,并在与基片交界面附近形成 PN 结。在基片的背面镀有镍或铝作欧姆接触引线,接电源的正极。欧姆接触电极即是两种电荷都可以流过的不整流电极。金膜与铜外壳接触,接电源的负极。镀金面作为待测核辐射的入射面,称为入射窗,其窗厚由金层厚度和未耗尽层组成。因表面氧化层厚度很薄,耗尽层也很薄,所以一般情况下金硅面垒型半导体探测器灵敏区厚度小于 1 mm。目前纯度最高的硅,其电阻率约为 $10^6\ \Omega \cdot mm$,当加偏置电压为 300 V 时,灵敏区厚度约为 4.5 mm。由于 α、β 等带电粒子穿透能力较弱,因此金硅面垒型探测器主要用于测量带电粒子能谱,只有较厚灵敏区的金硅面垒型半导体探测器才能探测低能 X 射线。

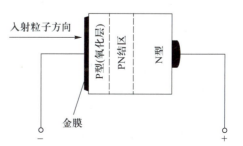

图 5-55　金硅面垒型探测器示意图

影响金硅面垒型半导体探测器能量分辨率的影响因素主要有:半导体的电离统计涨落、探测器和电子学系统的噪声以及 α 射线入射方向等。在第四章中提到,辐射探测器统计涨落引起的谱展宽用法诺因子表示,对 α 粒子而言,金硅面垒型半导体探测器的法诺因子一般为 0.11 ~ 0.15。金硅面垒型半导体探测器反向电流的统计涨落是构成探测器噪声信号的主要来源,它对脉冲谱展宽起主要作用。较好的金硅面垒型半导体探测器因噪声造成的脉冲谱的展宽约为 10 keV;而由于电流的增加,面积较大的探测器因噪声引起的谱展宽可达数万电子伏。因此,不能为了增加探测器的探测效率或灵敏度而一味地增大半导体探测器的面积,而应综合考虑噪声的影响,确保探测器有足够好的能量分辨率。

金硅面垒型半导体探测器具有如下优点:窗薄、能量分辨率高、线性好、噪声低、分辨时间短、制造工艺简便且结构简单、操作方便等。一般情况下,金硅面垒型半导体探测器用于 α 能谱测量,能量分辨率可达 0.5%,最好可达 0.2%。缺点是:其灵敏区的厚度有限,在 α 能谱测量中不能完全阻挡长射程的 α 射线;目前该型探测器的面积还做不大;同时,辐射对该型探测器有损伤效应,且不能在高温环境中使用。金硅面垒型半导体探测器的灵敏面积一般小于 10 cm^2,灵敏区厚度为 1 mm 左右,其对 α 射线的测量能量上限为 10 MeV。

5.4.4　锂漂移型半导体探测器

锂漂移型半导体探测器用 P 型硅或锗作基体,在基体的一面镀一层金属锂,锂在硅和锗中的电离电位很低,在室温下锂是电离化的。因为锂离子半径小于硅及锗晶体的晶格间隙,锂离子会扩散进入基体。在合适的外加电场作用下,锂离子向半导体内部漂移。作为施主原子的锂离子在漂移过程中把多余的一个电子给了受主原子,形成中性离子对。半导体内实现自动补偿,在锂离子漂移经过的区域内,锂离子的浓度自动地等于原有的受主原子浓度。锂离子漂移的区域就形成了本征层,用 I 表示。在锂离子未漂移到的区域内,仍为 P 型材料,锂镀层为 N 区,这样就构成了一个 PN 结构的锂漂移型半导体探测器,也称 PIN 型半导体探测器,如图 5-56a 所示。

锂漂移型半导体探测器按其基体材料可以分成两类:锂漂移锗探测器 Ge(Li) 和锂漂移硅探测器 Si(Li),通常分别称为锗锂探测器和硅锂探测器。锂漂移型探测器按其几何形状可以分为平面型和同轴型,如图 5-56b、c 所示。它们的制造工艺基本相似,但由于 Li$^+$ 在锗中的迁移率比在硅中的大得多,因此在锗中漂移之后必须立即快速降温以保持锂的分布,一般降到液氮温度(77K)。而在硅中,室温下 Li$^+$ 的迁移率较低,因此允许在室温条件下加一定偏压保存和使用 Si(Li) 探测器,但最好还是低温保存。

目前由于工艺水平所限,平面型结构锂漂移探测器的灵敏区厚度最大只能达到 20 mm。为了制造灵敏体积更大的探测器,可以使锂从圆柱形 P 型半导体材料的外表面向里漂移而制成同轴型锂漂移探测器。漂移完成后,晶体中还保留有 P 型芯,所以同轴型根据 P 芯贯穿晶体的情况可分为双端同轴探测器和单端同轴探测器,如图 5-56c 所示。同轴型探测器的灵敏体积可超过 200 cm^3。

金硅面垒型半导体探测器的一个缺点是灵敏区厚度很难达到 2 mm 以上。它在探测中带电粒子方面有着广泛的应用,但对于穿透力很强的 γ 射线就不适用了。锂漂移型半导体探测器可以很好地解决这个问题,它的灵敏区厚度可以达到 20 mm。

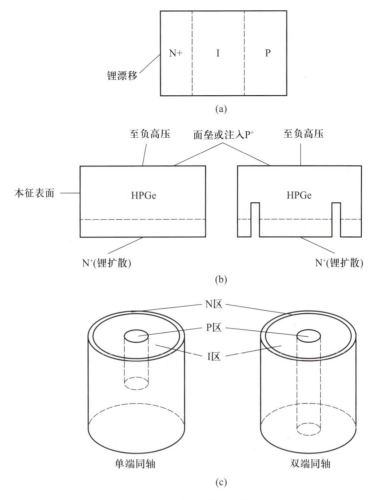

图 5-56　锂漂移探测器

5.4.5　碲锌镉探测器

碲锌镉($Cd_{1-x}Zn_xTe$)晶体(简称 CZT)是一种新型的性能优异的室温三元化合物半导体核辐射探测器材料。其电阻率高(约 10^{11} Ω/cm),原子序数大,禁带宽度较大,且随 Zn 含量的不同,禁带宽度从 1.4 eV(近红外)~2.26 eV(绿光)连续变化。在室温下对 X 射线、γ 射线能量分辨率好,其能量探测范围在 10 keV~6 MeV。与 Si 和 Ge 探测器相比,CZT 探测器在 X 射线、γ 射线探测和应用中占有特殊的地位。表 5-6 给出了碲锌镉晶体的基本特性。

表 5-6　CdZnTe 晶体的基本性能

参数	性能
原子序数	48.30
密度/(g/cm^3)	5.81

续表

参数	性能
禁带宽度/eV	1.6
电阻率/(Ω·cm)	$(1\sim5)\times10^{10}$

CZT 探测器的主要结构有平面电极结构、共平栅电极结构以及像素阵列结构。

1. 平面电极结构

这种结构最简单,见图 5-57。目前一般采用 Au、In 和 Pt 等金属作为探测器的金属层,这种结构的优点是工艺简单,容易获得稳定性好的探测器,对能量在 30 keV~15 MeV 范围内的 γ 射线有较好的能量分辨率和探测效率。由于 CZT 材料本身限制,造成不同位置对脉冲幅度的贡献不同,如图 5-58 所示。如果电离发生在阴极附近,空穴只需要漂移很短的距离就可以被电极快速收集,空穴收集完全,因此信号幅度损失小,信号幅度高[如图 5-58 位置(1)所示];而如果电离在阳极附近发生,空穴会在长距离输运过程中被缺陷捕获而导致信号幅度损失大[如图 5-58 位置(2)所示],而位置(3)的信号幅度则在位置(1)和(2)之间。在能谱测量中,这种由电荷陷获效应导致的位置对脉冲幅度的贡献不同,最终降低了能谱峰的幅度,抬高了低能侧,使能谱的低能侧加宽,能量分辨率变差,这种影响被称为空穴尾效应。在测量低能的 γ 射线能谱时,这个影响已经很明显,当测量中高能 γ 射线时,影响更为严重,所以平面结构的 CZT 探测器无法用于中、高能 γ 射线的能谱探测。目前平面型 CZT 探测器能量分辨率约为 7.0%。

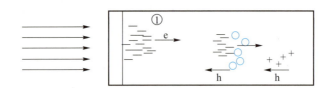

图 5-57　平面结构 CZT 探测器示意图

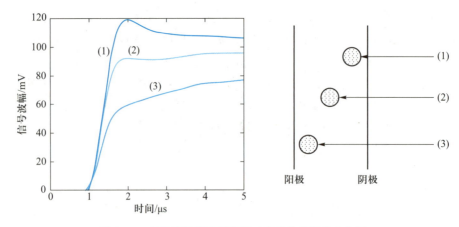

图 5-58　CZT 探测器不同位置对应的信号幅度变化图

2. 共平栅电极结构

共平栅 CZT 探测器结构如图 5-59a 所示。这种共平栅电极结构的阴极由一堆梳齿状栅极组成,而阳极仍为一个平面。一个栅极(阴极)加负高压,另一个梳齿栅电极上加一个小的负偏压,电子信号仅在有较高电势的栅极上感生。用两个独立的电荷灵敏放大器来处理梳齿栅极上的信号,然后将两个梳齿电极引出的信号相减(图 5-59b),就可以去除因为空穴收集不完全引起的空穴尾效应。这种结构探测器的优点是能量分辨率高,在 1.8% ~ 4% 之间;缺点是工艺复杂,需要复杂的光刻技术。

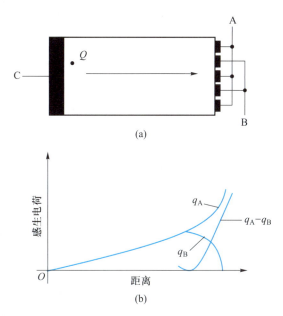

图 5-59　共平栅 CZT 探测器结构和感生电荷分布

3. 像素阵列型探测器

这种结构常用于成像系统,其阳极由一系列尺寸极小的方形金属电极所构成,每个像素电极上收集的信号都包含了与电极对应位置有关的信息,将所有像素信号整合便可得到探测对象的图像。其对 662 keV 的 *FWHM* 为 4.5 keV(0.65%)。

除此之外,还有半球形电极结构和准半球形电极结构的 CZT 探测器,以及弗里希环平面结构 CZT 探测器。

由于 CZT 晶体的原子序数高、禁带能宽大、电阻率高,用其制成的探测器在 X 射线、γ 射线能谱测量方面具有广泛应用前景。

本章知识拓扑图

第5章 辐射探测器

知识拓扑详图

- 辐射测量的一般性质
  - 脉冲幅度谱
  - 探测效率
  - 能量刻度
  - 能量分辨率
  - 分辨时间
  - 坪特性

- 气体探测器
  - 气体探测器原理
  - 电子、离子在气体中的运动
  - 收集离子与外加电场的关系
  - 电离室　工作在饱和区的气体探测器称为电离室
  - 正比计数器　工作在气体放电正比区的计数器
  - G-M管　工作区为G-M区的探测器

- 闪烁探测器
  - 闪烁探测器是一种由闪烁体和光敏器件组成的辐射探测器
  - 闪烁体是吸收高能射线能量转换成多个低能闪烁光子的一类物质
  - 闪烁体
    - 无机闪烁体
    - 有机闪烁体
  - 光电倍增管
  - 常用闪烁探测器

- 半导体探测器
  - 半导体
    - 常温下导电性能介于导体与绝缘体之间的材料
    - 本征半导体
    - N型半导体(negativc)
    - P型半导体(positive)
    - PN结
  - 常用半导体探测器
    - 高纯锗探测器(HPGe)
    - 金硅面垒型半导体探测器
    - 锂漂移型半导体探测器
    - 碲锌镉探测器(CZT)

习题 ✍

5-1　一个具有 200 pF 电容的正比计数器对应最小输入脉冲为 10 mV,如果用于测量能量为 500 keV 的 X 射线,则至少需要多大的气体放大倍数?(给定平均电离能为 25 eV)

5-2　用正比计数器测量 α 粒子强度,每分钟计数为 5×10^5 个。假如该正比计数器的分辨时间为 3 μs,试校正记数损失。

5-3　活度为 4 000 Bq 的 ^{210}Po 源,若放射的 α 粒子径迹全部落在充 Ar 电离室的灵敏区内,试估算其饱和电流。

5-4　闪烁晶体和光电倍增管之间的光学耦合剂为什么不宜用水?光电倍增管的性能有哪些?

5-5　闪烁体探测器的能量分辨率由哪几个特性决定?

5-6　为什么正比计数器可在强 γ 本底下测量中子?在强 β 本底下测量 α 粒子?

5-7　为什么金硅面垒半导体探测器适用于测量 α 和 β 粒子?

5-8　为什么高纯锗半导体探测器具有较高的能量分辨率?

5-9　为什么高纯锗半导体探测器需要在低温下工作?

5-10　高纯锗探测器 P 型、N 型、同轴型、平面型各自有什么特点?

5-11　高纯锗探测器灵敏区多大,由什么决定?

5-12　高纯锗探测器死层厚度多少,什么条件需要校正?

5-13　耗尽层是如何形成的?

5-14　简要分析高纯锗探测器、金硅面垒半导体探测器、锂漂移半导体探测器的异同。

5-15　γ 射线在进入闪烁体探测器后经过哪些组件、产生哪些作用后转换电信号?

5-16　用 NaI(Tl) γ 谱仪测 ^{137}Cs 的 662 keV 的 γ 射线,已知光能产额 $Y = 5.6 \times 10^4$ 光子数/MeV,光阴极的光电转换效率 $C_e = 0.2$,第一倍增极的收集效率 $K_2 \approx 1$,放大系数 $M = 30$,试计算引起脉冲的总电荷量。

5-17　总结多原子气体分子对正比计数器和 G-M 计数管性能的影响。

参 考 文 献

［1］ Moe H J,Lasuk S R. Radiation safety technician training course. I. ANL-6991［R］. Chicago：Argonne National Laboratory,1972.

［2］ 王汝赡,卓韵裳.核辐射测量与防护［M］.北京：原子能出版社,1990.

［3］ 丁洪林.核辐射探测器［M］.哈尔滨：哈尔滨工程大学出版社,2010.

［4］ 刘洪涛.人类生存发展与核科学［M］.北京：北京大学出版社,2001.

［5］ 凌球.核辐射探测［M］.北京：原子能出版社,1992.

［6］ Knoll G F. Radiation detection and measurement［M］. Hoboken,NJ：John Wiley & Sons,2010.

［7］ 李德平,潘自强.辐射防护手册［J］.北京：原子能出版社,1987.

［8］ 卢希庭.原子核物理［M］.北京：原子能出版社,1981.

［9］ 杨福家,等.原子核物理［M］.上海：复旦大学出版社,1993.

［10］ 张关铭,韩国光,袁祖伟,等.核科学技术辞典［M］.北京：原子能出版社,1993.

第6章 辐射测量方法

对于 α、β、γ 射线,中子等辐射测量的物理量,通常包括放射性活度、辐射场量、剂量、能谱等,不同量需要不同的方法。本章介绍利用辐射探测器进行辐射物理量测量的基本方法。

6.1 放射性活度测量一般方法

放射性活度的测量是核工程、辐射防护、核物理实验以及工业、农业、环境科学、生物医药等领域常常遇到的问题。通常,放射性活度测量方法可分为两大类:绝对测量法和相对测量法。

6.1.1 绝对测量法

1. 影响因素

绝对测量法是指采用测量装置直接测量放射性活度,而不与其他放射性标准样品对比测量的方法,又称直接测量法。绝对测量法需要建立探测器计数率与放射源活度的关系,其测量结果受到几何因素、本征探测效率、吸收因素、散射因素以及分辨时间等因素的影响。

(1) 几何因素

放射性样品在探测器外进行测量时,射入探测器灵敏体积的粒子数只是样品发射粒子数的一部分。进入探测器灵敏体积的粒子数占该时间内放射源因衰变发出的总粒子数的百分比为几何因子,用 f_g 表示。对于非点源或扩散源,可以在点源的基础上按照源的分布积分获得几何因子。

(2) 本征探测效率

本征探测效率是探测器输出的脉冲计数与该时间内进入探测器灵敏体积的粒子数比值。通常探测器形成的脉冲计数是指全能峰计数,即粒子能量完全沉积在探测器灵敏体积内形成的脉冲计数。其影响因素包括辐射探测器的种类、工作状况,灵敏体积的几何尺寸,入射粒子的种类和能量以及电子仪器的运行情况。对于 α 和 β 射线,因穿透能力弱,还需要考虑探测器晶体死层、保护罩、窗口材料对射线的衰减。例如,使用 ZnS(Ag) 闪烁探测器测量 α 粒子时,探测器窗可能吸收一部分入射粒子,还可能通过散射使得射入灵敏体积的粒子能量减小,这样造成脉冲幅度低于电子仪器的甄别阈而不产生计数。

(3) 吸收因素

放射源发出的射线在进入探测器前,一般会受到三层吸收作用:(1) 自吸收,即样品材料对自身含有放射性核素发出的 α、β 粒子以及少数 γ 光子的吸收作用;(2) 样品和辐射探测器之间空气及其他介质的吸收;(3) 探测器窗的吸收。在放射源至探测器之间,粒子在输运过程中被各种介质吸收造成粒子数量降低的比率为吸收因子,表示为 f_a。上述过程吸收因子分别记为 $f_{自}$、$f_{介质}$ 和 $f_{窗}$,总吸收因子为三者之积,即

$$f_a = f_{自} \cdot f_{介质} \cdot f_{窗} \tag{6-1}$$

(4) 散射因素

除吸收外,放射源发出的粒子会受到各种介质(如空气、样品支架、铅室内壁等)的散射作

用。散射作用给测量带来的影响包括正向散射和反向散射两种。正向散射是指因散射作用使本该射向探测器灵敏体积的射线输运方向发生偏离,而不能进入灵敏体积,这使探测器的计数率减少;反向散射是指因散射作用使原本不应该进入灵敏体积的射线经输运方向发生偏离后,却进入灵敏体积,这使探测器的计数率增加。

如果放射性样品距离探测器较近,主要影响为反向散射,尤其是样品支架的反向散射影响程度较大。反向散射因子用 f_b 表示,为有反向散射的与无反向散射的探测器计数率之比。

（5）分辨时间因素

因分辨时间造成计数损失,其分辨时间因子用 f_τ 表示。分辨时间因子是因分辨时间造成计数损失后剩余计数的相对份额。其计算公式为

$$f_\tau = 1 - n\tau \tag{6-2}$$

式中: τ——探测器的分辨时间,s;

n——测量得到的计数率,c/s。

（6）本底计数因素

任何放射性活度测量都应考虑本底辐射的影响。特别是在低水平放射性样品测量时,本底辐射计数率对测量准确性影响较大。狭义的本底计数率是指在未放置待测样品时,探测器测得的计数率。广义的本底计数率还包括样品中干扰放射性核素所产生的干扰计数率。在实际测量时,放射性样品的净计数率为实测计数率 n 减去本底计数率 n_b。

具体而言,造成本底计数率的来源即本底辐射,主要包括宇宙射线、周围环境的放射性核素、屏蔽材料及探测器中的放射性核素、仪器噪声和假计数等。为减少本底辐射对测量的影响,可以采取相应措施来降低本底辐射,主要包括:

① 通过使用老铅（使用时间足够长的铅）或者是特殊方法精炼过的铅来降低铅屏蔽材料中含有的放射性核素;

② 采用低本底材料制备探头,例如气体探测器采用纯化工作气体,闪烁探测器使用石英玻璃代替普通玻璃,NaI(Tl)晶体进行去钾提纯等;

③ 如果周围环境中具有中子源,可以选用含硼的石蜡等材料对其进行屏蔽;

④ 利用通风的方式来减少环境中的氡气;

⑤ 采用脉冲幅度甄别技术和脉冲形状甄别技术来提高信噪比;

⑥ 采用反符合法降低宇宙射线的影响。

（7）坪斜因素

探测器计数率随着工作电压增加而略有增加,存在坪曲线,导致测量结果存在误差。对该误差进行校正的系数称为坪斜因子 f_k。

综上所述,探测器测出样品的计数率 n,需考虑上述各项影响因素并进行校正后,才能得到样品的放射性活度 A

$$A = \frac{n - n_b}{\varepsilon} \tag{6-3}$$

式中: n——测量得到的总计数率,c/s;

n_b——本底计数率,c/s;

A——放射源的活度,Bq;

ε——探测器的总探测效率。

$$\varepsilon = f_{\mathrm{g}} \cdot f_{\mathrm{a}} \cdot f_{\mathrm{b}} \cdot f_{\mathrm{k}} \cdot f_{\tau} \cdot \varepsilon_{本征} \tag{6-4}$$

式中：f_{g}——几何因子；

$\qquad f_{\mathrm{a}}$——总吸收因子；

$\qquad f_{\mathrm{b}}$——反散射因子；

$\qquad f_{\mathrm{k}}$——坪斜因子；

$\qquad f_{\tau}$——分辨时间因子；

$\qquad \varepsilon_{本征}$——探测器本征探测效率。

2. 基本方法

绝对测量法过程复杂，需对多个影响因素进行校正。绝对测量法包括小立体角法、4π 测量法和符合测量法等。

（1）小立体角法

小立体角法是指通过测量空间较小的固定立体角内的样品计数率，经必要的校正后，求得样品实际放射性活度的测量方法。

如图 6-1 所示，假设放射源各向同性，h 为源到探头平面的距离，r 为半径，θ 为极角，φ 为方位角。在小立体角法测量中，θ 最大值为圆锥顶角的一半 α，φ 最大值为 2π，则该部分立体角 Ω 为

$$\Omega = \int_0^{\alpha} \sin\theta \, \mathrm{d}\theta \int_0^{2\pi} \mathrm{d}\varphi \tag{6-5}$$

小立体角法测量的几何因子 $f_{\mathrm{g}} = \dfrac{\Omega}{4\pi}$。

（2）4π 测量法

4π 测量法是把放射源置于探测器内部，放射源所发出的射线能够全部进入探测器灵敏体积内，可在 4π 立体角内进行放射源的活度测量。4π 测量法减少了吸收、散射等因素对测量的影响，具有较高的测量精度。

（3）符合测量法

符合方法是符合测量和反符合测量的统称，它利用符合或反符合电路的特性，来选择或排除两个或两个以上同时事件。符合测量法在核辐射测量中应用很广泛，如用符合法进行样品活度、γ 能谱、短寿命核素的半衰期和激发态寿命的测量等。反符合测量法可以用来剔除本底干扰等。符合测量法和反符合测量法示意图如图 6-2 所示。

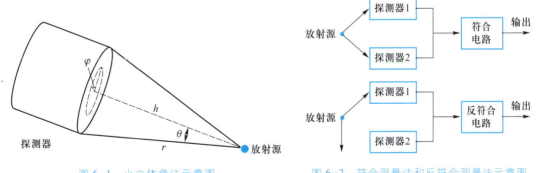

图 6-1　小立体角法示意图　　　　　图 6-2　符合测量法和反符合测量法示意图

符合测量法是指采用两个或两个以上探测器对同时发生的辐射事件进行测量的方法。当两个探测器同时产生脉冲时，符合电路产生输出信号。例如，一个放射性核素在一次衰变时接连发

射 β 和 γ 射线,这两个射线是一对符合事件。如果它们分别进入两个探测器,此时在符合电路中会输出一个符合脉冲。

反符合测量法是指采用不同的探测器来消除符合事件的方法。对于上述的符合事件,两个探测器同时产生的脉冲在反符合电路中则无信号输出。反符合方法常在反康普顿 γ 谱仪内应用。例如,γ 射线与探测器 1 发生康普顿散射,部分能量在探测器 1 内沉积形成脉冲信号,同时散射光子进入探测器 2 被吸收也形成脉冲信号,此时这两个信号在反符合电路内则无信号输出,能有效消除康普顿峰,提高全能峰的测量准确性。

6.1.2　相对测量法

相对测量是指将被测样品与同类的已知标准样品,在相同条件下进行测量,然后根据标准样品活度求出被测样品的放射性活度的方法。这些已知活度的标准样品作为同类放射源的测量基准,称为标准源。相对测量时,要求被测样品与标准源具有相近的特性(包括能量、厚度、面积以及组成的物质成分等),而且样品与探测器之间的几何位置以及其他测量条件都要相同。相对测量法可避免校正许多因素,因而比较简单,适用于大量的,重复性的测量工作。

相对测量法分别测得已知活度为 A_0 的标准源和待测样品的计数率,分别为 n_0、n,样品活度 A 可表示为

$$A = A_0 \frac{n}{n_0} \tag{6-6}$$

式中:A——待测样品的活度,Bq;

　　A_0——标准样品的活度,Bq;

　　n_0——标准源的计数率,c/s;

　　n——待测样品的计数率,c/s。

应当注意,采用相对测量法时应严格遵守如下要点。

(1) 测量条件的选取

采用相对测量法时要求严格保持测量时标准源和待测样品的几何条件相同;要求标准源和待测样品具有相同的厚度、面积和分布均匀性;要求标准源、待测样品与探测器之间的几何位置以及其他测量条件相同;要求使用材料、尺寸相同的样品支架,以保证具有相同的自吸收、反散射和几何条件。在样品较多、测量时间较长时,应考虑探测器的稳定性、本底变化以及放射性衰变等因素对测量的影响。

(2) 标准源的选取

通常情况下,要求标准源的物理化学性质稳定,测量精度高。按精度不同,标准源可分为不确定度为 1%~2% 的一级标准源和不确定度为 3%~5% 的二级标准源;按射线类型不同,标准源也可分为 α 标准源、β 标准源、γ 标准源和标准中子源。常用的 α 标准源有 ^{239}Pu 和 ^{241}Am 等;常用的 β 标准源有 ^{32}P 和 ^{90}Sr 等;常用的 γ 标准源有 ^{60}Co 和 ^{137}Cs 等;常用的标准中子源有 ^{241}Am-Be 中子源和 ^{210}Po-Be 中子源等。

采用相对测量法时要求标准源和待测样品采用同一种核素,至少两者的射线类型相同、能量相近;要求标准源和待测样品活度相近,一般要求在同一数量级;根据测量精度要求,选取精度适当的标准源。

　　与绝对测量法相比,相对测量法无需对众多影响因素进行校正,能避免大量的计算过程,操作步骤更简便,适用于大量的、重复性的测量工作。

6.1.3　效率刻度

　　采用绝对测量方法确定放射性样品的活度,必须知道探测器对放射性样品的探测效率。获取探测效率的过程是效率刻度,它是指建立给定测量条件下放射源活度和探测器计数率对应关系的过程。以 γ 射线的测量为例,效率刻度是指建立给定测量条件下建立 γ 射线能量与全能峰探测效率的对应关系的过程。

　　进行效率刻度前,需要确定如下几点条件:

　　(1)放射性样品。效率刻度需要明确放射性样品发出射线的类型(α、β、γ 及中子)、能量,以及放射性样品的几何形状、大小、材料及密度等信息。

　　(2)测量条件。包括探测器的类型、灵敏体积的形状和大小,放射性样品与探测器之间的空间位置关系,样品与探测器之间的介质等。

　　当上述任何条件发生改变时,均需要重新对样品进行效率刻度。

　　效率刻度方法一般分为标准源效率刻度法和无源效率刻度法。下面以 γ 放射性样品为例,介绍 γ 射线的效率刻度方法。

1. 标准源效率刻度法

　　γ 放射性样品效率刻度用的标准物(以下简称效率刻度源)原则上要选择与待测样品的几何形状和大小完全相同、材质一样或类似(或质量密度相等或相近)、核素含量和 γ 射线能量已知、源容器材料和样品容器材料相同的放射源。效率刻度源的能量分布应该适当,用于效率刻度时的能量点应该分布在 40 keV ~ 2 000 keV 能区内,至少选择 7 个不同能量的 γ 射线。

　　效率刻度的一般过程如下:

　　1)以效率刻度源谱获取时间归一,求得归一后的基体本底谱(简称基体本底归一谱);

　　2)从效率刻度源谱中扣除基体本底归一谱,求得刻度核素的净谱;

　　3)从净谱中选择该核素的非级联的特征 γ 射线的全能峰,并求得其净峰面积;

　　4)计算所选特征 γ 射线的全能峰净峰面积与在获取效率刻度源谱同一时间间隔内效率刻度源中发射的该能量的 γ 射线总数的比值,该比值即为该能量 γ 射线的全能峰探测效率;

　　5)如果所选特征 γ 射线是级联辐射,在计算净峰面积时,应对级联辐射的相加效应做出修正;

　　6)拟合探测效率与 γ 射线能量之间的关系曲线,此曲线即为效率刻度曲线。

　　对于待测样品与效率刻度源的几何形状、材质等相同,只是核素或 γ 射线能量不同的情况,γ 射线全能峰探测效率可用全能峰效率曲线法求解,其过程如下。

　　在 40 keV ~ 2 000 keV 能区内,至少选择 7 个能量的孤立 γ 射线能峰,并计算它们的全能峰探测效率 $\varepsilon_{p,\gamma}(E_\gamma)$。

　　用谱分析方法建立 γ 射线全能峰探测效率 $\varepsilon_{p,\gamma}(E_\gamma)$ 与 γ 射线能量 E_γ 的关系,即 γ 射线全能峰效率刻度曲线。一般的拟合函数采用式(6-7)计算,拟合曲线如图 6-3 所示。

$$\ln \varepsilon_{p,\gamma}(E_\gamma) = \sum_{i=0}^{k} a_i (\ln E_\gamma)^i \qquad (6-7)$$

式中:E_γ——γ 射线对应的能量,keV;

$\varepsilon_{p,\gamma}(E_\gamma)$——探测器对能量为 E 的 γ 射线的全能峰探测效率；

a_i——拟合常数。

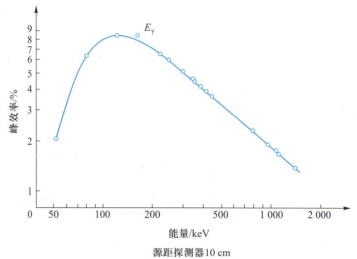

源距探测器10 cm

图 6-3　一个典型同轴高纯锗探测器的全能峰效率曲线

2. 无源效率刻度的蒙特卡罗法

在环境放射性检测,核事故医学应急现场的放射性测量中,可能需要对水、土壤、空气中的放射性核素进行识别及活度测量,也可能对核设施现场或退役设备进行放射性测量。这些测量对象,其几何形状、体积、材料及密度千差万别,很难针对测量样品制备标准源,因此需要采用无源效率刻度法进行效率刻度。

无源效率刻度方法是利用蒙特卡罗法,以概率模型为基础计算粒子输运的方法。该方法不进行真实的放射源测量实验,结合粒子输运过程的数量和几何特征,利用数学方法进行模拟整个辐射测量过程。蒙特卡罗法解决粒子输运问题的一般过程为:源抽样,空间迁移过程,碰撞过程,记录过程和结果的处理与输出,如图 6-4 所示。

无源效率刻度的蒙特卡罗法进行效率刻度可以分为三个步骤:

(1)建立系统的几何模型和确定介质材料,包括确定放射性样品的几何参数、空间位置,确定探测器类型、灵敏体积的形状和大小,建立放射性样品与探测器之间的空间位置关系;确定样

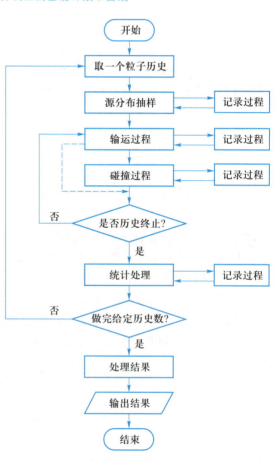

图 6-4　无源效率刻度的蒙特卡罗法计算过程

品与探测器之间的介质等与测量有关的一切几何材料参数;

（2）确定粒子源的能量,位置以及发射方向;

（3）对粒子的发射及输运过程进行随机抽样统计。

一般采用无源效率刻度软件实现上述模拟过程。

6.2　α 放射性样品活度和能谱测量

6.2.1　α 放射性样品的活度测量

α 粒子属于重带电粒子,与物质相互作用时容易使物质电离或激发,因而射程很短。对 α 放射性样品进行活度测量时必须考虑样品材料对 α 粒子的自吸收。α 放射性样品分为薄、厚样品两种。薄样品的厚度被假定为无限薄或其厚度远小于射线在样品中的射程,这样自吸收可以忽略不计;与之相反,厚样品的厚度不能忽略不计,需要考虑样品的自吸收。由于自吸收作用难以被准确校正,因此在实际应用中,常使用绝对测量法对薄 α 放射性样品活度进行测量,使用相对测量法对厚 α 放射性样品活度进行测量。

（1）薄 α 放射性样品活度的绝对测量

薄 α 放射性样品活度测量可采用小立体角法,其装置如图 6-5 所示。为了降低环境本底对测量的影响,样品放置在一个长屏蔽室内。屏蔽室一端设置了探测器,对 α 粒子的测量可以采用闪烁探测器,如 ZnS（Ag）、CsI(Tl) 或薄的塑料闪烁体、薄窗正比计数管,也可采用半导体探测器,如金硅面垒型探测器。为了使样品接近点源的几何条件,样品与探测器距离较长,屏蔽室内腔室长度一般为几十厘米。该长度大于 α 粒子在空气内的射程,为消除空气对 α 粒子的吸收,测量时屏蔽室内需要被抽真空。在探测器前设有准直器,准直器的准直孔能调节测量立体角的大小。此外,屏蔽室内在样品与探测器之间也设有低原子序数材料制成的阻挡环,来阻挡散射 α 粒子,降低散射粒子对测量的影响。

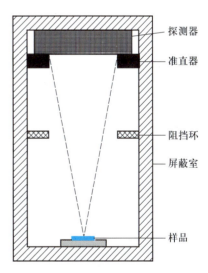

图 6-5　测定 α 源活度的小立体角装置

采用的小立体角法测量薄 α 放射性样品活度,属于绝对测量法,需要对各项影响因子进行计算。在此吸收因子和散射因子可以忽略,主要需要考虑几何因子 f_g,分辨时间因子 f_τ,探测器本征探测效率 $\varepsilon_{本征}$,有时也需要考虑坪斜因子 f_k。

$$A = \frac{n - n_b}{f_g \cdot f_k \cdot f_\tau \cdot \varepsilon_{本征}} \tag{6-8}$$

使用小立体角法测量薄 α 放射性样品活度时,应注意:待测样品应当足够薄且分布均匀,忽略样品自吸收的影响;待测样品活性区直径也不能太大,以满足样品对探测器近似点源的要求。

（2）厚 α 放射性样品活度的相对测量

通常制备薄而均匀的样品比较困难,且当样品比活性较小时,为了得到足够的计数以减小统计误差,需要增大样品的面积和厚度,因此常遇到厚样品的活度测量问题。

对厚样品进行测量时需要考虑自吸收作用,尤其当样品厚度超过 α 粒子的射程时,处于射程深度以下的 α 粒子无法穿过样品的上表面。由于 α 粒子在样品中的射程很难准确测得,因此,为避免自吸收校正,厚 α 放射性样品的活度测量一般采用相对测量法。

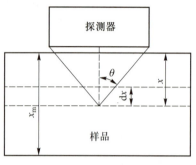

图 6-6　厚样品自吸收示意图

假定某一 α 放射性样品直径远大于其厚度,每次衰变放出一个 α 粒子,如图 6-6 所示。图中放射性样品沿着高度方向可以划分若干厚度为 dx 的薄层,该薄层深度,即相对样品上表面距离为 x。薄层内核素衰变发射的 α 粒子只有向上发射且深度 x 小于射程 R 时,才可能从样品射出并进入探测器。因此,图中立体角内射出的 α 粒子的几何因子为

$$f_g = \frac{\Omega(\theta)}{4\pi} = \frac{1}{2}\left(1 - \frac{x}{R}\right) \tag{6-9}$$

式中:$\Omega(\theta)$——探测器对样品所张的立体角;

x——薄层相对样品上表面的距离,m;

R——α 粒子在介质中的射程,m。

假设样品内的放射性核素均匀分布,在深度为 x($x<R$),面积为 S,厚度为 dx 的薄层内发射的 α 粒子能射出样品上表面的粒子数为

$$dN(x) = f_g \cdot A_m S dx = \frac{1}{2}\left(1 - \frac{x}{R}\right) A_m \rho S dx \tag{6-10}$$

式中:A_m——比活度,Bq/kg;

ρ——样品密度;

S——面积,m^2。

在整个样品厚度范围内积分,可得到单位时间内能射出样品上表面的总 α 粒子数 N

$$N = \int_0^{x_m} dI(x) = \frac{1}{2}A_m \rho S \int_0^{x_m}\left(1 - \frac{x}{R}\right)dx = \frac{1}{2}A_m \rho S x_m - \frac{1}{4}A_m \rho S \frac{x_m^2}{R} \tag{6-11}$$

式中:x_m——样品的厚度,m。

式(6-11)右边包含两项:第一项表示在不考虑自吸收时,样品向上发射的 α 粒子数;第二项表示 α 粒子被样品自吸收的份额。当 α 粒子在样品中的射程 R 远大于样品厚度 x_m 时,第二项接近于零,样品对 α 粒子的自吸收可忽略不计。在比较精确的测量中,一般要求样品自吸收小于 1%,此时样品质量厚度 $x_m<0.02R$。以 ^{234}U 衰变发射能量为 4.77 MeV 的 α 粒子为例,其在铀中的质量射程为 19 mg/cm^2,则样品质量厚度应小于 380 μg/cm^2,相当于线性厚度 0.2 μm。由此可见,只有极薄的样品才能忽略自吸收的影响。

如果继续增加样品厚度,样品表面发射的粒子数先是随着样品厚度增加而增加,当样品厚度大于 α 粒子在该介质中的射程时,超出射程外区域发射的 α 粒子可能完全被上层样品所吸收;若再继续增加样品厚度,样品表面射出的粒子数不会继续增加,此时所对应的最小样品厚度称为自吸收饱和厚度,对应的发射粒子数称为饱和出射率。显然,分布均匀样品的自吸收饱和厚度就是 α 粒子在样品中的射程。当样品厚度 $x_m \geqslant R$ 时,深度 x 超过射程 R 的那部分样品发射的 α 粒

子无法穿出上表面,此时 α 粒子在样品表面的饱和出射率 I_s 为

$$I_s = \frac{1}{4} A_m S \rho R \tag{6-12}$$

上式表明:当样品厚度大于射程 R 时,样品表面粒子出射率与比活度 A_m 及质量射程 ρR 成正比,与样品厚度无关。在相对测量时,选择一种比活度已知的标准样品,并使它与待测样品有相同的面积 S 和质量射程 ρR,则有

$$\frac{A_m}{A_{m0}} = \frac{I_s}{I_{s0}} \tag{6-13}$$

式中:A_m——待测样品的比活度,Bq/kg;

　　A_{m0}——标准源的比活度,Bq/kg;

　　I_s——待测样品的表面饱和出射率;

　　I_{s0}——标准源的表面饱和出射率。

一般情况下,样品的表面出射率与探测器测得的计数率成正比。根据式(6-13),利用实际测到的计数率之比及标准源的比活度 A_{m0} 可以推算出待测样品的比活度 A_m,再乘以样品的体积 V 便可得到样品的放射性活度 A

$$A = V A_m = V A_{m0} \frac{I_s}{I_{s0}} \tag{6-14}$$

6.2.2　α 放射性样品的能谱测量

α 放射性样品往往会发射出多种不同能量的 α 粒子,测量时仅知道放射源的活度或粒子发射率是不够的,还必须知道进入探测器粒子的能量或能谱,以获得更多有关放射源的信息,对此需要进行 α 能谱测量。氡室里测量的一条 α 能谱谱线如图 6-7 所示。

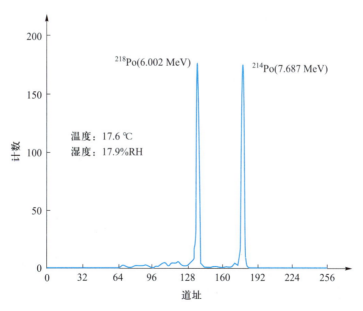

图 6-7　氡室里测量的 α 能谱谱线

在 α 能谱的测量中,常用金硅面垒型半导体探测器。为了避免空气对 α 粒子的吸收和散射,α 能谱测量需要在真空室中进行。将 α 放射性样品和探测器放在同一个密闭容器中,并采用真空泵将密闭容器抽成真空。研究发现,空气对 α 粒子的吸收先随着真空度的降低而降低,当真空度低于 10^2 Pa 量级后,空气对 α 粒子的吸收不再变化。因此,综合考虑空气的吸收作用和实现真空室的成本,α 能谱测量的真空度通常维持在几十帕。

除了金硅面垒型半导体探测器外,屏栅电离室也可以作为 α 能谱仪。这种 α 能谱仪的优点是源面积可以很大,最大可达 10 000 cm^2。因此,可以测量比活度低至 $10^{-4} \sim 10^{-5}$ Bq/g、半衰期长达 10^{15} a 的 α 放射性样品。屏栅电离室的缺点是更换放射源不方便。与金硅面垒型半导体探测器相比,屏栅电离室装置复杂、操作不便。因此,对于中等活度和小面积的样品,一般仍采用金硅面垒型半导体探测器。

6.3　β 放射性样品活度和能谱测量

6.3.1　β 放射性样品活度测量

由于 β 粒子质量小、能谱连续,对 β 放射性样品活度进行测量时需要考虑如下几个因素:

(1)β 粒子易被原子散射,这会造成样品内发射的 β 粒子无法进入探测器,同时样品外不该被测量的 β 粒子却进入探测器,从而造成测量计数率的偏差;

(2)β 粒子能谱连续,低能的 β 粒子在进入探测器前被吸收或散射,即使进入探测器,其脉冲幅度也很小,可能被淹没在噪声里,因此低能段 β 粒子的计数率偏低;

(3)许多核素发生 β 衰变后伴随 γ 衰变,测量的总计数率中除了 β 粒子外还可能包含 γ 射线。

因此,对 β 放射性样品进行测量时需要考虑上述影响并对其进行校正。

测量 β 放射性样品活度常用的探测器包括 G-M 计数器、流气式正比计数器、塑料闪烁探测器以及液体闪烁探测器等。测量方法主要有小立体角法、4π 计数法以及 4π β-γ 符合法。

1. 小立体角测量法

采用小立体角法测量 β 放射性样品活度的原理与 α 样品测量相同,但是测量装置结构有所差异。典型的 β 放射性样品活度小立体角测量装置如图 6-8 所示。通常情况下,测量装置的外层采用壁厚为 50~60 mm 的铅室,以减少本底辐射对测量的影响。屏蔽室内空间相对较大,以降低结构材料对 β 粒子的散射作用。为了尽量避免 β 粒子与重金属材料作用产生轫致辐射,铅室内衬采用 2~5 mm 厚的铝或塑料板,放射源支架也采用低原子序数的材料制成。

在测量时,为防止立体角外的 β 粒子进入探测器,在探测器前设置了准直器,且准直器的厚度要略大于 β 粒子在该材料内的射程。与 α 粒子相比,β 粒子射程较长,放射源与探测器的距离也需要相应增大,以近似满足点源条件。通过

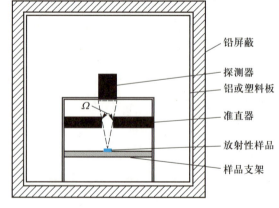

铅屏蔽
探测器
铝或塑料板
准直器
放射性样品
样品支架

图 6-8　β 放射性样品活度小立体角测量装置

改变放射源与探测器之间的距离以及准直孔大小,可以调整立体角的大小,使探测器计数率保持在一个合理水平。小立体角测量法能够测量活度较大的 β 放射性样品,测量范围从微居到毫居量级。

几种不同能量的 β 粒子在铝中的穿透率见表 6-1。

表 6-1　几种不同能量的 β 粒子在铝中的穿透率

β 源	最大能量 $E_{\beta max}$/MeV	质量吸收系数 μ_m/(cm²/mg)	透射率/%		
			30 mg/cm²	4 mg/cm²	0.9 mg/cm²
^{14}C	0.154	0.26	0.04	35	79
^{45}Ca	0.250	0.122	3.0	61	89
^{32}P	1.707	0.0078	79	97	89

采用直接测量法进行 β 放射性样品活度的小立体角测量时,样品活度 A 为

$$A = \frac{n - n_b}{\varepsilon} \tag{6-15}$$

式中:n——探测器测得的总计数率;

n_b——本底辐射的计数率;

ε——总探测效率。

总探测效率 ε 需要考虑如下校正因素:

(1) 由于探测器对放射源所张的小立体角而引入几何因子 f_g;

(2) 由于 β 粒子发生大角度散射而引入的散射因子 f_b;

(3) 由于放射源自吸收,源支架、探测器窗等结构对 β 粒子的吸收而引入的吸收因子 f_a;

(4) 由于探测器包括 γ 射线计数而引入的 γ 计数校正因子 f_γ。

然而,在实际测量过程中难以准确获得上述校正因子,给测量结果带来较大误差。当 β 粒子能量大于 1 MeV 时,经过各项校正后其测量误差仍在 5%~10%。对于能量小于 0.3 MeV 的 β 粒子,测量装置内部材料对其吸收较为明显,测量误差更大。因此,可以采用相对测量法进行测量。若已知标准源的活度 A_1,只需测量其计数率 n_1,待测样品的计数率 n_2 以及本底辐射的计数率 n_b,就可求出待测源的活度 A_2

$$A_2 = \frac{n_2 - n_b}{n_1 - n_b} \cdot A_1 \tag{6-16}$$

2. 4π 计数法

用 4π 计数法测量 β 放射性样品时,是将样品放置在探测器灵敏体积内,在 4π 范围内进行测量。4π 计数法探测效率高、测量精度高,但不适用于较高活度样品的测量,适用范围在微居以下。

4π 计数法常用的探测器包括流气式正比计数器和液体闪烁探测器。图 6-9 给出了流气式 4π 正比计数器的结构,其中 β 放射源置于有机承托膜上,放射源和承托膜均做得很薄,以将放射源自吸收和承托膜吸收影响降至最低。在承托膜两面都喷涂了极薄的金层,使其与金属外壳导通,这是为了防止随着测量时间的增加,放射源衰变产生的电荷堆积使灵敏体积的内电场发生畸

变,进而导致探测器计数特性不稳定。通常将金属外壳接地作为阴极,将梨状金属丝作为阳极。计数管内工作气体常用甲烷,也可用氩与甲烷的混合气体。为了防止工作气体因分解造成计数器性能下降,设有进出气口,以便连续地向灵敏体积注入新的工作气体,以保持气体成分不变。气体流量约为每分钟数十立方厘米。

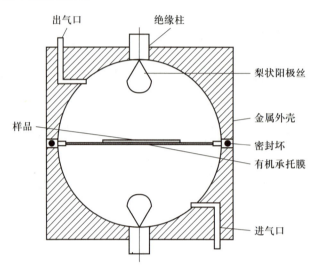

图 6-9　流气式 4π 正比计数器的剖面图

采用流气式 4π 计数法进行活度测量时,主要需要考虑两项校正。

（1）自吸收校正

计数器对放射源测量的立体角近似为 4π,影响测量的几何因素和散射因素可以忽略,放射性样品对 β 粒子的自吸收会影响测量结果,不能忽略。自吸收校正因子 f_s 仅在特定情况下可推导计算公式,常采用外推法测定。用 $0.1\sim0.2$ μg/cm² 厚度范围内的一组源,测量其他条件相同、厚度不同时的计数率,将计数率与源厚度作图,外推到零厚度,即为无自吸收时的计数率。

（2）膜吸收校正

除自吸收外,承托放射源的有机薄膜也会吸收 β 粒子,这部分由膜吸收校正因子 f_a 表示。膜吸收校正因子可以通过实验测定,如图 6-10 所示。在忽略反散射的情况下,单位时间内 β 放射源向探测器灵敏体积上半空间发射的粒子数为 n_1,但是由于承托膜的吸收,进入下半空间的粒子数降为 n_2,计数器测

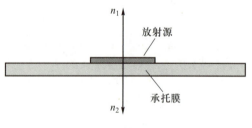

图 6-10　放射源及承托膜

得的计数率 $n=n_1+n_2$。随后将一块相同的承托膜盖在放射源上部,此时进入上下空间的粒子数都等于 n_2,新的计数率 $n'=2n_2$。故两次测量的计数率之差即为一块承托膜吸收掉的粒子数,承托膜校正因子为

$$f_a = \frac{n_1+n_2}{2n_1} = \frac{n}{2n-n'} \tag{6-17}$$

采用流气式 4π 正比计数器测量是一种高精度的绝对测量方式,但当 β 粒子能量较低时,放射源和承托膜的吸收现象较为严重,影响测量精度。为了测量低能 β 放射性样品的活度,可以使

用液体闪烁计数器,将待测样品混合在闪烁体内,避免了几何位置、自吸收等一系列因素的影响。

3. 4π β-γ 符合法

对于 β 放射源在发射 β 粒子后,通常会发射一个 γ 光子,图 6-11 为某一 β 放射性核素的级联衰变示意图。由于原子核激发态的寿命很短,通常在 $10^{-21} \sim 10^{-8}$ s,可以把两个粒子看成是同时发射的,因此可以分别采用两个探测器对 β 粒子和 γ 光子进行探测,把它们的信号输入符合电路,就能检测到 β-γ 级联衰变。对于一个活度为 A 的 β 放射性样品,符合电路中 β 与 γ 探测器测得的计数率分别为

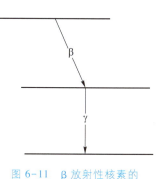

图 6-11 β 放射性核素的级联衰变示意图

$$n_\beta = A\varepsilon_\beta \qquad (6-18)$$
$$n_\gamma = A\varepsilon_\gamma \qquad (6-19)$$

式中,ε_β、ε_γ 分别为 β 与 γ 探测器对放射性样品的探测效率,包括射线发射概率。

将两个探测器的输出信号同时输入符合电路后得到符合输出。由于两个探测器的输出相互独立,符合输出的计数率 n_c 为:

$$n_c = A\varepsilon_\beta\varepsilon_\gamma \qquad (6-20)$$

只要分别测出 β 与 γ 探测器的计数率 n_β 和 n_γ,以及符合输出的计数率 n_c,就可以得到放射源的活度:

$$A = \frac{n_\beta n_\gamma}{n_c} \qquad (6-21)$$

可见,采用符合测量方法不需要知道 β 与 γ 探测器的探测效率就能得到放射性样品的活度,省去了大量的校正工作,提高了测量的精度。

4π β-γ 符合法是一种在 4π 立体角下对 β-γ 级联衰变的核素进行放射性活度测量的符合方法。典型的 4π β-γ 符合法测量装置如图 6-12 所示。β 射线探测器使用 4π β 气体探测器,γ

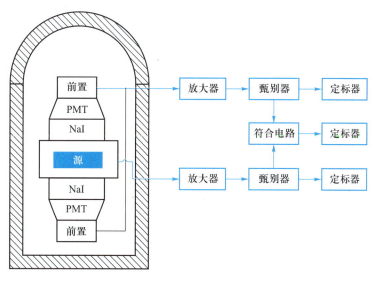

图 6-12 4π β-γ 符合法测量装置

射线探测器一般使用 NaI(Tl)闪烁探测器。为了提高 γ 射线的计数率,可将两个 NaI(Tl)闪烁探测器相对放置并将输出信号并联接入信号放大器中。为了减少本底辐射的干扰,符合装置的探测器部分应置于铅室中进行屏蔽。

4π β-γ 符合测量主要考虑如下校正因素。

(1) 本底辐射的校正

本底辐射的校正,首先将放射源从探测装置中取出,测得各探测器的本底辐射计数率,然后在后续测量中对各探测器的本底辐射计数率进行扣除。

(2) 偶然符合的校正

在符合测量中,两个在时间上没有必然联系的事件也有可能引起符合计数,这种现象被称为偶然符合。例如,用两个探测器对两个独立的样品进行测量,并将两个探测器的测量信号输入符合电路中,此时的符合输出都是由偶然符合引起的计数。

在 4π β-γ 符合测量中,偶然符合主要是由符合电路存在一定的分辨时间 τ_R 引起的。两个不相关的 β 与 γ 射线在 τ_R 内被测到,符合输出就会给出一个偶然符合计数。设 β 与 γ 探测器的计数率分别为 n_β 和 n_γ,符合输出计数率为 n_c,其中真正由同时发射的 β 与 γ 粒子(真符合)造成的计数率为 n_{c0}。那么在 β 探测器中不参与真符合的计数率为 $n_\beta - n_{c0}$,这个计数率与 γ 探测器的计数率产生的偶然符合计数率为 $(n_\beta - n_{c0})\tau_R n_\gamma$。同样,γ 探测器中不参与真符合引起的计数率与 β 探测器计数率产生的偶然符合计数率为 $(n_\gamma - n_{c0})\tau_R n_\beta$。故总的偶然符合计数率为

$$n_{\gamma_c} = n_c - n_{c0} = (n_\beta - n_{c0})\tau_R n_\gamma + (n_\gamma - n_{c0})\tau_R n_\beta \tag{6-22}$$

故真正的由于同时发射的 β 与 γ 粒子造成的(真符合)计数率为

$$n_{c0} = \frac{n_c - 2\tau_R n_\beta n_\gamma}{1 - \tau_R(n_\beta + n_\gamma)} \tag{6-23}$$

值得注意的是,n_β 和 n_γ 中包含本底辐射的贡献,所以偶然符合计数率中已包含了本底辐射引起的偶然符合。

(3) 内转换电子的校正

内转换是指原子核通过发射轨道电子实现从激发态到较低能态的跃迁。在原子核发生 β-γ 衰变时,存在着与发射 γ 光子退激相互竞争的内转换过程,这使得采用 4π β-γ 符合法测量时探测器 γ 计数率偏小,而 β 探测器计数率偏大。即使对图 6-11 那样简单的级联衰变方式,也必须考虑内转换电子的校正。事实上,在考虑内转换过程的校正后,利用符合法测量的活度与 β 探测器的探测效率 ε_β 有关。

(4) 分辨时间校正

由于探测器都有一定的分辨时间,因此探测器实测的计数要小于进入辐射探测器灵敏体积内的粒子数。探测器的分辨时间会导致符合测量中事件的漏记。对于放射源活度的绝对测量,必须补偿分辨时间引起的计数损失。

(5) 其他因素的校正

在采用 4π β-γ 符合法测量时,还需要对一些因素进行校正,如样品的自吸收、β 探测器对 γ 射线的灵敏度、γ 探测器对 β 射线的灵敏度、轫致辐射效应以及复杂衰变过程造成的影响等。一般情况下,这些校正因子都近似于 1,可以忽略。

4π β-γ 符合法结合了 4π 计数法与符合方法的优势,各校正因素对测量结果的影响都不大,

对衰变方式复杂的核素进行测量时误差较小,可降至 0.1%。

6.3.2 β 放射性样品能谱及最大能量测量

β 能谱是一种能量分布为从零到最大能量的连续能谱,测量上具有一定的困难。可以采用磁谱仪和半导体 β 谱仪等仪器对其进行测量。

磁谱仪的基本原理是磁分析法,即利用 β 粒子在磁场中的偏转来对其能量进行测量。一个电荷量为 e 的 β 粒子在磁感应强度为 B 的磁场中运动,其动量 P 与运动的曲率半径 R 间的关系为

$$P = mv = eBR \tag{6-24}$$

获得 β 粒子动量 P 后,通过相对论关系式可以算出 β 粒子的动能 E

$$E = m_0 c^2 \left(\sqrt{\left(\frac{eBR}{m_0 c}\right)^2 + 1} - 1 \right) \tag{6-25}$$

式中,m_0 为电子的静止质量,c 为光速。

可以看出,若磁感应强度 B 保持不变,则测得的不同曲率半径 R 对应不同的 β 粒子动能 E。或者令 β 粒子运动的曲率半径 R 相同,则所需的不同磁感应强度对不同的 β 粒子动能 E。大多数 β 磁谱仪采用后一种方法,即固定放射源与探测器的位置,改变磁感应强度 B 并记录不同能量 β 粒子的计数率。β 磁谱仪能量分辨率极高,能够达到 0.01% ~ 0.02%。但磁谱仪设备复杂、价格昂贵。此外,其测量立体角较小,不超过 4π 的 20%,因此要求待测样品的活度很高,以使得有足够的 β 粒子通过谱仪的入射光进入探测器中。

与 α 粒子能谱的测量类似,半导体 β 能谱仪也是基于带电粒子通过物质时的能量损失来测量其能谱。半导体 β 能谱仪可以与多道分析器连用,一次测出全谱,有利于短寿命同位素的测量。此外,半导体 β 能谱仪可以用 4π 立体角进行测量,适用于活度较低的放射源。但是半导体 β 能谱仪的能量分辨率较低,在低温下使用仅能达到 1%,与中等分辨率的磁谱仪相当。此外,由于 β 粒子在半导体探测器上具有较大的散射截面,导致其对不同能量 β 粒子的能谱响应较为复杂,不利于对能谱的定量分析。在 β 能谱的测量中,半导体探测器对 γ 射线灵敏,使信噪比降低。

在辐射防护中,β 能谱中最大能量的测定非常重要。一般采用吸收法来测量 β 粒子的最大能量。当 β 粒子穿过物质时,其注量率的衰减与物质厚度的关系为

$$\varphi = \varphi_0 e^{-\mu x} \tag{6-26}$$

式中:φ——经过吸收物质 x 厚度后的 β 粒子的注量率,$m^{-2} \cdot s^{-1}$;

φ_0——经过吸收物质 x 厚度前的 β 粒子的注量率,$m^{-2} \cdot s^{-1}$;

x——物质层厚度,m;

μ——在物质中 β 射线的线衰减系数,m^{-1}。

通过实验测得的 β 粒子的注量率 φ 随着吸收厚度 x 变化的曲线在半对数坐标轴上近似为一条直线。β 粒子的最大射程就是指 β 粒子的注量率下降至 0.01% 所需要的吸收物质的厚度,一般利用 β 粒子的最大射程与 β 粒子最大能量的经验公式可以得到 β 粒子的最大能量。由于 β 射线在物质中有强烈的吸收与散射,因而测量误差较大。此外,也可以用半吸收厚度法来测量 β 粒子的最大能量,这种方法简单快捷,但是结果的误差比较大,适合于快速鉴别核素的种类。

6.4　γ 放射性样品能谱和活度测量方法

γ 射线计数随能量的分布称为 γ 能谱。通常可以根据能谱中的谱峰能量判定核素种类,通过峰面积获得 γ 射线计数率来计算放射性核素的活度。γ 射线的测量目前普遍采用多道 γ 能谱探测器,常用的探测器类型有正比计数器、NaI(Tl)闪烁探测器、HPGe 探测器和 Si(Li)探测器等。

6.4.1　γ 能谱基本特征

对 γ 能谱定量分析前,需要掌握 γ 能谱的特征。以 ^{24}Na 核素为例,采用 HPGe 半导体 γ 谱仪测得的能量为 1.369 MeV 和 2.754 MeV 两种 γ 射线的能谱图,如图 6-13 所示。

图中包括如下谱峰。

（1）全能峰

全能峰是指入射射线的能量全部损失在探测器灵敏体积内时,探测器输出脉冲形成的谱峰。

γ 射线与物质的三种相互作用:光电效应、康普顿散射和电子对效应,对全能峰的计数都有贡献。

光电效应主要发生在原子核的 K 壳层,产生的特征 X 射线在探测器的灵敏体积内可能再次发生光电效应,由于两次光电效应作用的时间非常短(数量级为 10^{-12} s),所以两次光电效应产生的光电子都对输出脉冲有贡献。全能峰的脉冲计数主要是光电效应的作用产生的。

电子对效应会产生正负电子,正电子在 γ 谱仪的灵敏体积内损失能量并发生湮灭,会产

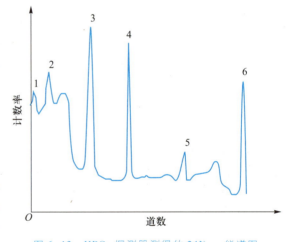

图 6-13　HPGe 探测器测得的 24Na γ 能谱图
1—双逃逸峰(346.6 keV);2—湮灭辐射峰(511 keV);
3—全能峰(1 368.6 keV);4—双逃逸峰(1 732.1 keV);
5—单逃逸峰(2 243.1 keV);6—全能峰(2 754.1 keV)。

生两个能量为 0.511 MeV 的 γ 光子,这两个 γ 光子可能会接着发生光电效应;在发生康普顿散射时,如果散射光子没有飞出 γ 谱仪的灵敏体积,就会接着发生光电效应。这两种相互作用可以看作是同时发生的,构成了全能峰对应的脉冲幅度。由此可见,电子对效应和康普顿散射产生的次级 γ 射线可以再次与物质发生相互作用,使全能峰计数增加,所以又称为累计效应。

（2）康普顿连续谱

γ 光子在探测器灵敏体积内发生康普顿散射,如果被散射的 γ 光子逃逸到探测器之外,那么反冲电子所产生的脉冲计数就构成了康普顿连续谱。当散射角为 180° 时,反冲电子具有最大的能量,此时入射 γ 光子的能量与反冲电子能量之差为

$$E_\gamma - E_{e_{\max}} = \frac{E_\gamma(m_e c^2)}{2E_\gamma + m_e c^2} = \frac{E_\gamma}{1 + 2E_\gamma / m_e c^2} \tag{6-27}$$

式中:E_γ——入射 γ 光子的能量,MeV;

$E_{e_{\max}}$——散射角为 180° 时反冲电子的能量,MeV。

当 $E_\gamma \gg m_e c^2$ 时,该能量差趋于常数,即

$$E_\gamma - E_{e_{max}} \approx \frac{m_e c^2}{2} (= 0.256 \text{ MeV}) \qquad (6-28)$$

γ光子在探测器内发生康普顿散射时,散射角从 0°~180° 都有分布,反冲电子的能量分布是一个连续谱,能量范围为 0 到 $E_{e_{max}}$。

在 $E_{e_{max}}$ 处有一个不明显的峰,称为康普顿峰或康普顿边缘。若散射γ光子未逃逸出探测器而是再次发生康普顿散射损失能量,那么这些多次散射就形成了在康普顿边缘和全能峰之间的多次散射康普顿连续谱,如图 6-14 所示。

康普顿连续谱使探测器的能量测量精度和能量分辨率变差,还可能淹没其他能量较低、强度较弱的峰。可以用峰总比和峰康比来表征γ谱仪的这种性质。峰总比是指全能峰的计数与同一时间内整个谱的总计数的比值。为了提高全能峰的计数,一般要求峰总比越高越好。由于峰总比难以精确测定,所以常测量与峰总比有直接关系的另一指标,即峰康比。峰康比是指全能峰峰位处的计数与康普顿连续谱较平坦部分的平均计数的比值。峰康比越大,对复杂的γ能谱越便于测量和分析。对于 HPGe 探测器,峰康比可达 50:1。而一般 Na(Tl) 探测器的峰康比只有 5:1 左右。

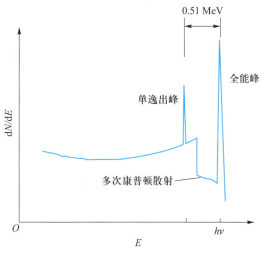

图 6-14 多次散射康普顿连续谱

(3) 湮灭辐射峰

如果γ射线的能量很高,它与探测器周围的介质通过电子对效应产生的正电子发生湮灭时,会放出两个γ光子,当其中的一个γ光子进入到γ谱仪灵敏体积内,就会产生一个光电峰(能量为 0.511 MeV)以及相应的康普顿连续谱,这个光电峰就称为湮灭辐射峰。

(4) 单逃逸峰和双逃逸峰

当能量比较高的γ射线与探测器物质发生电子对效应时,由于湮灭辐射产生了两个γ光子,其能量均为 0.511 MeV,如果有一个γ光子逃逸出探测器,这样就会形成单逃逸峰,其能量是 E_γ - 0.511 MeV。如果两个γ光子都逃逸出探测器,这样就会形成双逃逸峰,双逃逸峰的能量是 E_γ - 1.022 MeV。

(5) 特征 X 射线逃逸峰

当γ光子在探测器中发生光电效应时,原子的相应壳层上将留下一空位,当外层电子补入时,就有特征 X 射线或俄歇电子发射出来。如果在靠近探测器表面处发生了光电效应,那么这一特征 X 射线就可能逃逸出探测器,形成一个能量等于 E_γ 减去特征 X 射线能量的峰,这就是特征 X 射线逃逸峰。对 HPGe 探测器来说,高能γ射线容易进入到晶体深处,晶体深处产生的特征 X 射线难以逸出,特征 X 射线逃逸峰不易看到;但对于小于几十千电子伏的低能γ和 X 射线,无法进入晶体深处,晶体浅表产生的特征 X 射线容易逸出,特征 X 射线逃逸峰容易被探测到。

对于γ谱仪所测得的γ能谱,因探测器灵敏体积的大小、形状、结构以及辐射的条件不同而不同,应根据具体情况进行分析。

6.4.2　γ 射线能谱分析

解谱是对测量得到的 γ 能谱进行定量分析,也称为谱分析。解谱包括谱平滑、寻峰、划分峰区、重峰分解、计算峰面积、核素识别等步骤。

（1）谱平滑

由于探测过程的统计性,在测得的谱中每个能量（即道址）间隔内的计数可能与预计值存在较大差别,形成带有统计涨落的谱形,这不但会影响峰位的确定和峰面积的计算,而且会掩盖掉强度较弱的峰。在进行 γ 能谱定量分析之前,需要先采用相应的数学方法对 γ 能谱作预处理,在消除大部分统计涨落的同时,仍要保留原始数据中有意义的特征。这类数学方法统称为谱平滑。

目前常用的谱平滑的方法是多项式拟合移动平滑法。主要过程是:在能谱的拟合段上任取一点 i（就是任意一个道址）,在这个点的两侧分别等间隔取 m 个点,即共取（$2m+1$）个点,用一个以 i 点为中心的 n 阶多项式对该段能谱做最小二乘拟合,确定多项式的系数后,利用这个多项式计算中心点的值,就获得对应平滑谱的值。然后用同样的方法逐个移动中心点进行拟合,就能得到平滑的谱。基于该方法的计算平滑谱数据的公式为

$$\bar{y}_i = \frac{1}{N_{m,n}} \sum_{j=-m}^{m} \omega_{nj} y_{i+j} \tag{6-29}$$

式中：y_i、$\bar{y}_i$——测量谱和平滑谱的第 i 道计数数据；

　　　ω_{nj}——权重因子；

　　　$N_{m,n}$——归一化常数。

平滑的点数取决于拟合区的形状。点数太多则会把峰展平,谱的原始特征将被破坏;点数太少则平滑效果差,统计涨落依然存在,也无法显出谱线有意义的特征。为此必须选取合适的平滑点数。平滑的次数视计数的统计误差而定,一般以一两次为宜。平滑次数在三次以上时,峰高将随着平滑次数的增加而下降。

（2）寻峰

寻峰是指在能谱的一个谱段内确定是否有峰,峰是否重叠,其基本方法是利用峰位处最大计数或拟合曲线在峰位处的各阶导数来判断并确定峰位。

寻峰常用的方法是导数法,就是将平滑后的谱线看成是道址的连续函数,根据峰位附近各阶导数不同这一特点来寻峰。通常平滑的峰可以用一个高斯函数来描述,即

$$y(x) = y_0 e^{-(x-x_0)^2/2\sigma^2} \tag{6-30}$$

式中：x_0——峰位道址；

　　　y_0——峰位处的计数；

　　　σ——高斯宽度。

高斯函数图形如图 6-15a 所示,其一阶导数为

$$y'(x) = -\frac{y_0}{\sigma^2}(x-x_0) e^{-(x-x_0)^2/2\sigma^2} \tag{6-31}$$

高斯函数一阶导数的图形如图 6-15b 所示。利用高斯函数峰位处的一阶导数值为零,从峰位左侧到右侧,依据一阶导数由正变负的特征可以寻到单峰。

高斯函数的二阶导数为

$$y''(x) = -\frac{y_0}{\sigma^2}\left[1 - \frac{(x-x_0)^2}{\sigma_2}\right]e^{-(x-x_0)^2/2\sigma^2} \tag{6-32}$$

高斯函数的二阶导数的图形如图 6-15c 所示。高斯函数峰位处的二阶导数有比较大的负极值,在其峰位两侧具有二阶导数对称变化的特点,因此可以通过二阶导数对称性来判断是否含有重峰,如果是重峰则不对称。利用二阶导数寻峰不受本底强弱的影响,这是因为峰区本底可以认为是线性函数,其二阶导数为零。

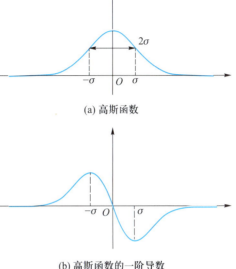

(a) 高斯函数

（3）峰面积的计算

在 γ 能谱分析中,放射源每秒发射的 γ 光子数是根据其能谱上的特征峰面积来计算的。通常峰面积是指峰内所有的脉冲计数。计算峰面积的方法可分为两类:计数相加法和函数拟合法。其中计数相加法按照本底扣除和边界道址选取的不同可分为全峰面积法、科沃尔峰面积法等。函数拟合法分为线性最小二乘函数拟合法和非线性最小二乘函数拟合法。

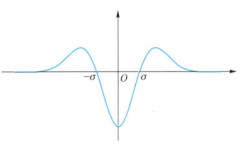

(b) 高斯函数的一阶导数

计数相加法中的全峰面积法比较简便,它要求把属于峰内的所有脉冲计数相加,再扣除直线本底。这种方法在测量单一能量射线时,受其他射线干扰小。测量多种能量射线时,全能峰可能落在其他谱线的康普顿边缘或其他小峰上,按直线本底扣除会造成很大误差。另外,全峰面积法计算高本底的弱峰面积时误差较大,而且不适用于计算重峰内各单峰的峰面积。

函数拟合法是利用所测量的峰区数据,把峰用一个已知函数来描述,然后求出函数的有关参数（如峰

(c) 高斯函数的二阶导数

图 6-15   高斯函数及其导数示意图

高、峰位处半高宽等）,峰面积即可通过对这个函数的积分运算来求出。假设一个谱峰能用高斯函数来描述,即在峰区内各道计数 $y(x)$ 与道址 x 的关系如式（6-30）所示。若峰的参数 y_0、σ 已知,则峰的面积 N 可通过积分计算得到

$$\begin{aligned}
N &= \int_{-\infty}^{\infty} y(x)\,\mathrm{d}x = \int_{-\infty}^{\infty} y_0 e^{-(x-x_0)^2/2x^2}\,\mathrm{d}x \\
&= \sqrt{2\pi}\,\sigma y_0 = \frac{1}{2}\sqrt{\frac{\pi}{\ln 2}}\,(FWHM)y_0 \\
&\approx 1.064(FWHM)y_0
\end{aligned} \tag{6-33}$$

式中,$FWHM$ 为谱峰半高宽。

但用 γ 谱仪测得的实际峰形与高斯函数的描述有很大差别,峰的两侧有某种程度的不对称。在峰的低能侧会因探测器内电荷收集不完全而产生低能尾部,在峰的高能侧由于脉冲堆积效应

使脉冲幅度增高产生高能尾部,需要使用适当的峰形函数进行拟合。

6.4.3   γ 放射性样品活度测量

对 γ 放射性样品活度的测量,首先需要获得探测器对样品的探测效率 ε。放射性样品的活度 A 为

$$A = \frac{n - n_{\mathrm{b}}}{\alpha \varepsilon} \tag{6-34}$$

式中:α——γ 射线的发射概率;

n——测量得到的 γ 射线计数率,c/s;

n_{b}——本底计数率,c/s。

根据探测器对脉冲计数的统计方法,活度测量分为全谱法和全能峰法。

1. 全谱法

利用全谱法进行活度测量,计数包括了探测器对 γ 射线所产生的所有脉冲,即 γ 能谱里全谱总面积。这里不仅包括某一能量射线在灵敏体积内所有作用后能量沉积形成的脉冲,也包括进入探测器灵敏体积内的不同能量射线形成的脉冲。其活度为

$$A = \frac{n_{\mathrm{s}} - n_{\mathrm{bs}}}{\varepsilon_{\mathrm{s}}} \tag{6-35}$$

式中:n_{s}——探测器测得的总计数率,c/s;

n_{bs}——探测器测得的本底总计数率,c/s;

ε_{s}——探测器的总探测效率,包含不同能量射线的发射概率。

此时,探测器测得的计数率 n_{s} 为全谱下的总计数率,因此测得的计数率最多,当单一能量射线的计数率无法准确测量时,有利于提高测量的准确性。该方法可用于单一核素的测量,也可用于特征 X 射线、韧致辐射等 X 射线的测量。

但是,由于探测效率 ε_{s} 是所有能量 γ 射线对探测器的总效率,而探测效率与能量密切相关,包括射线的发射概率、本征效率、衰减校正等,在无法获知样品发射射线的能量分布时,很难准确对探测效率进行刻度。因此,该方法有一定的局限性,已很少使用。

2. 全能峰法

全能峰法是通过测量 γ 能谱里的全能峰计数率来计算活度的方法。由于放射性核素衰变会发射固定能量的 γ 射线,利用全能峰对应的谱峰能量可以识别核素的种类,利用射线的发射概率及核素的探测效率,可计算出该核素的活度。

一个放射性核素在其衰变时可能发出多个不同能量的 γ 射线,假设存在 N 个能量分支,依据各分支 γ 射线计数率可以分别求得该核素活度。由于测量存在统计涨落及误差,其活度并不相同,可通过加权平均来确定最终活度 A

$$A = \frac{1}{\sum\limits_{i=1}^{N} w_i} \sum_{i=1}^{N} w_i A_i = \frac{1}{\sum\limits_{i=1}^{N} w_i} \sum_{i=1}^{N} w_i \frac{n_i}{\alpha_i \varepsilon_i} \tag{6-36}$$

式中:w_i——活度平均时第 i 个分支的权重;

A_i——第 i 个分支计数率求得的活度,Bq。

n_i——谱分析获得的第 i 个分支全能峰计数率,c/s;

α_i——第 i 个分支 γ 射线发射概率;

ε_i——第 i 个分支 γ 射线的探测效率。

采用全能峰法进行活度测量时,需要对单能的 γ 射线进行全能峰效率刻度。和全谱法相比,全能峰法具有较高的准确性。目前,全能峰法是对 γ 放射性样品活度绝对测量的主要方法。

在对活度进行多分支加权平均时,可以假定权重相同,即进行算术平均。该方法最为简单,但是如果某个分支获得的活度值误差较大,最终活度会受其影响,误差也较大。低能射线由于介质衰减可能导致计数率较低,计算得到的活度误差可能会较大。对此,权重值选取时需要综合考虑 γ 射线的发射概率、计数率不确定度、探测效率等因素。由于活度误差直接与计数率误差相关,所以可选择某能量 γ 射线计数的不确定度作为权重。探测器计数不确定度可以表示为 $1/\sqrt{n_i t}$, t 为测量时间。

6.5　中子能谱和注量率测量

中子测量在核工程及核技术领域具有十分广泛的应用,如核反应堆的设计和运行、中子活化分析、中子测井、中子照相、中子治癌等。尽管中子与物质相互作用时不会直接使物质原子发生电离或激发,但是由于中子不带电荷,不受库仑力的作用,非常容易靠近原子核或被原子核吸收,所以一般通过测量中子与原子核(靶核)发生相互作用后所产生的带电粒子或 γ 射线等方式对中子进行间接测量。中子与原子核的相互作用方式主要有弹性散射、非弹性散射、辐射俘获、带电粒子发射、重核裂变等。中子测量的主要内容包括中子能谱和注量率。

6.5.1　中子测量基本方法

中子测量方法主要包括核反应法、核反冲法、核裂变法、活化法等。

1. 核反冲法

核反冲法是指利用中子与物质原子核发生势弹性散射作用来测量中子的方法。

当中子靠近原子核时,由于受到核力而被散射,散射中子的速度及运动方向发生了改变。原子核在与中子作用时会吸收中子的一部分能量,即获得反冲能,称该中子为反冲核。由于反冲核带有电荷,因此可以通过测量反冲核来获得中子的注量率,也称中子通量密度。

假设入射中子的速度为 v ,与原子核作用后速度为 v' ,原子核反冲速度为 V ,如图 6-16 所示,根据动量和能量守恒可知

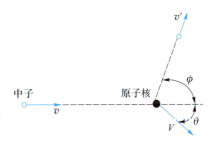

图 6-16　中子与原子核发生弹性散射示意图

$$\frac{1}{2}m_n v^2 = \frac{1}{2}m_n v'^2 + \frac{1}{2}MV^2$$

$$m_n v = m_n v' \cos\phi + MV\cos\theta$$

$$m_n v' \sin\phi = MV\sin\theta \tag{6-37}$$

式中：M、m_n——原子核和中子的相对质量；

　　　θ——中子入射方向与反冲核飞出方向之间的夹角；

　　　ϕ——中子入射方向与中子飞出方向之间的夹角。

若入射中子的能量为 $E_n = \dfrac{1}{2} m_n v^2$，则反冲核获得的反冲能量为

$$E_{反冲} = E_n \frac{4 m_n M}{(m_n + M)^2} \cos^2 \theta \tag{6-38}$$

式中：$E_{反冲}$——反冲能量，MeV。

用质量比来代替相对质量，上式变为

$$E_{反冲} = E_n \frac{4A}{(A+1)^2} \cos^2 \theta \tag{6-39}$$

式中：A——反冲核和中子质量比。

可见，质量比 A 越小，即原子核越轻，$E_{反冲}$ 越大；当 $A = 1$ 时，$E_{反冲}$ 最大。对此，利用核反冲法进行中子测量的反冲核选择原则为

（1）与中子作用后具有较大的动能，容易被精确测量；

（2）该原子核弹性散射截面大；

（3）截面与中子能量的关系变化曲线平滑，尽量遵循 $1/v$ 定律；

（4）反冲核的出射角 θ 分布简单。

依据上述原则，应选择氢或含氢物质作为靶核。氢核最轻，具有最大的反冲能量。因此反冲型探测器通常都利用含氢物质为测量介质。

2. 核反应法

核反应法是指利用核反应（n，b），通过测量带电粒子 b 来间接测量中子的方法。该方法的依据为：在中子核反应过程中所产生的带电粒子数和中子与物质相互作用的截面及中子注量率成正比。因此，利用带电粒子在探测器中产生的脉冲数就可以得到中子注量率。

核反应法中，经常采用的是以下三种核反应

$$
\begin{aligned}
&{}^3\mathrm{He} + \mathrm{n} \longrightarrow \mathrm{p} + \mathrm{T} + 0.764~\mathrm{MeV}, \quad \sigma = (5\,327 \pm 10)\,\mathrm{b} \\
&{}^6\mathrm{Li} + \mathrm{n} \longrightarrow \alpha + \mathrm{T} + 4.780~\mathrm{MeV}, \quad \sigma = (941 \pm 4)\,\mathrm{b} \\
&{}^{10}\mathrm{B} + \mathrm{n} \begin{cases} \alpha + {}^7\mathrm{Li} + 2.792~\mathrm{MeV}\,(6.1\%) \\ \alpha + {}^7\mathrm{Li}^* + 2.310~\mathrm{MeV}\,(93.9\%) \end{cases}, \quad \sigma = (3\,837 \pm 9)\,\mathrm{b} \\
&{}^7\mathrm{Li}^* \longrightarrow {}^7\mathrm{Li} + \gamma + 0.478~\mathrm{MeV}
\end{aligned} \tag{6-40}
$$

应用最广泛的核反应是 ${}^{10}\mathrm{B}(\mathrm{n}, \alpha){}^7\mathrm{Li}$，这是因为慢中子和 ${}^{10}\mathrm{B}$ 具有较大的反应截面，反应能也大，反应后得到的 α 粒子和 Li 核具有较大的能量，分别为 $7/11Q$ 和 $4/11Q$，其中 Q 是反应能，容易被测得。硼材料比较容易获得，可以使用气态 BF_3、固态单质硼或者氧化硼，并且天然硼中也具有较高的 ${}^{10}\mathrm{B}$ 含量，约为 19.8%。此外，放出能量最大的核反应是 ${}^6\mathrm{Li}(\mathrm{n}, \alpha)\mathrm{T}$，其中 T 的动能为 2.73 MeV 以上，$\alpha$ 的动能为 2.05 MeV 以上，测量也相对容易。但是 ${}^6\mathrm{Li}$ 只能用在固体探测器，因为 ${}^6\mathrm{Li}$ 不存在合适的气态化合物，同时只占天然锂的 7.5%。反应截面最大的核反应是 ${}^3\mathrm{He}(\mathrm{n}, \mathrm{p})\mathrm{T}$，但是放出的能量是最小的，同时 ${}^3\mathrm{He}$ 只占天然氦的 0.013%，所以只应用于探测几十或几百千电

子伏能量的中子。

3. 核裂变法

热中子和快中子都会引起重核裂变,重核裂变的结果会产生几个中等质量原子核,也就是裂变碎片,它是重带电粒子,能够电离或者激发物质原子。通过测量这种裂变碎片来测量中子的方法称为核裂变法。这种方法的优点是裂变碎片具有很大的动能,一般每一个裂变碎片的动能为40~110 MeV,两个裂变碎片的总动能都在150~170 MeV,裂变碎片使探测介质发生很大的总电离,探测器输出的脉冲幅度很大,要比 γ 本底脉冲大很多,因此可用于强 γ 辐射场内中子的测量。

该方法可以用于测量反应堆的中子注量率。由于快中子和慢中子都可能引起裂变反应,所以裂变探测器可以测量很大能量范围的中子。探测热中子,通常采用^{233}U、^{235}U 和 ^{239}Pu 等材料作辐射体,这三种核素的热中子裂变截面分别为 530 b、580 b、742 b。

裂变反应中存在一个裂变势垒 U_f。$E_c^* > U_f$ 是发生中子诱发核裂变的条件,即只有当入射中子能量大于某个阈值 U_f 才会引起一些重核的裂变。不同核素的阈值是不同的,根据一系列具有不同阈能的裂变核素来测量中子能量的探测器称为中子阈探测器。

核裂变法的缺点是探测中子的效率低。由于裂变碎片的射程极短,同时裂变材料厚度很薄,一般是涂敷成薄膜,即使采用了高浓缩铀,探测中子的效率也仅为 10^{-3}。通过增加辐射体的面积来提高效率也不可行,这是因为裂变物质本身发射 α 粒子,单个 α 粒子的脉冲幅度虽小,但大面积裂变物质会发射较多的 α 粒子,在探测器分辨时间内形成大量小脉冲堆积,会形成超过甄别阈的本底脉冲。

4. 活化法

一般稳定的原子核吸收中子后会形成放射性原子核,这个过程称为中子活化或者激活。活化法是指对活化后的原子核发射的粒子进行测量,来确定中子注量率的方法。例如,激活材料^{115}In 受到中子照射时发生的反应为

$$n + {}^{115}In \longrightarrow {}^{116}In + \gamma \tag{6-41}$$

^{116}In 不稳定,发生 β 衰变,半衰期为 14.1 s。

$$^{116}In \longrightarrow {}^{116}Sn + \beta^- + \overline{\nu} \tag{6-42}$$

利用测得的 β 粒子的发射率就可以确定中子注量率。

综上所述,探测中子的四种基本方法如表 6-2 所示。

表 6-2 中子探测的基本方法

方法	中子和核的反应	所用核素(辐射体)	反应截面/b
核反应法	(n,α),(n,p)	^{10}B,^{6}Li,^{3}He	热中子:10^3
核反冲法	(n,n')	H	热、快中子:1
核裂变法	(n,f)	^{235}U,^{239}Pu 等	热中子:5×10^2 快中子:1
活化法	(n,γ)	^{115}In	热中子:1×10^2 共振中子:1×10^3 快中子:1

6.5.2　中子注量率测量

在核能与核技术的众多领域中都需要对中子注量率进行测量。例如,在核电厂中,堆芯中子注量率分布是监测核反应堆运行状态的重要物理参数,需要采用中子探测器对其进行测量。压水堆核电厂堆芯核燃料组件中安置有堆芯中子注量率测量导向管,测量导向管供中子探测器在其中移动导向。在辐射防护和安全中,中子剂量的监测也是基于中子注量率测量的。

1. 中子计数法

利用计数器测量中子注量率 φ 的计算公式为

$$\varphi = \frac{n}{\eta} \tag{6-43}$$

式中:n——测得的计数率,c/s;

　　　η——中子计数器的灵敏度。

因此在利用计数器测量中子注量率前,首先需要知道探测器的灵敏度。通常可以采用标准中子源确定探测器灵敏度。

用一个已知发射率 Q(每秒发射的中子数)的中子源作为标准中子源(如 ^{210}Po-Be 或 ^{241}Am-Be 同位素中子源),当探测器离中子源较远时,可把中子源看作点源。由于中子源发射中子是各向同性的,因此在距源为 r 处的中子注量率为

$$\varphi_0 = \frac{Q}{4\pi r^2} \tag{6-44}$$

如果把中子计数器放在该处进行测量,由测得的计数率和计算得出的中子注量率即可求出该中子计数器的灵敏度为

$$\eta = \frac{n}{\varphi_0} \tag{6-45}$$

三氟化硼(BF$_3$)正比计数器可以用于热中子的探测。若用石蜡或聚乙烯慢化快中子,也可以实现快中子的测量。常用的中子计数器为长计数器。长计数器是一种中心装有三氟化硼计数器,外层有圆柱形石蜡或聚乙烯屏蔽层的中子测量装置。长计数器的探测效率与中子能量关系不大,效率曲线平坦且很长,因此称为长计数器。这种方法比其他测量方法的效率高,使用方便。因此只要事前对长计数器的效率刻度好,就可以用它来测量从热中子到 14 MeV 快中子之间的任何能量的中子注量。

2. 伴随粒子法

伴随粒子法,即通过测量中子与原子核作用产生的带电粒子注量率来测量中子的注量率。如使用加速器作为中子源时,在 T(d,n)^{4}He、D(d,n)^{3}He 和 T(p,n)^{3}He 等核反应中,每产生一个中子必然伴随产生一个重带电粒子 ^{4}He 或 ^{3}He。因此,通过测量就 ^{4}He 或 ^{3}He 的注量率可确定出射中子的注量率。

3. 活化法

中子注量率测量的活化法是指将活化反应截面已知的激活片放入中子场中某一个待测点,照射一段时间后,测量它所放出的 β 或 γ 射线计数率,计算出激活片放射性核素的活度,从而获得中子注量率。激活片是指经过中子活化后会发出 β 或 γ 射线的材料,常用于制备激活片的核

素有 ^{115}In、^{55}Mn、^{59}Co 等。

图 6-17 为活化法测量流程示意图,经过 t_0 时间照射后取出激活片,t_1 为开始测量激活片的时间,t_2 为停止测量激活片的时间。中子注量率 φ 的计算公式为

$$\varphi = \frac{\lambda N_2}{N_1 \sigma(E)(1-e^{\lambda t_0})\left[e^{-\lambda(t_1-t_0)}-e^{-\lambda(t_2-t_0)}\right]} \tag{6-46}$$

式中:$\sigma(E)$——反应截面,b;

λ——原子核的衰变常量。

专门用在反应堆上监测中子注量率的探测器统称为堆用探测器,通常为气体探测器。这是因为气体探测器需要具有测量中子注量率的范围大,稳定性较好,耐辐照的特点。根据中子探测器在反应堆上放置的位置不同又分为堆外探测器和堆芯探测器。

堆外探测器用来监测反应堆的功率水平。反应堆的中子注量率可从 $0 \sim 10^{11}$ 中子/$(cm^2 \cdot s)$(零功率~满功率)。但是一种探测器的量程无法满足中子注量率测量要求,通常将量程分为三档,分别采用不同的探测器,如图 6-18 所示。最低量程称为源量程,特点是中子注量率小,γ 本底较大,一般采用 BF_3 正比计数器或电极上涂有可裂变物质的裂变电离室。中间量程注量率增大,本底也较大,通常采用硼电离室。第三量程是接近或达到反应堆的满功率,这时中子的注量率足够大,可用堆用硼电离室或裂变室。

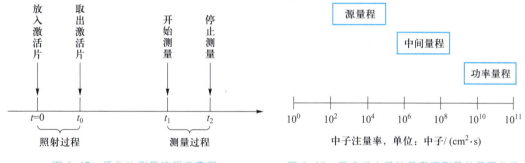

图 6-17　活化法测量流程示意图　　　图 6-18　反应堆中子注量率探测器的量程分类

堆芯内的中子探测器主要是提供有关堆芯内中子注量率的空间分布信息,要求体积小,寿命长,不影响堆芯的中子场分布。除小型裂变室外,目前更多采用自给能探测器。所谓自给能探测器是指其运行不需要外接电源的探测器。探测器内的活化材料经中子辐照后形成放射性核素,发射 β 粒子,被探测器收集并输出电信号。电信号与放射性核素的活度成正比,而材料的活度又与中子注量率成正比,所以用测到的电流值可表示堆芯中子注量率的大小。由于电流信号全部来自活化产物自发衰变产生的电子,因此不需要外接电源。常用的活化材料有铑和钒等。

6.5.3　中子源强度的测量

中子探测器的探测效率通常用同位素中子源来刻度,因此标定中子源的强度非常重要。通常采用锰浴法标定中子源的强度。

锰浴法的基本原理如下:将要测的中子源放在装有 $MnSO_4$ 蒸馏水溶液的球形或圆柱形容器

中心。中子源发射的中子则先在溶液中被慢化成热中子,然后这种热中子被 ^{55}Mn 俘获;^{55}Mn 吸收中子后变成 ^{56}Mn;当 MnSO$_4$ 溶液被中子源照射足够长时间后,它的激活放射性达到饱和,此时中子源强度 Q 与溶液中 ^{56}Mn 的放射性活度 A 相等;通过测量 ^{56}Mn 的放射性活度,就可得出中子源强度。本质上它仍然是活化法。一般利用 GM 计数管测量整个溶液的 γ 射线,如果测到的 γ 计数率为 n(已经过本底和死时间校正),则中子源强度即为 $Q=n/\varepsilon$,ε 即为探测效率,该值可以利用计数器对已知活度的放射性 ^{56}Mn 溶液刻度获得。

锰浴法的优点是设备简单、价格便宜;MnSO$_4$ 在水中溶解度高,^{55}Mn 的热中子俘获截面大,^{56}Mn 的半衰期适中、衰变纲图不复杂,因此对其分析比较容易。它的缺点在于操作比较烦琐,测量周期长,灵敏度低。一般它仅适用于测量中子强度高于 $10^3 \sim 10^4$ n/s 的中子源。

6.5.4　中子能谱的测量

中子能谱在许多核领域中有应用。在核物理研究工作中,测量非弹性散射中子能谱,可以直接获得核激发能级的数据。在核动力装置设计及试验中,也需要测量裂变中子能谱。中子能谱测量方法主要有核反冲法、核反应法、飞行时间法以及晶体衍射法等。

1. 核反冲法

核反冲法是根据中子弹性散射中反冲核的能谱获得中子能谱的方法。由于反冲核的质量越小,它所得到的能量越大,因此一般采用氢作为反冲核。入射中子的能量 E_n 与反冲质子的能量 E_p 的关系是:

$$E_n = \frac{E_p}{\cos^2 \theta} \tag{6-47}$$

式中:θ——反冲角,即反冲核的出射角。

由于反冲质子的能量与反冲角有关,所以即便入射的是单能中子,反冲质子的能量仍是连续分布的。然而,在与入射中子方向成固定角度的方向上,反冲质子的能量与入射中子能量有着单值关系。

2. 核反应法

中子与原子核发生核反应,根据反应产物的能量可计算出中子的能量。常用于核反应法的核素为 ^{3}He 或者 ^{6}Li。^{6}Li$(n,\alpha)^3$H 反应的截面为 940b,反应能达到 4.786 MeV,测量时易于区分 γ 本底,但是不适用慢中子的能量测量,只适用测量兆电子伏能区中的中子。^{3}He$(n,p)^3$H 反应截面大,达到 5 333b,反应能小,仅为 0.765 MeV,测量时 γ 本底影响大,但是可以用于慢中子的能量测量。

3. 飞行时间法

如果知道中子的速度 v,根据 $E = \frac{1}{2}mv^2$,可以计算出中子能量。当中子能量小于 30 MeV 时,不必引入相对论效应的修正。可以从中子通过一段固定距离所需的时间 t 的测量获得中子速度,只要测出中子的飞行时间就可以计算中子的能量。要测量飞行时间,必须记录中子从起点出发的时刻和到达飞行距离终点的时刻。后者是由放在路程终点处记录中子的探测器中出现脉冲来决定。中子发出时刻可由以下几种方法来确定:

(1)记录放在飞行距离起点处的闪烁计数器内中子的散射;

（2）将与中子同时产生的带电粒子输出的脉冲作起始信号；

（3）脉冲中子源在发射中子时给出的同步电信号。

4. 晶体衍射法

由于中子具有波动性，当它的波长和物质中原子之间的距离同数量级时会发生衍射现象。利用这一原理，制成了中子晶体衍射谱仪，它既可用来研究中子能量分布，又可以分解出单色中子。

对于快中子能谱的测量，一般采用核反冲法、核反应法或飞行时间法。对于热中子的测量，通常采用飞行时间法或晶体衍射法。

本章知识拓扑图

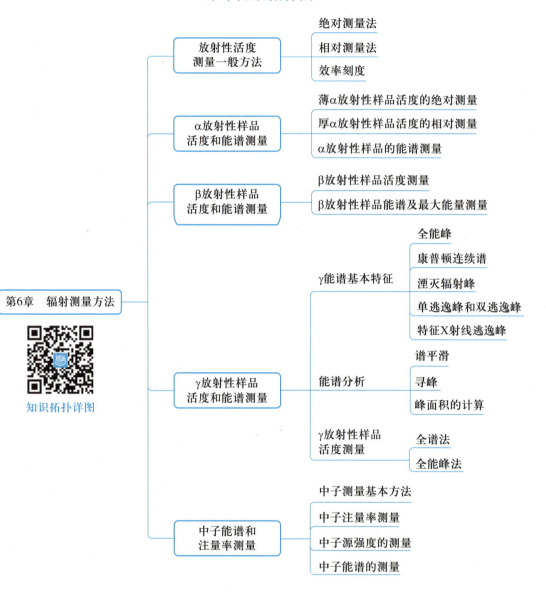

习题 📝

6-1　α 放射性和 β 放射性活度测量有什么异同?

6-2　有哪些因子影响 γ 射线在 NaI(Tl)探测器中的全能峰的展宽和畸变?

6-3　通常分别用峰总比和峰康比来描述 NaI(Tl)单晶谱仪和 HPGe 谱仪测得的 γ 谱全能峰的贡献,试问各受什么因子影响和各有什么优点?

6-4　请描述相对测量和绝对测量的主要特点。

6-5　推导核反冲法反冲核能量与入射中子能量及反冲核散射角的关系。

6-6　试解释由 NaI(Tl)单晶 γ 谱仪测到的 ^{24}Na 2.76 MeV γ 能谱图上的单光子逃逸峰、双光子逃逸峰、康普顿边缘、康普顿平台等出现的原因。

6-7　试简要阐述如何采用反符合法降低绝对测量中宇宙射线的影响。

6-8　为何采用绝对测量方法确定放射性样品的活度之前要对探测器进行效率刻度?

6-9　β 能谱最大能量的测定非常重要。这是为什么? 如何测量?

6-10　中子探测与 α 和 β 射线探测有何区别?

6-11　在利用氢核作为反冲核对中子能量进行测量时,若入射中子的速度为 v,发生散射后作用后速度为 v',原子核反冲速度为 V,试计算中子入射方向与中子飞出方向之间的夹角 φ(仅考虑弹性散射情况)。

6-12　中子与其他微观粒子一样,具有波粒二象性。如图 6-19 所示,中子波以掠射角 θ 射向晶体表面,在相邻两晶面上反射的中子波,程差为 $2d\sin\theta$。当程差等于中子波长 λ 的整数倍时,这两支反射波会由于相干作用,出现明显的衍射峰,这就是布拉格衍射现象。中子晶体衍射谱仪就是利用上述原理测量中子能量的。现假设晶面间距 d 以及出现布拉格衍射时的掠射角 θ 已知,试计算入射中子的能量。(提示:计算中子的德布罗意波波长)

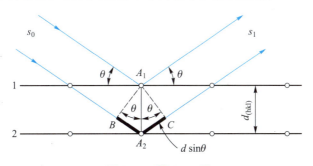

图 6-19　题 6-12 图

6-13　若不考虑相对论效应的修正,采用飞行时间法对以 0.1、0.5、0.9 倍光速运动的中子能量进行测量,其测量误差分别是多少?

参 考 文 献

［1］　Moe H J, Lasuk S R. Radiation safety technician training course. I. ANL-6991.［R］. Chicago：
Argonne National Laboratory,1972.

［2］　王汝嬾,卓韵裳. 核辐射测量与防护［M］. 北京：原子能出版社,1990.

［3］　丁洪林. 核辐射探测器［M］. 哈尔滨：哈尔滨工程大学出版社,2010.

［4］　刘洪涛. 人类生存发展与核科学［M］. 北京：北京大学出版社,2001.

［5］　凌球. 核辐射探测［M］. 北京：原子能出版社,1992.

［6］　Knoll G F. Radiation detection and measurement［M］. Hoboken,NJ：John Wiley & Sons,2010.

［7］　李德平,潘自强. 辐射防护手册［M］. 北京：原子能出版社,1987

［8］　卢希庭. 原子核物理［M］. 北京：原子能出版社,1981.

［9］　杨福家,等. 原子核物理［M］. 上海：复旦大学出版社,1993.

第7章 辐射防护常用量

物体受辐射照射的过程可以表述为：如果辐射源发出的电离辐射是直接电离辐射，它可将能量直接授予被照射物体，引起电离或激发，产生辐射效应；如果辐射源发出的电离辐射是间接电离辐射，该辐射与物质相互作用先产生带电粒子，然后通过带电粒子产生辐射效应。在整个过程中，需要用多个辐射量来描述。辐射量就是为了描述放射源、辐射场、辐射作用于物质时的能量传递及受照物质内部变化程度和规律而建立起来的物理量。辐射量是一种能表述辐射特征并能够加以测定的量。

电离辐射是射线在介质中传播时与介质进行相互作用而发生能量传递至整个区域的过程，电离辐射进入物质（包括空气）后，其辐射场就存在于物质中。不同类型的电离辐射形成不同的辐射场，如光子辐射场、电子辐射场和中子辐射场等。辐射场是由辐射源产生的，按辐射的种类，辐射源可分为 γ 源、中子源、β 源等。与它们相应的辐射场称为 γ 辐射场、中子辐射场及 β 辐射场。粒子数表示在电离辐射场内发射、转移或接受的粒子数目，用符号 N 表示。辐射能表示在电离辐射场内发射、传递或接受的辐射粒子的能量，用符号 E 表示。除特殊说明外，一般情况下辐射能不包括静止质量能量。电离辐射防护中常用的量分为常用基本量、辐射防护量、运行实用量三类。常用基本量主要描述电离辐射场以及电离辐射与物质作用过程中的能量转移及沉积。辐射防护量和运行实用量主要包括辐射防护评价过程中与人相关的量。辐射防护量建立了吸收剂量与辐射危害之间的关系。运行实用量则是实际工作环境中可以直接测量的量，用于评价组织或器官中的有效剂量或当量剂量。

7.1 常用基本量

常用基本量主要包括粒子注量和粒子注量率、能量注量和能量注量率、比释动能和比释动能率、照射量和照射量率、吸收剂量和吸收剂量率等。

7.1.1 粒子注量和粒子注量率

1. 粒子注量

粒子注量是根据入射粒子数目来描述辐射场性质的一个辐射量，在一般辐射场中，粒子运动方向是杂乱无章的，辐射场中某一点的粒子注量定义为：在确定的时间内进入以某点为球心，截面积为 da 的小球体内的粒子数 dN 除以 da 而得的商，即

$$\Phi = \frac{\mathrm{d}N}{\mathrm{d}a} \tag{7-1}$$

式中：Φ——粒子注量，m^{-2}；

dN——进入小球体的粒子数，不包括从小球体内流出的粒子数；

da——小球体的截面积，m^2。

粒子的注量为进入单位截面积小球体内的粒子数，用于描述电离辐射场中某一区域粒子的通过数量。设电离辐射场中某一区域包含沿不同方向穿行的电离辐射，为了确定该区域某一点 P 附近的射线疏密程度，以 P 点为中心画一个面积为 da 的小球，保持 da 的圆心在 P 点不变，改变 da 的取向，从各个方向射来并垂直穿过面积元 da 的粒子束 dN_i，da 在改变取向的过程中即扫出一个以 P 点为球心，以 da 为截面的球，如图 7-1 所示，将 dN_i 求和并除以 da，所得之商即代表一般辐射场中指定点的粒子注量 Φ。

在定向平行辐射场的特殊情况下，粒子注量即等于通过与辐射粒子束运动方向垂直的单位面积的粒子数。如果平面 da 的法线与粒子束不平行，则单位面积所截粒子数与平行粒子束运动方向和其平面法线夹角余弦的绝对值成正比，当该角为零时，便是垂直于粒子数运动方向的情况，如图 7-2 所示。

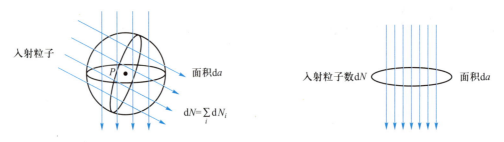

图 7-1　一般辐射场中指定点的粒子注量示意图　　图 7-2　定向平行辐射场中指定点的粒子注量示意图

由于小球体内的截面积可任意选取，对无论任何方向入射到小球体上的粒子，都可以选出相应的截面积，这就是说，粒子注量与粒子入射的方向无关。

需要注意的是，一般情况下，通过单位截面积的粒子数小于粒子注量，只有在粒子束垂直入射的情况下才等于粒子注量。

在辐射场中，每个粒子不可能都具有相同的能量。即使最初从辐射源射出的能量为 E_0 的单能粒子，进入物质后，由于粒子与物质的相互作用是随机的，每个粒子的能量都可能从 E_0 到 0，因此辐射场中任何一点都可能存在 0 到 E_0 各种能量的粒子。这就是说，辐射场中粒子能量具有谱的分布。因此，粒子注量对粒子能量存在着谱分布。

粒子注量的谱分布有积分谱分布 $\Phi(E)$ 和微分谱分布 Φ_E。微分谱分布 Φ_E 是积分谱分布 $\Phi(E)$ 对 E 的导数，表示为

$$\Phi_E = \frac{\mathrm{d}\Phi(E)}{\mathrm{d}E} \tag{7-2}$$

微分谱分布 Φ_E 表示单位能量间隔内的粒子注量。

粒子注量的积分谱分布 $\Phi(E)$ 表示能量在 0~E 之间的粒子所构成的那部分粒子注量，它等于进入小球的能量在 0~E 之间的粒子数除以该球体的截面积所得的商，即

$$\Phi(E) = \int_0^E \left(\frac{\mathrm{d}N}{\mathrm{d}a}\right)_E \mathrm{d}E = \int_0^E \Phi_E \mathrm{d}E \tag{7-3}$$

将积分上限取作∞时，即可得到各种能量粒子的总粒子注量 Φ

$$\Phi = \Phi(\infty) = \int_0^\infty \Phi_E \mathrm{d}E \tag{7-4}$$

在计算具有谱分布的粒子吸收剂量和比释动能时,常用到式(7-4)。

离散型谱的粒子注量为

$$\Phi = \sum_{i=1}^{m} \Phi(E)_i \tag{7-5}$$

式(7-5)表示对 i 种不同能量粒子的粒子注量求和。

2. 粒子注量率

粒子注量率(particle fluence rate)表示单位时间内进入单位截面积的小球体内的粒子数,定义为 dΦ 除以 dt 而得的商,即

$$\varphi = \frac{\mathrm{d}\Phi}{\mathrm{d}t} \tag{7-6}$$

式中:φ——注量率,$\mathrm{m^{-2} \cdot s^{-1}}$;

dΦ——在时间间隔 dt 内,进入单位截面积的小球体内的粒子数,即在时间间隔 dt 内粒子注量的增量,$\mathrm{m^{-2}}$;

dt——时间间隔,s。

7.1.2 能量注量和能量注量率

1. 能量注量

能量注量(energy fluence)是用通过辐射场中某点的粒子能量来表征电离辐射场性质的一个辐射量。能量注量表示进入单位截面积的小球体内的所有粒子能量之和,定义为 dE 除以 da 而得的商,即

$$\Psi = \frac{\mathrm{d}E}{\mathrm{d}a} \tag{7-7}$$

式中:Ψ——能量注量,$\mathrm{J \cdot m^{-2}}$;

dE——进入截面积为 da 的小球体内所有粒子的能量之和,J;

da——小球体的截面积,$\mathrm{m^2}$。

对于粒子束定向平行的辐射场,能量注量定义为通过与粒子束方向垂直的单位面积的所有粒子能量之和。

2. 能量注量率

能量注量率(energy fluence rate)表示单位时间内进入单位截面积的小球体内的所有粒子能量之和,定义为 dΨ 除以 dt 而得的商,即

$$\psi = \frac{\mathrm{d}\Psi}{\mathrm{d}t} \tag{7-8}$$

式中:ψ——能量注量率,$\mathrm{J \cdot m^{-2} \cdot s^{-1}}$;

dΨ——在时间间隔 dt 内,进入截面积为 da 的小球体内所有粒子能量之和,即在时间间隔 dt 内能量注量的增量,$\mathrm{J \cdot m^{-2}}$。

能量注量 Ψ 与粒子注量 φ 都是描述电离辐射场性质的辐射量,只是前者着眼于通过辐射场中某点的粒子能量,而后者着眼于通过辐射场中某点的粒子数目。显然,如果知道每个粒子的能量,即可将两者联系起来。

对于粒子能量为 E 的单能辐射场,则辐射场中某点的能量注量 Ψ 就等于该点的粒子注量 Φ 与粒子能量 E 的乘积,即

$$\Psi = \Phi \cdot E \tag{7-9}$$

对于粒子能量具有谱分布的辐射场,能量注量 Ψ、能量注量的积分谱分布 $\Psi(E)$ 和微分谱分布 Ψ_E 之间,也存在着同粒子注量的谱分布类似的关系式

$$\Psi_E = \frac{\mathrm{d}\Psi(E)}{\mathrm{d}E} \tag{7-10}$$

$$\Psi(E) = \int_0^E \Psi_E \mathrm{d}E \tag{7-11}$$

$$\Psi = \Psi(\infty) = \int_0^\infty \Psi_E \mathrm{d}E \tag{7-12}$$

Φ_E 表示能量为 E 的粒子数目,Φ_E 与 E 的乘积即等于能量为 E 的粒子的能量注量 Ψ_E,即

$$\Psi_E = E\Phi_E \tag{7-13}$$

$$\Psi(E) = \int_0^E E\Phi_E \mathrm{d}E \tag{7-14}$$

$$\Psi = \Psi(\infty) = \int_0^\infty E\Phi_E \mathrm{d}E \tag{7-15}$$

离散型谱的能量注量为

$$\Psi = \sum_{i=1}^m \Phi(E)_i E_i \tag{7-16}$$

同样可以得出能量注量率 ψ 与粒子注量率 φ 的关系,对于粒子能量为 E 的单能辐射场,则有

$$\psi = \varphi \cdot E \tag{7-17}$$

当粒子为能量具有谱分布的辐射场时,则有

$$\psi = \int_0^\infty E\varphi_E \mathrm{d}E \tag{7-18}$$

离散型谱的能量注量率为

$$\psi = \sum_{i=1}^m \varphi(E)_i E_i \tag{7-19}$$

7.1.3　比释动能和比释动能率

1. 比释动能

当 X 射线、γ 射线或中子等不带电电离粒子与物质相互作用时,其能量在物质中的传递过程可以分为两步:第一步是不带电电离粒子与物质相互作用产生带电粒子,此时不带电电离粒子的能量传递给了这些带电粒子;第二步是获得初始动能的带电粒子,再与物质相互作用发生能量传递。比释动能(kinetic energy released per unit mass)描述了第一步的能量转移过程,即不带电电离粒子与物质发生作用时,把多少能量传递给了带电粒子。

比释动能表示单位质量物质中由不带电电离粒子释放出来的所有带电粒子的初始动能之和,定义为 $\mathrm{d}E_{tr}$ 除以 $\mathrm{d}m$ 而得的商,即

$$K = \frac{\mathrm{d}E_{\mathrm{tr}}}{\mathrm{d}m} \tag{7-20}$$

式中:K——比释动能,$J \cdot kg^{-1}$(专门名称为戈瑞,用符号 Gy 表示,1 Gy = 1 J $\cdot$ kg^{-1});

$\mathrm{d}E_{\mathrm{tr}}$——不带电电离粒子在质量为 $\mathrm{d}m$ 的体积元内释放出来的所有带电粒子初始动能之和,J;

$\mathrm{d}m$——所考虑的体积元内物质的质量,kg。

2. 比释动能率

比释动能率(kerma rate)表示在单位时间内单位质量物质中,由不带电电离粒子释放出来的所有带电粒子的初始动能之和,定义为 $\mathrm{d}K$ 除以 $\mathrm{d}t$ 而得的商,即

$$\dot{K} = \frac{\mathrm{d}K}{\mathrm{d}t} \tag{7-21}$$

式中:$\dot{K}$——比释动能率,$J \cdot kg^{-1} \cdot s^{-1}$(专门名称为戈瑞每秒,用符号 Gy $\cdot$ s^{-1} 表示);

$\mathrm{d}K$——比释动能在单位时间间隔 $\mathrm{d}t$ 内的增量,$J \cdot kg^{-1}$。

对于一种给定的单能不带电电离粒子,辐射场中某点的比释动能 K 与能量注量 Ψ 之间有如下关系

$$K = \Psi \cdot \frac{\mu_{\mathrm{tr}}}{\rho} \tag{7-22}$$

由式(7-22)可得,比释动能 K 和能量为 E 的粒子注量 Φ 的关系为

$$K = \Phi \cdot \frac{\mu_{\mathrm{tr}}}{\rho} \cdot E \tag{7-23}$$

式中:(μ_{tr}/ρ)——特定物质对特定能量的不带电电离粒子的质能转移系数,$m^2 \cdot kg^{-1}$。

$(\mu_{\mathrm{tr}}/\rho)E$ 称作比释动能因子,用 k 表示

$$k = E \cdot \frac{\mu_{\mathrm{tr}}}{\rho} \tag{7-24}$$

7.1.4 照射量和照射量率

1. 照射量

照射量是指 X 或 γ 射线在单位质量空气中释放出的所有次级电子完全被空气阻止时,产生的任一种符号的离子总电荷的绝对值。照射量定义为 $\mathrm{d}Q$ 除以 $\mathrm{d}m$ 而得的商,即

$$X = \frac{\mathrm{d}Q}{\mathrm{d}m} \tag{7-25}$$

式中:X——照射量,$C \cdot kg^{-1}$(没有专门名称,也可用伦琴为单位,符号为 R,1 R = 2.58×10^{-4} C $\cdot$ kg^{-1});

$\mathrm{d}Q$——X 或 γ 射线在质量为 $\mathrm{d}m$ 的空气介质中释放出来的全部次级电子(包括电子对效应中产生的正电子)完全被空气阻止时,在空气中产生的任一种符号的离子总电荷的绝对值。

照射量已不是法定计量单位,目前已不多用,个别场合仍然用到,在此略作介绍。

2. 照射量率

照射量率（exposure rate）表示单位时间内的照射量,定义为 dX 除以 dt 而的得商,即

$$\dot{X} = \frac{dX}{dt} \tag{7-26}$$

式中:$\dot{X}$——照射量率,$C \cdot kg^{-1} \cdot s^{-1}$(没有专门名称,也可用伦琴每秒为单位,符号为 $R \cdot s^{-1}$);

dX——时间间隔 dt 内照射量的增量,$C \cdot kg^{-1}$。

在已发现的 3 000 余种放射性核素中,大部分放出 γ 射线,在对射线仪器进行刻度时,也经常使用到 γ 辐射源。因此,对 γ 射线的防护非常重要。

任何形状的放射源都可以看成是点源的叠加,在此只讨论点源的情况。由于 γ 射线的照射量率计算已有简单而成熟的方法,所以从计算 γ 射线的照射量率入手。

当能量为 $h\nu$ 的 γ 射线在空气中某点处粒子注量率 φ 已知时,根据比释动能与注量率的关系可得,γ 射线在该点空气中的比释动能率为

$$\dot{K} = \left(\frac{\mu_{tr}}{\rho}\right) \cdot \varphi \cdot h\nu \tag{7-27}$$

γ 射线的照射率 $\dot{X}$ 等于 γ 射线在空气中的比释动能率减去次级电子的辐射损失,即:

$$\dot{X} = \dot{K}(1-G)\frac{e}{W} = \frac{\mu_{tr}}{\rho} \cdot \varphi \cdot h\nu \cdot (1-G)\frac{e}{W} \tag{7-28}$$

式中:G——次级电子在空气中由于韧致辐射而损失的能量份额;

e——电子电荷,$e = 1.602\,189\,2 \times 10^{-19}$ C;

$\overline{W}$——平均电离能,J。

根据质量能量吸收系数的定义可知

$$\left(\frac{\mu_{en}}{\rho}\right) = \left(\frac{\mu_{tr}}{\rho}\right) \cdot (1-G) \tag{7-29}$$

可得照射量率为

$$\dot{X} = \left(\frac{\mu_{en}}{\rho}\right) \cdot \varphi \cdot h\nu \cdot \frac{e}{W} \tag{7-30}$$

在某种能量 γ 射线的粒子注量率已知的情况下,只要查得该能量 γ 射线在空气中的质量能量吸收系数 (μ_{en}/ρ),根据上式可以计算出照射量率 $\dot{X}$。

单能 γ 点源辐射场的粒子注量率 φ 是

$$\varphi = \frac{A\alpha}{4\pi R^2} \tag{7-31}$$

式中:A——放射源的活度,Bq;

α——每次衰变平均发射的 γ 光子数;

R——该点与放射源的距离,m。

一般情况下,γ 源发射不止一种能量的 γ 射线。设某种 γ 源发射 k 种不同能量的 γ 射线,在距离点源 R 处的照射量率 $\dot{X}$ 应该是各种能量 γ 射线照射量率之和,表达式为

$$\dot{X}(R) = \sum_{i=1}^{k} \left(\frac{\mu_{en}}{\rho}\right)_i \cdot \varphi_i \cdot h\nu_i \cdot \frac{e}{W} = \sum_{i=1}^{k} \left(\frac{\mu_{en}}{\rho}\right)_i \cdot \frac{A\alpha_i}{4\pi R^2} \cdot h\nu_i \cdot \frac{e}{W} \qquad (7-32)$$

直接用式(7-32)计算是不方便的,必须根据发射的各种能量 γ 光子在空气中的质量能量吸收系数(μ_{en}/ρ),以及每次衰变时的发射概率 η_i 分别计算每一种能量的 γ 照射量率,然后求和。但是对每一种放射性核素来说,衰变时发射哪几种能量的 γ 射线,每一种能量 γ 射线的发射概率都是一定的。为了计算方便,把式(7-32)中的一部分定义为照射量率常数 Γ,表达式为

$$\Gamma = \sum_{i=1}^{k} \frac{1}{4\pi}\alpha_i \cdot h\nu_i \left(\frac{\mu_{en}}{\rho}\right)_i \cdot \frac{e}{W} \qquad (7-33)$$

点源的照射量率计算公式(7-32)可简化为

$$\dot{X}(R) = \Gamma \frac{A}{R^2} \qquad (7-34)$$

每一种 γ 放射性核素都对应有一个照射量率常数,该值仅与该放射性核素的性质有关,即它所发射的 γ 射线的能量 $h\nu_i$ 和每次衰变中发射每种 γ 光子的概率 α_i。

7.1.5　吸收剂量和吸收剂量率

1. 吸收剂量

吸收剂量是用来描述单位质量的物质吸收电离辐射能量大小的物理量。吸收剂量定义为 $d\bar{\varepsilon}$ 除以 dm 而得的商,即

$$D = \frac{d\bar{\varepsilon}}{dm} \qquad (7-35)$$

式中:D——吸收剂量,$J \cdot kg^{-1}$(专门名称为戈瑞,用符号 Gy 表示,曾经使用过的吸收剂量单位是拉德,用符号 rad 表示,现已被 Gy 取代,1 Gy = 100 rad);

$d\bar{\varepsilon}$——电离辐射授予质量为 dm 的物质的平均能量,即平均授予能,J;

dm——物质的质量,kg。

授予能 ε 表示电离辐射以电离或激发的方式传递给某一体积中物质的能量,单位为 J,定义为

$$\varepsilon = R_{in} - R_{out} + \sum Q \qquad (7-36)$$

式中:R_{in}——进入该体积的所有带电和不带电电离粒子的能量,不包括静止能量;

R_{out}——离开该体积的所有带电和不带电电离粒子的能量,不包括静止能量;

$\sum Q$——该体积内发生的粒子的任何转变中,核和基本粒子的所有静止质量能量变化的总和,减少为正,增加为负。

授予能 ε 是随机量,它的概率分布函数 $F(\varepsilon) = P(\varepsilon' \le \varepsilon)$ 表示所关心的体积内授予能 ε' 等于或小于给定值 ε 的概率。而概率密度 $f(\varepsilon) = dF(\varepsilon)/d\varepsilon$ 则表示单位授予能间隔内,出现授予能为 ε 的概率。随机量授予能的期望值为

$$\bar{\varepsilon} = \int_0^\infty \varepsilon f(\varepsilon) d\varepsilon \qquad (7-37)$$

该期望值即为体积内的平均授予能,也称同一体积内的积分剂量。

如果带电粒子的轫致辐射损失可以忽略,则在带电粒子平衡情况下,不带电电离粒子在物质中某点处的比释动能等于同一点上物质的吸收剂量。

设体积为 V 的介质受到不带电电离粒子的照射,通过相互作用,不带电电离粒子在其中释放出次级带电粒子。由于带电粒子具有一定的射程,不带电电离粒子在体积 V 中某点附近的小体积 V' 内传递给带电粒子的能量未必全部能被小体积 V' 内的物质吸收。同时,在 V' 外产生的带电粒子也可能把部分能量带入 V',如图 7-3 所示。

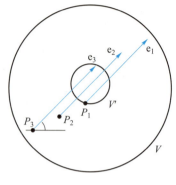

图 7-3　带电粒子平衡示意图

如果所有离开 V' 的带电粒子带走的能量,恰好等于进入 V' 的带电粒子带入的能量,则称在该点处存在带电粒子平衡。

2. 吸收剂量率

吸收剂量率表示单位时间内的吸收剂量,定义为某一时间间隔 dt 内吸收剂量的增量 dD,除以时间间隔 dt 而得的商,即

$$\dot{D} = \frac{dD}{dt} \tag{7-38}$$

式中:$\dot{D}$——吸收剂量率,$J \cdot kg^{-1} \cdot s^{-1}$(专门名称为戈瑞每秒,用符号 $Gy \cdot s^{-1}$ 表示);

dD——时间间隔 dt 内吸收剂量的增量,$J \cdot kg^{-1}$。

吸收剂量适用于任何电离辐射及受到照射的任何物质。均匀物质在均匀辐射场中,介质中任意点的吸收剂量相等。在同样照射条件下,不同种类物质的吸收剂量往往是不同的,如对于低能光子,在相同照射条件下,机体骨骼的吸收剂量要比软组织高三四倍。因此,在说明吸收剂量时,必须指明某点、某物质的吸收剂量。

7.2　辐射防护量

辐射防护量是辐射防护评价过程中与人相关的量,主要建立了吸收剂量与辐射危害之间的关系。辐射防护量主要包括当量剂量和有效剂量。

7.2.1　当量剂量

人体某一特定组织或器官受不同类型的辐射,或受同一类型不同能量的辐射照射时,造成的辐射危害的程度是不同的。针对人体的某个组织或器官 T 而言,当量剂量定义为

$$H_{T,R} = D_{T,R} \omega_R \tag{7-39}$$

式中:$H_{T,R}$——某个组织或器官 T 的当量剂量,$J \cdot kg^{-1}$(专门名称为希沃特(亦称西弗),用符号 Sv 表示,曾经使用过的当量剂量单位是雷姆,用符号 rem 表示,现已被 Sv 取代,1 Sv = 100 rem);

$D_{T,R}$——某个组织或器官 T 中电离辐射 R 产生的平均吸收剂量,$J \cdot kg^{-1}$;

ω_R——辐射权重因数。

辐射权重因数 ω_R 是一个量纲为一的量,描述不同电离辐射所产生生物效应的大小。表 7-1

给出了不同辐射的辐射权重因数 ω_R 值。

表 7-1　不同辐射的辐射权重因数 ω_R 值

辐射种类	辐射权重因数 ω_R
光子(所有能量)	1
电子和介子(所有能量*)	1
质子(不包括反冲质子,能量>2 MeV)	5
α 粒子(裂变碎片,重核)	20
中子(能量<10 keV)	5
中子(能量 10 keV~100 keV)	10
中子(能量 100 keV~2 MeV)	20
中子(能量 2 MeV~20 MeV)	10
中子(能量>20 MeV)	5

* 不包括由原子核向 DNA 发射的俄歇电子,此种情况下需进行专门的微剂量测定考虑。

如果需要使用连续函数计算中子的辐射权重因数,则可使用下列近似公式

$$\omega_R = 5.0 + 17.0 e^{\frac{-\left[\ln(2E_n)\right]^2}{6}} \tag{7-40}$$

式中:E_n——中子的能量,MeV。

7.2.2　待积当量剂量

待积当量剂量是当量剂量的导出量,用于个人内照射剂量的估算。

待积当量剂量表示单次摄入放射性核素后而对某组织或器官 T 产生的终身累积剂量。待积当量剂量 $H_T(\tau)$ 定义为个人单次摄入放射性核素后,某一特定组织或器官 T 中接受的当量剂量率在时间 τ 内的积分,其表达式为

$$H_T(\tau) = \int_{t_0}^{t_0+\tau} \dot{H}_T(t)\,\mathrm{d}t \tag{7-41}$$

式中:t_0——单次摄入放射性核素的时刻;

$\dot{H}_T(t)$——相应组织或器官 T 在 t 时刻的当量剂量率,$Sv \cdot s^{-1}$;

τ——摄入放射性核素之后经过的时间,即积分的时间期限,一般以年为单位。当没有给出积分的时间期限时,对成年人,取 $\tau=50$ 年,对儿童,取 $\tau=70$ 年。

7.2.3　集体当量剂量

集体当量剂量也是当量剂量的导出量,当量剂量用于个人,而集体当量剂量用于群体。

集体当量剂量 S_T 表示集体人群所受到的总当量剂量,定义为受照射的群体的成员数与他们所受的平均当量剂量的乘积,其表达式为

$$S_T = \sum \overline{H}_{T,i} \cdot N_i \tag{7-42}$$

式中:N_i——群体中全身或某指定组织或器官接受的平均当量剂量 $\overline{H}_{T,i}$ 的第 i 组人群的人数。

集体当量剂量除以总人数即可得到人均当量剂量,用以评估随机性效应在公众中发生的概率。

7.2.4 有效剂量

有效剂量被定义为人体各组织或器官的当量剂量乘以相应的组织权重因数后相加所得的和。针对人体所有组织和器官而言,有效剂量定义为

$$E = \sum_{T} \omega_{T} H_{T} \tag{7-43}$$

式中:E——有效剂量,$J \cdot kg^{-1}$(专门名称为希沃特,用符号 Sv 表示);

ω_{T}——组织权重因数;

H_{T}——某个组织或器官 T 的当量剂量,$J \cdot kg^{-1}$。

组织权重因数是一个量纲为一的量,代表单个组织或器官对于总体辐射危害的贡献。表 7-2 给出了不同组织或器官的组织权重因数 ω_{T} 的值。

表 7-2 不同组织或器官的组织权重因数 ω_{T}

组织或器官	ω_{T}	$\sum \omega_{T}$
性腺	0.20	0.20
骨髓(红)、结肠、肺、胃	0.12	0.48
膀胱、乳腺、肝、食道、甲状腺	0.05	0.25
皮肤、骨表面	0.01	0.02
其余组织或器官*	0.05	
	总计	1.00

*其余组织或器官包括肾上腺、脑、外胸区域、小肠、肾、肌肉、胰、脾、胸腺和子宫。在其余组织或器官中有一单个组织或器官受到超过 12 个规定了权重因数的器官的最高当量剂量的例外情况下,该组织或器官应取权重因数 0.025,其余组织或器官所受的平均当量剂量亦应取权重因数 0.025。

7.2.5 待积有效剂量

待积有效剂量是当量剂量和有效剂量的导出量,用于内照射剂量的估算。

待积有效剂量是指待积器官或组织当量剂量和相应组织权重因数(ω_{T})乘积之和,τ 是摄入后的积分时间,单位为年。对成年人待积时间取 50 年,对儿童待积时间取 70 年。待积有效剂量用 $E(\tau)$ 或 $E(50)$ 表示,其表达式为

$$E(\tau) = \sum \omega_{T} H_{T}(\tau) \tag{7-44}$$

式中:ω_{T}——组织或器官 T 的组织权重因数;

$H_{T}(\tau)$——积分至 τ 时间时组织或器官 T 的待积当量剂量,Sv;

τ——摄入放射性核素之后经过的时间,即积分的时间期限。

7.2.6　集体有效剂量

集体有效剂量是当量剂量和有效剂量的导出量。在非均匀照射条件下,有效剂量用于个人,而集体有效剂量用于群体。

从给定源在给定时间间隔 ΔT 内个人有效剂量 E 在 E_1 和 E_2 之间的集体有效剂量定义为

$$S(E_1,E_2,\Delta T) = \int_{E_1}^{E_2} E\left(\frac{\mathrm{d}N}{\mathrm{d}E}\right)_{\Delta T} \mathrm{d}E \tag{7-45}$$

它可以近似为

$$S = \sum_i E_i N_i \tag{7-46}$$

式中:E_i——某一亚组的平均有效剂量;

　　　N_i——该亚组的人数。

通常应指明有效剂量求和的时间间隔 Δt 和人数。集体有效剂量的单位是人·Sv。受到有效剂量 $E_1 \sim E_2$ 的人数 $N(E_1,E_2,\Delta t)$ 的表达式为

$$N(E_1,E_2,\Delta t) = \int_{E_1}^{E_2}\left(\frac{\mathrm{d}N}{\mathrm{d}E}\right)_{\Delta t} \mathrm{d}E \tag{7-47}$$

在时间间隔 Δt 内,个人有效剂量在 $E_1 \sim E_2$ 区间内有效剂量平均值 $\overline{E}(E_1,E_2,\Delta t)$ 的表达式为

$$\overline{E}(E_1,E_2,\Delta t) = \frac{1}{N(E_1,E_2,\Delta t)}\int_{E_1}^{E_2} E\left(\frac{\mathrm{d}N}{\mathrm{d}E}\right)_{\Delta t} \mathrm{d}E \tag{7-48}$$

辐射防护相关概念繁多,针对对象各不相同。主要概念名称、符号、定义、单位及适用范围如表 7-3 所示。

表 7-3　辐射防护中的概念

名称	比释动能	照射量	吸收剂量	剂量当量	当量剂量	有效剂量
符号	K	X	D	H	H_T	E
定义方程式	$K = \dfrac{\mathrm{d}E_{tr}}{\mathrm{d}m}$	$X = \dfrac{\mathrm{d}Q}{\mathrm{d}m}$	$X = \dfrac{\mathrm{d}\varepsilon}{\mathrm{d}m}$	$H = DQ$	$H_T = \sum_R w_R D_{T,R}$	$E = \sum_T w_T H_T$
国际制单位	$J \cdot kg^{-1}$	$C \cdot kg^{-1}$	$J \cdot kg^{-1}$	$J \cdot kg^{-1}$	$J \cdot kg^{-1}$	$J \cdot kg^{-1}$
专门名称	戈瑞	伦琴	戈瑞	希沃特	希沃特	希沃特
符号	Gy	R	Gy	Sv	Sv	Sv
适用范围	不带电粒子	X 或 γ 射线	任何带电粒子或不带电粒子	组织中某一点	某一组织或器官	人体所有组织和器官

7.3　运行实用量

与人体相关的剂量学量,如当量剂量和有效剂量,实际上是不可测量的。国际辐射单位与测量委员会(ICRU)定义的一些量可以用来评价当量剂量和有效剂量等防护量,将 ICRU 定义的这

些量称为运行实用量。运行实用量的目的在于为人员在大多数照射条件下的受照或潜在受照的相关防护量提供一个估计值或上限。对内照射和外照射使用不同的运行实用量。外照射所用的量主要包括用于环境(包括场所)监测的周围剂量当量 $H^*(d)$、定向剂量当量 $H'(d,\Omega)$ 以及用于个人监测的个人剂量当量 $H_p(d)$。还没有定义的可以对内照射剂量学中的当量剂量或有效剂量进行直接评价的运行实用量,一般要采用不同的方法对滞留在体内的放射性核素进行测定。为了估计放射性核素的摄入量,还需要建立生物动力学模型。在阐述这些量的具体含义之前,首先介绍剂量当量的定义。

剂量当量 H 是在组织中某一点的吸收剂量 D 和反映吸收剂量微观分布的品质因数 Q 的乘积,表示为

$$H = DQ \qquad\qquad (7-49)$$

品质因数 Q 是为了表示吸收剂量微观分布对危害的影响而引入的系数,它的值根据辐射在水中传能线密度值 L 而定,具体关系如 7-50。传能线密度(linear energy transfer,LET)是指带电粒子在介质中单位长度上的能量损失,是一个反映电离密集程度的量。

$$Q(L) = \begin{cases} 1 & L < 10 \text{ keV}/\mu\text{m} \\ 0.32L - 2.2 & 10 \leqslant L \leqslant 100 \text{ keV}/\mu\text{m} \\ 300/\sqrt{L} & L > 100 \text{ keV}/\mu\text{m} \end{cases} \qquad (7-50)$$

对非单能辐射对人体损伤的程度,需对辐射种类和能量按谱分布进行处理,获得有效品质因数 $\overline{Q} = \dfrac{1}{D} \displaystyle\int_0^\infty Q(L) \times D_L \mathrm{d}L$。各种辐射类型对应的有效品质因数如表 7-4 所示。

表 7-4   各种辐射的有效品质因数近似值

辐射类型	有效品质因数近似值
X 射线、γ 射线、电子	1
热中子	2.3
快中子,质子和静止质量大于 1、原子质量单位的能量未知的单电荷粒子	10
α 粒子、能量未知的多电荷粒子和电荷未知的粒子	20

在环境监测中,测量是在"无受体"的情况下进行的,即所关心的位置是人可能居留的一个位置,但实际上并没有人或模型在该位置上,而其他远离受体的各种物体以及这些物体发生的吸收、散射都存在。因此,需要规定一个简化的标准体模,即 ICRU 球,ICRU 球是由密度为 1 g/cm³的软组织等效材料做成的直径为 750 px(1 px = 0.04 cm)的球体。ICRU 球材料成分为氧 76.2%、碳 11.1%、氢 10.1% 和氮 2.6%,可以作为模拟人体躯干的模型。

在定义运行实用量时,还需规定某些由实际辐射场导出的辐射场,如扩展场和齐向扩展场。扩展场是无受体情况下假想的一种均匀辐射场。在扩散场内,要研究的体积内注量及其角分布、能量分布与参考点处的实际辐射场中注量及其角分布、能量分布有相同的值。齐向扩展场注量和它的能量分布与扩展场相同,但注量是单向的。

7.3.1 周围剂量当量

周围剂量当量(ambient dose equivalent)是相应的齐向扩展场在 ICRU 球内逆齐向场的半径

上深度 d 处所产生的剂量当量,如图 7-4 所示,记为 $H^*(d)$。任何对周围剂量当量的表述应当指明参考深度,以表示所关心的是哪一个剂量当量。如对于强贯穿辐射,d 的推荐值为 10 mm;对于弱贯穿辐射,对皮肤 d 使用 0.07 mm 深度,对眼晶状体使用 3 mm 深度。

通常情况下,周围剂量当量 $H^*(10)$ 的值可以作为环境和工作场所中的有效剂量。由于 $H^*(10)$ 的定义要求齐向扩展场把不同方向射来的辐射都代之以正对着指定半径方向射来的辐射,这实质上是要求 $H^*(10)$ 的值与各成分的入射方向无关。因此,测量 $H^*(10)$ 要求辐射场在仪器尺寸范围内是均一的、理想的仪器,应当具有 ICRU 球的反散射特性,同时注量又是各向同性的。对于 X 和 γ 辐射,测定的 $H^*(10)$ 只能用于安排、指导和控制工作人员的操作,而个人剂量仍以个人剂量计的测量为准。原则上,一个具有各向同性响应的探测器,若用 $H^*(10)$ 刻度过,即可在任意均匀的辐射场中用来测定周围剂量当量。

7.3.2　定向剂量当量

定向剂量当量(directional dose equivalent)是辐射场中某点处相应的扩展场在 ICRU 球体内、沿指定方向 Ω 的半径上深度 d 处产生的剂量当量,如图 7-5 所示。对于强贯穿辐射 d 值一般取 10 mm,记为 $H'(10,\Omega)$;对于弱贯穿辐射,对皮肤 d 值一般取 0.07 mm,记为 $H'(0.07,\Omega)$,对眼晶状体 d 值一般取 3 mm 深度,记为 $H'(3,\Omega)$。

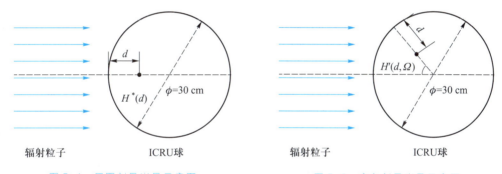

图 7-4　周围剂量当量示意图　　　　　　　图 7-5　定向剂量当量示意图

测量定向剂量当量要求辐射场在仪器尺寸范围是均一的,而仪器要具有所要求的方向响应。用于测定由组织当量物质构成的平板中适当深度处的剂量当量的仪器(例如外推电离室)将适合于测量 $H'(10,\Omega)$ 与 $H'(3,\Omega)$,这时要将平板的表面垂直于 Ω。

7.3.3　个人剂量当量

个人剂量当量(personal dose equivalent)是人体某一指定点下面适当深度 d 处的软组织内的剂量当量,记为 $H_p(d)$。这一剂量学量既适用于强贯穿辐射,也适用于弱贯穿辐射。对于强贯穿辐射 d 值一般取 10 mm,记为 $H_p(10)$;对于弱贯穿辐射,皮肤和眼晶状体的 d 值一般取 0.07 mm 和 3 mm,记为 $H_p(0.07)$ 和 $H_p(3)$。$H_p(10)$ 的值可作为躯干所受有效剂量的近似值,$H_p(0.07)$ 的值可作为剂量计附近皮肤所受当量剂量的近似值,$H_p(3)$ 的值可作为眼晶状体所受当量剂量的近似值。在实际测量过程中,常用 $H_p(0.07)$ 代替 $H_p(3)$,作为眼晶状体所受当量剂量。在个人剂量当量的实际测量中,一般同时测量 $H_p(0.07)$ 和 $H_p(10)$。

本章知识拓扑图

第7章　辐射防护常用量

知识拓扑详图

- 常用基本量
  - 粒子注量
  - 粒子注量率
  - 能量注量
  - 能量注量率
  - 比释动能
  - 比释动能率
  - 照射量
  - 照射量率
  - 吸收剂量
  - 吸收剂量率

- 辐射防护量
  - 当量剂量
  - 待积当量剂量
  - 集体当量剂量
  - 有效剂量
  - 待积有效剂量
  - 集体有效剂量

- 运行实用量
  - 剂量当量 —— 组织中某一点的吸收剂量D和反映吸收剂量微观分布的品质因数Q的乘积
    - 品质因子
    - ICRU球
  - 周围剂量当量 —— 相应的扩展齐向场在ICRU球内逆齐向场的半径上深度d处所产生的剂量当量
  - 定向剂量当量 —— 辐射场中某点处的定向剂量当量$H'(d, \Omega)$是相应的扩展场在ICRU球体内、沿指定方向Q的半径上深度d处产生的剂量当量
  - 个人剂量当量 —— 人体某一指定点下面适深度d处的软组织内的剂量当量，记为$H_p(d)$

习题 📝

7-1　一个 ^{60}Co 的 γ 点源的活度为 3.7×10^7 Bq，发出能量为 1.17 MeV 和 1.33 MeV 的 γ 射线，且射线的分支比均为 100%。假设其各向同性，且源对 γ 射线的自吸收以及空气的吸收和散射作用可以忽略。求在离点源 10 m 处的 γ 光子的粒子注量率和能量注量率。如果持续照射 10 min，问该位置处的 γ 光子的粒子注量和能量注量是多少？

7-2　推导比释动能 K 与不带电粒子能量注量 Ψ 的关系表达式。

7-3　设自由空气中 1.5 MeV 的 γ 射线束（比释动能因子 k 由下表获得）的粒子注量是 2.5×10^8 cm^{-2}，求自由空气中小块组织的比释动能。

γ 射线能量/MeV	$k/(\mathrm{Gy\cdot m^2}/粒子)$
0.66	3.38×10^{-16}
1.05	4.87×10^{-16}
2.1	8.52×10^{-16}

7-4　完成下表

名称	比释动能	照射量	吸收剂量	剂量当量	当量剂量	有效剂量
符号			D			
定义表达式				$H=DQ$		
SI 单位	$\mathrm{J\cdot kg^{-1}}$					
专门名称		伦琴				
符号					Sv	
适用范围						人体所有组织和器官

7-5　在 γ 辐射场中，某点处放置一个圆柱形电离室，其直径为 0.03 m，长为 0.1 m。在 γ 射线照射下产生 10^{-6} C 的电离电荷。试求在该点处的照射量和同一点处空气的吸收剂量。

7-6　一位辐射工作人员在非均匀照射条件下工作，肺部受到 50 mSv a^{-1} 的照射；乳腺也受到 50 mSv a^{-1} 的照射，问这一年中她所受的有效剂量是多少？已知肺的组织权重因子为 0.12，乳腺的组织权重因子为 0.12。

7-7　设在 3 min 内测得能量为 14.5 keV 的中子注量为 1.5×10^{11} m^{-2}。求在这一点处的能量注量、能量注量率和空气的比释动能。

7-8　试给出比释动能与不带电粒子能量注量之间的关系式。

7-9　设自由空气中有一个 ^{60}Co 点源，活度为 1.5×10^7 Bq。求离点源 1 m 远处的照射量率、比释动能率和小块组织的比释动能率。

7-10　为什么在计算不带电粒子和自发核衰变产生的吸收剂量时，可以只考虑带电粒子的能量沉积过程？

7-11　照射量定义中的 dQ 与 dm 内产生的电离电荷有何区别？

7-12　"水介质中某点的照射量"的含义是什么？

参 考 文 献

［1］ 王汝赡,卓韵裳.核辐射测量与防护[M].北京:原子能出版社,1990.

［2］ 朱国英.电离辐射防护基础与应用[M].上海:上海交通大学出版社,2016.

［3］ 潘自强.国际放射防护委员会 2007 年建议书[M].北京:原子能出版社,2008.

［4］ 夏益华.高等电离辐射防护教程[M].哈尔滨:哈尔滨工程大学出版社,2010.

［5］ 郑钧正,卓维海.各相关领域实用的六类电离辐射量[J].辐射防护,2011,31(2):115-128.

第 8 章　辐射生物效应

电离辐射将能量传递给生物有机体，引起有机体大分子、细胞、组织或器官的结构与功能的变化，称为辐射生物效应。对于健康的人而言，辐射生物效应可能会带来严重且不可逆转的后果而导致健康受损甚至死亡。电离辐射的生物效应可出现在受到辐射照射的个体，也可能发生在其后代，并有多种表现形式。从辐射防护的需要考虑，国际放射防护委员会（International Commission on Radiological Protection，ICRP）于 1990 年首次按剂量-效应关系，将电离辐射对人体的健康效应分为确定性效应和随机性效应。

本章节主要就电离辐射引起人体健康效应的机理、效应类型及其影响因素进行介绍。

8.1　辐射生物效应机理

8.1.1　辐射生物效应作用过程

电离辐射作用于人体后，会与人体的生物大分子和水分子发生相互作用，将能量转移给构成这些分子的原子，发生电离或激发的物理反应，进而发生物理化学反应、化学反应、生物化学反应，最终产生可观察的效应。其主要过程和作用结果如图 8-1 所示。

（1）物理阶段

物理阶段为辐照后 10^{-14} s 以内的效应。细胞中的水分子、无机及有机组分被电离或激发，产生自由基，即由于内部存在未成对电子而导致化学性质活泼的原子、分子、或离子。

$$H_2O \longrightarrow H^+ + OH + e^- \tag{8-1}$$

$$H^+ + e^- \longrightarrow H \tag{8-2}$$

其中 OH 和 H 即为自由基。OH 相比稳定态少一个电子，而 H 相比稳定态多一个电子，因此化学性质活泼。将有机物记为 RH，此时若 H 离开，带走一个电子，则 R 为自由基。

$$RH \longrightarrow RH^+ + e^- \tag{8-3}$$

$$RH^+ \longrightarrow R + H^+ \tag{8-4}$$

（2）物理化学阶段

物理化学阶段为辐照后 $10^{-14} \sim 10^{-12}$ s 的效应，此时化学损伤开始发生，自然代谢产物与辐照产生的自由基发生反应，形成异常产物。化学损伤可表现为生物分子基团 T 与自由基 OH 发生反应，如式（8-5）所示

$$T + OH \longrightarrow TOH \tag{8-5}$$

式中，OH 是强氧化剂，与基团发生作用等价于抽去一个电子。此时产生的次级分子相比稳定态少一个电子，是次级自由基。生物分子基团 T 发生改变，导致分子损伤，影响分子活性。

（3）化学阶段

化学阶段为辐照后 $10^{-12} \sim 10^{-3}$ s 的效应。在这个阶段中，生物大分子脱氧核糖核酸（DNA）

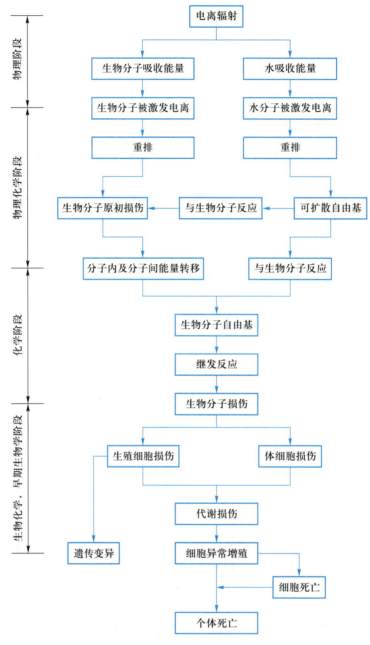

图 8-1　辐射对生物的作用过程

和核糖核酸(RNA)发生损伤,酶出现激活或灭活现象,脂质过氧化出现,异常产物的毒性也开始出现。以 DNA 链为例,OH 和 DNA 链中的脱氧核糖作用,造成磷酸酯键的断裂,进而导致 DNA 链的断裂。以蛋白质为例,两个谷胱甘肽 GSH 结合产生的二硫键 S-S 对于维持蛋白质的高级结构很重要。OH 与谷胱甘肽作用,使二硫键失活裂解,分解产生的 GS 作为新的自由基造成后续破坏。破坏了二硫键,也就破坏了蛋白质的高级结构,如式(8-6)所示

$$GS\text{-}SG+OH \longrightarrow GS+GSOH \tag{8-6}$$

（4）生物化学阶段

生物化学阶段为辐照后 $10^{-3} \sim 10$ s 的效应。在这一阶段中,正常生化反应受到干扰,DNA 开始修复。由于此时 DNA 已经受到损伤,相关的 RNA 转录以及蛋白质合成无法顺利进行。进而可能导致细胞丧失正常功能。

（5）早期生物学阶段

早期生物学阶段为辐照后数秒至数小时的效应。在这一阶段中,辐照产生的次级反应产物继续造成破坏。此时开始出现细胞的辐射生物学效应,包括细胞的分裂延迟、能量供应紊乱、重要生化反应受到干扰、细胞质膜和核膜受损等。

以细胞分裂延迟为例,由于辐照的影响,新的 DNA 以及分裂所需的蛋白质的合成无法进行,导致细胞停滞在受照时所处的分裂阶段,直到 DNA 顺利修复,并成功合成分裂所需的蛋白质为止。

8.1.2　辐射生物效应损伤

哺乳类动物的细胞大体上由细胞膜、细胞质和细胞核三部分组成。细胞核是细胞最大的包含物,核内包含着细胞为执行自己的功能和自身繁衍所需的全部信息。细胞核又由核膜、核仁和染色体构成。

染色体由 DNA 和核蛋白组成。一个人体细胞含有 46 条染色体,而一条染色体大约有 10^9 个 DNA,一个 DNA 又由 10^4 个核酸组成。可见,细胞核的构造与成分是相当复杂的。从化学结构来看,DNA 是一个由磷酸、脱氧核糖和碱基(嘌呤或嘧啶)组成的双螺旋结构物。DNA 组成基因,它含有决定子体细胞特性的信息。

事实上,低水平辐射对细胞作用的最重要效应是 DNA 受损。当电离辐射穿过细胞核时,它可以直接或间接地损害 DNA。当正常的 DNA 片段受到电离辐射照射后,可能形成三种受损的片段:DNA 链断裂、DNA 交联、DNA 空间结构变化。

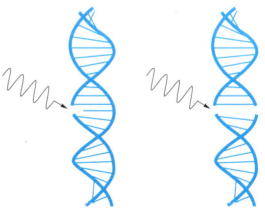

（1）DNA 链断裂

DNA 链断裂包括单链断裂和双链断裂,主要由 DNA 链的化学键断裂导致。当受照剂量比较小时,容易发生单链断裂,当受照剂量大时,则可能是双链断裂,如图 8-2 所示。

图 8-2　DNA 单链和双链断裂示意图

（2）DNA 交联

DNA 分子交联指碱基之间或者碱基和蛋白质之间以共价键结合。碱基对被辐射破坏后,碱基会自发与别的碱基或蛋白质形成错误的组合形式。交联可被细分为链内交联和链间交联,如图 8-3 所示。

（3）DNA 的空间结构变化

DNA 链的断裂以及碱基对的破坏会导致 DNA 的空间结构变化,主要指 DNA 的双螺旋结构以及更大尺度的结构受到破坏而失去活性或解体。

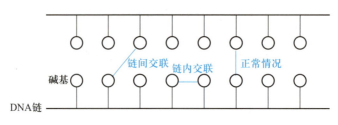

图 8-3　DNA 交联示意图

当 DNA 受到辐射损伤后,其损害程度轻重不一,主要取决于受照剂量。如果 DNA 受到大剂量照射,损伤程度就比较严重,可能导致细胞丧失分裂增殖能力,细胞结构立即崩溃、溶解,组织细胞锐减,出现增殖死亡。此时,机体功能丧失,最终引起可观测的损伤。另一种情况是 DNA 受到小剂量辐射,损伤的程度比较轻微。这种损害有可能被细胞中的酶来修复。修复的可能性有两种。在大多数情况下,修复过程正确无误,而且完整,修复后的 DNA 仍能行使原有的功能,细胞继续存活并且具有分裂增殖的能力,无损伤体现。但是,在少数场合下,修复功能不够完善,有时甚至会出现修复不当或修复错误的现象。此时,DNA 可能被转录并翻译,形成异常蛋白质,从而出现病理性症状。DNA 受损可能使受损细胞获得异常的增殖功能,使之完全脱离正常调节机制的控制作用,最终形成癌肿,这就是通常所说的"辐射致癌"。另一方面,如果受损的是生殖细胞,损害的类型和程度又容许生殖细胞存活,形成合子并发育。这类损伤能够传递给后代,从而引起"辐射遗传效应"。由于受辐射损伤的细胞,其细胞遗传物质的损伤性质和损伤的修复特性都具有随机性质,因此,辐射所致的癌症和遗传效应均属随机效应。

辐射损伤跟辐射的品质息息相关。所谓辐射的品质是指人体组织从辐射吸收能量的微观分布情况。中子产生的反冲质子在机体组织内的射程比 γ 射线的次级电子的短得多,3 MeV 的质子在人体组织中射程是 0.16 mm,同样能量的电子射程则为 14.7 mm,相差近 100 倍。考虑到电子的实际路径是曲折的,所以实际经过的路径会更长。所以质子比电子在人体组织中产生的电离密集得多。根据辐射损伤的双重作用理论,细胞的损伤是由两个亚损伤合成产生的。第一个亚损伤出现后一段时间内(几十秒到几分钟)细胞可自行修复,只有当第一个亚损伤产生后细胞还没来得及修复又发生第二个亚损伤时,才会造成真正的损伤。对于电离密度稀疏的电子来说,很难在一次事件中在一个细胞上产生两个亚损伤而造成实际损伤,而必须在可修复时间内,由两个事件在一个细胞上的亚损伤在时间上符合,才可能造成真正的损伤,所以电离密度稀疏的电子造成损伤的概率较小。质子在组织中电离密集,在一次事件中细胞线度内会有多次电离,同时发生两次亚损伤的概率较大。

8.2　辐射生物效应分类

按照效应发生是否存在剂量阈值,辐射生物效应可分为随机性效应(stochastic effect)和确定性效应(deterministic effect),其中有阈值的为确定性效应,无阈值的为随机性效应。确定性效应是指有剂量阈值特征的细胞群损伤,损伤的严重程度随剂量的增加而加重,也称有害的组织反应。随机性效应是指效应的发生不存在剂量阈值,辐射效应发生概率与受照剂量成正比,剂量越大,发生概率越高。辐射效应按发生对象,又可分为躯体效应(somatic effect)和遗传效应(genetic effect)。躯体效应是指受辐照个体出现的辐射效应。而遗传效应是指受辐照个体后代出现的辐射效应。辐射生物效应可按照随机性效应与确定性效应、躯体效应与遗传效应分为两类系统。躯体效应中的非致癌效应是确定性效应,而躯体效应中的致癌效应是随机性效应。遗传效应是随机性效应。两类系统之间的关系如图8-4所示。

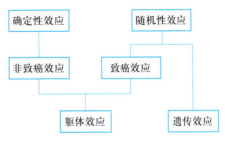

图 8-4 辐射生物效应分类

8.2.1 随机性效应和确定性效应

辐射防护的目的就是避免有害的确定性效应,将随机性效应发生的概率限制在可接受的水平。将辐射剂量控制在低于确定性效应阈值的水平可避免确定性效应;而随机性效应无阈值,无法避免,因此应当降低随机性效应发生的概率。降低随机性效应发生概率时,应坚持"可以合理达到尽可能低水平"(as low as reasonably achievable,ALARA)原则,即综合考虑人身健康风险与经济性等因素的情况下,确保人员受到辐射的剂量最小化。固然发生概率越低越好,但越低所需要付出的代价越高,因此要在诸因素中取得平衡。下面详细介绍随机性效应和确定性效应。

1. 随机性效应

辐射对细胞的作用是个随机过程。在剂量很小的情况下,也有可能向细胞核内的 DNA 或染色质传递足够的能量,使 DNA 或染色质的结构发生改变,进而导致细胞变异。细胞变异是随机事件,因此由单个细胞变异引发的生物效应,包括生殖细胞遗传特性改变和体细胞癌变,也是随机事件。需要指出的是,随机性效应的严重程度与剂量无关。

(1)致癌效应

致癌效应指辐射诱导发生恶性肿瘤(即癌症)的生物效应。辐射可以诱发癌症,辐射量增加使癌症发生率增加,但并不特定诱发某些癌症。在评价辐射致癌危险时一般将恶性肿瘤分为白血病和实体癌,这是因为白血病的潜伏期相对较短,最短的急性白血病潜伏期在 2 年左右,实体癌潜伏期一般在 10 年以上。

流行病学调查、动物实验以及体外细胞诱变实验均提供了辐射致癌危险的证据。早期的放射学工作者、因良性疾病接受医疗照射的患者、使用镭夜光涂料描绘表盘的人员、铀矿山及高氡矿山的矿工、切尔诺贝利核污染区居民、广岛和长崎原子弹爆炸幸存者等人群中的流行病学调查均显示了辐射的致癌作用。

基于历史数据的积累,建立辐射致癌的剂量-效应数学模型,可对辐射致癌风险可进行定量评估。剂量-效应模型被用于评价给定吸收剂量 D 时辐射致癌的危险度 F,如癌症发生率或死亡率。

白血病符合线性平方剂量-效应模型,即

$$F(D) = a_0 + a_1 D + a_2 D^2 \tag{8-7}$$

实体癌症符合线性剂量-效应模型,即

$$F(D) = a_0 + a_1 D \tag{8-8}$$

式中:F——危险度;

D——吸收剂量，Gy；

a——系数，对应单位保证所在各项乘积的单位为 1。

上述剂量-效应模型在中、高剂量（≥100 mSv）已有充分的证据证实辐射导致癌症发生率的增加。但在小剂量（<100 mSv）范围内，并未有充分的证据证明辐射会导致癌症发生率的增加，出于辐射防护的实际目的，人们提出了线性无阈模型（linear-non-threshold model，LNT），即在小剂量范围内，癌或遗传疾病超额发病率按简单正比方式随辐射剂量而增加的假设的剂量-效应模式。国际放射防护委员会认为，采用 LNT 模型计算人群在很长时期内接受很小辐射剂量所产生的癌症和遗传疾病病例数的理论数字，是不合适的。

超额绝对危险度（excess absolute risk，EAR）和超额相对危险度（excess relative risk，ERR）通常被用于评价人群辐射致癌的危险度。EAR 是受照组和未受照组的癌症发生率之差，ERR 则是受照组和未受照组的癌症发生率之比减 1。以 O 指代受照组的癌症发生率，以 E 指代未受照组的癌症发生率，则有

$$EAR = O - E \qquad\qquad (8-9)$$

$$ERR = \frac{O}{E} - 1 \qquad\qquad (8-10)$$

对原子弹爆炸幸存者的统计分析表明，癌症风险与受照时的年龄有关，如图 8-5 所示。可见受照时年龄越小则随后的患癌风险越大。受照后患癌风险随年龄增长而减小。在实际使用时用超额绝对危险系数（EAR/Sv）和超额相对危险系数（ERR/Sv）来确定给定有效剂量下的致癌危险。超额绝对危险系数表示随单位剂量增加而增加的超额绝对危险度，超额相对危险系数表示随单位剂量增加而增加的超额相对危险度。ICRP 103 号出版物推荐的超额相对危险系数对全部人群为 5.5×10^{-2}/Sv，对成年人群为 4.1×10^{-2}/Sv。

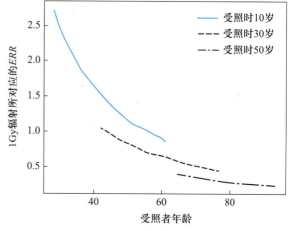

图 8-5　1 Gy 辐照下患癌症（白血病除外）的超额相对危险度和受照者年龄的关系

（2）遗传效应

辐射遗传效应是通过辐射对生殖细胞遗传物质的损害使受照者后代发生的遗传性异常，是一种表现在受照者后代的随机性效应。从理论上讲，只要电离辐射在细胞内沉积足够的能量，并导致生殖细胞变异，就有可能随机地诱发遗传效应。虽然理论上遗传效应是成立的，而且也有相应的动物实验支持，但迄今为止，尚无人群流行病学的直接证据证明双亲受辐照后导致后代遗传疾病风险增加，因此难以直接估算辐射诱发的遗传风险。

在辐射遗传危险的定量评价中有两种方法：一是加倍剂量法，或称相对突变危险度；二是直接法，或称绝对突变危险度。当前的辐射危险估计主要使用加倍剂量法，直接法只是辅助验证方法。

加倍剂量是指在一代中诱发像自发突变那样多的突变量所需的辐射剂量。假定基因位点在每代的平均自发突变频率为 P，辐射诱发的平均突变频率为 m，则加倍剂量为 $D_d = P/m$。加倍剂

量的倒数为 $1/D_d$，即单位辐射剂量的相对突变危险。显而易见，加倍剂量越低，相对突变危险就越高。ICRP 对慢性照射遗传效应的加倍剂量一直取为 1 Gy。

直接法是指直接测量实验动物在一定剂量照射后发生某种遗传效应的频率。假定人与动物的遗传效应敏感性相似，为了获得人类遗传效应的危险估计值，需要对一些系数进行校正，包括剂量率效应、性别及所观察的遗传损害在全部遗传异常中所占的比例等。因此，合理选择这些校正系数是直接法面临的主要困难。ICRP 估计职业照射诱发异常疾病的概率为 $0.6×10^{-2}$ Sv。

2. 确定性效应

在微观上随机性效应表现为细胞的变异，确定性效应表现为细胞的死亡。

组织受到辐照时，组织内相当数量细胞被杀死，损失数量不足以由已有细胞增殖补偿，且组织对应功能也无法由现有其他组织替代，进而该组织或该组织对应器官的功能受到影响，最终产生临床上可检查出的症状。辐照对应剂量与细胞损失数正相关。由于细胞损失数量需要达到一定规模才能影响对应的组织与器官的功能，并产生可检查出的症状，该效应存在细胞损失数量阈值，与剂量阈值相对应，因此该效应为确定性效应。

在国际放射防护委员会 1977 年的建议书中将其称为"非随机性效应"，但辐照向细胞传递能量的过程是随机的，因此该描述并不严谨。在 1990 年的建议书中，以"确定性效应"一词代替。"确定性"指虽然杀死细胞的事件具有随机性，但当损失细胞的数量达到一定规模后，由随机性引发的涨落可以忽略不计。此时损失细胞数量和剂量的对应关系是确定的。需要注意，即使辐照剂量相同，组织损失细胞数相同，但是由于个体差异等因素的影响也会导致相应症状不一定会出现。因此即使剂量大于阈值，确定性效应也有相应的发生率，发生率与剂量正相关。此外，损失细胞数越大则组织或器官的功能损失越大，症状越严重。因此确定性效应的严重程度与剂量正相关。最严重的确定性效应即为个体死亡。个体死亡是人体内关键器官或关键系统中细胞数量严重减少的结果。

在受到超过阈值的剂量照射后的数小时至数周，可发生早期组织反应，这主要是炎症反应，如黏膜炎或脱皮。在受照后数月至数年，可发生晚期组织反应，这有两种来源：一是由于靶组织受损，如照射后血管闭塞致深部组织坏死；二是由于早期反应的继发效应，如严重表皮脱落或慢性感染导致皮肤坏死。

（1）确定性效应的剂量阈值

不同组织发生确定性效应的阈值具有明显差异。睾丸、卵巢、眼晶状体和骨髓是对辐射最为敏感的组织器官，见表 8-1。

表 8-1 成人睾丸、卵巢、眼晶状体和骨髓组织反应的估计阈值

组织与效应		阈值		
		单次短暂照射总剂量/Gy	多次照射或迁延照射总剂量/Gy	多年中每年多次照射或迁延照射的年剂量率/(Gy·a^{-1})
睾丸	暂时不育	0.15	NA*	0.4
	永久不育	3.5~6.0	NA	2.0
卵巢不育		2.5~6.0	6.0	>0.2

续表

组织与效应		阈值		
		单次短暂照射总剂量/Gy	多次照射或迁延照射总剂量/Gy	多年中每年多次照射或迁延照射的年剂量率/(Gy·a^{-1})
眼晶状体	可查出浑浊	0.5~2.0	5.0	>0.1
	视力障碍(白内障)	5.0	>8	>0.15
骨髓造血机能低下		0.5	NA	>0.4

　　* NA(not applicable),表示"不适用",该效应只和剂量率有关,和总剂量无关。

（2）全身照射后死亡

受照射后死亡一般是因为一个或多个重要器官的组织细胞出现严重丢失或功能障碍。人群受到照射的剂量小于 1 Gy 时一般不会出现死亡。如表 8-2 所示,健康成人在急性照射后 $LD_{50/60}$（50%的个体在 60 d 内死亡）的剂量范围估计值为 3~5 Gy。LD_{10}（10%的个体死亡）和 LD_{90} 分别为 1~2 Gy 和 5~7 Gy。

表 8-2　人受急性低传能线密度全身不均匀照射发生特定综合征和死亡的剂量范围

全身吸收剂量/Gy	主要致死效应	照射后死亡时间/d
3~5	骨髓损伤($LD_{50/60}$)	30~60
5~15	胃肠道损伤	7~20
5~15	肺和肾脏损伤	60~150
>15	神经系统损伤	<5,剂量依赖性

（3）主要组织和器官的反应

① 对造血系统的影响。造血系统增殖活跃,对辐射高度敏感。因此,在辐射损伤中,其变化具有重要意义。血细胞减少即为造血系统的早期反应。辐射对造血系统的损伤主要发生在造血干细胞、祖细胞和有增殖能力的骨髓幼稚细胞。成熟的红细胞对辐射的作用不敏感。血液中的淋巴细胞对辐射比较敏感,0.25 Gy 的吸收剂量即可引发数量变化,而且几乎在受照后即刻发生。因此血淋巴细胞记数一般被用于急性放射病的诊断。全身照射剂量在 3~5 Gy 的中等致死剂量范围时,因白细胞减少造成的感染和血小板减少引起的出血,是受照射患者死亡的主要原因。造血系统的晚期反应一般需要 3~8 年才会出现,表现为白血病、再生障碍性贫血或骨髓纤维化等。这是因为体内一部分组织中残存未完全修复的损伤。

② 对生殖系统的影响。性腺是对辐射较敏感的器官。辐射对精原细胞和卵母细胞造成杀伤,引起精子数量下降或排卵中断。

③ 辐射对眼晶状体的影响。会导致眼晶状体浑浊。当浑浊明显或对视力有显著影响时被称为放射性白内障。放射性白内障多见于头面部特别是眼部的放疗并发症,其次见于事故辐照。辐射导致晶状体内的氧化损伤,随后发生水的流入与蛋白质的氧化等细胞成分变化,细胞堆积等造成了放射性白内障。放射性白内障是晚期效应,潜伏期最短 9 个月,最长 12 年,平均 2~4 年。

④ 对消化系统的影响。辐射对消化系统的影响主要表现为呕吐。呕吐情况也是急性放射

病诊断的最敏感和特异的方法之一。切尔诺贝利核电厂事故后按呕吐进程对急性放射病进行分类,灵敏度(诊断病人占总病人数的比例)和特异性(诊断非病人占总非病人数的比例)分别为95%和90%。通过呕吐等临床症状推测受照剂量,并采取对应的措施是快捷且实用的。临床上对吸收剂量的估算见表8-3。

表8-3　临床上对吸收剂量的估算

临床症状		受照剂量/Gy	
全身	局部	全身	局部
无呕吐	皮肤出现早期红斑	<1	<10
受照后2~3h出现呕吐	受照后10~24h出现红斑或异常	1~2	10~15
受照后1~2h出现呕吐	受照后6~8h出现红斑或异常	2~4	15~20
受照后1h内呕吐伴随严重症状,如低血压、面部充血、腮腺重大	受照后2~5h出现红斑伴随水肿、疼痛	>4	>20

⑤ 辐射对皮肤造成的影响。辐射对皮肤的影响主要表现为脱皮、坏死等。一般认为,出现红斑和干性脱皮的剂量阈值为3~5 Gy,出现湿性脱皮的剂量阈值为20 Gy,出现皮肤坏死的剂量阈值为50 Gy。

(4) 对儿童的效应

人类健康效应取决于许多物理因素。由于存在解剖和生理差异,辐射照射对儿童的影响和对成人的影响是不同的。而且由于儿童身材矮小,体表组织的屏蔽较少,在给定外照射下儿童体内器官受到的照射剂量是高于成人的。而且儿童身材矮于成人,所以受到地面沉积的放射性核素的照射剂量也较高。

至于内照射,由于儿童身材较矮,内部器官相聚紧密,所以聚集在一个器官内的放射性核素对其他器官的照射比成人的相对较多。还有许多其他与年龄相关的因素,涉及代谢作用和生理机能,使得不同的年龄之间有实质性差别。有些放射性核素对儿童内照射而言需要特别关注。例如,放射性核素^{131}I释放事故是甲状腺照射的主要来源。对于给定的摄入量,婴儿甲状腺受到的剂量比成人高9倍。切尔诺贝利核电站事故的研究肯定了癌症和^{131}I之间的联系,^{131}I主要集中在甲状腺中。

流行病学研究表明,在接受相同的辐射照射后,20岁以下的年轻人患白血病的可能性约是成人的2倍。10岁以下儿童尤其敏感;其他一些研究还表明,10岁以下儿童死于白血病的可能性比成人高3~4倍。其他研究还表明,20岁以下女子受照后罹患乳腺癌的可能性约为成年女性的2倍。在辐射照射后,儿童比成人更有可能罹患癌症,但可能要到癌症高发年龄才会显现出来。

联合国原子辐射影响科学委员会(United Nations Scientific Committee on the Effects of Atomic Radiation,UNSCEAR)指出,儿童癌症发生率方面的变化因素比成人更大,与肿瘤类型、儿童年龄和性别有关。诱发癌症方面有一个术语"辐射敏感性",是指辐射引起肿瘤的发生率。关于成人和儿童之间辐射敏感性差异的研究发现,儿童更容易发生甲状腺癌、皮肤癌、乳腺癌和白血病。

高剂量(如放疗中接受的剂量)照射后,儿童早期健康效应的差异是复杂的,但可以用不同组织与生物学机理的相互作用来解释。有些效应在儿童期受到照射比在成人期受到照射更为明显,如大脑缺陷、白内障和甲状腺结节等;而对少数效应而言,儿童组织如肺和卵巢更有抵抗力。

(5) 对胎儿的影响

母亲通过饮食所载带的放射性物质(内照射),或通过直接外照射,可能使胚胎或胎儿受到照射。由于胎儿受子宫的保护,所以对于多数辐射照射事件来说,胎儿所受的剂量往往低于母亲受到的剂量。然而,胚胎和胎儿对辐射特别敏感,照射的健康后果可能是严重的,即使辐射剂量低于母亲直接受到的剂量。这类后果包括生长迟缓、畸形、脑功能受损和癌症等后果。

哺乳动物在子宫内的发育大致分为三个阶段。第一阶段从受精开始到胚胎附着在子宫壁上,对于人类而言是妊娠的前两周。在这一阶段,辐射可以杀死子宫中的胚胎。研究这一阶段发生的事件非常困难;不过动物实验表明当辐射剂量高于某个阈值时对早期胚胎有致死效应。第二个阶段,对于人类来说是第 2 周到第 8 周,这一阶段的主要危险是辐射能导致发育中的器官变为畸形,而且可能导致出生时死亡。动物实验表明,眼睛、脑、骨骼等器官如果在发育时受到辐射照射,则特别易于发生畸形。最大损伤是神经中枢系统损伤,发生在第 8 周后,即妊娠的第三个阶段也就是最后一个阶段。关于未出生儿脑辐射照射效应的认识已经取得许多进展。例如,在 160 名出生前受到 1 Gy 剂量照射的原爆幸存者中,有 30 个孩子患有严重智力残疾。

胚胎辐射照射是否可以引起后来生命中的癌症,对此一直是有争议的。动物实验未能对此证明任何特定的关系。联合国原子辐射影响科学委员会一直致力于估算儿童死亡、畸形、智力残疾和癌症等辐射效应的总危险,据估算,在每 1000 个子宫中受到 0.01 Gy 照射的新生儿童中,最多有 2 个会受到影响,相比之下,自然发生相同效应的概率是 6%。

8.2.2 躯体效应和遗传效应

在微观上躯体效应是体细胞受辐照后出现的生物效应。大部分辐射生物效应均为躯体效应,如辐照造成的皮肤红肿等。躯体效应与个体受辐照有直接关系,且效应出现在一代人寿命以内,故通过跟踪受辐照个体,对其进行调查研究可以在短时间内得到关于躯体效应的研究结论。

在微观上遗传效应是生殖细胞受辐照后出现的生物效应,具有遗传性,受照射个体的后代可能受到辐射效应的影响。生殖细胞在辐照后可能发生变异,变异后仍有概率保留与异性生殖细胞结合产生受精卵,并发育为子代个体的能力。因此辐射效应可能在受辐照个体的后代身上体现。遗传效应与个体受辐照有间接关系,且效应出现所需时间可以达到数代人寿命之和,需要进行对受辐照个体后代的长期研究才能得出关于遗传效应的研究结论。常见的遗传效应为胚胎死亡、先天畸形、出生后的高死亡率等。对果蝇与小鼠的实验表明,受辐照个体后代具有较差的体质以及对癌症的易感性。

8.3 影响辐射生物效应的因素

8.3.1 辐射因素

1. 辐射类型

为衡量传能线密度不同的辐射源在诱发特定健康效应方面的一种相对标准,使用相对生物效能(relative biological effectiveness, RBE)概念。其定义为产生相同程度的某一特定生物终点

(biological endpoint),低传能线密度参考辐射的剂量相对于所考虑的辐射的剂量的比值。

$$RBE = \frac{基准辐射产生一定量某种生物效应所需剂量D_0}{待测辐射产生同样效应所需剂量D_0'} \quad (8-11)$$

一般参考辐射选择低传能线密度光子辐射,如 250 keV 的 X 射线或 γ 射线。高传能线密度辐射在单位长度组织内能量沉积较多,生物效应相对较强。故在一定范围内,传能线密度越高,RBE 越大。对同一生物终点,RBE 越大表示辐射效应越强。生物终点指出现某一效应,比如将出现淋巴细胞染色体畸变作为生物终点。RBE 的大小与计算当量剂量使用的辐射权重因子 ω_R 有关。对同一种生物效应,RBE 越大,则 ω_R 越大。

辐射的生物效应是随着电离作用的增强而增加的。辐射照射按照辐射源处于身体外还是身体内区分为外照射和内照射。在外照射情况下,γ 射线或中子的穿透能力较大,引起体内广泛的电离作用,损害机体组织。α 射线和 β 射线穿透能力较小,只能作用于皮质层,但 α 射线的损伤作用特别大,它可以使周围小范围内的细胞死亡。在内照射情况下,由于此时不需要较强的穿透能力即可造成明显生物效应,α 射线造成的效应要大于 γ 射线。

2. 剂量和剂量率

对于同种类型相同能量射线,剂量越大,造成的生物效应越强。部分生物效应在剂量增大到一定程度后不再增强。在一定剂量范围内,同等剂量照射时,剂量率高者效应强。剂量率低时,细胞增殖与损伤修复可使辐射生物效应减弱。

3. 照射方式

同等剂量照射,一次照射比分次照射效应强。在照射间隔期间的损伤修复可使分次照射的辐射生物效应减弱。全身照射比局部照射效应强,受照面积越大,效应越严重。

8.3.2 机体因素

(1)种系差异。生物进化程度越高,对辐照的敏感性越高。具体来说,生物结构越复杂,则在受到辐照损伤后越难以修复,因此表现出了更高的敏感性。比如,真核生物细胞在 1~2 Gy 的剂量下即会死亡,但大肠杆菌可以承受高达 50 Gy 的剂量,病毒则可承受 20 000 Gy。

(2)性别。育龄雌性个体对辐照的耐受性稍大于雄性。这与体内性激素含量差异有关。但雌性在辐照后的患癌风险及相应的死亡率高于雄性。

(3)年龄。幼年个体和老年个体对辐照的敏感性高于壮年个体。幼年个体的组织内细胞数量较少,因此容易受到确定性效应的影响;同时细胞增殖较快,遗传物质容易受辐照,导致癌变,因此容易受到随机性效应的影响,对辐射敏感。老年个体的细胞修复能力较弱,因此对辐射敏感。

(4)生理状态。机体处于过冷、过热、过劳、饥饿、患病等不良状态时,对辐射的耐受性降低。这是因为不佳的生理状态削弱了机体的自我修复能力。

8.3.3 介质因素

细胞的培养体系中或机体体液中在受辐照前加入辐射防护剂(radio protectant),如含巯基(-SH)的化合物可减轻自由基化学反应,促进损伤生物分子修复,进而减弱生物效应。反之,如含有辐射增敏剂(radio sensitizer),如氧气、亲电子和拟氧化合物,则会增强自由基化学反应,阻止损伤生物分子修复,进而增强辐射效应。辐射防护剂和辐射增敏剂在临床放射治疗中都有应用,前者为在治疗时保护正常组织,后者为提高对癌症病灶的放疗效果。

辐射防护剂的工作原理为防护剂与辐射产生的自由基反应,生成低危险性的产物。二甲基亚砜和含巯基化合物就是通过这种方式保护生物大分子的。在具体机制上,二甲基亚砜直接与OH 反应,但含巯基化合物除与 OH 反应外,主要依靠在 OH 与生物大分子作用后,与自由基作用位置反应,补充由于自由基作用缺失的电子。细胞中天然含有辐射防护剂,如谷胱甘肽(GSH)。对由于疾病细胞中先天缺乏谷胱甘肽的患者的研究表明,其细胞相比正常情况对辐照更敏感。

氧气在辐射生物效应的次级效应中起到催化反应的作用,因此可视为重要的增敏剂。实验结果表明,不存在氧气时细胞对辐射的耐受能力显著增强。因此,采用拟氧化合物可以起到增敏效果。此外,采用与辐射防护剂相作用,使其失去防护能力的亲电子化合物也可以增敏。联胺就是一种增敏剂。复杂的生化反应过程,比如以抑制生物大分子修复过程表现的增敏,实际的增敏作用机制较为复杂。

本章知识拓扑图

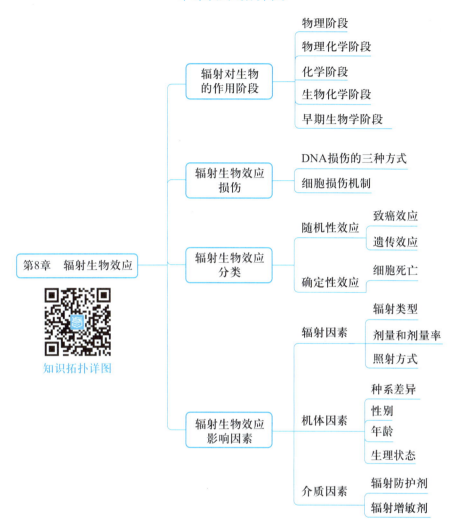

- 第8章 辐射生物效应
  - 辐射对生物的作用阶段
    - 物理阶段
    - 物理化学阶段
    - 化学阶段
    - 生物化学阶段
    - 早期生物学阶段
  - 辐射生物效应损伤
    - DNA损伤的三种方式
    - 细胞损伤机制
  - 辐射生物效应分类
    - 随机性效应
      - 致癌效应
      - 遗传效应
    - 确定性效应
      - 细胞死亡
  - 辐射生物效应影响因素
    - 辐射因素
      - 辐射类型
      - 剂量和剂量率
      - 照射方式
    - 机体因素
      - 种系差异
      - 性别
      - 年龄
      - 生理状态
    - 介质因素
      - 辐射防护剂
      - 辐射增敏剂

知识拓扑详图

习题

8-1　简述辐射生物效应的几个阶段。

8-2　说明辐射直接作用与间接作用对生物大分子(如 DNA 等)的损伤过程。

8-3　什么是遗传效应？什么是躯体效应？

8-4　各举一例说明什么是随机性效应和确定性效应？说明随机性效应和确定性效应的特征。

8-5　请从定义上说明引入 *EAR* 和 *ERR* 的意义。

8-6　当人体某组织对 α 射线和 γ 射线的吸收剂量相等时,它们对机体组织的危害是否一样？为什么？

8-7　哪种行业是人工辐射的主要贡献者？

8-8　辐射致癌过程是怎样划分的？

8-9　辐射危害有哪些效应？

8-10　什么是相对生物效能？

8-11　人体受到天然本底照射主要来源是哪些？试分析渔夫和农夫哪个受天然照射的剂量大？并阐述该天然照射是怎么对其产生影响的？

8-12　一位辐射工作人员在非均匀照射条件下工作,肺部受到 β 射线照射后的吸收剂量为 30 mGy/a,乳腺受到的 β 射线照射后吸收的计量为 30 mGy/a,问这一年中,她所受的有效剂量是多少？个体致癌的危险度 *F* 中白血病的危险度是多少,肺癌的危险度是多少？

参 考 文 献

［1］ 王汝瞻,卓韵裳.核辐射测量与防护［M］.北京:原子能出版社,1990.

［2］ 朱国英.电离辐射防护基础与应用［M］.上海:上海交通大学出版社,2016.

［3］ 夏寿萱.分子放射生物学［M］.北京:原子能出版社,1992.

［4］ Moore J. Biological radiation effects［M］. BerLin:Springer,1990.

［5］ 刘立业.中国成年男性参考人体素模型及在剂量测量评价中的应用［D］.清华大学,2010.

［6］ 闫聪冲,邱睿,刘立业,等.中国参考人数字体素体模及其在辐射防护领域的应用［J］.清华大学学报:自然科学版,2012,52(7):911-916.

［7］ PRESTON D L,RON E,TOKUOKA S,et al. BioOne online Journals-Solid cancer incidence in atomic bomb survivors:1958-1998［J］. Radiation Research,2001,100(6):428-36.

［8］ ICRP. ICRP Publication 60:1990 recommendations of the international commission on radiological protection［M］. Oxford:Pergamon Press,1990.

［9］ ICRP. ICRP Publication 103:the 2007 recommendations of the international commission on radiological protection［M］. Amsterdam:Elsvier,2007.

［10］ 国家卫生和计划生育委员会.GBZ/T 279—2017 核和辐射事故医学应急处理导则［S］.北京:中国标准出版社,2017.

［11］ VOROBTSOVA I. E. Increased cancer risk as a genetic effect of ionizing radiation［J］. Iarc Scientific Publications,1989(96):389-401.

［12］ OLSON M. Human consequences of radiation:A gender factor in atomic harm［C］.//Civil society engagement in disarmament processes:the case for a nuclear weapon ban. New York:United nations publication,2017:26-34.

第 9 章　辐射防护基础

人类不仅受到宇宙射线和天然辐射源的照射,也受到各个领域中人工辐射源的照射。在发展和应用核能、放射性核素和各种电离辐射装置的同时,应当研究如何免受或少受电离辐射的危害,保障工作人员、社会公众及其后代的健康和安全,制定有效的防护措施,有利于核科学与技术的应用和发展。

9.1　辐射防护原则

基于辐射照射情况的特征,将所有辐射照射情况分为三类:计划照射情况、应急照射情况和现存照射情况。计划照射情况是指计划引入或操作辐射源的情况,包含计划运营源的常见情况,例如退役、放射性废物处置和以前占有土地的恢复;应急照射情况是指在计划照射情况的运行过程中可能发生,或由恶意行为引起的,并需要采取应急措施的意外情况;现存照射情况是指在决定必须采取控制措施时照射已经存在的情况,如天然本底辐射引起的照射。

辐射照射实践是任何引入新的照射源、照射途径或扩大受照人员范围、改变现有源的照射途径,从而使人们受到的照射、受到照射的可能性或受到照射的人数增加的人类活动。辐射防护是为人类提供适当的防护标准而不过分限制伴有辐射的有益实践,即既要保护从事放射性职业人员和广大公众及其后代的健康与安全,又要允许正当照射的必要实践活动。辐射防护要防止有害的非随机效应(确定性效应),并限制随机效应的发生率,使之达到被认为可以接受的水平。

为了实现放射防护的目的,国际放射防护委员会(ICRP)在 1977 年提出了放射防护必须遵循实践的正当化原则(the principle of justification of practice)、防护的最优化原则(the principle of optimisation of protection)和个人剂量限制原则(the principle of application of dose limits)。2007 年的第 103 号出版物继续沿用了辐射防护的三项基本原则,同时以计划照射情况、现存照射情况和应急照射情况对所有照射情况进行分类,并更新了辐射权重因数和组织权重因数的数值。各国的辐射防护标准都要参考国际放射防护委员会的建议并结合本国的实际情况进行制定。

9.1.1　实践的正当化原则

任何改变辐照情况的决定都应当是利大于弊的。这就要求任何伴有电离辐射的实践,所获得的利益,包括经济的以及各种有形、无形的社会、军事及其他效益,必须大于所付出的代价,包括基本生产代价、辐射防护代价以及辐射所致损害的代价等,这种实践才是正当的,被认为是可以进行的,否则不应采取此种实践。

9.1.2　防护的最优化原则

在考虑了经济和社会等因素后,遭受照射的可能性、受照射人员数目以及个人所受剂量的大小均应保持在可以合理达到的尽量低的水平。

任何电离辐射的实践,应当避免不必要的照射。任何必要的照射,在考虑了经济、技术和社会等因素的基础上,应保持在可以合理达到的尽量低的水平(as low as reasonably achievable, ALARA),所以最优化原则也称为 ALARA 原则。在谋求最优化时,应以最小的防护代价,获取最佳的防护效果,不能无限地追求降低剂量。

9.1.3 个人剂量限制原则

除了患者的医疗照射之外,任何个人受到来自监管源的计划照射的剂量之和不能超过相应的剂量限值。剂量限值由监管机构考虑 ICRP 等国际机构的推荐值来制定,此限值适用于计划照射情况的工作人员及公众人员。

该原则意味着所有实践带来的个人受照剂量必须低于剂量当量限值。在潜在照射情况下,应低于危险度控制值。其目的是保证个人不会受到这些实践带来的在正常情况下被断定为不可接受的辐射危险。

在辐射防护体系内上述三项基本原则不可分割,其中最优化原则是最基本的原则。满足正当化和最优化原则的剂量,不一定对每个人都是安全合适的,为此还必须使个人所受的剂量当量不超过对各类人员所规定的限值。这同样是必须遵守的原则。

我国现行的国家标准 GB18871—2002《电离辐射防护与辐射源安全基本标准》是根据国际放射防护委员会第 60 号出版物制定的,其规定的剂量限值如下。

(1)应对任何工作人员的职业照射水平进行控制,使之不超过下述限值:

① 由审管部门决定的连续 5 年的年平均有效剂量(但不可作任何追溯性平均)20 mSv;

② 任何一年中的有效剂量 50 mSv;

③ 眼晶体的年当量剂量 150 mSv;

④ 四肢(手和足)或皮肤的年当量剂量 500 mSv。

(2)对于年龄为 16~18 岁接受涉及辐射照射就业培训的徒工和年龄为 16~18 岁在学习过程中需要使用放射源的学生,应控制其职业照射使之不超过下述限值:

① 年有效剂量 6 mSv

② 眼晶体的年当量剂量 50 mSv;

③ 四肢(手和足)或皮肤的年当量剂量 150 mSv。

(3)实践使公众中有关关键人群组的成员所受到的平均剂量估计值不应超过下述限值:

① 年有效剂量 1 mSv

② 特殊情况下,如果 5 个连续年的年平均剂量不超过 1mSv,则某一单一年份的有效剂量可提高到 5 mSv;

③ 眼晶体的年当量剂量 15 mSv;

④ 皮肤的年当量剂量 50 mSv。

9.2 外照射防护

外照射是指由存在于人体外的辐射源放出的电离辐射对机体的照射。辐射源包括放射性物质和载有放射性物质或产生辐射的器件,包括含放射性物质的消费品、密封源、非密封源和辐射发生器;拥有放射性物质的装置、设施及产生辐射的设备,包括辐照装置、放射性矿石的开发或选冶设施、放射性物质加工设施、核设施和放射性废物管理设施;审管部门规定的其他放射源。外照射防护主要针对 γ 射线、X 射线、中子和高能带电粒子等,对于 5 MeV 以下的 α 粒子和 2 MeV 以下的质子,由于其几乎不能穿透皮肤层,所以在外照射防护中不予考虑。

9.2.1 外照射防护方法

外照射防护的目的是尽可能降低辐射对机体的照射,使之保持在可以合理达到的尽量低的水平。外照射防护方法主要有三种:时间防护、距离防护和屏蔽防护。此外,对工作场所具有放射性的设备进行去污和减少辐射源的活度也是常用的方法。

1. 时间防护

时间防护是通过缩短受照射时间来减少照射量的防护方法。人体所受的累积剂量随着接触放射源时间的延长而增加,个人在辐射场内停留的时间越长,所接受的累积剂量越大。

人体在辐射场内接受的剂量当量可以近似按下式计算

$$H = \dot{H} t \tag{9-1}$$

式中:H——剂量当量,Sv;

　　$\dot{H}$——剂量当量率,Sv · s^{-1};

　　t——受照射时间,s。

通过限制受照射的时间,来控制个人所接受的剂量是常用方法。在强辐射场内工作时,必须事先仔细制定工作程序,做到周密计划、充分准备、熟练操作,尽量在最短的时间内完成规定任务。假如单人完成工作所需时间过长,遭受的照射量会超过规定限值时,则应组织一批人,采用轮换的方法,依次完成该项工作。

2. 距离防护

距离防护是通过增大与辐射源的距离,来降低辐射照射的剂量的防护方法。当人体与辐射源的距离为辐射源最大尺寸的 10 倍以上时,辐射源可以视为点源。在距离点源为 R 处的射线注量率可以由下式计算

$$\varphi = \frac{A y_\gamma}{4\pi R^2} \tag{9-2}$$

式中:φ——注量率,m^{-2} · s^{-1};

　　A——放射源的活度,Bq;

　　y_γ——产生某射线的产额;

　　R——测量点到点源的距离,m。

空间某位置的射线注量率 φ 与距离 R 的平方成反比,即距离增加一倍,射线注量率会减少到原来的 1/4。

同样,对线源、面源和体源,注量率也随着离线源或面源距离的增加而减小。

对于如图 9-1 所示长度为 L,活度为 A 的均匀线源,dl 长度微元的活度为

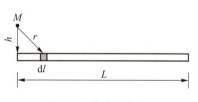

图 9-1　线源示意图

$$dA = \frac{A}{L}dl \tag{9-3}$$

若该源衰变发射某一能量射线的产额为 y_γ，则该微元内发射的射线对距离线源 h 处点 M 的注量率为

$$d\varphi = \frac{1}{4\pi r^2}\frac{y_\gamma A}{L}dl \tag{9-4}$$

如果点 M 投影在线源的端点处，则整个线源对 M 点的注量率为

$$\varphi = \int_0^L \frac{y_\gamma A}{4\pi r^2 L}dl = \frac{y_\gamma A}{4\pi L}\int_0^L \frac{1}{h^2+l^2}dl = \frac{y_\gamma A}{4\pi Lh}\tan^{-1}\frac{L}{h} \tag{9-5}$$

如果点 M 投影在线源的中心，则整个线源对 M 点的注量率为

$$\varphi = \int_{-\frac{L}{2}}^{\frac{L}{2}} \frac{y_\gamma A}{4\pi r^2 L}dl = \frac{y_\gamma A}{2\pi L}\int_0^{\frac{L}{2}} \frac{1}{h^2+l^2}dl = \frac{y_\gamma A}{2\pi Lh}\tan^{-1}\frac{L}{2h} \tag{9-6}$$

对于如图 9-2 所示半径为 R，活度为 A 均匀圆形面源，点 M 位于圆心上方 h 处。

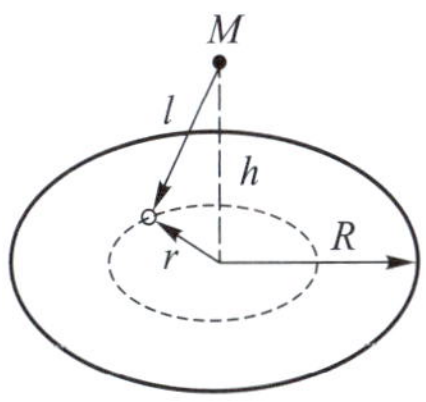

面源内任意点的微元活度为

$$dA = \frac{A}{\pi R^2}rd\theta dr \tag{9-7}$$

θ 为微元与水平方向的周向夹角。若该源衰变发射某一能量射线的产额为 y_γ，则该微元内发射的射线对距离面源 h 处点 M 的注量率为

图 9-2 面源示意图

$$d\varphi = \frac{y_\gamma A}{\pi R^2}\frac{1}{4\pi l^2}rd\theta dr \tag{9-8}$$

整个面源对点 M 处的注量率为

$$\varphi = \int_0^R \int_0^{2\pi} \frac{y_\gamma A}{\pi R^2}\frac{1}{4\pi l^2}rd\theta dr = \frac{y_\gamma A}{2\pi R^2}\int_0^R \frac{r}{h^2+r^2}dr = \frac{y_\gamma A}{4\pi R^2}\ln\left(\frac{h^2+R^2}{h^2}\right) \tag{9-9}$$

对于体源，体源外部的注量率也随着距体源距离的增加而降低，但因为要考虑体源本身对射线的散射和吸收，过程复杂，无法用解析公式表示。

可见，距离防护的效果十分显著。在实际应用中，应采用远距离操作器械，使操作者与辐射源之间有足够的距离，例如采用长柄钳转移具有放射性的物品，采用机械手或远距离自动控制装置进行放射性环境下的操作等。

3. 屏蔽防护

屏蔽防护是在放射源外围设置屏蔽设施，通过屏蔽材料对射线的吸收，减少屏蔽设施后方的辐射照射量。在实际情况下，如果不具有实现缩短接触时间和增大距离的条件，需要采用屏蔽防护的方法来实现安全操作。屏蔽防护需要根据射线种类、强度等选择不同的屏蔽材料和屏蔽体厚度。同时，在达到屏蔽效果时，需要考虑屏蔽方式的便携性、经济性等要求。例如防护服的使用、医院 CT 影像室中铅门和铅窗的安装以及放射源的屏蔽罩等都属于屏蔽防护的方法。

9.2.2 γ 射线的防护

γ 射线对机体的作用过程分为两步：第一步是射线与物质相互作用，产生次级带电粒子；第二步是次级带电粒子通过电离、激发等，将能量沉积在机体内。描述第一步产生次级带电粒子能量的量为比释动能。比释动能率是指单位时间内不带电粒子对单位质量物质产生的带电粒子的初始总动能。对于单能 γ 射线，比释动能率为

$$\dot{K} = \varphi E_\gamma \frac{\mu_{tr}}{\rho} \tag{9-10}$$

式中：$\dot{K}$ ——比释动能率，$J \cdot kg^{-1} \cdot s^{-1}$ 或 $Gy \cdot s^{-1}$；

φ —— γ 射线的注量率，$m^{-2} \cdot s^{-1}$；

E_γ —— γ 射线能量，MeV，$1\,MeV = 1.6 \times 10^{-13}\,J$；

$\dfrac{\mu_{tr}}{\rho}$ —— γ 射线对某物质的质量能量转移系数，$m^2 \cdot kg^{-1}$。

如果这部分能量完全被介质吸收，则为吸收剂量。但实际上，产生的带电粒子在运动过程中，会发出轫致辐射，该射线可能会穿透介质区域。假定穿出的轫致辐射能量占比为 g，其他能量被介质完全吸收，则吸收剂量率为

$$\dot{D} = \varphi E_\gamma \frac{\mu_{tr}}{\rho}(1-g) = \varphi E_\gamma \frac{\mu_{en}}{\rho} \tag{9-11}$$

式中：$\dot{D}$ ——吸收剂量率，$Gy \cdot s^{-1}$；

$\dfrac{\mu_{en}}{\rho}$ —— γ 射线对某物质的质量能量吸收系数，$m^2 \cdot kg^{-1}$。

γ 射线的质量能量吸收系数 $\dfrac{\mu_{en}}{\rho}$ 与射线的能量和吸收介质材料有关，表 9-1 为 γ 射线在干燥空气、水以及混凝土中的质量能量吸收系数 $\dfrac{\mu_{en}}{\rho}$ 和质量衰减系数 $\dfrac{\mu}{\rho}$。

表 9-1　γ 射线质量衰减系数和质量能量吸收系数　　　　　　　$m^2 \cdot kg^{-1}$

光子能量（eV）	干燥空气（海平面附近）		水		混凝土	
	μ/ρ	μ_{en}/ρ	μ/ρ	μ_{en}/ρ	μ/ρ	μ_{en}/ρ
4.0×10^4	2.471×10^{-2}	6.694×10^{-3}	2.668×10^{-2}	6.803×10^{-3}	6.070×10^{-2}	3.959×10^{-2}
5.0×10^4	2.073×10^{-2}	4.031×10^{-3}	2.262×10^{-2}	4.155×10^{-3}	3.918×10^{-2}	2.048×10^{-2}
6.0×10^4	1.871×10^{-2}	3.004×10^{-3}	2.055×10^{-2}	3.152×10^{-3}	2.943×10^{-2}	1.230×10^{-2}
8.0×10^4	1.661×10^{-2}	2.393×10^{-3}	1.835×10^{-2}	2.583×10^{-3}	2.119×10^{-2}	6.154×10^{-3}
1.0×10^5	1.541×10^{-2}	2.318×10^{-3}	1.707×10^{-2}	2.539×10^{-3}	1.781×10^{-2}	4.180×10^{-3}
1.5×10^5	1.356×10^{-2}	2.494×10^{-3}	1.504×10^{-2}	2.762×10^{-3}	1.433×10^{-2}	3.014×10^{-3}

续表

光子能量（eV）	干燥空气（海平面附近）		水		混凝土	
	μ/ρ	μ_{en}/ρ	μ/ρ	μ_{en}/ρ	μ/ρ	μ_{en}/ρ
2.0×10^5	1.234×10^{-2}	2.672×10^{-3}	1.370×10^{-2}	2.966×10^{-3}	1.270×10^{-2}	2.887×10^{-3}
3.0×10^5	1.068×10^{-2}	2.872×10^{-3}	1.187×10^{-2}	3.192×10^{-3}	1.082×10^{-2}	2.937×10^{-3}
4.0×10^5	9.548×10^{-3}	2.949×10^{-3}	1.061×10^{-2}	3.279×10^{-3}	9.629×10^{-3}	2.980×10^{-3}
5.0×10^5	8.712×10^{-3}	2.966×10^{-3}	9.687×10^{-3}	3.299×10^{-3}	8.767×10^{-3}	2.984×10^{-3}
6.0×10^5	8.056×10^{-3}	2.953×10^{-3}	8.957×10^{-3}	3.284×10^{-3}	8.098×10^{-3}	2.964×10^{-3}
8.0×10^5	7.075×10^{-3}	2.882×10^{-3}	7.866×10^{-3}	3.205×10^{-3}	7.103×10^{-3}	2.887×10^{-3}
1.0×10^6	6.359×10^{-3}	2.787×10^{-3}	7.070×10^{-3}	3.100×10^{-3}	6.381×10^{-3}	2.790×10^{-3}
1.5×10^6	5.176×10^{-3}	2.545×10^{-3}	5.755×10^{-3}	2.831×10^{-3}	5.197×10^{-3}	2.544×10^{-3}
2.0×10^6	4.447×10^{-3}	2.342×10^{-3}	4.940×10^{-3}	2.604×10^{-3}	4.482×10^{-3}	2.348×10^{-3}
3.0×10^6	3.581×10^{-3}	2.054×10^{-3}	3.969×10^{-3}	2.278×10^{-3}	3.654×10^{-3}	2.086×10^{-3}
4.0×10^6	3.079×10^{-3}	1.866×10^{-1}	3.403×10^{-3}	2.063×10^{-3}	3.189×10^{-3}	1.929×10^{-3}
5.0×10^6	2.751×10^{-3}	1.737×10^{-3}	3.031×10^{-3}	1.913×10^{-3}	2.895×10^{-3}	1.828×10^{-3}
6.0×10^6	2.523×10^{-3}	1.644×10^{-3}	2.771×10^{-3}	1.804×10^{-3}	2.696×10^{-3}	1.760×10^{-3}
8.0×10^6	2.225×10^{-3}	1.521×10^{-3}	2.429×10^{-3}	1.657×10^{-3}	2.450×10^{-3}	1.680×10^{-3}

　　吸收剂量等于比释动能的条件是带电粒子能量完全沉积在介质内。对于一个微小的体积元,通常情况下,该微小体积元内产生的带电粒子会逸出体积元外,同时也有其他带电粒子进入该体积元内并沉积能量。如图9-3所示,对于介质内的小体积元(ΔV),如果逸出和进入该体积元内的带电粒子总能量和能谱分布相同,则称为带电粒子平衡。在均匀辐射场内,以小体积元(ΔV)为中心向四周延拓,如果延拓区域在相同介质内,且延拓距离大于带电粒子最大射程,此时

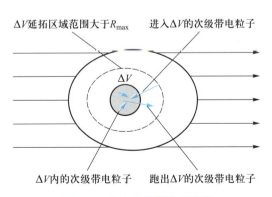

ΔV延拓区域范围大于R_{max}　　进入ΔV的次级带电粒子

ΔV

ΔV内的次级带电粒子　　跑出ΔV的次级带电粒子

图9-3　带电粒子平衡示意图

能满足带电粒子平衡的条件。不满足带电粒子平衡条件的典型情况有三种:(1) 小体积元位置离放射源很近时,由于辐射场极不均匀,进出小体积元的带电粒子很难平衡,如图 9-4a 所示;(2) 小体积元处于介质边缘或两种介质的交界处时,因两种介质产生和吸收次级带电粒子的能力不同,进出小体积元的带电粒子会存在不平衡,如图 9-4b 所示;(3) 放射源为高能辐射,次级带电粒子动能很大,最大射程超出均匀介质范围时,也会造成带电粒子不平衡,如图 9-4c 所示。

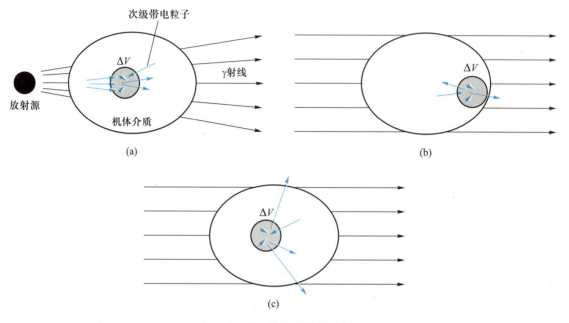

图 9-4   带电粒子不平衡示意图

在满足带电粒子平衡条件,并且忽略韧致辐射损失的情况下,能量为 E 的射线吸收剂量率 $\dot{D}$ 可以由比释动能率 $\dot{K}$ 确定。如无特别说明,后续均假设满足带电粒子平衡条件且忽略韧致辐射损失。由于空气中点源应用较为常见,对于距离点源为 R 的空间某点,受到该点源照射产生的吸收剂量率可以表示为

$$\dot{D} = \frac{A y_\gamma}{4\pi R^2} E_\gamma \frac{\mu_{tr}}{\rho} \tag{9-12}$$

式中,γ 射线产额、质量能量转移系数均与 γ 射线的能量 E_γ 有关,将这些系数统一为与能量相关的比释动能率常数,则吸收剂量率可表示为

$$\dot{D} = \frac{A}{R^2} \Gamma_k \tag{9-13}$$

式中:Γ_k——比释动能率常数,单位为 Gy·m²·Bq⁻¹·s⁻¹,表示空气中点源发出某能量 γ 射线在距离点源 1m 处单位时间内产生的比释动能。

通过比释动能率常数能直接计算出空气中点源发出 γ 射线产生的吸收剂量率。如果放射源发射出多种能量的 γ 射线,如⁶⁰Co 核素衰变时发出能量分别为 1.173 MeV 和 1.333 MeV 的 γ 射线,则该核素的比释动能率常数由各能量射线的比释动能率常数相加得到。表 9-2 列出了不同核素发出 γ 射线的空气比释动能率常数。

表 9-2 不同核素发出的 γ 射线的空气比释动能率常数　　Gy·m²·Bq⁻¹·s⁻¹

核素	比释动能率常数	核素	比释动能率常数
²⁴Na	1.23×10^{-16}	¹³¹I	1.44×10^{-17}
⁴⁶Sc	7.14×10^{-17}	¹³⁴Cs	5.72×10^{-17}
⁴⁷Sc	3.55×10^{-18}	¹³⁷Cs	2.12×10^{-17}
⁵⁹Fe	4.80×10^{-17}	¹⁵²Eu	3.8×10^{-17}
⁵⁷Co	6.36×10^{-18}	¹⁸²Ta	4.47×10^{-17}
⁶⁰Co	8.67×10^{-17}	¹⁹²Ir	3.15×10^{-17}
⁶⁵Zn	1.77×10^{-17}	¹⁹⁸Au	1.51×10^{-17}
⁸⁷ᵐSr	1.13×10^{-17}	¹⁹⁹Au	5.91×10^{-17}
⁹⁰Mo	1.18×10^{-17}	²²⁶Ra	5.4×10^{-17}
¹¹⁰Ag	9.38×10^{-17}	²³⁵U	4.84×10^{-18}
¹¹¹ᵐAg	1.32×10^{-18}	²³⁸U	4.71×10^{-19}

对 γ 射线进行屏蔽防护,选择屏蔽材料时应根据 γ 射线与物质相互作用规律。对于 γ 射线,屏蔽材料原子序数越高、材料密度越大,对射线的衰减系数也会越大。高密度材料,如铅、铁等,对 γ 射线的屏蔽效果较好。相对于轻质材料,采用高密度重材料的屏蔽厚度薄、体积小。如果屏蔽体的空间没有限制,则可采用成本较低的混凝土等轻质屏蔽材料。

假设在放射源和指定位置之间放置一厚度为 L 的屏蔽块,如图 9-5 所示。射线与屏蔽材料相互作用过程中,光电效应及电子对效应产生的电子被屏蔽体吸收,但康普顿散射产生的次级 γ 射线、正负电子湮灭产生的湮灭辐射等 γ 射线会穿透屏蔽体。穿透屏蔽体的 γ 射线不仅包含未发生作用的初级 γ 射线,也包含发生康普顿散射后的次级 γ 射线等。前者能量与入射前射线能量相同;后者因为康普顿散射等作用导致能量减小,但其能量分布谱是连续的。将穿过屏蔽体未与屏蔽体发生相互作用,仍沿着原来方向传播,能量不发生改变的 γ 射线束称为窄束;所有穿过屏蔽体的射线束(包含窄束)称为宽束。射线在物质内的衰减由窄束衰减规律计算,宽束的衰减则通过在窄束基础上引进累积因子进行修正。

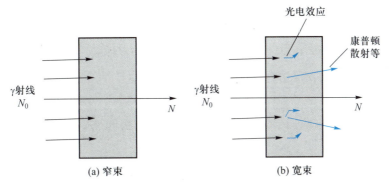

图 9-5 γ 射线在屏蔽体内衰减规律示意图

对于单能 γ 射线穿过厚度为 L 的均质屏蔽体,窄束的衰减规律为

$$\dot{D}(p) = \dot{D}_0(p) e^{-\mu L} \tag{9-14}$$

式中：$\dot{D}_0(p)$——无屏蔽介质在 p 点处的吸收剂量率,Gy·s^{-1}；

　　　　$\dot{D}(p)$——穿透屏蔽介质在 p 点处的吸收剂量率,Gy·s^{-1}；

　　　　L——屏蔽厚度,m；

　　　　μ——γ 射线在屏蔽体内的线衰减系数,m^{-1}。

衰减系数与射线能量、屏蔽材料有关,将衰减系数除以屏蔽材料的密度可以得到质量衰减系数(μ/ρ),单位为 $m^2 \cdot kg^{-1}$。图 9-6 为不同能量 γ 射线穿过不同材料时的质量衰减系数。由于在以康普顿散射主导的能量区间（γ 射线的能量为 0.1~10 MeV）,除铅、铁、锗等金属外,不同物质的质量衰减系数(μ/ρ)基本相同,其他低原子序数材料的质量衰减系数曲线基本重合。因此,应用中可对衰减系数做归一化处理。

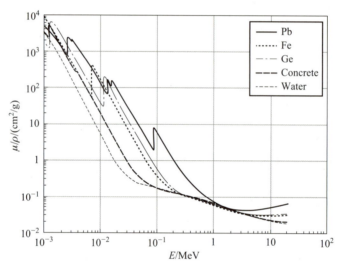

图 9-6　不同能量 γ 射线穿过不同材料时的质量衰减系数

宽束的衰减规律可以表示为

$$\dot{D}(p) = B\dot{D}_0(p) e^{-\mu L} \tag{9-15}$$

其中 B 为 γ 射线剂量率的累积因子。累积因子考虑了经过介质能量被降低的 γ 射线对剂量的贡献,它被定义为穿透介质后所有射线产生的吸收剂量率与未衰减 γ 射线产生的吸收剂量率的比值。

累积因子通过实验测得,与射线穿透介质前的能量、介质材料、屏蔽厚度有关。根据实验数据可以拟合成经验公式,比较常用的是泰勒拟合公式

$$B = A_b e^{-\alpha_1 \mu L} + (1 - A_b) e^{-\alpha_2 \mu L} \tag{9-16}$$

泰勒拟合公式对原子序数低于 13 的材料,在 γ 射线能量低于 2.2 MeV 时有较大误差,此时采用多项式来进行拟合,可得

$$B = 1 + A_b \mu L + \alpha_1 (\mu L)^2 + \alpha_2 (\mu L)^3 \tag{9-17}$$

式(9-16)、式(9-17)中,A_b,α_1,α_2 为常系数,与介质材料以及射线能量有关。表 9-3 给出

了不同能量 γ 射线在四种材料中的常系数,其中水与混凝土的累积因子由多项式计算,铁与铅的累积因子由泰勒拟合公式计算;μ 为物质对 γ 射线的线衰减系数,单位为 m^{-1};L 为屏蔽厚度,单位为 m。

表 9-3　不同材料内不同能量 γ 射线累积因子系数取值

材料	E_γ/MeV	A_b	α_1	α_2	材料	E_γ/MeV	A_b	α_1	α_2
水	0.25	1.335	0.6924	0.0835	普通混凝土	0.25	1.230	0.2914	0.0113
	0.50	0.983	0.4805	0.0052		0.50	0.976	0.2423	0.0000
	0.60	0.995	0.4095	0.0042		0.60	0.934	0.2108	0.0000
	0.70	1.001	0.3386	0.0036		0.70	0.941	0.1794	0.0000
	0.80	1.004	0.2845	0.0021		0.80	0.948	0.1479	0.0000
	0.90	1.002	0.2215	0.0010		0.90	0.955	0.1165	0.0000
	1.00	1.048	0.1575	0.0000		1.00	0.961	0.0900	0.0000
	1.25	1.007	0.1241	0.0000		1.25	0.946	0.0726	0.0000
	1.50	0.966	0.0907	0.0000		1.50	0.847	0.0563	0.0000
	1.75	0.926	0.0574	0.0000		1.75	0.816	0.0395	0.0000
铁	0.25	48.638	-0.0722	-0.0513	铅	0.25	1.342	-0.0108	0.0410
	0.50	40.437	-0.0641	-0.0394		0.50	1.677	-0.0308	0.3090
	0.60	38.040	-0.0630	-0.0368		0.60	1.938	-0.0317	0.2740
	0.70	35.643	-0.0618	-0.0341		0.70	2.090	-0.0358	0.2151
	0.80	33.246	-0.0607	-0.0314		0.80	2.461	-0.0334	0.1530
	0.90	30.848	-0.0596	-0.0288		0.90	2.723	-0.0342	0.1690
	1.00	28.451	-0.0584	-0.0261		1.00	2.984	-0.0350	0.1340
	1.25	25.805	-0.0554	-0.0210		1.25	3.052	-0.0403	0.1221
	1.50	23.160	-0.0523	-0.0158		1.50	4.004	-0.0349	0.0748
	1.75	20.514	-0.0492	-0.0106		1.75	4.830	-0.0332	0.0553

　　线衰减系数与屏蔽厚度的乘积 $n=\mu L$ 可认为是射线穿过屏蔽体的平均自由程倍数。平均自由程是指 γ 射线穿过物质时,未与物质发生作用的射线数量衰减至入射数量 1/e 倍时的长度,在数值上等于 $1/\mu$。

　　不同能量的 γ 射线穿过屏蔽体时的累积因子与平均自由程倍数的关系曲线如图 9-7 所示。平均自由程倍数越大,累积因子越大;射线能量越低,累积因子也越大。如果屏蔽体是多层介质,累积因子需按照介质排布的实际情况进行计算。以两层介质为例,如图 9-8 所示,按照如下原则计算:

　　(1) 如果两层介质原子序数相近,可视为相同屏蔽层,总累积因子按照两层总厚度计算;

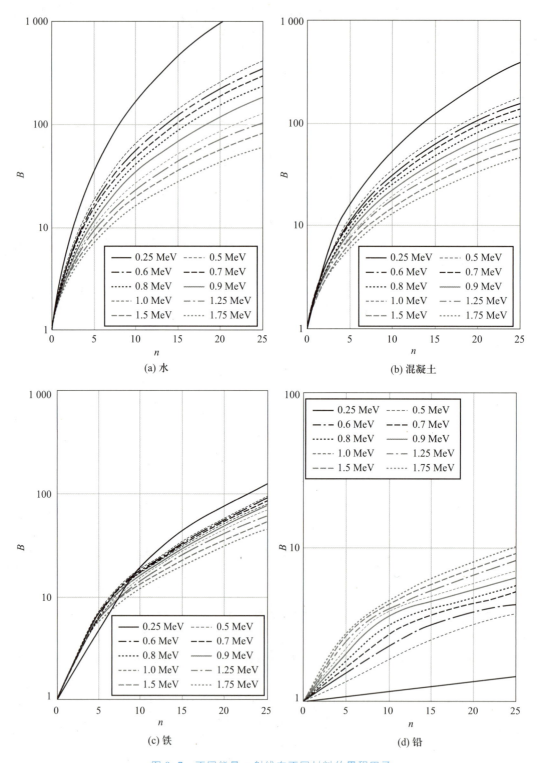

图 9-7   不同能量 γ 射线在不同材料的累积因子

（2）如果两层介质原子序数相差大，且低原子序数介质在前，由于低原子序数材料散射光子容易被后面高原子序数材料吸收，因此累积因子取高原子序数的累积因子 B_2；

（3）如果两层介质原子序数相差大，且高原子序数介质在前，由于高原子序数材料散射光子不容易被后面低原子序数材料吸收，并且会再次发生散射，所以累积因子取两者乘积 $B_1 \cdot B_2$。

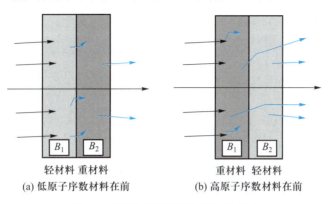

图 9-8　两层介质屏蔽的排布示意图

获得 γ 射线被屏蔽后的吸收剂量率，根据辐射防护中吸收剂量率的限值，则可由下式计算屏蔽材料的厚度 L

$$\dot{D} = \frac{A}{R^2} \Gamma_k B e^{-\mu L} \leqslant \dot{D}_{thr} \tag{9-18}$$

式中：$\dot{D}_{thr}$——吸收剂量率的限值，Sv/s；

　　　　L——屏蔽厚度，m。

式（9-18）的累积因子也与屏蔽厚度相关，整个不等式是关于屏蔽厚度 L 的非线性方程，可以采用迭代法或作图法进行求解。对此，在实际应用中还有多种便捷的屏蔽计算方法，如减弱倍数或透射比查图法。吸收剂量减弱倍数 K 为辐射场内初始吸收剂量率 $\dot{D}_0$ 与射线经过厚度为 L 的屏蔽层后吸收剂量率 $\dot{D}$ 的比值。与之相反的为透射比 η（$\eta = 1/K$），是射线经过厚度为 L 的屏蔽层后的吸收剂量率 $\dot{D}$ 与无屏蔽时初始吸收剂量率 $\dot{D}_0$ 的比值。

对比 γ 射线在被屏蔽前和屏蔽后产生的吸收剂量率，透射比与减弱倍数为

$$\eta = \frac{1}{K} = B e^{-\mu L} \tag{9-19}$$

由上式可知，减弱倍数与透射比为量纲为一的参数，由累积因子与衰减的指数规律确定。将不同核素发出的 γ 射线穿透屏蔽材料的透射比或衰减系数绘制成图，利用查图法即可获得需要的屏蔽厚度。不同能量的 γ 射线在常用屏蔽材料中的透射比随屏蔽厚度的变化如图 9-9 所示。

采用减弱倍数与透射比查图法进行屏蔽计算，需要大量数据或图表给出不同介质、不同射线在不同屏蔽厚度下的衰减比。半值厚度或十分之一层厚度法是更为便捷的屏蔽厚度计算方法。半值厚度（$\Delta_{1/2}$）是指一束辐射的量减少一半所需的吸收物质的厚度；十分之一层厚度（$\Delta_{1/10}$）是指一束辐射的量减少到十分之一所需的吸收物质的厚度；可以用长度单位表示，也可以用质量厚度单位表示。该数据通常由实验测得，适用于宽束条件，因此不需要考虑累积因子。半值厚

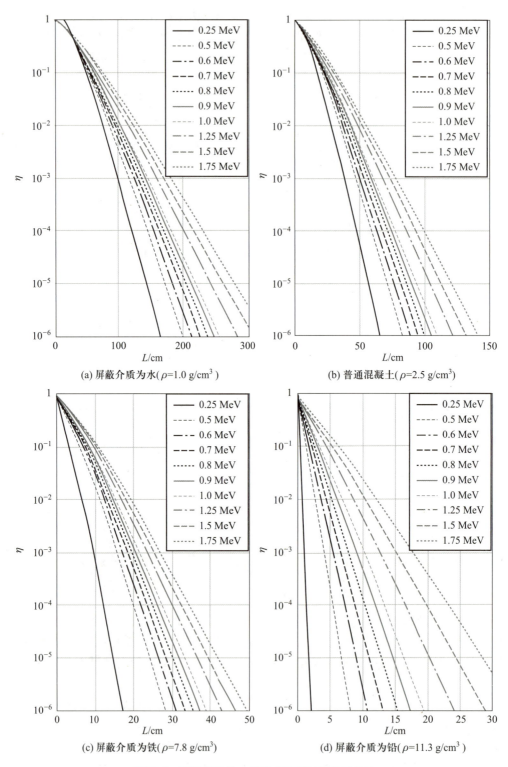

(a) 屏蔽介质为水(ρ=1.0 g/cm^3)　　(b) 普通混凝土(ρ=2.5 g/cm^3)

(c) 屏蔽介质为铁(ρ=7.8 g/cm^3)　　(d) 屏蔽介质为铅(ρ=11.3 g/cm^3)

图 9-9　不同能量的 γ 射线在不同材料的透射比

度和十分之一层厚度可以由下式获得

$$
\begin{cases}
\dot{D}_{1/2} = \dfrac{1}{2}\dot{D}_0 \\
\dot{D}_{1/10} = \dfrac{1}{10}\dot{D}_0
\end{cases}
\text{及}
\begin{cases}
\dot{D}_{1/2} = \dot{D}_0 e^{-\mu\Delta_{1/2}} \\
\dot{D}_{1/10} = \dot{D}_0 e^{-\mu\Delta_{1/10}}
\end{cases}
\tag{9-20}
$$

半值厚度($\Delta_{1/2}$)和十分之一层厚度($\Delta_{1/10}$)可表示为

$$
\begin{cases}
\Delta_{1/2} = \dfrac{1}{\mu}\ln 2 \\
\Delta_{1/10} = \dfrac{1}{\mu}\ln 10
\end{cases}
\tag{9-21}
$$

由上式可知,半值厚度($\Delta_{1/2}$)和十分之一层厚度($\Delta_{1/10}$)之间存在如下关系

$$
\frac{\Delta_{1/2}}{\Delta_{1/10}} = \frac{\ln 2}{\ln 10} = 0.301
\tag{9-22}
$$

不同核素 γ 射线在一些典型屏蔽材料的半值厚度($\Delta_{1/2}$)和十分之一层厚度($\Delta_{1/10}$)见表 9-4。

表 9-4 不同核素 γ 射线在一些典型屏蔽材料的半值厚度($\Delta_{1/2}$)和十分之一层厚度($\Delta_{1/10}$) cm

核素	材料原子序数	半衰期/a	γ 射线能量/MeV	半值厚度			十分之一层厚度		
				混凝土	钢	铅	混凝土	钢	铅
^{137}Cs	55	27	0.66	4.8	1.6	0.65	15.7	5.3	2.1
^{60}Co	27	5.24	1.17,1.33	6.2	2.1	1.2	20.6	6.9	4
^{198}Au	79	2.7	0.41	4.1	—	0.33	13.5	—	1.1
^{192}Ir	77	74	0.13-1.06	4.3	1.3	0.6	14.7	4.3	2
^{226}Ra	88	1622	0.047-2.4	6.9	2.2	1.66	23.4	7.4	5.5

例题 9-1 一个活度为 15 Ci 的 ^{137}Cs 点源,要求在距离源 1 m 处的吸收剂量率不大于 25 μSv·h^{-1},应采用多厚的铅屏蔽? 已知 ^{137}Cs 发出 0.662 MeV 的 γ 射线,铅对其衰减系数为 1.24 cm^{-1}。

解:根据屏蔽计算公式可得

$$
\dot{D} = \frac{A}{R^2}\Gamma_k B e^{-\mu L} \leqslant \dot{D}_{thr}
$$

吸收剂量率限值 $\dot{D}_{thr} = 25\ \mu\text{Sv}\cdot\text{h}^{-1}$。

累积因子采用泰勒拟合公式,将上式变为

$$
\left[A_b e^{-\alpha_1 \mu L} + (1 - A_b)\cdot e^{-\alpha_2 \mu L} \right] e^{-\mu L} \leqslant \frac{\dot{D}_{thr}}{A\cdot\Gamma_k}\cdot 1^2
$$

点源活度 $A = 15\ \text{Ci} = 5.55\times10^{11}\ \text{Bq}$;

通过插值可得 $A_b = 2.0322$,$a_1 = -0.0342$,$a_2 = 0.2375$;

^{137}Cs 核素的比释动能常数查表 9-2 得:$\Gamma_k = 2.12\times10^{-17}\ \text{Gym}^2\text{Bq}^{-1}\text{s}^{-1}$。

因此

$$(2.032\,2 \cdot e^{0.034\,2 \times 1.24 \times L} - 1.032\,2 \cdot e^{-0.237\,5 \times 1.24 \times L}) \cdot e^{-1.24 \times L} \leqslant \frac{25 \times 10^{-6}/3\,600}{3.7 \times 10^{11} \times 2.12 \times 10^{-17}} \cdot 1^{2}$$

对上式采用作图法可求解屏蔽厚度。将左式与右式随屏蔽厚度(L)的变化趋势曲线,作图于图 9-10,铅屏蔽厚度为 6.4 cm。

按照减弱倍数法进行屏蔽厚度求解时,减弱倍数 K 或透射比 η 为

$$\eta = \frac{1}{K} = \frac{D_{\text{thr}}}{D_0} = 0.000\,885$$

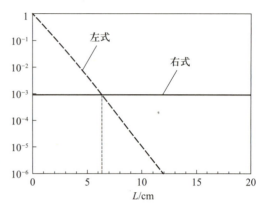

图 9-10　作图法求解屏蔽厚度

查图 9-9b、d 可得,如果采用铅屏蔽,屏蔽厚度为 6.5 cm;如果采用混凝土屏蔽,屏蔽厚度为 52 cm。可见混凝土屏蔽厚度远大于铅屏蔽厚度。

采用半值厚度法求解时,根据透射比 $\eta = 0.000\,885$,半值厚度倍数为

$$n_{1/2} = \frac{\ln(0.000\,885)}{\ln\dfrac{1}{2}} = 10.142$$

采用十分之一层厚度倍数为

$$n_{1/10} = \frac{\ln 0.000\,885}{\ln\dfrac{1}{10}} = 3.053$$

查表 9-4 可得 ^{137}Cs 在铅中的半值厚度为 0.65 cm,则屏蔽厚度为

$$L = n_{1/2}\Delta_{1/2} = 6.6 \text{ cm}$$

十分之一层厚度为 2.1 cm,则屏蔽厚度为

$$L = n_{1/10}\Delta_{1/10} = 6.4 \text{ cm}$$

用以上三种方法获得的铅对 ^{137}Cs 源的屏蔽厚度基本一致。

9.2.3　中子的防护

中子是一种穿透力很强的不带电粒子,需要采用合适的屏蔽材料进行慢化和吸收。根据能量的不同,中子通常分为快中子(能量>1 MeV)、中能中子(1 MeV>能量 ≥0.414 eV)、热中子(能量<0.414 eV)。中子慢化是指中子与介质原子核碰撞而不断降低速度和减少能量的过程。对于快中子,首先用慢化能力强的材料,如用含重核或中重核的材料降低快中子能量。对于能量不是很高的快中子,一次弹性散射即可使其降低大部分能量。由于靶原子核质量越接近中子,每次碰撞中子损失能量也越大,因此慢化最有效的元素是氢,通常采用含氢较多的水、石蜡、聚乙烯等轻材料作为慢化材料。对于热中子,要用吸收截面大的材料,如硼、钆等吸收中子,再采用原子序数高的材料吸收中子与物质相互作用后产生的次级 γ 射线。

对中子的屏蔽计算通常采用分出截面法,这是一种半经验的屏蔽计算方法。分出截面是指中子通过单位厚度材料时,从高能中子群中分出并进入低能中子群的概率。假定快中子从能量较高的"群"中被"分出",进入能量较低的"群",沿着原方向穿过屏蔽层的中子均是未与屏蔽物

质发生作用的中子,这部分中子的衰减规律可以表示为

$$\Phi_r(d) = \Phi_{r0}e^{-\Sigma_R d}$$　　　　(9-23)

式中:Σ_R——屏蔽材料对中子的宏观分出截面,cm^{-1};

　　　d——屏蔽材料的厚度,cm。

中子的宏观截面包括宏观全截面和宏观分出截面。宏观全截面是中子与物质发生非弹性散射、弹性散射、吸收作用的总宏观截面。宏观分出截面是宏观全截面内扣除发生弹性碰撞但因散射角较小,仍对中子通量或剂量有贡献的截面份额。宏观分出截面小于宏观全截面,采用宏观全截面计算会使得屏蔽厚度偏小,采用分出截面屏蔽计算比较安全。表9-5给出了某些常用材料对中子的宏观分出截面。

表 9-5　某些常用材料对中子的宏观分出截面

材料	宏观分出截面/cm^{-1}
水	0.103
石蜡	0.118
混凝土	0.089
普通土(含水10%)	0.041
碳酸钙($\rho = 2.71\ g \cdot cm^{-3}$)	0.518
铁	0.079
石墨($\rho = 1.54\ g \cdot cm^{-3}$)	0.096

采用分出截面法进行中子屏蔽计算,应尽量满足其以下条件:

(1)屏蔽层要有适当的厚度,使分出的中子衰减并被吸收,保证穿透屏蔽材料后的中子能量分布与源中子相同,即穿透屏蔽材料后的中子剂量主要由最大贯穿的源中子贡献;

(2)根据中子能量选择屏蔽材料,快中子需要选择高或中高原子序数材料,使中子从最大贯穿能量快速慢化至1 MeV以下;

(3)屏蔽材料要有足够的氢,保证中能中子快速降至热吸收状态。

对于穿透屏蔽体的散射中子产生的剂量,也可采用累积因子进行修正。

假定存在一点中子源,如图9-11所示,中子源强度 $S = A \cdot y_n$,其中 A 为中子源活度,y_n 为发出某一能量中子的产额。经过 I 层不同材料组成的屏蔽体,在距离为 R 处的注量率为

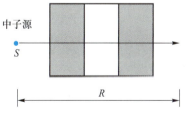

图 9-11　点中子源屏蔽示意图

$$\dot{\phi}(R) = \frac{S}{4\pi R^2} B_n e^{-\sum\limits_{i=1}^{I}(\Sigma_{Ri}L_i)}$$　　　　(9-24)

式中:S——中子源强度,即中子源单位时间发出中子的数量,s^{-1};

　　　B_n——中子经过屏蔽体的累积因子;

　　　Σ_{Ri}——第 i 层屏蔽体的宏观分出截面,cm^{-1};

L_i——第 i 层屏蔽体的厚度,cm。

其中,累积因子 B_n 是由中子散射引起注量率或中子剂量增长的修正系数。对于含氢屏蔽层而言,它与屏蔽层厚度 L、氢的宏观全截面 $\Sigma_{\rm H}$ 有关,可表示为 $B_n = 1 + \Sigma_{\rm H} L$。

一些单能中子的累积因子见表 9-6。

表 9-6　一些单能中子的累积因子

材料	中子能量/MeV					
	2	4	6	8	10	14.9
氢		3.5	3.5	2.8	2.8	2.8
水	3.5	5.4	4.6	4.2	3.3	3.0
石墨		1.4				1.3
碳化硼		5.0				1.8
聚乙烯		2.4				2.5
铝		3.5				2.5
铁		4.9				2.7
铅		4.0				2.9

在获得中子的注量率后,可以利用中子当量剂量与注量率的换算表(表 9-7)来计算中子产生的当量剂量,即

$$\dot{H}(R) = \dot{\phi}(R) f_{{\rm H},n} q = \frac{S}{4\pi R^2} B_n {\rm e}^{-\sum\limits_{i=1}^{n}(\Sigma_{Ri} d_i)} \cdot f_{{\rm H},n} \cdot q \tag{9-25}$$

式中:$f_{{\rm H},n}$——剂量转换因子,与能量有关,可由表 9-7 查得。

q——居留因子,表示某区域人员居留的程度,全居留 $q = 1$,部分居留 $q = 1/4$,偶然居留 $q = 1/16$,如果没有特别强调,居留因子取 1。

表 9-7　中子当量剂量与注量率的换算表

中子类型	中子能量 E_n /MeV	辐射权重因子 $\omega_{\rm R}$	当量剂量换算因子 $f_{{\rm H},n} \times 10^{-15}({\rm Sv} \cdot {\rm m}^2)$	$10\mu{\rm Sv} \cdot {\rm h}^{-1}$ 中子注量率 /(${\rm cm}^{-2} \cdot {\rm s}^{-1}$)
热中子	2.53×10^{-8}	2.00	1.07	260.10
中能中子	1.00×10^{-6}	2.00	1.26	219.90
	1.00×10^{-5}	2.00	1.21	230.00
	1.00×10^{-4}	2.00	1.16	240.10
	1.00×10^{-3}	2.00	1.03	270.00
	1.00×10^{-2}	2.00	0.99	280.00
	1.00×10^{-1}	7.40	5.79	48.00

续表

中子类型	中子能量 E_n /MeV	辐射权重因子 ω_R	当量剂量换算因子 $f_{H,n} \times 10^{-15}$ (Sv·m^2)	10μSv·h^{-1} 中子注量率 /(cm^{-2}·s^{-1})
快中子	0.50	11.00	19.84	14.00
	1	10.60	32.68	8.61
	2	9.30	39.68	7.00
	5	7.80	40.65	6.83
	10	6.80	40.85	6.80
	20	6.00	42.74	6.50
	50	5.00	45.54	6.10
同位素 中子源	^{210}Po-Be $E_n=2.8$	8.00	33.10	8.40
	^{210}Po-Be $E_n=4.2$	7.50	35.50	7.84
	^{226}Ra-Be $E_n=4.0$	7.30	34.50	8.04
	^{239}Pu-Be $E_n=4.1$	7.50	35.20	7.88
	^{241}Am-Be $E_n=4.5$	7.40	39.50	7.04
	^{252}Cf 源 $E_n=2.13$	9.15	33.21	8.36

假设中子由单一材料屏蔽,设定当量剂量限值,则可以计算出该屏蔽材料的厚度

$$\dot{H}(R)=\dot{\phi}(R)f_{H,n}q=\frac{S}{4\pi R^2}B_n e^{-\Sigma_R L}\cdot f_{H,n}q \leqslant \dot{H}_{thr} \qquad (9-26)$$

式中:$\dot{H}_{thr}$——中子防护的当量剂量率限值,Sv·s^{-1}。

屏蔽厚度为

$$L \geqslant \frac{1}{\Sigma_R}\ln\frac{SB_n f_{H,n}q}{4\pi R^2 \dot{H}_{thr}} \qquad (9-27)$$

除了以当量剂量作为限值,也可以直接以中子的注量率作为限值,则

$$L \geqslant \frac{1}{\Sigma_R}\ln\frac{SB_n q}{4\pi R^2 \dot{\Phi}_{thr}} \qquad (9-28)$$

式中:$\dot{\Phi}_{thr}$——中子防护中为满足不人于当量剂量率限值时设定的中子注量率限值,m^{-2}·s^{-1}。

例题 9-2 如图 9-12 所示,强度 $S=1\times10^7$ s^{-1} 的镅-铍(^{241}Am-Be)中子源放置于图示的石蜡箱内,求其公共区域内的最大中子注量率和剂量率分别是多少?

解:查表 9-5 知:石蜡的宏观分出截面 $\Sigma_{R1}=0.118$ cm^{-1};氢宏观分出截面 $\Sigma_H=0.079$ cm^{-1};墙壁近似为土,宏观分出截面 $\Sigma_{R2}=0.041$ cm^{-1}。

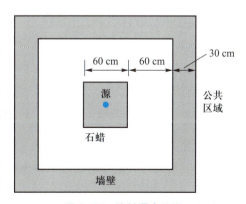

图 9-12 放射源布置图

对中子屏蔽起主要贡献的是含氢屏蔽层,累积因子:$B_{n1} = 1 + \Sigma_\text{H} L_1, B_{n2} = 1 + \Sigma_\text{H} L_2$。

放射源距离公共场所最近距离 $R = 1.2$ m,此时屏蔽厚度:$L_1 = 30$ cm,$L_2 = 30$ cm。该处中子的注量率为:

$$
\begin{aligned}
\varphi(R) &= \frac{S}{4\pi R^2} \left[1 + \Sigma_\text{H}(L_1 + L_2) \right] \text{e}^{-(\Sigma_{\text{R}1} L_1 + \Sigma_{\text{R}2} L_2)} \\
&= \frac{10^7}{4\pi \times 1.2^2} \left[1 + 0.079 \times (30 + 30) \right] \text{e}^{-(0.118 \times 30 + 0.041 \times 30)} \, \text{m}^{-2} \cdot \text{s}^{-1} \\
&= 2.69 \times 10^4 \, \text{m}^{-2} \cdot \text{s}^{-1}
\end{aligned}
$$

对于 ^{241}Am-Be 中子源,查表 9-7 可得,10 μSv·h^{-1} 中子注量率为 7.04 cm^{-2}·s^{-1}。

由于是公共区域属于部分居留区,则居留因子 $q = 1/4$,产生的剂量率为

$$
\dot{H} = \frac{1}{4} \times \frac{2.69}{7.04} \times 10 \, \text{μSv} \cdot \text{h}^{-1} = 0.96 \, \text{μSv} \cdot \text{h}^{-1}
$$

9.2.4 β射线的防护

β射线的能谱是连续的,对其产生的剂量进行理论计算难度较大。在屏蔽计算中,由于β射线穿透屏蔽体时路径复杂,如图 9-13 所示,当物质的厚度不小于带电粒子的射程时,所有带电粒子都将被吸收,因此常用最大射程法进行屏蔽计算。同时,β射线与物质相互作用时,会发生轫致辐射产生 X 射线。X 射线的穿透能力大于β射线,因此还需要考虑对轫致辐射的屏蔽。因此,对β射线的屏蔽分两步考虑:(1) β射线的屏蔽;(2) 轫致辐射的屏蔽。

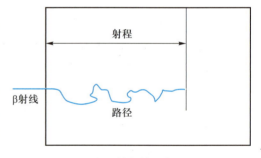

图 9-13   β射线射程的示意图

在对β射线进行屏蔽时,为了尽可能减少发生轫致辐射,对β射线的屏蔽要采用低原子序数的材料,如:铝、有机玻璃、混凝土等。β射线的屏蔽厚度可以根据最大能量的β射线在屏蔽材料中的射程确定。

对轫致辐射产生的 X 射线进行屏蔽时,轫致辐射的份额 F 为

$$
F = 3.33 \times 10^{-4} E_\text{max} Z_\text{e} = 1 \times 10^{-3} \overline{E_\beta} Z_\text{e} \tag{9-29}
$$

式中:Z_e——材料有效原子序数;

E_max——β射线的最大能量,MeV;

$\overline{E_\beta}$——β射线的平均能量,MeV。

假设轫致辐射源为点源,距离点源 R 处空气中的能量注量率为

$$
\varphi = \frac{AFE_\text{b}}{4\pi R^2} 1.6 \times 10^{-13} = 4.58 \times 10^{-14} \frac{A}{L^2} \overline{E_\beta}^2 \cdot Z_\text{e} \tag{9-30}
$$

上式中能量注量率单位为 Gy/h。假设轫致辐射平均能量 E_b 与β射线平均能量相同,单位为 MeV。射线对屏蔽层的透过率为 η,则吸收剂量率为

$$
\dot{D} = \dot{\varphi} \frac{\mu_\text{en}}{\rho} q\eta = 4.58 \times 10^{-14} \frac{A}{r^2} \overline{E_\beta}^2 Z_\text{e} \frac{\mu_\text{en}}{\rho} q\eta \tag{9-31}
$$

式中:A——β 源的活度,Bq;

q——居留因子。

例题 9-3 活度为 3.7×10^{11} Bq 的 ^{32}P 的 β 点源,要求屏蔽容器外 0.2 m 处空气中吸收剂量小于 25 μSv·h^{-1},设计容器厚度。

解:选择两层屏蔽,第一层为铝屏蔽 β 射线,第二层为铅屏蔽轫致辐射。

(1)第一层,选用铝

计算 β 粒子的最大射程:

^{32}P 的 β 粒子最大能量为 1.711 MeV,平均能量为 0.695 MeV。

根据公式(3-30),当 β 粒子最大能量为 1.711 MeV 时,其最大射程为

$$R_{\beta\max}(E)=412E^n,\quad n=1.265-0.0954\ln E$$

可解得最大射程为:$R_{\beta\max}=0.79$ g·cm^{-2}。

铝的密度为 2.754 g·cm^{-3},铝层厚度为:$L_{Al}=R_{\beta\max}/\rho_{Al}=0.79/2.754=0.29$ cm。

实际铝层厚度可取为 0.3 cm,即以 3 mm 铝皮作为盛源容器。

(2)第二层,选择铅

要求吸收剂量率小于 $\dot D_{thr}=25$ μSv·h^{-1},即:

$$\dot D=4.58\times10^{-14}\frac{A}{R^2}\overline{E}_\beta^{\,2}Z_e\frac{\mu_{en}}{\rho}q\eta\leqslant \dot D_{thr}$$

假定轫致辐射平均能量与 β 射线平均能量相同,为 0.695 MeV。如果缺乏 X 射线的相关数据,可以采用 γ 射线在空气中的质量能量吸收系数 2.9×10^{-3} m^2·kg^{-1} 进行屏蔽计算。居留因子选为 1,铝的原子序数 $Z_e=13$。则穿透率为

$$\eta=\frac{\dot D_{thr}}{4.58\times10^{-14}\dfrac{A}{R^2}\overline{E}_\beta^{\,2}Z_e\dfrac{\mu_{en}}{\rho}q}=0.0032$$

根据穿透率或减弱倍数 $K=1/\eta=313$,查图 9-9 可得铅的厚度为 5.5 cm。

9.3 内照射防护

内照射是沉积于人体内的放射性核素作为辐射源对机体产生的照射。造成内照射的原因通常是吸入被放射性污染的空气、饮用被放射性污染的水或者食入被放射性污染的食物等。内照射中放射性核素对人体危害的方式不仅表现在射线对机体的辐射电离;还有重金属本身的危害,可能造成重金属中毒。重金属中毒是指相对原子质量大于 65 的重金属元素或其化合物引起的中毒,重金属能够使蛋白质的结构发生不可逆的改变,从而影响机体组织细胞功能,进而影响人体健康。所以,要尽可能防止放射性物质进入人体内。

9.3.1 内照射特点及内照射防护目的

放射性物质进入人体后会有一部分滞留于体内,持续对人体组织产生照射,除放射性衰变和排泄外,仍会有剩余放射性核素对人体产生持续照射。内照射与外照射的特点对比如表 9-8 所示。

表 9-8   内外照射特点对比

照射类型	电离辐射	照射方式
内照射	α、β、γ	持续
外照射	γ、X、n、高能 β	间歇

α 粒子具有较大的质量和较多的电荷,在物质中穿透力较小。能量大的 α 粒子在空气中的穿透范围也只有几厘米,仍然无法穿透人体皮肤角质层。α 粒子引起的外照射对人体所产生的伤害可忽略,但含有 α 放射性的物质一旦进入人体,物质发出的 α 射线会对人体产生辐射伤害。如果含 α 放射性的物质沉积在某一器官内,α 粒子释放出的能量都会被该器官所吸收,会对该器官产生伤害。相比之下,β 粒子在空气中的射程较 α 粒子大,具有 2 MeV 以上能量的 β 粒子能够穿透皮肤组织达几毫米的深度,对人体造成的外照射所引起的伤害较大,所带来的外照射主要局限于皮肤表面和表层皮肤组织。γ 射线的穿透力强,在空气和物质中具有相对较大的穿透范围,即使 γ 源位于很远位置,仍会对人体造成外照射的危害。当人体暴露于 γ 辐射环境中,所有器官和组织都会受到照射。

内照射防护的目的就是防止放射性物质通过各种途径进入人体,或使进入人体的放射性物质最少。

9.3.2   放射性物质进入人体的途径、分布与排出

1. 放射性物质进入人体的途径

放射性物质主要通过吸入、食入、伤口以及完好皮肤渗透等方式进入人体内,对人体产生内照射。

(1) 吸入

悬浮于空气中的放射性核素通常以气态或气溶胶的形式存在,氡、氙、氚等气态放射性核素易经呼吸道黏膜或透过肺泡被吸收进入血液,气溶胶态放射性核素在呼吸道内的吸收取决于粒径大小及化合物性质。

放射性气溶胶粒径越大,附着在上呼吸道黏膜上越多,进入肺泡内越少,吸收率越低。粒径大于 1 μm 的气溶胶,大部分被阻滞在鼻咽部、气管和支气管内,通过咳痰排出体外或吞入胃内,仅少部分被吸收进入血液;粒径小于 1 μm 的气溶胶危害大,大部分沉积在细支气管、肺泡管、肺泡、肺泡囊等。难溶性化合物在肺内溶解度很低,多被吞噬细胞吞噬后滞留在肺内成为放射灶;而可溶性化合物则易被肺泡吸收进入血液。

(2) 食入

被放射性核素污染的水、食物、药品等可通过食入途径经消化道进入体内。污染食物包括放射性核素直接污染和经食物链间接污染的食物。放射性核素吸收率最高的是钠、钾、铯等碱族元素和碘、碲等非金属元素,可达90%以上;其次是锶、钡等碱土族元素,吸收率为 10% ~ 40%;镧系和锕系元素的吸收率最低,为 0.01% ~ 0.1%。

胃肠道对核素的吸收率主要取决于放射性物质的化学性质。碱族和卤族元素极易溶于水,吸收率较高。

（3）经伤口进入

当皮肤受到创伤时，放射性物质通过伤口进入，吸收率较高。伤口沾染放射性核素后，若不及时清洗，放射性核素将会通过伤口进入体内。

（4）经完好皮肤进入

完好的皮肤提供了一个有效防止放射性核素进入人体内的天然屏障，但有些放射性蒸汽或液体（氚化水、碘及其化合物溶液等）依然可以通过完好的皮肤渗透进入体内。

2. 放射性物质进入人体内的分布

放射性物质进入人体后，会在体内通过代谢进行转移。根据其代谢特点，可分为均匀性分布和选择性分布。均匀性分布是放射性核素较均匀地分布于全身组织、器官中，比如 ^{14}C、^{40}K、^{3}H、^{106}Ru 等核素；选择性分布是放射性核素选择性地沉积于某些组织、器官中，比如 ^{131}I 主要分布在甲状腺中。

3. 放射性核素进入人体后的排出

进入人体内的放射性核素可通过胃肠道、呼吸道、泌尿道以及汗腺、唾液腺和乳腺等途径从体内排出。经口摄入或吸入后转移到胃肠道的难溶性或微溶性放射性核素，在最初的 2~3 天内，主要由粪便排出体外，如 ^{144}Ce、^{239}Pu、^{210}Po 可由粪便排出 90% 以上。气态放射性核素（如氡、单质氚等）以及挥发性放射性核素，主要经呼吸道排出，而且排出率高、速度快。如氡和单质氚进入体内后，在最初 0.2~2 小时内大部分经呼吸道排出，停留在呼吸道上段的放射性核素可随痰咳出。经各种途径进入体内的可溶性放射性核素，主要经肾随尿液排出。

源器官中沉积的放射性核素的量会由于自发的核衰变和生理代谢过程而减少，源器官即为有放射性核素在其中分布的器官。器官中滞留的放射性核素活度的变化服从指数规律，用物理衰变常数 λ_p 或物理半衰期 T_p 描述其衰变的快慢。对大多数核素来说，因生理代谢过程而减少的规律也近似遵循指数规律，可以用生物半排期 T_b 和生物衰变常数 λ_b 来描述放射性核素从体内排出速度的快慢，生物半排期越小，排出体内的速度越快。

人体内放射性核素减少由物理半衰期和生物半排期共同决定，即有效半减期，可用式（9-32）来描述。

$$\frac{1}{T_e} = \frac{1}{T_p} + \frac{1}{T_b} \tag{9-32}$$

式中：T_e——有效半减期，s。

人体内放射性核素的减少规律可用式（9-33）来描述，即

$$q(t) = q_0 \mathrm{e}^{-\lambda_e t} = q_0 \mathrm{e}^{-\frac{0.693t}{T_e}} \tag{9-33}$$

式中：q_0——起始时刻源器官中放射性核素的量，Bq；

$q(t)$——经过 t 时间后放射性核素的量，Bq；

λ_e——有效衰变常数，$\lambda_e = \lambda_p + \lambda_b$，$\mathrm{s}^{-1}$。

9.3.3　内照射防护的基本原则和一般方法

内照射防护的基本原则是采取各种措施，隔断放射性核素进入人体的途径，使摄入量减少到尽可能低的水平。

内照射防护的一般方法有包容、隔离、稀释和净化。

包容是指操作过程中,将放射性核素密闭起来,如采用通风橱、手套箱和工作服等方法。

隔离是根据放射性核素的操作量多少、毒性大小等,将工作场所进行分级、分区管理。

稀释是不断地排出被污染的空气或水并换以清洁的空气或水,以降低工作场所的空气或水污染浓度。

净化是采用过滤、吸附、除尘、凝聚沉淀和去污等方法,尽量降低空气或水中的放射性核素浓度,降低物体表面放射性污染水平。

包容和隔离是内照射污染控制中最主要的办法,特别是在放射性毒性高,操作量大的情况下更为重要。

9.3.4 职业人员内照射个人剂量估算与评价方法

对于在控制区工作并可能受到显著职业性内照射的职业人员必须进行常规个人监测,以确保工作场所达到并维持可以接受的安全工作条件。实施个人监测主要通过全身或器官中放射性核素含量的直接测量、排泄物或其他生物样品分析、个人空气取样器分析,或者这些技术的组合来实现。要进行内照射剂量估算,必须先通过这些监测方法进行放射性核素的摄入量计算。内照射个人剂量估算方法流程如图 9-14 所示。

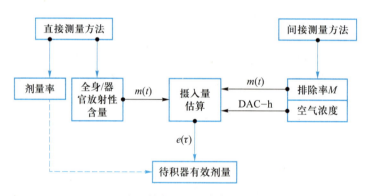

图 9-14　内照射个人剂量估算方法程序框图

1. 内照射个人监测方法

(1) 全身或器官中放射性核素的直接测量

这种方法可通过直接测量人体内 γ 射线的放射性核素活度,或通过测量某些发射特征 X 射线的 α 发射体的放射性核素活度,以进行内照射剂量的计算。对于发射 γ 射线的放射性核素,如 ^{131}I、^{137}Cs 和 ^{60}Co 等,可用 γ 探测器进行探测;对于发射特征 X 射线的 α 辐射体的放射性核素,可用 X 射线探测器进行探测。当伤口受到多种放射性核素污染时,由于不同核素的辐射损伤程度不同,为识别核素,应采用高能量分辨率的探测器进行探测,同时应配有准直器,以便对伤口放射性污染物进行定位。为消除体表污染对内照射测量的干扰,在进行直接测量前应进行人体表面去污。

(2) 排泄物及其他生物样品分析

对于不发射 γ 射线或只发射低能 γ 射线的放射性核素,排泄物监测是合适的监测技术。

（3）空气采样分析

空气个人采样监测是为评价个人通过吸入放射性物质所致内照射的个人监测方法。一般来说空气采样分析的不确定度很大,因此在无法开展体外监测和生物样品检测的情况下,才使用这一方法。例如,对于不发射强贯穿辐射,且在排泄物中浓度很低的放射性核素,如锕系元素,空气样品测量结果可用来估算摄入量。空气采样所用设备为个人空气采样器,使用时采样头应处于呼吸带内(一般取离地面 1.5 m 处),采样速率要能代表职业人员的典型吸气速率(约 $1.2\ \mathrm{m}^3 \cdot \mathrm{h}^{-1}$)。

2. 内照射个人剂量评价方法

（1）摄入量估算

体外直接测量和排泄物个人监测时,应采用 $m(t)$ 值估算摄入量。$m(t)$ 是内照射估算摄入量的主要参数,为摄入单位活度某核素后 t 天时体内或器官内该核素的活度。这个值主要用于职业人员内照射摄入量估算。此处 $m(t)$ 值采用相关标准的推荐值。

对于单次摄入,如果摄入时间已知,监测值为 M,则摄入量 I 为

$$I = \frac{M}{m(t)} \tag{9-34}$$

式中:I——放射性核素摄入量,Bq;

　　M——摄入核素后 t 天时测得的体内或器官内该核素的活度,Bq;

　　t——摄入核素到测量时间隔的天数。

对于连续摄入,假如监测周期为 T,并假定摄入发生在监测周期 T 的中间时刻,用 $m(T/2)$ 代替 $m(t)$,摄入量 I 为

$$I = \frac{M}{m(T/2)} \tag{9-35}$$

式中：T——常规个人监测周期;

$m(T/2)$——摄入单位活度后 $T/2$ 天时体内或器官内放射性核素的活度,Bq。

（2）内照射有效剂量计算及防护评价

待积有效剂量 $E(\tau)$ 计算为

$$E(\tau) = I e(\tau)$$

式中:$E(\tau)$——待积有效剂量,Sv;

　　$e(\tau)$——每单位摄入量引起的待积有效剂量,$\mathrm{Sv} \cdot \mathrm{Bq}^{-1}$。

在低于剂量限值十分之一的小剂量情况时,可用工作场所的监测数据粗略估算内照射剂量,但应包括的信息有核素、物质化学形态、气溶胶大小、摄入方式和路径等。当待积有效剂量估计值高于 5 mSv 时,为得到更为真实的剂量结果,还需要应用个体的特定受照时间和途径等信息。

如果摄入多种核素,待积有效剂量 $E(\tau)$ 为

$$E(\tau) = \sum_j I_j e_j(\tau)$$

式中:I_j——第 j 类放射性核素的摄入量,Bq;

$e_j(\tau)$——第 j 类核素在单位摄入量时引起的待积有效剂量,$\mathrm{Sv} \cdot \mathrm{Bq}^{-1}$。

如果考虑受照射途径,待积有效剂量 $E(\tau)$ 为

$$E(\tau) = \sum_j \sum_p I_{jp} e_{jp}(\tau) \tag{9-36}$$

式中：I_{jp}——第 j 类放射性核素通过 p 途径的摄入量，Bq；

$e_{jp}(\tau)$——j 类核素通过 p 途径在单位摄入量时引起的待积有效剂量，Sv·Bq^{-1}。

　　用上式得到的待积有效剂量可以与剂量限值和调查结果比较，进行职业人员的防护评价。

　　在摄入多种放射性核素混合物的情况下，一般只有少数几个核素对待积有效剂量有显著贡献，这时原则上应先确认哪些核素是有重要放射生物学意义的核素，然后针对这些核素制定监测计划并进行评价。

本章知识拓扑图

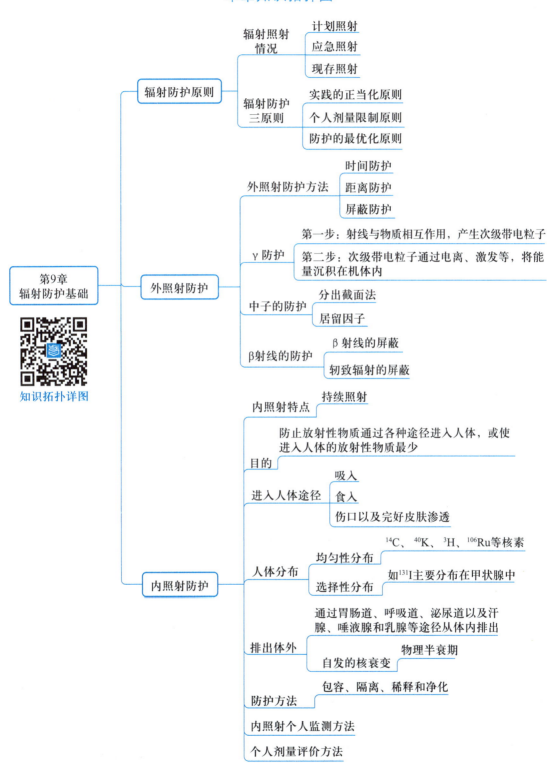

习题 ✎

9-1 试论述辐射防护的目的和任务。

9-2 辐射防护的三原则是什么?

9-3 试论述辐射防护中的 ALARA 原则。

9-4 我国标准规定的职业人员和公众的辐射防护剂量限值是多少?

9-5 外照射防护方法有哪些?

9-6 对比分析中子、γ 射线、β 射线屏蔽材料选择的准则。

9-7 请详细谈谈快中子屏蔽的一般原则。

9-8 γ 射线屏蔽计算采用累积因子修正宽束计算的剂量,以两层介质屏蔽为例,累积因子如何选取?

9-9 ^{60}Co 源是一种常见的放射源,广泛应用于各个行业中,但^{60}Co 具有强辐射性,如对人体造成外照射后,将造成严重危害,因此一般将^{60}Co 保存在铅室中。现有一^{60}Co 辐照室,其源活度为 $1.34×10^{14}$ Bq,如果希望将^{60}Co 所产生的剂量减弱 2 000 倍,则所需的铅防护层厚度应是多少?

9-10 已知一^{198}Au γ 辐射源在 1 m 处的剂量率为 16 mSv/h,20 m 处为公众场合,要求剂量率不大于 4 μSv/h,试计算分别采用铅和混凝土作为屏蔽材料所需要的屏蔽层厚度。

9-11 现有一^{192}Ir 点辐射源,该辐射源被一厚度为 1 m 的混凝土屏蔽材料包裹,在距离源 15 m 的地方工作人员的测得吸收剂量率为 30 μSv/h,试求该辐射源的活度?(混凝土对该 γ 射线的线衰减系数约为 48 m^{-1})

9-12 某工厂启用了一铭牌标识活度为 200 mCi 的^{137}Cs 源,在使用中不慎从铅屏蔽室中脱落,请计算最小监测作业区半径。(职业照射最大值按 50 mSv/a 算,每日工作时间按 8 h 计)

9-13 ^{32}P β 源是一种常见的放射性自显影核素。现有实验人员使用一活度为 $3.7×10^7$ Bq 的^{32}P 源进行放射性自显影实验,假设该源为点状,要求实验人员的吸收剂量率不得超过 25 μSv/h,试通过计算确定安全操作半径并设计铅服厚度。(已知 β 射线最大能量为 1.711 MeV,平均能量为 0.695 MeV)

9-14 某放射性废液桶外水泥搅拌器下部为 $\phi700×500$ 的圆柱形,顶部为 $R350$ 的半球面形,搅拌器材质为不锈钢,壁厚 10 mm。搅拌器搅拌的放射性废液水泥灰浆中 γ 核素^{137}Cs 浓度为 $7.18×10^8$ Bq/L。在对搅拌器进行检修前,需对搅拌器内壁进行清洗,由于清洗不彻底,内壁残留 1 mm 厚水泥灰浆,试计算搅拌器腔体中心处 γ 剂量率,以估算检修人员所受辐射剂量。

9-15 水泥固化是放射性废物处置的一种方法。现利用 400 L 标准废物桶对放射性废水进行水泥固化,标准桶尺寸为 $\phi700×1 040$,壁厚为 2 mm 钢板,固化桶内存在 γ 核素^{137}Cs 浓度为 $7.18×10^8$ Bq/L,为确定该固化桶是否满足辐射防护要求,试求该固化桶表面的最大剂量率。(给出计算表达式即可)

9-16 一个活度为 $3.7×10^{11}$ Bq 的钋-铍(Po-Be)中子源,用 40 cm 厚的石蜡屏蔽罐盛装,求在离源 1 m 处中子的注量率。

9-17 对一个活度为 10 mCi 的钋-铍(Po-Be)中子源,要求当量剂量率不超过 10 μSv·h^{-1},人体必须远离该源多少距离?

9-18 请对比内照射和外照射特点,为什么内照射中 α 射线的危害比较大?

9-19 放射性物质进入人体的途径有哪四种?

9-20 内照射防护的一般方法有哪四种?

参 考 文 献

［1］ 潘自强.国际放射防护委员会 2007 年建议书［M］.北京:原子能出版社,2008.

［2］ 国际原子能机构.国际辐射防护和辐射源安全的基本安全标准［M］.维也纳:国际原子能机构,2011.

［3］ 夏益华.高等电离辐射防护教程［M］.哈尔滨:哈尔滨工程大学出版社,2010.

［4］ 冷瑞平.中子剂量的计算及中子源的防护［J］.原子能科学技术,1978(01):70-80.

［5］ 苏旭,张良安.实用辐射防护与剂量学［M］.北京:原子能出版社,2013.

［6］ 吴宜灿.辐射安全与防护［M］.合肥:中国科学技术大学出版社,2017.

［7］ 潘自强.我国天然辐射水平和控制中一些问题的讨论［J］,辐射防护,200,21(5):257-268.

［8］ 国家质量监督检验检疫总局.GB18871—2002 电离辐射防护与辐射源安全基本标准［S］.北京:中国标准出版社,2002.

［9］ 国家卫生和计划生育委员会.GBZ129—2016 职业性内照射个人监测规范［S］.北京:中国标准出版社,2016.

第 10 章　核电厂源项及辐射监测

核电厂运行过程中会产生大量的放射性物质。为了包容放射性,核电厂设置了多道屏障,包括燃料包壳、一回路压力边界、安全壳等。如果燃料包壳发生破损,包壳中的放射性核素会释放到一回路中;如果一回路压力边界发生破损,一回路中的放射性核素会释放到安全壳中;如果安全壳发生破损,安全壳内的放射性核素会释放到大气环境中。

针对上述过程,本章分别介绍燃料包壳破损监测、一回路破损监测、流出物监测和环境放射性监测等内容。其目的是在反应堆正常运行期间连续监测一回路系统内冷却剂的放射性水平,及时发现燃料元件包壳的破损;监测有关设备、系统中的放射性水平,为反应堆安全运行提供保证;对可能向环境释放的放射性物质进行实时监测,保证核电厂周围环境的安全。

10.1　核电厂源项

10.1.1　核电厂放射性来源

核电厂放射性核素产生方式主要有裂变、活化及腐蚀,此外锕系元素也是来源之一。

裂变产物是重核裂变过程产生的子体,包括近 40 种元素,约 200 种不同的核素。质量数为 85~105 及 130~150 的核素产额较高。绝大部分核素具有放射性,其衰变子核通常也具有放射性。主要的裂变产物包括四类:惰性气体、挥发性裂变产物、半挥发性裂变产物、难挥发性裂变产物,见表 10-1。其中,^{133}Xe 和 ^{135}Xe 等惰性气体裂变产物,化学性质稳定、不容易发生吸附,易于释放到冷却剂中,并且具有较大的比活度。^{131}I 和 ^{137}Cs 等挥发性裂变产物,在燃料芯块内扩散迁移能力与惰性气体裂变产物相当,当包壳发生破损后,挥发性裂变产物同样易于释放到冷却剂中。惰性气体和挥发性裂变产物是包壳破损在线监测中需要重点关注的核素。而对于半挥发和难挥发裂变产物,从包壳间隙到冷却剂的释放速率相比易挥发裂变产物有数量级的减小,在包壳破损在线监测中一般不予考虑。

表 10-1　裂变产物分类

裂变产物种类	核素
惰性气体	Kr、Xe
挥发性裂变产物	I、Cs、Te
半挥发性裂变产物	Ba、Sr、Mo、Eu
难挥发性裂变产物	La、Ce、Nd、Pm、Gd、Tb、Y、Ho、Er、Tm、Yb、Pr、Sm、Zn、Sn、Ga、Ge、In

反应堆结构材料和主冷却剂中的原子吸收中子后可以形成活化产物。活化腐蚀产物的来源

主要有两类:① 堆芯内已经活化的材料被腐蚀进入主冷却剂中,② 以溶解或悬浮态存在于主冷却剂中的腐蚀产物经过堆芯时被活化。一回路中活化腐蚀产物的源项主要包括 ^{51}Cr、^{54}Mn、^{58}Co、^{60}Co、^{65}Zn、^{110m}Ag、^{124}Sb、^{125}Sb、^{59}Fe、^{55}Fe 和 ^{63}Ni 等核素。

锕系元素包括 ^{238}U、^{235}U、^{239}Pu、^{240}Pu、^{239}Np、^{241}Am、^{242}Cm 等,主要来源于燃料中现有的核素(即 ^{238}U、^{235}U),^{238}U 俘获中子后发生衰变产生的子核以及子核本身的衰变或再次吸收中子后发生的衰变,如 ^{238}U 俘获中子后变成 ^{239}U,^{239}U 发生 β 衰变生成 ^{239}Np,再次发生 β 衰变生成 ^{239}Pu 等。

10.1.2 核电厂源项概念

核电厂源项是指核电厂在正常运行期间或发生事故时从特定源中实际或潜在释放的放射性物质的形态、数量、组分以及随时间变化的其他释放特征。

按照核电厂运行状态,通常分为正常运行源项和事故源项两类。正常运行源项是核电厂进行常规环境评价、环境监测与管理的依据。事故源项主要用于事故后果评价、设备鉴定(环境条件)、事故可达性评价、应急设施可居留性评价以及应急等级划分等。

正常运行时,核电厂内源项主要来源于燃料包壳破损、一回路压力边界泄漏(主系统泄漏和蒸汽发生器泄漏),环境中源项主要来源于核电厂流出物。事故工况下的源项主要来源于堆芯损伤和系统故障等。

正常运行源项包括一回路源项和气、液态流出物排放源项。核电厂一回路源项主要用于放射性废物管理系统设计、辐射防护设计、放射性废物最小化管理和排放源项计算等。

用于放射性废物管理系统设计和辐射防护设计的一回路源项应足够保守,尽可能包络可能的预期运行事件。但过于保守的假设不利于核电厂放射性废物最小化管理和辐射防护最优化,因此,根据用途不同,一回路源项分为保守的设计基准源项和现实源项,见表 10-2。

表 10-2 正常运行源项

源项		主要用途
一回路源项	一回路设计基准源项	放射性废物管理系统设计、辐射防护设计、事故分析、排放源项计算和运行限值制定等
	一回路现实源项	排放源项计算、放射性废物最小化管理和辐射防护最优化等
排放源项	设计排放源项	选址、设计、建造和运行阶段辐射环境影响评价、流出物排放量申请、流出物排放和监测系统设计、流出物监测方案和环境监测方案制定等
	现实排放源项	辐射环境影响评价三关键分析、流出物排放和监测系统设计、流出物监测和环境监测方案制定等

核电厂排放源项主要用于环境影响评价。为了满足我国法规、标准中对核电厂选址、设计、建造和运行阶段环境影响评价的要求,同时准确评估核电厂正常运行的真实辐射影响,排放源项也分为设计排放源项和现实排放源项。

核事故情况下反应堆放射性物质的释放与分布受堆芯损坏发展进程、堆芯积存量、燃料释放份额、冷却剂滞留、安全壳释放核素形式、核素性质、事故情景等因素影响。严重事故进程中,主要发生堆芯熔融、燃料中放射性核素释放、核素在主系统内的迁移、熔融物混凝土反应、安全壳直接加热、核素从堆芯释放到安全壳等现象,其中堆芯熔融和熔融物混凝土反应两个过程释放大量放射性裂变产物。堆芯熔融过程释放了几乎全部的气体类裂变产物以及部分挥发和非挥发裂变产物。

不同核事故程度以及源项释放途径导致放射性核素的大气释放量存在差异。源项释放途径包括安全壳泄漏、安全壳旁通和直接环境释放。不同的源项释放途径以及其释放减弱机制使放射性核素释放量发生了明显的改变,但惰性气体释放量变化很小。

在事故后果评价中,主要关心最终向环境释放的放射性核素,即产额较高、中等半衰期、辐射生物学效应比较明显、气态或易挥发的放射性核素,如 ^{131}I、^{137}Cs、^{90}Sr、^{85}Kr、^{133}Xe 等。

由于安全壳对核素有一定的包容能力,释放时间延迟导致的放射性衰变会影响事故源项。如果释放不是瞬时的,而是持续比较长的时间,有必要考虑把时间作为源项定量估计的一个参数,使任何与源项有关的参数都可能是时间的参数。

10.2　燃料包壳破损监测

反应堆通常使用带有金属包壳的核燃料,对于一根典型的燃料棒,芯块直径为 8.19 mm,包壳内径为 8.36 mm,包壳外径为 9.5 mm,包壳厚度为 0.57 mm,包壳间隙宽度仅为 0.085 mm。包壳的主要作用是包覆燃料芯块,防止燃料和裂变产物进入冷却剂中。特别是燃料元件在堆内所处的环境复杂,既受到高温、高压、高辐射的作用,还可能受到一回路冷却剂引起的流致振动,这一切都有可能引起燃料包壳的破损。发生包壳破损后,一回路冷却剂活度会上升。如果没有及时监测到包壳破损,会影响反应堆的安全。燃料包壳破损监测需要重点掌握核素从芯块到冷却剂的两个释放过程:一是核素从芯块到包壳间隙的释放过程;二是核素从包壳间隙到冷却剂的释放过程,如图 10-1 所示。在此基础上通过活度限值、释放产生比斜率、活度比值等方法反演出燃料棒的破损程度。

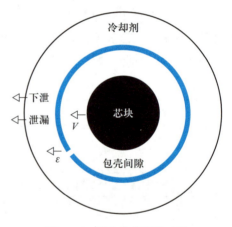

图 10-1　裂变产物释放过程

10.2.1　核素从芯块到包壳间隙释放

在反应堆原子核裂变过程中,堆芯内的裂变产物 N_i 同时存在产生和消失两个过程。如图 10-2 所示,裂变产物 N_i 的产生包括 UO_2 直接裂变、母核 N_j 发生 β 衰变和母核 N_k 俘获中子过程;裂变产物 N_i 的消失包括自身衰变和俘获中子消失两个过程。

对于上述裂变产物产生和消失的过程,可以建立

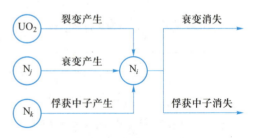

图 10-2　裂变产物产生和消失途径

的燃料芯块内裂变产物动力学平衡方程,如式(10-1)所示,方程右边第一项表征 UO_2 直接裂变产生、第二项是母核衰变产生、第三项是母核俘获中子产生、第四项是自身衰变消失、第五项是俘获中子消失。需要指出的是,对于某个核素其衰变链上母核并不一定只有一种,例如 ^{133}Xe 和 ^{133m}Xe 均可通过 β 衰变变为 ^{133}Cs,因此式(10-1)中的衰变产生项 $\sum_{j=1}^{n} I_{ji}\lambda_j n_j$ 需要求和。

$$\frac{dn_i}{dt} = n_U \sigma_f \varphi Y_i + \sum_{j=1}^{n} I_{ji}\lambda_j n_j + \varphi \sum_{k=1}^{n} f_{ki}\sigma_k n_k - \lambda_i n_i - \varphi\sigma_i n_i \qquad (10-1)$$

式中:n_i、n_j、n_k——燃料芯块内核素 N_i、N_j、N_k 的核子数量;

n_U——UO_2 的核子数量;

σ_f——UO_2 的微观裂变截面,$b(1\,b=10^{-28}\,m^2)$;

φ——中子注量率,$m^{-2}\cdot s^{-1}$;

Y_i——裂变产额;

I_{ji}——核素 N_i 衰变到核素 N_j 的分支比;

λ_i——衰变常数,s^{-1};

f_{ki}——核素 N_k 吸收中子后产生核素 N_i 的份额;

σ_k——核素 N_k 的中子吸收截面,b。

裂变产物从燃料芯块释放到包壳间隙包括反冲、击出和扩散三种方式。燃料芯块中裂变反应产生的裂变碎片能够在 UO_2 中沿相反的方向穿过 $1\sim10\,\mu m$ 的距离。如果裂变反应发生在燃料晶粒表面几微米的深度,则裂变碎片有可能借助本身的反冲能量脱离燃料芯块,称为反冲释放。

同时,反冲核还会破坏 UO_2 晶体,将途中遇到的 UO_2 分子击出。许多裂变产物,特别是气体和挥发性裂变产物不溶于 UO_2,而是在 UO_2 中处于一种饱和状态,以气泡形式存在。这样,原来积累在晶格中的挥发性裂变产物也被夹带出来,称为击出释放。反冲和击出释放如图 10-3(a)所示。

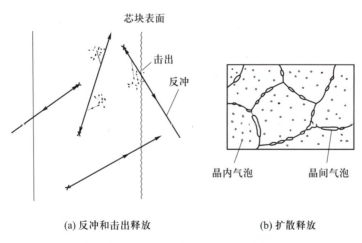

(a) 反冲和击出释放   (b) 扩散释放

图 10-3   反冲、击出和扩散释放示意图

在高温下扩散释放作用占据主导,UO_2 晶粒内的裂变产物可以从晶粒内扩散到晶界,最终释

放到包壳间隙中,如图 10-3b 所示,这一过程通常用 Booth 扩散模型描述。Booth 扩散模型是将 UO_2 晶粒简化为燃料小球的扩散模型,燃料小球的半径与 UO_2 晶粒半径在同一量级。在浓度梯度作用下,燃料小球中产生的裂变产物扩散到燃料小球的边界并释放出来。保守考虑,可以认为从边界释放出的裂变产物全部进入到包壳间隙中。基于上述考虑,可以以燃料小球为控制体建立球坐标系下的一维扩散方程

$$\frac{\partial C(r,t)}{\partial t} = \frac{D}{r} \frac{\partial^2 (rC(r,t))}{\partial r^2} - \lambda C(r,t) + B \tag{10-2}$$

式中: C——燃料小球中裂变产物的浓度, m^{-3} ;

　　D——裂变产物在 UO_2 内的扩散系数, $\mathrm{m}^2 \cdot \mathrm{s}^{-1}$;

　　r——燃料小球的径向位置, m ;

　　t——时间, s ;

　　λ——裂变产物的衰变常数, s^{-1} ;

　　B——燃料小球内裂变产物的产生率, $\mathrm{m}^{-3} \cdot \mathrm{s}^{-1}$ 。

假设 $t=0$ 时开始发生裂变反应,式(10-2)的初始条件如式(10-3)所示,即

$$C(r,0) = 0 \tag{10-3}$$

燃料小球中心的裂变产物浓度应为有限值,不能是无穷大,如式(10-4)所示,即

$$C(0,t) \neq \infty \tag{10-4}$$

裂变产物扩散到燃料小球的边界后如果立即释放,在边界处没有浓度积累,可用式(10-5)表示

$$C(a,t) = 0 \tag{10-5}$$

已知浓度分布 $C(r,t)$ 后,根据菲克定律,通过燃料小球边界的裂变产物的通量应正比与边界处裂变产物的浓度梯度,可以得到裂变产物从燃料小球的释放速率为

$$R = -\frac{3D}{a} \frac{\partial C}{\partial r} \bigg|_{r=a} \tag{10-6}$$

对于短半衰期核素,释放产生比 R/B 的形式与美国 ANS 5.4—2011 标准中一致,即

$$\frac{R}{B} = \frac{3}{a} \sqrt{\frac{D}{\lambda}} \tag{10-7}$$

根据式(10-7)即可计算核素从芯块到包壳间隙的释放率。

10.2.2　核素从包壳间隙向冷却剂释放

裂变产物从燃料包壳间隙释放到冷却剂中涉及复杂的两相流过程。当燃料包壳破损时,冷却剂将进入包壳间隙,闪蒸为水蒸气。由于闪蒸导致包壳间隙内压力变化并伴随着对流输运现象,裂变产物释放显著增强。一段时间后,间隙中的压力稳定,裂变产物释放达到稳定状态,此时考虑到包壳间隙和冷却剂中裂变产物的产生和消失途经,可以建立裂变产物的动力学平衡方程,用来计算裂变产物从包壳间隙释放到冷却剂的量。

一级动力学模型只考虑包壳间隙和冷却剂中裂变产物的产生和消失方式,建立包壳间隙中裂变产物 N_{gi} 的一级动力学方程为

$$\frac{\mathrm{d}n_{gi}}{\mathrm{d}t}=R_i+\sigma_j\varphi n_{gj}+\sum_k f_{ik}\lambda_k n_{gk}-(\varepsilon_i+\lambda_i+\sigma_i\varphi)n_{gi} \tag{10-8}$$

式中：R_i——包壳间隙中裂变产物从燃料芯块到包壳间隙的释放率；

$\sigma_j\varphi n_{gj}$——母核吸收中子导致的裂变产物产生率；

$f_{ik}\lambda_k n_{gk}$——母核衰变导致的裂变产物产生率；

$\varepsilon_i n_{gi}$——裂变产物通过破损释放到冷却剂中导致的消失率；

$\lambda_i n_{gi}$——自身衰变导致的裂变产物消失率；

$\sigma_i\varphi n_{gi}$——与中子作用导致的裂变产物消失率。

冷却剂中裂变产物 n_{ci} 的一级动力学方程为

$$\frac{\mathrm{d}n_{ci}}{\mathrm{d}t}=\varepsilon_i n_{gi}+\tau\sigma_j\varphi n_{cj}+\sum_k f_{ik}\lambda_k n_{ck}-\left(\lambda_i+\frac{Q}{W}\eta_i+\beta+\tau\sigma_i\varphi+\frac{L}{W}\right)n_{ci} \tag{10-9}$$

式中：$\varepsilon_i n_{gi}$——冷却剂中裂变产物从包壳间隙到冷却剂释放速率；

$\tau\sigma_j\varphi n_{cj}$——通过堆芯活性区时母核吸收中子导致的裂变产物产生率；

$f_{ik}\lambda_k n_{ck}$——母核衰变导致的裂变产物产生率；

$\lambda_i n_{ci}$——裂变产物自身衰变导致的消失率；

$Q n_{ci}/W\eta_i$——一回路净化导致的裂变产物消失率（其中 Q 为回路的净化流量，单位为 $\mathrm{kg\cdot s^{-1}}$，W 为冷却剂总质量，单位为 kg，η_i 为核素 N_i 的净化效率）；

βn_{ci}——调硼补水导致的裂变产物消失率；

$\tau\sigma_i\varphi n_{ci}$——裂变产物通过堆芯活性区时与中子作用导致的消失率；

$L n_{ci}/W$——回路泄漏导致的裂变产物消失率，其中 L 为回路的泄漏流量，$\mathrm{kg\cdot s^{-1}}$。

10.2.3 沾污铀对冷却剂活度的影响

燃料元件在制造过程中可能有 UO_2 燃料颗粒沾污在燃料包壳外表面，即沾污铀。即使燃料包壳完好无损，表面的沾污铀也会发生裂变，产生的裂变产物会释放到一回路冷却剂中。

与裂变产物从包壳间隙到冷却剂释放类似，tramp 表示沾污铀，裂变产物从沾污铀释放 n_{ci}^{tramp} 同样可以用一级动力学模型建模，将方程（10-9）中的产生项替换为沾污铀的产生项即可：

$$\frac{\mathrm{d}n_{ci}^{tramp}}{\mathrm{d}t}=R_{tramp}-\left(\lambda_i+\frac{Q}{W}\eta_i+\beta+\tau\sigma_i\varphi+\frac{L}{W}\right)n_{ci}^{tramp} \tag{10-10}$$

式中：R_{tramp}——沾污铀中裂变产物到冷却剂的释放速率。

10.2.4 燃料包壳破损监测

反应堆一般通过在线连续监测或取样监测的方式，测量冷却剂中核素的 γ 能谱，得到裂变产物的活度浓度。进而在正向释放模型的基础上，根据一回路中裂变产物活度判断燃料包壳破损程度，主要方法如下。

（1）冷却剂中放射性碘当量是否超过限值

使用 ^{131}I 和 ^{135}I 的活度是否超过限值判断燃料包壳是否破损。反应堆正常运行时冷却剂中核素活度远低于给定限值，当核素活度超过给定限值时表明燃料包壳发生设计基准破损或破口尺寸超过规定值，此时必须停堆。

（2）裂变产物释放产生比 R/B 与衰变常数 λ 的关系

反应堆包壳破损后，释放产生比 R/B 随 λ 斜率变化而发生变化，可以通过这种变化判断燃料包壳是否发生破损。例如，对于某一个反应堆，R/B 关于 λ 的斜率为 -0.4，此时对应燃料包壳发生中等尺度的破损，R/B 关于 λ 的斜率为 -0.7，此时对应燃料包壳发生小尺度的破损，如图 10-4 所示。

（3）两种裂变产物活度比值

使用冷却剂中多种裂变产物的活度比值判断燃料包壳的破损程度时，一般为长半衰期核素与短半衰期核素的活度比值。当包壳破损尺寸较小时，短半衰期核素在释放到冷却剂前已大部分发生衰变，而长半衰期核素能够释放到冷却剂中，因此冷却剂中长半衰期核素与短半衰期核素的活度比值较大；当包壳破损尺寸较大时，短半衰期核素和长半衰期核素均能够释放到冷却剂中，因此冷却剂中长半衰期核素与短半衰期核素的活度比值较小。对于挥发性裂变产物碘，主要有 ^{131}I 和 ^{133}I。^{131}I 和 ^{133}I 的半衰期分别为 8 d 和 21 h，被广泛用作燃料包壳破损监测的特征核素。

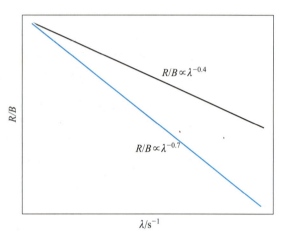

图 10-4　R/B 与 λ 的关系

美国西屋认为 ^{131}I 和 ^{133}I 的活度比值在 0.1~0.2 是大破损，比值超过 0.5 时是小破损。

燃料包壳发生破损后，释放到冷却剂中的 ^{134}Cs 活度与破损燃料燃耗的平方成正比，释放到冷却剂中的 ^{137}Cs 活度与破损燃料燃耗成正比，因此 ^{134}Cs 和 ^{137}Cs 的活度比值与燃耗成正比。破损燃料组件的燃耗可以通过 ^{134}Cs 和 ^{137}Cs 的活度比值确定，由此可以预测破损的区域。

10.3　一回路压力边界破前漏监测

反应堆一回路压力边界（reactor coolant pressure boundary，RCPB）泄漏是指来自反应堆冷却剂系统组件、一回路管道及焊缝、容器壁等材料中出现不可隔离的破损而引起的泄漏。这种冷却剂的低水平泄漏会危及一回路压力边界的完整性，有可能导致失水事故（loss of coolant accident，LOCA）。为了确定反应堆冷却剂的泄漏量及泄漏位置，应对其进行监测，以确保冷却剂压力边界的安全性。

10.3.1　监测的一般方法

在发生失水事故前，压力边界的少量冷却剂泄漏被称为破前漏（leakage before break，LBB），也被称为先漏后破。泄漏分为两类：可识别泄漏和不可识别泄漏。可识别泄漏是指可收集的、可衡量的，或者从已知源头发生的泄漏。不可识别泄漏是指可识别泄漏以外的其他泄漏，主要指反应堆冷却剂压力边界的泄漏。破前漏监测的对象是不可识别泄漏。

美国核管会（Nuclear Regulatory Commission，NRC）反应堆冷却剂系统泄漏监测与响应导则（NRC RG 1.45）对监测方法及其性能提出了具体要求。对一回路压力边界泄漏监测方法应当具备泄漏响应快、灵敏度高的特点。从响应时间看,要求能够在泄漏发生 1 小时或更短的时间内能监测到泄漏率在 3.8 L/min(1 加仑/分钟)的泄漏。从灵敏度看,如果不考虑响应时间,监测系统要求能够监测到的最小泄漏率为 0.19 L/min(0.05 加仑/分钟)。此外,应至少采用两种独立的、多样性的监测方法测量泄漏率并能确定泄漏源位置,还需要至少一种监测方法能在安全停堆期间及其后期测量其泄漏状态。

美国核管会反应堆冷却系统泄漏与响应导则(NRC RG1.45)推荐了泄漏率监测方法,包括:

(1)疏水坑(罐)液位或流量监测;

(2)气载粒子放射性监测;

(3)气载气体放射性监测;

(4)安全壳大气湿度监测;

(5)安全壳大气压力和温度监测;

(6)空气冷却器冷凝水流量监测。

也推荐了识别泄漏源的方法,包括:

(1)特定设备表面安装湿度探测器的方法;

(2)特定设备表面安装声发射探测器的方法;

(3)通过安装在安全壳内的耐辐照摄像机进行在线监测。

疏水坑液位监测是一种常用的监测方法,已在核电厂内普遍应用。当冷却剂泄漏后,其形态分为两种:气态或液态。其中,液态水通过设备房间地漏被收集到专用的疏水坑中,气态介质由反应堆厂房暖通系统冷却为冷凝水,再被引入到疏水坑中,疏水坑液位变化率能反映冷却剂的泄漏率。该方法可在安全停堆时和之后使用,但无法确定泄漏位置。

放射性监测是指利用对随冷却剂一起泄漏的放射性核素活度或活度浓度进行测量来监测冷却剂泄漏的方法,在核电厂内也同样被普遍应用。监测的对象包括气态放射性核素,也包括放射性气溶胶。放射性监测方法一般也难以确定泄漏位置。

温湿度监测方法是将温湿度探测器装置布置在一回路管线保温层连接处,当发生冷却剂泄漏时,冷却剂会从保温层连接处扩散至安全壳大气,温湿度发生明显变化,通过对温湿度的测量能够确定冷却剂泄漏率。该方法具有较高的响应性和灵敏性,能够实现低泄漏率的测量,也能粗略判断泄漏点位置。

声发射监测是指对冷却剂泄漏处发射的连续声波进行测量来实现冷却剂泄漏监测的方式。冷却剂泄漏产生的声波频带分布与裂缝尺寸、泄漏率和介质有关。该监测方式可以粗略获得泄漏率及泄漏位置。

此外,还有通过摄像头在线监测、安全壳内空气冷却器冷凝水流量、化学与容积控制系统内总水量变化监测等方法来进行反应堆冷却剂泄漏的监测。

反应堆一回路冷却剂泄漏监测方法见表 10-3。核电厂可根据实际情况采用多种方法进行组合监测,确保核电厂的安全运行。

表 10-3　反应堆一回路冷却剂泄漏监测方法

测量量	测量方法	测量仪表
水装量	反应堆冷却剂装量监测	差压变送器

续表

测量量	测量方法	测量仪表
泄漏物液位	地坑液位监测	差压变送器、浮子液位计
冷凝物流量	冷凝水流量监测	质量流量计
放射性活度	气态物质放射性活度浓度监测	气态物质放射性活度浓度监测仪
放射性活度	气载颗粒物放射性活度浓度监测	气载颗粒物放射性活度浓度监测仪
湿度	安全壳湿度监测	湿敏电容
湿度	管道附近湿度监测	带状湿度传感器
湿度	管道附近湿度监测	湿敏电容、湿敏电阻
湿度	管道附近或设备隔间湿度监测	湿度分析仪
声音	管道附近超声波监测	超声波传感器、波导杆
声音	管道附近声监测	麦克风
温度	管道附近温度监测	热电阻、热电偶、光纤
温度	安全壳内温度监测	红外摄像机、热成像仪
压力	安全壳内压力监测	压力变送器
浓度	硼酸浓度监测	红外谱仪
图像	可视监测	摄像机、巡视设备

10.3.2　放射性监测

　　放射性监测分为对放射性气体(radioactive gas)与放射性气溶胶(radioactive aerosol)的监测。放射性气体包括气态放射性物质(含惰性气体)及气态放射性碘等;监测的放射性气溶胶主要包括裂变、活化、腐蚀产物对应的放射性气溶胶。放射性气溶胶是指含有放射性核素的固体或液体微粒在空气中形成的分散系,粒径一般在 $0.01 \sim 1\,000\ \mu m$。

　　对监测的放射性核素的要求包括:半衰期不宜过短,否则衰变过快将致使到达监测点的活度浓度过低;半衰期也不宜过长,否则探测器计数率过小,无法监测。判断某种核素是否适宜监测,需要综合考虑其在一回路内的初始浓度、从泄漏点迁移到监测点的损失、迁移的平均时间及半衰期。一般选择 ^{131}I、^{13}N、^{18}F 等放射性核素作为监测对象。

　　对冷却剂泄漏率进行反演时,选定的监测核素在一回路内初始浓度不宜受到燃料元件完整性的影响。如果燃料元件发生破损,裂变产物与燃料活化腐蚀产物会进入一回路;在未知破口状态下,难以估算一回路内核素的初始浓度;浓度不确定则无法反演泄漏率,难以评估事故风险或事故后果。如果要建立定量关系反演冷却剂泄漏率,监测的核素中应当排除裂变产物与活化腐蚀产物,如惰性气体及放射性碘。由于冷却剂活化产物活度浓度近似与堆功率成正比,浓度变化稳定,因此优先选择冷却剂活化产物作为监测对象。^{13}N 和 ^{18}F 是两种半衰期适中的核素。

　　在反应堆一回路冷却剂中,^{13}N 主要由 ^{16}O 与反冲质子发生的 (p,α) 反应产生,其中反冲质子

由快中子与氢原子碰撞产生。反应式为

$$^{16}_{8}O + p \longrightarrow ^{13}_{7}N + \alpha \tag{10-11}$$

^{13}N 的半衰期为 9.96 min，衰变方式为 β^+。在一回路中，化学形式主要为氮的氧化物、氢化物、氢氧化物。^{13}N 随冷却剂泄漏进入安全壳后主要以气态形式存在。

在反应堆一回路冷却剂中，^{18}F 主要由 ^{18}O 与反冲质子发生的 (p,n) 反应产生。反应式为

$$^{18}_{8}O + p \longrightarrow ^{18}_{9}F + n \tag{10-12}$$

^{18}F 的半衰期为 109.7 min，衰变方式为 β^+。在一回路中，^{18}F 的化学形式主要为 LiF 和 HF。受反应堆一回路的 pH 值以及高温下的 HF 电离平衡常数影响，一般情况下 LiF 为一回路冷却剂中 ^{18}F 的主要化学形态。冷却剂从一回路破口处进入安全壳空气后发生蒸发，LiF 结晶形成气溶胶颗粒；HF 为气体形式，但可以吸附于灰尘等颗粒内。

在监测时，放射性气体与放射性气溶胶监测通常采用同一个取样泵，在安全壳内抽气进行分析。分析时空气需要经过气溶胶、碘、惰性气体三个监测系统。首先吸入空气，经滤纸过滤，监测滤纸上的气溶胶的放射性；过滤后的空气经过碘吸附装置，监测碘的放射性；最后将空气通入电离室，监测惰性气体的放射性，如图 10-5 所示。

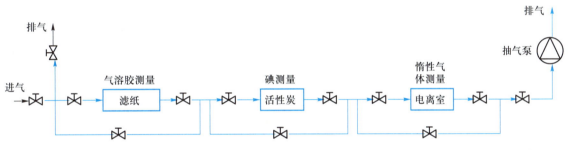

图 10-5　安全壳内辐射监测取样分析流程示意图

（1）放射性气体监测

放射性气体监测主要是指对惰性气体、气态 ^{131}I、^{13}N 和 ^{18}F 的监测。为了分析特定核素，需要测量射线能谱。

反应堆裂变产生的惰性气体主要为氙和氪，且对应核素是丰中子核素，易发生 β^- 衰变，因此可以利用 β 射线监测惰性气体。为排除 γ 射线对测量的影响，一般采用差分电离室探测惰性气体衰变发射的 β 射线。差分电离室由两个电离室组成，即主电离室与补偿电离室。主电离室可同时探测 β 射线和 γ 射线，输出电流信号为两种射线对应电流信号的叠加；而补偿电离室只能探测 γ 射线。主电离室电流信号扣除补偿电离室电流信号即为 β 射线对应的电流信号。

反应堆裂变产生的碘有多种同位素，其中 ^{131}I 的半衰期为 8 d，发生 β^- 衰变，同时发射特征 γ 射线，易于测量，因此一般在安全壳中监测 ^{131}I 的 γ 放射性。一般情况下，采用活性炭收集空气中的碘，再采用 NaI(Tl) 闪烁探测器测量活性炭收集到碘的 γ 射线放射性。对闪烁探测器输出的脉冲信号进行分析，识别出由 ^{131}I 产生的脉冲信号，以此换算出 ^{131}I 的活度浓度。

气态 ^{13}N 和 ^{18}F 衰变放出 β^+ 射线，与环境中的电子湮灭，产生一对大小相等、方向相反、能量为 0.511 MeV 的 γ 射线。因此，对取样气体中的 γ 射线测量，识别出 0.511 MeV 的脉冲信号，即可获得得到气态 ^{13}N 与 ^{18}F 的活度浓度。

（2）放射性气溶胶监测

安全壳内放射性气溶胶监测主要包括放射性气溶胶总 β 活度监测与放射性气溶胶 ^{18}F 监测。

总 β 活度监测是针对气溶胶内所有 $β^-$ 衰变的核素。由于这些核素半衰期不同,初始浓度也不同,难以建立起监测点活度浓度与冷却剂泄漏率的定量关系,因此无法准确获得一回路冷却剂的泄漏率。在监测中,常采用塑料闪烁探测器测量 β 射线计数率。如果测得的总 β 射线计数率大于正常的 β 射线计数率,则认为发生冷却剂泄漏。

^{18}F 核素是 $β^+$ 衰变,可以通过测量湮灭辐射产生的能量为 0.511 MeV 的 γ 射线来测得 ^{18}F 的活度浓度。在监测中,一般采用 NaI(Tl)闪烁探测器进行测量,为了提高对湮灭辐射测量的准确性,可以采用符合测量法同时测量在相对位置上的两个 0.511 MeV 的 γ 射线。在获得取样空气内的 ^{18}F 核素活度浓度后,即可以反演得到破前漏的泄漏率。

10.3.3　放射性气溶胶形成与扩散

建立放射性核素活度浓度与泄漏率之间的定量关系,需要考虑放射性气溶胶在安全壳内的形成、聚并以及迁移损失等过程。

（1）气溶胶的形成

一回路冷却剂在通过主管道裂缝进入安全壳时,经历了急剧的降温降压过程。在该过程中,冷却剂高速流动、闪蒸、气液相界面的剪切造成液相破碎。泄漏出的液滴进入安全壳大气,随后部分液滴发生蒸发,含有的盐类物质会结晶成固体颗粒,这些液滴与固体颗粒形成气溶胶。

（2）气溶胶的聚并

气溶胶的聚并是指两个或两个以上的气溶胶颗粒相互碰撞、吸附而合并为一个大颗粒的现象。气溶胶发生聚并与气溶胶的运动状态和数量浓度有关。只有气溶胶数量浓度非常大,达到 $10^{12}/m^3$ 以上时,才会发生聚并,否则可以忽略。

（3）气溶胶的沉积

气溶胶的沉积是指气溶胶向壁面或地面运动并最终附着于这些表面的过程,是导致气溶胶数量浓度下降的原因之一。一般采用沉积速度与沉积系数来描述沉积对气溶胶数量浓度的影响,沉积速度为气溶胶沉积到壁面的平均速度。假定在一个体积为 V 的空间内气溶胶向面积为 A 的平面发生沉积,假定沉积过程中气溶胶浓度变化率与其浓度成正比,可以建立如下关系式

$$dn = -\lambda_D n dt \qquad (10-13)$$

式中:n——气溶胶数量浓度,m^{-3};

　　t——时间,s;

　　λ_D——沉积系数,s^{-1}。

沉积系数表示在沉积方向上单位时间内粒子减少的数量,可以表示为

$$\lambda_D = \frac{u_D A}{V} \qquad (10-14)$$

式中:u_D——沉积速度,$m \cdot s^{-1}$;

　　A——沉积表面面积,m^2;

　　V——沉积表面上方的参考体积,m^3。

气溶胶沉积系数与沉积速度是众多因素影响下粒子沉积的总体结果。有时重力作用下的粒

子沉降速度可以单独表示,此时上述沉积速度不包括重力因素,可用于竖直壁面粒子沉积的计算。

(4)气溶胶的扩散

综合考虑安全壳内影响气溶胶扩散的因素,可建立一般的扩散方程,即

$$\frac{\partial n}{\partial t} + \nabla \cdot (n\boldsymbol{u}) = \nabla \cdot (D \nabla n) - \lambda_C n - \lambda_D n - \lambda n + S \tag{10-15}$$

式中: $\frac{\partial n}{\partial t}$——气溶胶数量浓度数变化率;

$\boldsymbol{u}$——空气速度矢量;

D——扩散系数,$m^2 \cdot s^{-1}$;

λ_C——聚并系数,s^{-1};

λ——衰变常数,s^{-1};

$\nabla \cdot (n\boldsymbol{u})$——对流项,表示空气对流对数量浓度的影响;

$\nabla \cdot (D \nabla n)$——扩散项,表示粒子浓度扩散对数量浓度的影响;

S——源项,包括其他因素对数量浓度分布函数的影响。

上述扩散方程中,当监测点处气溶胶数量浓度较低时,可忽略聚并的影响;如果粒径较小,沉降作用不明显,对浓度变化的影响可忽略。扩散方程中需考虑对流作用与衰变的影响,尤其是流体输运对浓度分布有决定性影响,并且决定粒子的运行轨迹与滞留时间,进而影响放射性核素的衰变。对于放射性气溶胶的监测,掌握了气溶胶形成与扩散过程中的数量浓度变化规律,就可以建立监测点活度浓度与泄漏点泄漏率的定量关系。

10.3.4 一回路压力边界泄漏监测反演

气溶胶从一回路泄漏点扩散到监测点,需要求解安全壳内的气溶胶扩散方程,得到气溶胶在监测点与泄漏点之间的数量浓度比。由于冷却剂持续泄漏,安全壳内放射性核素比活度也会不断增加,如果选择合适半衰期的放射性核素作为监测对象,其增加的量与衰变量会存在平衡,监测点处该放射性核素比活度会保持稳定,此时为泄漏监测反演的平衡条件。在该条件下,可建立监测点活度浓度与泄漏点泄漏率的定量关系。

假设在监测点处放射性核素活度浓度 C 达到稳定时,考虑到放射性核素衰变,放射性气溶胶数量浓度方程如下

$$\frac{\mathrm{d}n}{\mathrm{d}t} = C - \lambda n \tag{10-16}$$

将式(10-16)积分后得

$$n = \frac{C}{\lambda} + \left(n_0 - \frac{C}{\lambda} \right) \mathrm{e}^{-\lambda t} \tag{10-17}$$

由式(10-17)可知,随着冷却剂的泄漏,放射性气溶胶数量浓度 n 持续上升;理论上讲,当时间 t 趋于无穷时,浓度 n 不再增加。在实际测量时,以浓度增幅小于某一阈值作为平衡时间。对于 ^{13}N,在泄漏 53 min 后,监测点处的质量浓度达到稳态浓度的 97.5%;对于 ^{18}F,在泄漏 10 h 后,监测点处的数量浓度达到稳态浓度的 97.7%。如果以此作为阈值,利用 ^{13}N 或 ^{18}F 核素进行监测

时,在泄漏发生 53 min 和 10 h 后两种核素监测值基本达到稳定。

通常情况下,安全壳内放射性气溶胶活度浓度与冷却剂泄漏率之间为线性关系,其表达为

$$C = KQ \tag{10-18}$$

式中:C——监测点处空气内监测核素的活度浓度,$Bq \cdot m^{-3}$;

      Q——一回路泄漏点处冷却剂的泄漏率,$m^3 \cdot s^{-1}$;

      K——比例系数,表示单位体积流量冷却剂泄漏造成的在平衡条件下监测点处待测核素的活度浓度。该系数与冷却剂内待测核素的活度浓度、泄漏后进入安全壳空气的比率、扩散过程的损失率、放射性衰变率均有关系,可表示为:

$$K = C_{A0} \varepsilon_t (1 - \varepsilon_d) \psi \frac{T_{1/2}}{\ln 2} (1 - e^{-\frac{\ln 2}{T_{1/2}} T}) \tag{10-19}$$

式中:C_{A0}——一回路冷却剂中监测核素的活度浓度,$Bq \cdot m^{-3}$;

      ε_t——冷却剂内监测核素经破口后进入安全壳空气的比率;

      ε_d——放射性核素从泄漏点进入安全壳空气后至监测点,在迁移路径上的平均损失率;

      ψ——放射性核素扩散至监测点处单位体积空气内的相对数量,m^{-3};

      T——监测时长,s;

      $T_{1/2}$——监测核素的半衰期,s。

上述参数中,C_{A0} 与反应堆功率有关,对于特定堆型与堆功率,该值近似为恒定值;如果是气溶胶,ε_t 反映冷却剂在泄漏过程中形成气溶胶并进入安全壳大气的比例,与一回路冷却剂温度、压力、裂缝特征等因素有关,如果是气态核素可假定 100% 进入安全壳大气;ε_d 与放射性核素的损失有关,如果是气溶胶则主要是沉积损失,尤其是重力沉降造成的损失;ψ 表征放射性核素经安全壳空气扩散在监测点形成的浓度分布特征,与安全壳空气流动、监测点位置有关。

通过计算流体力学方法可以对安全壳大气的流动与核素扩散过程进行分析,计算比例系数 K,通过在监测点处空气中核素活度浓度的测量,则可以得到在核素活度浓度平衡时冷却剂的泄漏率。

10.4   蒸汽发生器泄漏监测

核电厂蒸汽发生器内的 U 形传热管是易发生破损的部件。蒸汽发生器泄漏主要是指蒸汽发生器内换热管破损后,一回路冷却剂向二回路的泄漏。由于一回路冷却剂有大量的放射性核素,这会造成二回路系统及常规岛厂房的放射性污染。蒸汽发生器泄漏监测也是一回路压力边界完整性监测的重要内容。

10.4.1   蒸汽发生器泄漏监测方法

蒸汽发生器泄漏监测方法包括:排污水取样分析、排污水放射性连续监测、冷凝器与抽气器排气的放射性连续监测、主蒸汽管道 [16]N 监测等。前三种方法属于取样法,存在响应时间慢的问题。目前蒸汽发生器泄漏主要采用 [16]N 监测方法,其具有装置简单、灵敏度高、响应快等特点。

[16]N 是一回路冷却剂中的活化产物,由 [16]O 通过 (n,p) 反应后产生,是一回路冷却剂内的主要放射源之一。一旦蒸汽发生器内的传热管发生破损,一回路冷却剂中的 [16]N 就会进入二回路主蒸

汽管道中。产生 ^{16}N 的反应式为

$$^{16}_{8}O+n \longrightarrow {}^{16}_{7}N+p \qquad (10-20)$$

^{16}N 半衰期为 7.14 s,衰变时发射 γ 射线,其中 69% 的能量为 6.13 MeV,5% 的能量为 7.1 MeV。这两种 γ 射线能量较高,有很强的穿透性,易穿透主蒸汽管道被管外的辐射探测器测得。对此,在蒸汽发生器出口的主蒸汽管道保温层外侧设置 ^{16}N 探测器。该探测器主要采用 NaI(Tl) 探测器,对测得的 γ 射线进行谱分析来确定 ^{16}N 核素及其计数率。探测器一般封装在铝制的绝热外壳内,并对准主蒸汽管道。由于主蒸汽管道附近的高温会造成 γ 射线特征峰峰位的漂移,因此测量系统会内置 ^{241}Am 源作为稳峰的参考源。

对 ^{16}N 进行核素识别时,因 7.12 MeV 的 γ 特征峰发射概率低、谱峰弱,通常针对 6.13 MeV 的全能峰以及其 5.62 MeV 的单逃逸峰、5.11 MeV 的双逃逸峰进行分析。其测量时间需要根据反应堆运行功率进行确定。如果反应堆运行功率较低,冷却剂中 ^{16}N 活度浓度较小时,难以准确进行核素定量测量,则采用总 γ 测量代替对 ^{16}N 的测量。

在获得 ^{16}N 核素的 γ 射线计数率后,就可以建立 γ 射线计数率与 ^{16}N 核素活度浓度的关系,得出蒸汽介质中 ^{16}N 的含量,再由此推断出蒸汽发生器传热管破损程度及冷却剂的泄漏情况。一旦 ^{16}N 的测量值超过设定值,则会触发停堆。

10.4.2　蒸汽发生器泄漏率测量

传热管破损造成的冷却剂泄漏率与 ^{16}N 发出 γ 射线的计数率存在如下关系

$$C = KQ_c \qquad (10-21)$$

式中: C ——探测器测得的 ^{16}N 发出 γ 射线的计数率,cps;

　　Q_c ——传热管破损造成的冷却剂泄漏率,m$^3 \cdot$ s^{-1};

　　K ——传输系数。

传输系数反映了蒸汽介质内 ^{16}N 的活度浓度与探测器计数率之间的关系。传输系数与探测效率、^{16}N 从泄漏点到监测点传输过程等因素有关。如果忽略冷却剂泄漏造成蒸汽流量的变化,从冷却剂泄漏点进入蒸汽介质内 ^{16}N 的活度浓度为

$$A_{v0} = \frac{A_c \rho_c Q_c}{\rho_v Q_v} \qquad (10-22)$$

式中: A_{v0} ——泄漏点处蒸汽介质内 ^{16}N 的活度浓度,Bq $\cdot$ kg^{-1};

　　A_c ——冷却剂内 ^{16}N 的活度浓度,Bq $\cdot$ kg^{-1};

　　ρ_c ——冷却剂的平均密度,kg $\cdot$ m^{-3};

　　ρ_v ——蒸汽密度,kg $\cdot$ m^{-3};

　　Q_v ——蒸汽的体积流量,m$^3 \cdot$ s^{-1}。

如果考虑 ^{16}N 的衰变,在测点处蒸汽介质内 ^{16}N 的活度浓度为

$$A_v = \frac{A_c \rho_c Q_c}{\rho_v Q_v} e^{-\lambda t} \qquad (10-23)$$

式中: A_v ——监测点处蒸汽介质内 ^{16}N 的活度浓度,Bq $\cdot$ kg^{-1};

　　λ —— ^{16}N 的衰变常数,为 0.097 s^{-1};

t——^{16}N 从泄漏点到监测点的传输时间,s。

在监测点处,^{16}N 衰变发出的 γ 射线被探测器测得的计数率为

$$\dot{C} = \varepsilon \frac{A_c \rho_c Q_c}{\rho_v Q_v} e^{-\lambda t} \tag{10-24}$$

式中:ε 为探测效率,单位为 kg/Bq·s。

探测效率 ε 与 γ 射线发射率、几何因子、探测器本征效率以及 γ 射线穿透主蒸汽管道的衰减修正因子有关。可以通过效率刻度获得,具体过程如下:

如图 10-6 所示,针对管道内 dl 长的微小截面进行效率刻度,该截面距离探测器中心为 l,探测效率为 $\varepsilon(l)$,则探测器对该截面测得的计数率为

$$\mathrm{d}\dot{C} = \varepsilon(l) A_v \rho_v S \mathrm{d}l$$

式中:S——蒸汽管道的截面积,m^2。

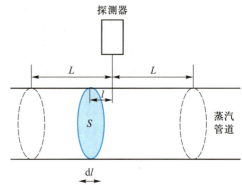

图 10-6 ^{16}N 探测器与管道布置示意图

由于 $\varepsilon(l)$ 与管道内截面相对探测器的距离 l 有关,正对探测器处该值最大,随着 l 增大该值逐渐减小,并最终趋近于零。因此,分别对不同位置的截面进行效率刻度,获得 $\varepsilon(l)$ 随 l 的分布曲线。则探测器对整个管道的计数率为

$$\dot{C} = \int_{-\infty}^{+\infty} \mathrm{d}\dot{C} = A_v \rho_v S \int_{-L}^{L} \varepsilon(l) \mathrm{d}l$$

则探测效率 ε 为

$$\varepsilon = \frac{\dot{C}}{A_v} = \rho_v S \int_{-L}^{L} \varepsilon(l) \mathrm{d}l = 2\rho_v S \int_{0}^{L} \varepsilon(l) \mathrm{d}l$$

式中,L 是截面探测效率 $\varepsilon(l)$ 接近于零时截面距离探测器的偏置距离,可根据实际的测量情况确定。

由式(10-23)和式(10-24)可得传输系数 K 为

$$K = \varepsilon \frac{A_c \rho_c}{\rho_v Q_v} e^{-\lambda t} \tag{10-25}$$

通过式(10-25)计算出传输系数,在获得探测器 γ 计数率后可得到冷却剂泄漏率。其中,冷却剂内 ^{16}N 的活度浓度 A_c 与反应堆功率有关,并且 ^{16}N 半衰期短,因此传输系数 K 依赖于反应堆功率与传输时间 t。传输时间 t 与破口位置有关,一般包括核素在传热管束内随蒸汽的迁移时间、在汽水分离段中的迁移时间、蒸汽发生器顶部导流罩内的迁移时间、主蒸汽管内的迁移时间等。

由于蒸发器内泄漏位置与冷却剂泄漏率均未知,因此在蒸发器内沿二回路蒸汽介质传输路径划分若干典型区域,计算这些区域内假定破损位置至监测点的传输时间,再根据反应堆功率分别计算这些区域的传输系数,从而获得这些假定泄漏位置时的泄漏率。或者对这些传输系数平均,来计算整个蒸汽发生器的平均泄漏率。

10.5　核电厂流出物监测

核电厂运行中产生的放射性废气和废液经过贮存衰变、净化处理之后,需要向环境排放。这

些按预定的气态、液态途径向环境排放的物质称为流出物。流出物监测是核电厂辐射防护与环境保护的重要内容。

流出物对环境和周边居民产生的辐射影响,需要通过取样分析来进行评价和控制。我国相关法规规定,核电厂等核设施运行单位应当对核设施周围环境中所含的放射性核素种类、浓度和流出物中的放射性核素总量实施监测,并定期向政府主管单位报告监测结果。流出物的排放量控制值指由国家审管部门批准的放射性排放量。排放量控制值一般由核电厂等核设施运行单位根据相关法规规定并结合本单位具体情况提出申请,经国家审管部门批准。核电厂等核设施运行单位根据排放量控制值制定排放量管理目标值,该值要低于排放量控制值。

流出物监测是对流出物进行采样、分析或其他测量工作,以说明从核电厂排到外部环境中的放射性流出物的特征。流出物监测的目的包括:测量获得流出物中放射性物质的数量,检验流出物排放是否低于排放量控制值或管理目标值;估算流出物对周边环境与居民所受的剂量水平,为环评提供源项;判断核电厂运行及放射性废物处理和控制装置工作是否正常。

核电厂流出物监测都应置于常规监测之下,监测结果需要具有代表性,监测核素的种类要符合法规要求。用于常规测量的仪表应有足够的量程,关键排放点的监测仪表,需要考虑冗余。

流出物监测分为连续测量和实验室分析测量。连续测量是在现场对流出物进行物理测定或化学分析。实验室测量是将采得的样品运回实验室,经过一定的物理或化学处理后,再进行测定和分析,可以获得准确结果。这两种方式可单独使用,必要时可同时使用,以相互验证和补充。

10.5.1 气态流出物监测

核电厂气态流出物是指核电厂产生的,经净化处理后释放进入环境的气态或气载放射性物质。核电厂气态流出物主要通过核岛烟囱向环境排放。此外,凝汽器排气、抽气通过常规岛烟囱向环境排放时也需要进行放射性监测。

核电厂气态流出物监测主要包括:放射性气溶胶、放射性碘、放射性惰性气体、氚、^{14}C。如图 10-7 所示,对惰性气体、碘、气溶胶连续测量,获得总放射性活度。同时,对于气溶胶、碘、惰性气体、氚和^{14}C 还需要进行连续采样,定期送实验室测量。

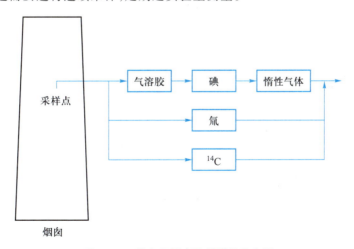

图 10-7 核电厂烟囱取样系统示意图

在实际测量中,通过抽气泵,气态放射性物质连续不间断引入监测装置进行测量。挥发性放射性物质,如碘,采用活性炭滤盒等捕集装置进行收集。对于气溶胶,采用滤纸等气溶胶过滤器捕集。捕集材料应具有足够的捕集效率。惰性气体、碘和气溶胶的连续监测,可通过 NaI(Tl) 闪烁探测器、塑料闪烁探测器、电离室或 G-M 计数管进行测量和分析。惰性气体、碘、气溶胶实验室分析测量,可通过高纯锗谱仪等进行 γ 核素的测量和分析。氚和 ^{14}C 可通过液闪谱仪进行测量和分析。

烟囱内气态流出物采样需要考虑其取样代表性。在烟囱下部,各排风管道与烟囱相连,对烟囱内流场存在扰动。为了使气流能够充分混合,采样位置一般位于扰动位置下游 5~10 倍的水力直径;同时也应当避免靠近烟囱出口,因为出口大气气流会影响取样位置的速度分布。根据相关标准,充分混合的取样位置应满足如下要求。

(1) 考虑气流的气旋对采样物质的混合与取样嘴的性能,取样点气流方向与取样嘴中轴之间的平均角度不能超过 20°。

(2) 在烟囱内取样截面中间至少三分之二面积范围内,气流速度的变异系数(COV)应小于或等于 20%。COV,即 Coefficient of Variation,是一组 N 次测量值 x_n 的标准差与其算术平均值($\bar{x}$)的比值:

$$COV = \frac{1}{\bar{x}} \sqrt{\frac{1}{N-1} \sum_{n=1}^{N} (x_n - \bar{x})^2} \tag{10-26}$$

(3) 在烟囱内取样截面中间至少三分之二面积范围内,监测物质浓度的变异系数(COV)应小于或等于 20%。如果是放射性气体,在整个取样截面内单点浓度不应超过整个截面平均浓度的 30%。

对于氚的测量,需要确定其在气态流出物内的化学形态。通常氚与氢性质相同,一般以两种主要形式存在:气态元素、水蒸气态氧化物。以氧化形式存在的氚取样相对容易,可以按照蒸汽方式进行。此时需要进行热跟踪,避免样品在取样管道等装置内发生冷凝。取样时,可以采用硅胶、分子筛吸收水蒸气形式的氚,湿度较高时可以采用冷凝的方式凝结收集氚化水。对于单质态的氚,可以用催化剂将其转化为氧化物形式,再进行采集。

10.5.2 液态流出物监测

核电厂液态流出物包括工艺排水、化学排水和地面排水。使用贮槽分类收集各种废液,废液排放系统至少有三条贮槽,分别处于充槽、贮存和排放三个状态。这些含有放射性物质的液体经净化处理后,采用槽式批次排放方式向环境排放。

液态流出物排放监测主要集中于核岛和常规岛的废液贮槽及排放管道。当排放废液时,需要对废液进行连续监测,测量其放射性比活度。当监测的放射性比活度超过限值,辐射监测系统会发出报警并终止液态流出物排放。

对于批次排放前的放射性监测,通过取样并送实验室进行测量分析,当废液放射性比活度小于排放标准时可以排放。贮槽内废液进行采样时,需要对废液充分搅拌,使沉积物质或颗粒物得以均匀分布在贮槽液体中,确保样品核素均匀并具有取样代表性。液态流出物批次排放前监测的核素包括 ^{14}C、^3H、^{54}Mn、^{58}Co、^{60}Co、^{110m}Ag、^{124}Sb、^{125}Sb、^{131}I、^{134}Cs、^{137}Cs、^{51}Cr、^{59}Fe、^{63}Ni、^{123m}Te、^{90}Sr 等。

对于总 γ 或总 β 连续监测,可通过 NaI(Tl)闪烁探测器或半导体探测器进行测量和分析。在实验室内,对于 γ 核素,可通过高纯锗 γ 谱仪进行测量和分析。对于 ^{89}Sr、^{90}Sr,经放化分离后,可以通过塑料闪烁体探测器或 G-M 计数管进行测量和分析。对于氚和 ^{14}C,可通过液闪谱仪进行测量和分析。

10.6　核电厂环境放射性监测

核电厂常规运行或核事故情况下,产生的放射性核素因排放、泄漏或废物处置会直接或间接向环境释放,导致周围环境放射性水平增高。按法规要求,核电厂运行单位需要对周围环境进行常规监测,地方环境保护部门进行监督性监测。核电厂环境监测是对核电厂运行或事故工况下辐射环境水平进行的测量,评价环境介质和生物体内放射性核素浓度及辐射水平的变化。事故情况下,发现异常排放,通过源项反演方法,为核事故后果评价提供源项数据。

10.6.1　环境辐射监测基础

环境放射性连续监测系统是实时采集环境 γ 剂量率以及环境温度、湿度、降雨量等气象要素并具有存储、报警、报表等功能的成套系统。核设施营运单位必须设立环境监测部门,制定并实施环境监测方案,并将监测结果及时报送国家和所在省环境保护部门。

环境辐射监测方案制定时应考虑关键核素、关键途径和关键居民组,简称"三关键"。

(1)关键核素。关键核素是指源项向环境释放的各种放射性核素中,对受照射人员剂量贡献最大且最具意义的核素。

(2)关键途径。关键途径是指源项向环境释放并对人照射的各种途径中,所带来的剂量贡献最大且最具意义的照射途径。

(3)关键居民组。关键居民组是指因习惯、住地或年龄等因素使接受的剂量高于受照群体中其他人员的居民组。居民组是指根据性别、年龄、区域等因素划分的人群。

"三关键"的确定为环境放射性管理提供了防护和管理的重点对象。

环境辐射监测一般分为就地监测和取样后实验室分析。就地监测是指在放射性核素分布区域进行的监测,可以较快地测量环境辐射水平,获得环境中放射性核素的种类及浓度分布。实验室分析是指从环境中采集环境样品,在实验室内使用物理、化学方法分析样品中所含核素的种类和浓度。

环境辐射监测除测量环境辐射水平外,还需要对大气环境的气象六要素进行连续监测,气象六要素分别为温度、湿度、气压、风向、风速、雨量。可根据环境辐射水平和气象六要素进行放射性核素大气扩散评估、核事故预警。

在环境辐射监测过程中,特别关注造成剂量率上升的原因,造成剂量率上升的原因除辐射烟羽的影响外,还包括降雨、系统噪声、仪器故障等与辐射无关因素的影响。

(1)降雨引起的剂量率变化

降雨是非辐射原因中引起辐射剂量率升高的最大的因素。环境中某些核素如 ^{222}Rn、^{214}Pb 和 ^{214}Bi 会以放射性气溶胶的形式悬浮在空气中,作为凝结核形成雨滴,通过降雨使地表辐射水平升高。降雨过程中,放射性核素不断在地表沉积,剂量率开始呈上升趋势,到达峰值后,由于再悬浮作用,空气中的放射性核素与地表交换达到了平衡状态。雨停后两小时左右剂量率可下降到正常水平。

（2）剂量率的周期性变化

剂量率会因温度、湿度、光照等因素的不同,呈现周期性变化,包括日、月、年周期等。剂量率的周期性变化一般有固定的变化规律,通过这些规律可以识别排放造成的剂量率上升。

（3）核电厂扫气引起的变化

核电厂扫气是指核电厂正常运行时,将安全壳内气体排放到环境中。核电厂安全壳扫气导致环境剂量率上升,使数据涨落较大,出现多个剂量率峰值,导致监测结果出现异常。

（4）雷击

雷击可能会造成环境监测系统的监测仪器、数据传输等设备故障,也可能产生异常数据。

10.6.2　核电厂环境辐射监测内容

核电厂环境辐射监测分为四个阶段:运行前的本底监测、运行期间的常规监测、核事故应急监测和退役环境监测。运行前本底监测是本底调查到运行期间监测的过渡,目的是将监测结果与本底作比较,计算关键途径的居民剂量,验证设计方案。运行中的常规监测目的是重新评价监测计划并做可能的修改,确定关键途径的居民剂量,评价核电厂的辐射环境变化,及时发现异常情况以便采取安全措施。核事故应急监测目的是迅速测定核事故造成的环境放射性水平、分布,以采取必要的应急干预措施。退役的环境监测目的是确保其安全退役。

1. 核电厂运行前的本底监测

运行前本底监测是指核电厂首次装料前对环境进行的辐射监测,其目的是为核电厂运行阶段环境辐射水平的评价提供基准。

运行前本底监测包括环境辐射水平调查及环境介质中活度浓度的测量。环境介质一般包括空气、地表水和地下水、陆生和水生生物、食物、土壤、水体底泥和沉降灰等。对于核电厂首台机组首次装料,应至少获得运行前连续两年的调查数据,对于同一厂址后续建造的机组应至少获得最近一年环境辐射水平的调查数据。环境 γ 辐射水平的调查范围半径一般取 50 km,环境介质的调查范围半径一般取 20~30 km。

2. 核电厂运行期间的常规监测

核电厂运行期间的常规监测是指在核电厂正常运行期间,对其周围环境进行的定期监测。其主要目标包括评价正常排放的放射性物质所导致的周围环境污染状况;评价流出物排放管控的有效性;预测核电厂运行对环境的影响及其变化趋势;为研究核素迁移、环境地质和放射生态学提供基础数据。

常规环境辐射监测内容包括环境 γ 辐射水平、环境介质中与核电厂放射性排放有关的主要放射性核素浓度。此外,监测内容还应根据环境监测的经验反馈、监测技术进步以及厂址周围的环境变化,需要定期进行优化。

常规环境辐射监测方案应与核电厂运行前的本底调查方案相衔接,重点关注"三关键"。采样点要与运行前环境本底监测保持适当比例的同位点。

由于核电厂常规运行时核素排放量较少,从一般环境样品中难以检出,因此常采用某些具有富集能力的生物体、生物组织或环境物质作为环境"指示体"。

常规环境辐射监测点位是指核电厂常规环境放射性就地监测点和实验室分析采样点。一般情况下,监测点位应根据气象条件、污染源的性质、规模、公众照射途径、居民分布、居民活动情况来合理设置。对核电厂的环境辐射监测,通常以反应堆所在处为中心,按风向方位划分若干个扇形区,按 16 个方位所在的陆域进行布点,其他监测点位按近密远疏和可能的辐射影响进行布点。同时在居民经常停留处以及根据风玫瑰图确定的浓度较大处增加布点。

监测范围可根据核电厂运行规模确定,环境 γ 辐射水平的调查范围的半径一般取 20 km,其余调查范围的半径一般取 10 km。

此外,在不受核电厂排放影响的地方设置对照点,以便对比评价核电厂对环境造成的影响及环境辐射水平的变化。

常规环境辐射监测周期一般为:对气溶胶、沉降物、环境 γ 辐射采用较高的采样测量频度,即周期为 1 周至 1 个月;水样采样周期控制在 1 个月至 1 个季度;土壤、沉积物、水生物、农作物的采样周期为 1 个季度至 1 年。短寿命核素监测周期不超过半衰期的 2~3 倍,长寿命核素可按季度或年监测。地面水应按丰水期和枯水期分别采样测量,谷类作物在收获季节采样测量,叶类作物在生长期内采样测量。

监测方案应根据环境监测的经验反馈、技术进步及周围环境调节的变化进行优化调整。

3. 核事故环境应急监测

核事故环境应急监测是指在核事故发生的情况下对环境放射性水平的监测,是核电厂事故应急计划的重要组成部分。其主要目的包括:迅速测定核事故造成的环境辐射水平、污染范围和程度;迅速摸清释放核素的种类、性质及其在环境中的迁移行为;及时向决策机构和公众通报污染情况,以便采取必要的应急干预措施。

核事故情况下产生的气载放射性核素释放到环境后,会以固体颗粒、气溶胶、挥发性物质、惰性气体等形式存在。由于这些放射性核素半衰期不同,其影响范围和时间也会发生变化。

为了便于确定核事故应急计划中辐射防护对策和干预水平,核事故进程分为三个阶段:早期、中期和晚期,其中晚期也叫恢复期。这些阶段在时间上没有明确的固定划分,但是各阶段特点不同,需要采取的对策也不同。

早期核事故应急监测是指在核事故发生初期,根据放射性核素在大气中的扩散方向、扩散范围和特征,对空气污染和剂量率的迅速测定。排放到大气中的放射性核素会受气象条件影响在大气中扩散,部分放射性核素通过干、湿沉积作用沉降到地面。放射性核素的沉积会使得空气中的放射性核素浓度降低,但同时会造成土壤或地面植物中放射性核素含量增大,并通过食物链等途径对居民造成影响。因此,早期监测重点内容为下风向近地空气中放射性气体和气溶胶浓度,地面辐射剂量和核素沉积量。早期监测范围为沿烟羽走向夹角 30° 左右的扇形区。对于水污染,主要监测排放地点下游水域中水和食用水生物,测量项目主要包括总 α 和总 β 活度,以及与事故排放相关的核素浓度。

中期核事故应急监测是指当烟羽已基本沉积到地面时扩展早期监测的内容,并对食入途径放射性水平进行监测。其主要内容包括水和食物放射性污染的测量,即河流和水源的污染及其对鱼和其他水生物的影响;农作物和牧草污染及其对家畜、奶牛的影响。此外,需要适当采集空气样品进行监测,以确定沉积物再悬浮的危害程度。中期监测的目的是重新评价早期监测数据的可靠性;评价早期应急措施的合理性,确定这些措施是否需要继续、扩展或收缩;估计公众受照剂量;追踪污染物在环境中的迁移趋向、途径及生物效应。中期监测持续时间长,范围广,精度相对早期监测更精确,需要对总 α、总 β 活度及 γ 辐射剂量进行监测。此外,裂变产物中碘、铯和锶三种核素产额大、挥发性释放量大、半衰期较长,是环境公众剂量的主要贡献因素,因此还需对放射性核素碘、铯和锶的含量进行分析。

后期核事故应急监测是指为确定核事故释放所造成的残余污染水平和范围以及后期恢复行动的决策,对外照射剂量、表面污染、空气污染及环境物质中放射性活度进行的补充测量。后期监测涉及地域较广,需要大量人力、设备和时间。后期监测的内容是测量不同时段的剂量率、累积剂量以及污染核素成分的变化,包括:监测道路、建筑物、动物、土壤和作物表面固定与松散的污染水平;监测因地面沉积物的再悬浮造成的空气污染,确定其微粒的粒径分布和核素组成,沉积物的再悬浮是后期吸入危害的主要来源;监测牛奶、肉类及其他动物类食品、植物、水和水生物的污染水平。后期监测相对于早、中期监测会增加就地测量频率与实验室分析取样频率。后期监测的测量频率随着环境放射性水平的下降而下降,最后会恢复至常规的环境监测。在事故后期,大量短寿命核素衰变消失,钚等放射性核素半衰期长、毒性大、易沉积土壤,对公众剂量贡献大,该期间需要监测钚等超铀核素。

在核事故应急状态下,除利用常规环境监测的固定监测设备外,还应增加环境监测车等移动监测设备。在核事故早期阶段,应急监测是十分重要的数据来源,完善的应急监测有利于估计核事故释放到环境中的源项。因此,一般将应急监测与源项估计相结合,进行核事故后果评价分析。

4. 核电厂退役的环境监测

核电厂服役期满后,或因计划改变、发生事故等原因而关闭,应采取一些必要的措施,确保其安全、永久地退役。对此,需制定相应的退役后设施监管及环境辐射监测计划。监测内容包括环境 γ 辐射水平,环境介质中放射性核素的浓度,沉积物和气载放射性核素成分、浓度及其变化。

本章知识拓扑图

```
                    来源：裂变、活化及腐蚀，此外锕系元素也是来源之一

          核电厂源项        概念：核电厂在正常运行期间或发生事故时从特定
                          源中实际或潜在释放的放射性物质的形态、数量、
                          组分以及释放随时间变化的其他释放特征

                          芯块到包壳间隙

                          包壳间隙到冷却剂

          燃料包壳破损监测    沾污铀贡献

                          包壳破损监测

                                        疏水坑液位监测

                                        放射性监测

                             监测方法     温湿度监测

          一回路压力边界                  声发射监测
          破前漏监测
                             放射性气溶胶形成与扩散

第10章                         一回路压力边界泄漏监测反演
核电厂源项及辐射监测
                          排污水取样分析

                          排污水放射性连续监测

          蒸汽发生器         冷凝器与抽气器排气的放射性连续监测
          泄漏监测
                          主蒸汽管道 $^{16}$N监测

知识拓扑详图                 气态流出物监测

          核电厂流出物监测    液态流出物监测

                          环境辐射监测基础

          核电厂环境放射性监测  核电厂环境辐射监测内容
```

习题

10-1　辐射监测有哪些内容,其目的是什么?

10-2　为什么要区分现实源项和设计源项?

10-3　核电厂放射性核素产生方式有哪几类? 简述其来源并对每类产生方式举例至少三种代表核素。

10-4　什么是一回路压力边界破前漏监测? 监测方法包括哪些?

10-5　一回路压力边界破前漏放射性监测主要采用哪些核素?

10-6　为什么一回路压力边界泄露监测采用 ^{13}N 为监测对象,而蒸汽发生器泄露监测采用 ^{16}N?

10-7　核电厂流出物是指什么? 有哪些监测方法?

10-8　环境辐射监测的三关键分别是什么?

10-9　请简述核事故中后期的环境应急监测中的关键核素及其原因。

10-10　核电厂环境辐射监测有哪几个阶段? 各阶段的目的是什么?

参 考 文 献

[1] 夏祖国.压水堆核电站泄漏监测原理及方案研究[J].仪器仪表用户,2019,26(11):83-93.

[2] 凌球,郭兰英,李冬馀.核电站辐射测量技术[M].北京:原子能出版社,2001.

[3] Friedlander S K. Smoke,Dust and Haze:Fundamental of Aerosol Dynamics[M]. Oxford:Oxford University Press,2000.

[4] 付亚茹,耿珺,孙大威等.AP1000核电厂安全壳内气溶胶自然去除分析[J].原子能科学技术,2017,51(4):700-705

[5] 云桂春,陈徐州.压水反应堆水化学[M].哈尔滨:哈尔滨工程大学出版社,2009.

[6] 白新德等.核材料科学与工程:核材料化学[M].北京:化学工业出版社,2007.

[7] 陈超,王争光,谢恩飞.反应堆冷却剂 pH 值控制策略研究[J].核动力工程,2013,34(2):47-50.

[8] Ellis A J. The Effect of Temperature on the Ionization of Hydro-fluoric Acid[J]. Journal of the Chemical Society,1963:4300-4304.

[9] 李钰.放射性气溶胶在安全壳内输运过程中的损失机理研究[D].上海:上海交通大学,2018.

[10] 陈听宽,徐进良,罗毓珊.两相临界流实验研究[J].工程热物理学报,2002,23(5):623-626.

[11] 胡二邦.环境风险评价实用技术和方法[M].北京:中国环境科学出版社,2000.

[12] 王孔森,宫秀芹.核辐射事故应急处置[M].石家庄:河北科学技术出版社,2014.

[13] 方岚,刘新华,祝兆文,等.核电厂一回路源项和排放源项框架体系研究[J].辐射防护,2020,251(2):4-13.

[14] 罗峰,李国青.ACP100 事故源项与应急计划区划分方法探讨[J].辐射防护,2017,235(4):77-81.

[15] 蒋维楣,孙鉴泞,曹文俊,等.空气污染气象学教程[M].北京:气象出版社,2004.

[16] 王醒宇,康凌,等.核事故后果评价方法及其新发展[M].北京:原子能出版社,2003.

[17] 宋妙发,强亦忠.核环境学基础[M].北京:原子能出版社,1999.

[18] LEWIS B J,CHAN P K,EL-JABY A,et. al. Fission product release modelling for application of fuel-failure monitoring and detection-An overview[J]. Journal of Nuclear Materials,2017,489:64-83.

第 11 章　低中水平放射性固体废物测量

11.1　放射性废物来源及分类

11.1.1　放射性废物来源

放射性废物是指含有放射性核素或者被放射性核素污染,其放射性核素浓度或者活度浓度大于国家规定的清洁解控水平,预期不再使用的废弃物。清洁解控水平是指由标准规定的以放射性核素比活度或总活度表示的一组数值,当含有的或致污染的核素的量小于或等于该值时,可解除对废物或污染物料的核审与管控。

放射性废物主要来源于核能及核技术应用的各个环节,主要包括以下三个方面。

(1) 核燃料循环。地质勘探和放射性矿石的开采、选冶过程可产生含铀、镭及其子体的天然放射性核素的废弃物,包括废矿石,水冶尾矿,从矿坑水和选矿水中沉淀出来的矿泥,工作服、口罩、胶鞋等劳保用品。在核燃料的精制、转化与铀同位素分离和燃料元件制造阶段,可产生各种含铀和氟化物的废气、废液和废渣等。在核燃料使用和后处理阶段,会产生不同放射性活度的含有超铀元素和裂变产物的各类气、液、固废物。

(2) 核设施退役。国际原子能机构将核设施退役分为三个阶段:① 监督封存,该阶段不进行任何拆除工作,放射性仍保留在设施内部,并对设施定期监测和防护,以防泄漏;② 局部拆除,该阶段拆除放射性水平较低的结构,同时加强封闭主要辐射源;③ 完全拆除。

核设施退役主要包括以下环节:移除可回收的放射性物质,如卸出反应堆中燃料元件并运走,排出回路中的冷却剂,除去堆存的放射性废物,撤出热室中的放射源,封闭放射性工艺系统等;进行详细的辐射水平调查,包括设施和管道沾污程度的测定等;对设备和厂房去污;切割解体设备;处置退役废物,核设施的退役会产生大量的放射性废物,包括含铀、镭或含超铀元素的固体废物与污染废液,含裂变产物和活化产物的固体废物与污染废液,可回收的污染废钢铁等金属。

(3) 核技术应用。放射性同位素和辐射技术在工业、农业、医疗、科研和教育等部门的应用过程产生的放射性废物,也称为城市放射性废物。城市放射性废物的体积和活度虽然数量常常是有限的,但是它们必须被作为放射性废物加以管理。医疗机构所用的放射性同位素较多,如用于治疗肿瘤疾病和甲亢的 ^{125}I,用于治疗皮肤病和真菌性红细胞增多病的 ^{32}P,单光子发射计算机断层成像技术(single-photon emission computed tomography, SPECT)采用放射性同位素 ^{99m}Tc,正电子发射断层显像-计算机断层扫描技术(positron emission tomography-computed tomography, PET-CT)诊断使用的放射性同位素 ^{18}F 等。此外,还有从事放射性核素研究和教学的各类实验室等。上述工业、医疗机构及实验室所产生的放射性废物,主要包括无法再用的被放射源污染的仪器设备、塑料安全装备、注射器和棉花球以及破旧工作服和手套等,其数量约占待处理放射性废物的 10%。

放射性废物的主要特点是:具有放射性、毒性,部分放射性废物还具有释热性、易燃性、易放出有害气体等性质。

(1)放射性。放射性废物自身会发生衰变,不受外界环境的影响,其放射性活度随时间推移而按指数规律减小,放射性同位素的自然衰变可逐渐消除其放射性。因此,放射性同位素的处理、储存和使用可看作是最终衰变处置的中间步骤。

(2)毒性。放射性废物的毒性是指某种放射性物质进入人或动物体内,对其产生毒害作用。放射性的毒性包括物理毒性、化学毒性和生物毒性,通常主要是物理毒性,即辐射作用。有些核素,如铀,还具有化学毒性。混合废物还包含有毒、有害化学污染物。至于生物毒性,仅来自医院的个别废物才可能存在。辐射效应往往有累积效应,但有时这种累积效应可能不明显;辐射不但会伤害本人,甚至会伤害到其子孙后代。

(3)热效应。放射性核素通过衰变放出能量,产生衰变热。在铀系的 α、β、γ 衰变过程中,三者释放的热量分别占总释放热量的89%、4.5%和6.5%。高水平放射性废物(简称高放废物)和乏燃料中含较多的长寿命 α 核素,因而可释放出较多衰变热;低中放废物仅含少量长寿命 α 核素,其释热量远少于高放废物。

11.1.2 放射性废物分类

放射性废物按照其不同性质,可以做如下分类。

(1)按废物的物理、化学形态分类,可分为气载废物,如通风排气、核工业废气等;液体废物,如放射性废水、含硫废水、有机废液等;固体废物,如可燃性废物、不可燃性废物,可压缩废物、不可压缩废物,干固体废物、湿固体废物等。

(2)按放射性水平分类,可分为极短寿命放射性废物、极低水平放射性废物、低水平放射性废物、中水平放射性废物和高水平放射性废物等五类,其中极短寿命放射性废物和极低水平放射性废物属于低水平放射性废物范畴。

(3)按放射性废物来源分类,可分为核燃料循环废物、核设施退役废物、核技术应用废物等。

(4)按半衰期分类,可分为长寿命废物、短寿命废物等。

(5)按辐射类型分类,可分为 β/γ 放射性废物、α 放射性废物等。

(6)按处置方式分类,可分为贮存衰变后解控废物、填埋处置废物、近地表处置废物、中等深度处置废物和深地质处置废物等。

(7)按毒性分类,可分为低毒组废物,如天然铀、^3H 等;中毒组废物,如^{137}Cs、^{14}C、^{125}I 等;高毒组废物,如^{90}Sr、^{60}Co 等;极毒组废物,如^{210}Po、^{226}Ra、^{239}Pu 等。

(8)按释热性分类,可分为高释热废物、低释热废物、微释热废物等。

目前世界各国放射性分类标准虽不一致,但也存在一些共同特点。首先按物理状态分为气态、液态、固态,然后进一步分成若干等级。多数国家的气态、液态废物分类简单,而固体废物分类复杂。废液一般按放射性浓度分成若干等级,但各国分级水平差别很大。固体废物分类法多种多样。建立一个科学、先进、可接受和易实施的放射性废物分类系统比较困难。目前,国际上所实施的放射性废物分类是仅从放射性角度所作的分类,是根据废物的来源和物理状态建立的,实际上是一种初级的、定性的分类体系。理想的放射性废物分类系统应该是定量的、分类级别的、有限定范围的。

2009 年,国际原子能机构在通用安全导则第 GS-G-1 号中又发布新的放射性废物分类,将放射性废物分为免管放射性废物、极短寿命放射性废物、极低放射性废物、低放射性废物、中放射性废物和高放射性废物 6 类。

(1) 免管(豁免)放射性废物。该类废物是为了辐射防护的目的,可以在监管控制下清洁解控、豁免或排除监管控制标准的放射性废物。其含有的放射性物质很少,无论是按常规方式掩埋处置还是循环使用都没有防护要求。

(2) 极短寿命放射性废物。该类废物经过最多几年时间的贮存衰变后,可以根据监管机构核准的程序解除监管控制,成为不受控制的处置、利用或排放的放射性废物。主要包括通常被用于研究和医学目的的极短寿命放射性核素废物。这类废物可以储存,直至活度降低到清洁解控水平以下才允许解控,并按常规废物管理。

(3) 极低水平放射性废物。该类废物是不一定符合豁免放射性废物标准但也无需高水平包容和隔离,因而适宜在实行有限监管控制的近地表填埋处理的废物。这一类别的典型废物包括放射性浓度很低的土壤和碎石。该类废物中较长寿命放射性核素的浓度一般非常有限。

(4) 低水平放射性废物。该类废物是高于解控水平但其含有的长寿命放射性核素数量有限的废物,在搬运和运输时,不要求屏蔽。这类废物需要多达几百年时间的可靠隔离和包容,适宜在专设的近地表设施中处置。其也可能含有放射性浓度水平较高的短寿命放射性核素和放射性浓度水平相对较低的长寿命放射性核素。

(5) 中水平放射性废物。该类废物是含有大量长寿命放射性核素的废物,需要高于近地表处置级别的包容和隔离。但在贮存和处置期间不需要提供或仅需要有限地散热。

(6) 高水平放射性废物。该类废物是含有高活度短寿命和长寿命放射性核素的废物,与中水平放射性废物相比,需要更高程度的包容并与生物圈隔离。通常是由具有多重工程屏障、完整和稳定的深地质处置来确保处置安全。该类废物产生大量放射性衰变热,通常释热可持续几百年。

2017 年,我国发布的最新《放射性废物分类》中规定,放射性废物分为极短寿命放射性废物、极低水平放射性废物、低水平放射性废物、中水平放射性废物和高水平放射性废物等五类。极短寿命放射废物中所含主要放射性核素的半衰期很短,一般小于 100 d,如 ^{131}I,半衰期为 8 d;其中所含长寿命放射性核素的活度浓度在解控水平以下。极低水平放射性废物中放射性核素活度浓度接近或者略高于豁免水平或解控水平,上限值一般为解控水平的 10~100 倍,常见极低水平放射性废物如核设施退役过程中产生的污染土壤和建筑垃圾。低水平放射性废物的活度浓度下限为极低水平放射性废物活度浓度上限值,大多数核素活度浓度上限值为 $4×10^{11}$ Bq/kg。低水平放射性废物来源广泛,如核电厂正常运行产生的离子交换树脂和放射性浓缩液的固化物等。中水平放射性废物的活度浓度下限值为低水平放射性废物活度浓度上限值,即 $4×10^{11}$ Bq/kg,且释热率小于或等于 2 kW/m³。中水平放射性废物一般来源于含放射性核素 ^{239}Pu 的物料操作过程以及乏燃料后处理设施运行和退役过程等。高水平放射性废物的活度浓度下限值为 $4×10^{11}$ Bq/kg,或释热率大于 2 kW/m³。释热率的大小会影响放射性废物的处置形式、安全设备布置以及放射性包容物的理化性质。释热率高的放射性废物处理可能需要额外的主动冷却系统及高热稳定性的包容体。常见的高水平放射性废物有乏燃料后处理设施运行产生的高放玻璃固化体和不进行后处理的乏燃料等。

11.2 低中水平放射性固体废物测量方法

核设施退役以及高放废物的处理和处置等均需要测量。核电厂在正常运行下产生的放射性废物中,90%以上是低中水平放射性固体废物,简称低中放固体废物,这些废物经固化或压缩后一般整备成 200 L、400 L 废物桶。为了满足对废物桶分类处置及安全运输等要求,需要对低中放固体废物进行测量,以获得废物桶内核素种类及其活度。

低中放固体废物内核素活度的测量方法分为破坏性测量方法和非破坏性测量方法。破坏性测量方法是指对受检样品破坏后进行取样分析的测量方式。由于低中放固体废物中含有多种放射性核素,其物理、化学形态多样,分布也不均匀,因此难以保证取样测量的代表性,并且也易产生二次废物。非破坏性测量方法,也称为无损测量方法(non-destructive assay,NDA),是指受检样品不被破坏或其物理、化学性质不发生实质变化的一种测量方法。对低中放固体废物的无损测量方法包括中子活化分析法、量热分析法等、γ 射线分析法。

中子活化分析法是用中子辐照放射性样品,使废物原子核发生核反应,生成具有一定寿命的放射性核素,然后对生成的放射性核素进行鉴别,从而确定样品中的核素成分和含量的一种分析方法。中子活化分析法是一种有效的核素分析技术,在微量和痕量元素分析中占有重要的地位。自 1936 年首次用热中子活化技术分析元素以来,中子活化分析技术得到迅速发展,成为高灵敏度、多元素、非破坏性元素分析的可靠方法。其优点为:分析的灵敏度高,例如对 Si 中杂质 Au 的探测限在百万分之一范围;甚至可以做中子俘获瞬发 γ 射线活化分析;自动化分析程度很高。这种方法在废物测量时主要用于对发射如 α 射线等弱贯穿射线废物的测量。通过中子照射,包括 α 废物在内的核素被活化,发射 γ 射线;γ 射线穿透废物介质后,可以被废物包外的探测器测得,从而实现对核素及其活度的定量分析。

量热分析法是利用核素活度与衰变热存在定量关系而进行放射性活度测量的一种方法。采用量热分析法进行核素活度测量时,测量值基本与核素在废物内的分布无关。量热分析法受废物内介质热扩散率的影响,测量时间通常比其他无损检测方法长。该方法通常是针对特定核素,如 Pu、^{3}H、^{241}Am 等,是目前分析不同物理形态钚比较准确的非破坏性分析方法,也是对氚及其化合物的比较准确测量方法。

γ 射线分析法是利用在废物包外扫描放射性核素衰变发射的 γ 射线,进行核素种类的识别,并定量分析放射性活度的方法,也被称为 γ 扫描法。该方法在测量过程中不会产生二次放射性废物,是目前应用最为广泛的无损检测方法之一。

11.2.1 低中水平放射性固体废物的 γ 扫描方法

依据对废物桶内放射性物质分布假设及扫描方式不同,目前采用的 γ 扫描方法主要包括旋转 γ 扫描(rotating gamma scanning,RGS)、分段 γ 扫描(segmented gamma scanning,SGS)和层析 γ 扫描(tomographic gamma scanning,TGS)。

1. 旋转 γ 扫描方法

RGS 法是假设废物桶内密度及核素均匀分布,因此可以看作是一个均匀的柱形体源。在测量时,废物桶旋转,探测器在一个固定位置对废物桶进行扫描,探测器视角包络整个废物桶,测量示意图如图 11-1 所示。为了减少本底对测量的影响,并控制探测器的视野,通常在探测器灵敏体积外设置准直器。

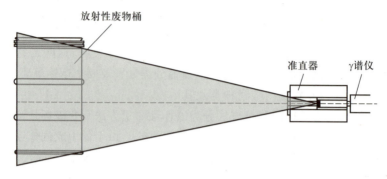

图 11-1 RGS 测量废物桶示意图

γ 光子被探测器灵敏体积吸收后,输出的电信号包括两个部分:一是脉冲幅度,反映吸收 γ 光子的能量;二是脉冲计数,反映灵敏体积吸收 γ 光子的个数。对电信号进行谱分析后,可以获得如图 11-2 所示的能谱图。图中横坐标为能量,纵坐标为光子计数。根据 γ 射线能谱图,首先利用谱峰对应的能量进行核素识别,然后根据谱峰峰面积得到的 γ 光子计数率计算对应核素的活度。

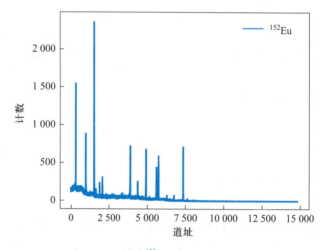

图 11-2 核素 ^{152}Eu 的 γ 能谱分布图

由于一种核素可以发出多种能量的 γ 射线,在核素识别与活度计算时需要获知该核素发射 γ 射线的能量与发射概率。表 11-1 列出了一些核素的能量、半衰期及 γ 射线发射概率,其中 ^{152}Eu 核素含有多个全能峰,因此 ^{152}Eu 核素通常被用来进行 γ 谱仪的能量刻度或对介质的密度测量。

表 11-1 一些核素能量、半衰期及部分 γ 射线发射概率

核素	^{241}Am	^{137}Cs	^{152}Eu	^{133}Ba	^{60}Co
半衰期 $T_{1/2}$	432 年	30.2 年	13.2 年	10.5 年	5.27 年

续表

核素	^{241}Am	^{137}Cs	^{152}Eu	^{133}Ba	^{60}Co
能量(发射概率)/keV	56(35.9%)	662(85.1%)	122(28.7%) 344(26.6%) 789(12.9%) 964(14.6%) 1112(13.7%) 1408(21.1%)	81(34.1%) 303(18.3%) 356(62.1%)	1173(99.9%) 1333(100%)

对低中放固体废物内核素及其活度的测量,可以采用绝对测量方法。此时,需要建立放射性核素活度与γ谱仪测量值,即全能峰计数率之间的关系

$$\dot{C} = y_\gamma \varepsilon A \tag{11-1}$$

式中: $\dot{C}$ ——γ谱仪测得的放射性核素发出某一能量γ射线的全能峰计数率,c/s;

y_γ ——放射性核素衰变时发射的该全能峰对应能量的γ射线的概率;

A ——放射性核素的活度,Bq;

ε ——探测器测得的放射性核素衰变时发射的γ射线全能峰的探测效率。

放射性核素发射的γ射线被γ谱仪测得,会经过放射性废物的自吸收衰减和各种屏蔽介质的衰减,最后被灵敏体积吸收,探测效率 ε 的表达式为

$$\varepsilon = \varepsilon_g \varepsilon_{Ge} \varepsilon_a \tag{11-2}$$

式中: ε_g ——几何因子;

ε_{Ge} ——探测器本征效率;

ε_a ——衰减校正因子。

RGS法在测量过程中,将废物桶看作介质密度和核素均匀分布的柱状体源,探测器在一个固定位置即可完成测量。该方法的优点是测量时间短,且对于密度均匀、核素分布也均匀的废物可以实现较为准确的测量。但是对于非均匀废物桶,如整备了劳保用品等废物的废物桶等,存在介质或核素不均匀分布的情况,以均匀体源刻度的探测效率与实际情况相比存在偏差,导致测量结果误差较大。同时由于探测器距离废物桶较远,因此探测下限较高,对于低放废物可能存在部分核素无法测量的情况。

2. 分段 γ 扫描方法

SGS方法最先由美国的洛斯阿拉莫斯国家实验室(Los Alamos National Laboratory,LANL)在20世纪70年代初提出。SGS方法的测量过程为:将废物桶垂直分为 k 个段层,并假设各段层内填充介质与放射性核素分布均匀;探测器对废物桶扫描时,废物桶以一定转速匀速旋转,以此降低因桶内介质和核素在桶内周向不均匀分布造成的误差;探测器可以由最底部的段层开始,对准废物桶各段层中心向上逐层扫描,如图11-3a所示。

SGS测量分为透射测量和发射测量两个过程。如图11-3b所示,透射测量是利用外部放射源(也称为透射源)发射的γ射线穿透废物桶,根据比尔定律(Beer's Law)分析γ射线的衰减来确定介质对该能量射线平均衰减系数的过程。

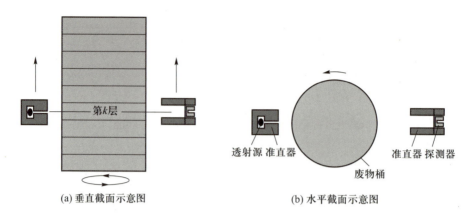

(a) 垂直截面示意图   (b) 水平截面示意图

图 11-3   分段 γ 扫描技术扫描过程示意图

在透射测量时,如果未放置废物桶,探测器测得透射源发出某一能量 γ 射线的全能峰计数为

$$C_{T0} = A y_\gamma \varepsilon \Delta t_{T0} \tag{11-3}$$

如果放置废物桶,一般探测器对准废物桶轴心,此时 γ 射线穿透废物桶的长度为废物桶直径 D。此时,对于在第 k 个段层高度的探测器测得透射源发出 γ 射线的全能峰计数为

$$C_{Tk} = A y_\gamma \varepsilon \cdot \Delta t_{Tk} e^{-\mu_k \cdot D - 2\mu_{steel} h_p} \tag{11-4}$$

式中: C_{T0} 和 C_{Tk} ——透射测量时无废物桶和有废物桶时测得的 γ 光子计数,下标 k 表示探测器位于第 k 个段层高度;

    Δt ——探测器连续测量 γ 光子的有效时间,s;

    A ——透射源活度,Bq;

    μ_{steel} ——废物桶壁对该能量 γ 射线的衰减系数,m^{-1};

    h_p ——桶壁厚度,m;

    D ——废物桶的直径,m。

可以计算得第 k 个段层内填充介质的平均衰减系数

$$\mu_k = \frac{1}{D} \left[\ln \left(\frac{C_{T0}}{C_{Tk}} \cdot \frac{\Delta t_{Tk}}{\Delta t_{T0}} \right) - 2\mu_{steel} h_p \right] \tag{11-5}$$

依次对各层进行透射测量,可以获得各层内填充物质的平均衰减系数。通常情况下,废物桶内核素能被 γ 谱仪实际测得的能量范围一般为 0.1~2 MeV。在该能量范围内,除铁、铅等重金属外,其他材料的质量衰减系数 (μ/ρ) 相近,仅为射线能量 E 的函数。根据透射源射线能量获得质量衰减系数 (μ/ρ),可以估算介质的密度

$$\rho_k = \frac{\mu_k}{\left(\dfrac{\mu}{\rho} \right)_E} \tag{11-6}$$

式中: ρ_k ——废物桶被划分的第 k 个段层内介质的平均密度,kg/m^3;

    μ_k ——废物桶被划分的第 k 个段层内介质的平均衰减系数,$1/m$;

    $\left(\dfrac{\mu}{\rho} \right)_E$ ——某介质对能量为 E 的 γ 射的质量线衰减系数,m^2/kg。

在实际计算时,如果计算的介质密度达到铁或铅等重金属水平,可以取相应金属的质量衰减系数再次计算其密度,直至密度与材料吻合。

发射测量是指 γ 谱仪在废物桶外扫描由桶内核素发射的 γ 射线,根据全能峰能量识别核素种类,再依据全能峰计数率重建核素活度的过程。对于在第 k 个段层位置的探测器,对某核素发出某能量 γ 射线的计数率为

$$C_{Ek} = \frac{A_k y_\gamma \Delta t_{Ek}}{\pi R^2 \Delta H} \int_{-\Delta H/2}^{\Delta H/2} \int_{r=0}^{R} \int_{0}^{2\pi} \varepsilon(r,\theta,h) \cdot e^{-\frac{\mu}{\rho}\rho_k l_k - \mu_{steel} \cdot l_p} r d\theta dr dh \qquad (11-7)$$

式中:C_{Ek}——探测器在第 k 层高度时测得的某能量 γ 光子的计数;

$\quad \Delta t_{Ek}$——发射测量时探测器连续测量 γ 光子的有效时间,s;

$\quad A_k$——第 k 层内某核素活度,Bq;

$\quad R$——废物桶半径,m;

$\quad \Delta H$——段层高度,m;

$\varepsilon(r,\theta,h)$——某水平截面内,高度相对于探测器为 h 的点源对探测器在无填充介质衰减时的探测效率,[如图 11-4 所示,极坐标为 (r,θ)];

$\quad l_k$——射线由放射源至探测器径迹方向位于废物桶内的长度,m;

$\quad l_p$——射线位于废物桶桶壁内的长度,m。

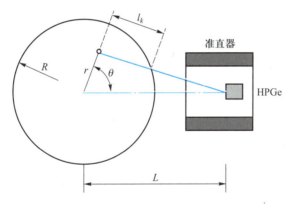

图 11-4 水平截面内点源相对探测器布置示意图

如果要计算 k 层内放射性核素的活度,需要对废物桶内各点的探测效率 ε 进行刻度,获得其空间分布。图 11-5 为水平截面内无填充介质时核素 ^{137}Cs 对相对探测效率为 40% 的高纯锗探测器的探测效率分布图。获得探测效率后,通过积分可以计算得到废物密度为 ρ_k 时,段层所有核素对探测器的平均探测效率为

$$\varepsilon_k = \frac{1}{\pi R^2 \Delta H} \int_{-\Delta H/2}^{\Delta H/2} \int_{r=0}^{R} \int_{0}^{2\pi} \varepsilon(r,\theta,h) \cdot e^{-\frac{\mu}{\rho} \cdot \rho_k l_k - \mu_{steel} l_p} r d\theta dr dh \qquad (11-8)$$

因此,在第 k 个段层位置的探测器对当前段层内某核素的计数可简化为

$$C_{Ek} = A_k y_\gamma \varepsilon_k \Delta t_{Ek} \qquad (11-9)$$

如果仅是该段层存在放射性核素,可计算出该段层内核素的活度为

$$A_k = \frac{C_{Ek}}{\Delta t_{Ek} y_\gamma \varepsilon_k} \qquad (11-10)$$

但是,探测器在不同高度对各段层进行 γ 射线扫描时,不仅能接收当前段层内核素发出的 γ 射线,也能够接收其相邻段层内该核素发出的 γ 射线,该现象为层间串扰,如图 11-6 所示。可以通过增加段层厚度来减少层间串扰影响,但是如果段层厚度过大,部分区域发射的 γ 射线会被准直器屏蔽,造成测量死角,从而影响测量的准确性。

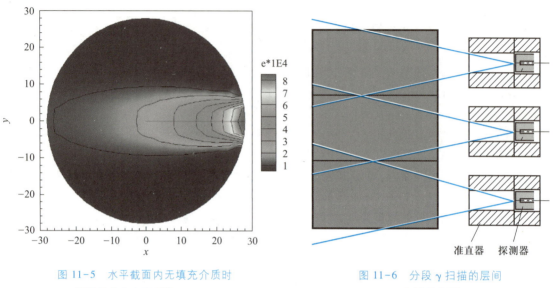

图 11-5 水平截面内无填充介质时
探测效率分布图($^{137}\mathrm{Cs}, h=0$)

图 11-6 分段 γ 扫描的层间
串扰示意图

如果考虑层间串扰,探测器计数是各段层内同一放射性核素发出的 γ 射线被探测器测得的总和。此时,探测器在第 k 个段层位置接收 γ 射线计数为

$$C_{\mathrm{E}k} = \Delta t_{\mathrm{E}k} \sum_{i=1}^{K} A_i y_\gamma \varepsilon_{ki} \qquad (11-11)$$

式中:A_i——第 i 个段层的放射性核素活度,Bq;

ε_{ki}——第 i 个段层放射性核素对处于正对第 k 个段层位置的探测器的探测效率;

K——段层总数。

通过探测器分别在 K 个段层的扫描,可以建立如下方程组

$$\begin{bmatrix} \dfrac{C_{\mathrm{E}1}}{\Delta t_{\mathrm{E}1}} \\ \vdots \\ \dfrac{C_{\mathrm{E}K}}{\Delta t_{\mathrm{E}K}} \end{bmatrix} = y_\gamma \cdot \begin{bmatrix} \varepsilon_{11} & \cdots & \varepsilon_{1K} \\ \vdots & \ddots & \vdots \\ \varepsilon_{K1} & \cdots & \varepsilon_{KK} \end{bmatrix} \begin{bmatrix} A_1 \\ \vdots \\ A_K \end{bmatrix} \qquad (11-12)$$

上式是包含 K 个方程和 K 个未知数的线性方程组。求解该方程组,可以获得各层某一放射性核素的活度。求和可获得整个废物桶内该核素的总放射性活度

$$A = \sum_{k=1}^{K} A_k \qquad (11-13)$$

为了避免迭代计算,在实际应用中,可直接假设介质密度和核素在整个废物桶内均匀分布。则探测器在第 k 个段层位置接收 γ 射线计数为

$$C_{Ek} = \Delta t_{Ek} A y_{\gamma} \overline{\varepsilon}_k \qquad (11-14)$$

式中：$\overline{\varepsilon}_k$——处于第 k 段层位置的探测器对假设某核素在整个废物桶内均匀分布时的探测效率。

探测器在每一个探测位置，都可以得到废物桶内某一放射性核素的总活度

$$A = \frac{C_{Ek}}{\Delta t_{Ek} y_{\gamma} \overline{\varepsilon}_k} \qquad (11-15)$$

如果核素在竖直方向分布不均匀，为提高测量精度，通常探测器也需要进行 K 个竖直位置的测量，最后的活度为 K 次测量的平均值

$$A = \frac{1}{K} \sum_{k=1}^{K} \frac{C_{Ek}}{\Delta t_{Ek} y_{\gamma} \overline{\varepsilon}_k} \qquad (11-16)$$

分段 γ 扫描只需要在竖直方向逐层对废物桶进行扫描，测量过程简单，耗时短。但是，该方法假设介质、核素在各层内均匀分布，如浓缩液的水泥固化物，可满足该均匀分布假设。对于废弃滤芯、废弃设备、金属管道的固化物，介质密度和核素分布会不均匀，分段 γ 扫描测量会造成较大的测量误差。

3. 层析 γ 扫描方法

采用 TGS 方法对废物桶进行测量时，首先将废物桶垂直方向上分为若干段层，再将每层划分为若干体素，结合 CT 和 PET 原理，分别对各段层进行透射与发射扫描，得到介质衰减系数与核素活度在废物桶内的三维分布。

对某一层进行 TGS 测量的示意图如图 11-7 所示。探测器和透射源分别置于废物桶的两侧，且两者在同一轴线上。TGS 透射测量是指利用桶外透射源发射的 γ 射线穿透废物桶内各体素，根据射线衰减来获得各体素内介质对 γ 射线的衰减系数，并得到介质密度及其分布的过程。在测量时，首先在未放置废物桶前测量透射源的 γ 射线能谱，然后放置废物桶并再次测量 γ 射线能谱，该能谱不仅包含透射源发射的 γ 射线信息，也包含废物桶内放射性核素发射的 γ 射线信息，因此提取透射源对应特征能量的 γ 射线计数率进行透射计算。通过透射重建可得到各能量下桶内介质的衰减系数，并进一步获得介质的密度。TGS 发射测量是利用探测器测量桶内放射性核素发出的射线能谱，通过发射重建得到桶内各个体素的放射性核素活度。在实际测量时，应

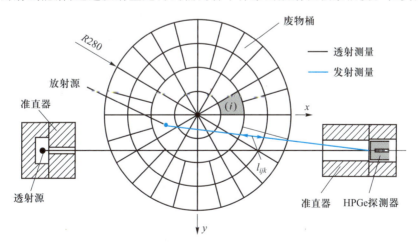

图 11-7　TGS 测量过程示意图

当选择废物桶内存在概率较低的核素作为透射源,如果废物桶内包含了透射源的核素,则需要从透射测量的谱数据中扣除发射测量的谱数据。

TGS 测量通过转动、平动以及升降等机械动作过程来实现废物桶的三维测量,获得不同角度、不同水平位置、不同高度的测量结果。一般情况,对于某一层的扫描过程是通过废物桶转动、探测器平动来实现的,即探测器在某一位置测量结束后,废物桶随即转动一定角度并停止,探测器再进行下一次的测量,这样依次重复直至废物桶转完一圈。转动测量完成后,探测器或者废物桶进行平动,改变探测器与透射源连线相对桶心的水平距离,在新的平动位置上继续进行转动扫描,直至完成所有的平动测量。完成一层的扫描之后,探测器垂直升降至下一层继续进行扫描,直至完成对整个废物桶的测量。

在进行 TGS 透射与发射测量时,根据测量时间和精度要求需要对废物桶划分一定数量的体素,假定体素内介质、核素均匀分布,核素等效为处于该体素质心的点源。图 11-7 所示的 TGS 测量过程示意图给出了废物桶内体素的划分,按一定顺序将各体素依次编号,编号用字母 j 表示。

在透射扫描中,透射源发出的射线会被各体素内介质衰减,根据比尔定理可得

$$\dot{C}T_i = \dot{C}_0 \, \mathrm{e}^{-\sum l_{ij}\mu_j} \tag{11-17}$$

式中:$\dot{C}_0$——在未放置废物桶时探测器对透射源测得的计数率,c/s;

$\dot{C}T_i$——第 i 次测量时透射源发出的射线经废物衰减后被探测器测得的计数率,c/s;

l_{ij}——第 i 次测量时的连接透射源与探测器的射线在第 j 个网格内的径迹长度,m;

μ_j——第 j 个网格内物质的线衰减系数,m^{-1}。

式(11-17)可以变化为

$$\nu_i = \sum l_{ij} \cdot \mu_j \tag{11-18}$$

$$\nu_i = -\ln(CT_i/C_0) \tag{11-19}$$

即为计数率比值(透射率)的自然对数。

对某一段层截面的透射扫描可用向量形式来描述

$$\boldsymbol{\nu} = \boldsymbol{L}\boldsymbol{\mu} \tag{11-20}$$

式中:$\boldsymbol{\nu}$——对数透射率的列向量,$\boldsymbol{\nu} = (\nu_1, \nu_2, \cdots, \nu_I)^{\mathrm{T}}$,$I$ 为测量的总次数;

$\boldsymbol{\mu}$——网格线衰减系数的列向量,$\boldsymbol{\mu} = (\mu_1, \mu_2, \cdots, \mu_J)^{\mathrm{T}}$,$J$ 为网格的总数目;

$\boldsymbol{L}$——$I \times J$ 的系数矩阵。

$\boldsymbol{L}$ 矩阵中各元素 l_{ij} 的值即为第 i 次测量时透射源发射并射向探测器的 γ 射线在第 j 个网格内的径迹长度,$\boldsymbol{L}$ 也叫厚度矩阵。通过求解式(11-20)所描述的方程组即可得到各网格内物质的线衰减系数 μ_j。

通过透射重建获得的线衰减系数,将用于后续的发射重建。在发射测量时,对于第 i 次测量时探测器测得的来自桶内发射源的计数率有

$$\dot{C}_{\mathrm{E}_i} = \sum_{j=1}^{J} y_\gamma \varepsilon_{ij} a_{ij} A_j \tag{11-21}$$

式中:A_j——第 j 个网格内放射性核素的活度,若网格内无放射性核素,则活度为零,Bq;

ε_{ij}——不考虑桶内物质衰减时第 i 次发射测量时探测器对于第 j 个网格内核素的探测效率;

a_{ij}——衰减校正因子,即在第 i 次发射测量中由第 j 个体素发射的光子到达探测器前被衰减后的份额。

衰减校正因子 a_{ij} 可由下式进行计算

$$a_{ij} = \prod_{k \leqslant J} e^{-l_{ijk} \cdot \mu_k} \tag{11-22}$$

式中: l_{ijk} ——第 i 次发射测量时,由第 j 个网格内核素发射至探测器的 γ 射线在第 k 个网格内的径迹长度,直线未穿过的网格, l_{ijk} 为零。

发射扫描过程可以写成如下的向量形式

$$\dot{\boldsymbol{C}}_E = y_\gamma \boldsymbol{F} \boldsymbol{A} \tag{11-23}$$

式中: $\dot{\boldsymbol{C}}_E$ ——发射扫描计数率的列向量, $\dot{\boldsymbol{C}}_E = (\dot{C}_{E1}, \dot{C}_{E2}, \dot{C}_{E3}, \cdots, \dot{C}_{EI})^T$;

$\boldsymbol{A}$ ——各网格内放射性核素活度的列向量, $\boldsymbol{A} = (A_1, A_2, A_3, \cdots, A_J)^T$;

$\boldsymbol{F}$ ——经衰减校正的探测效率矩阵。

$\boldsymbol{F}$ 矩阵的具体形式如下:

$$\boldsymbol{F} = \begin{bmatrix} \varepsilon_{11}a_{11} & \cdots & \varepsilon_{1j}a_{1j} & \cdots & \varepsilon_{1J}a_{1J} \\ \vdots & & \vdots & & \vdots \\ \varepsilon_{i1}a_{i1} & \cdots & \varepsilon_{ij}a_{ij} & \cdots & \varepsilon_{iJ}a_{iJ} \\ \vdots & & \vdots & & \vdots \\ \varepsilon_{I1}a_{I1} & \cdots & \varepsilon_{Ij}a_{Ij} & \cdots & \varepsilon_{IJ}a_{IJ} \end{bmatrix} \tag{11-24}$$

通过求解式(11-23)所描述的方程组,可得到各网格内放射性核素的活度。

TGS 透射重建与发射重建的实质是对两个线性方程组的求解。求解一般分为两大类方法:解析算法和迭代重建算法。滤波反投影(filtered back projection,FBP)是一种解析算法。由于通过卷积法来计算滤波反投影数据,计算模型简单,计算稳定可靠,因此 CT 系统中均采用滤波反投影重建算法。

解析算法具有如下特点:

(1)方程的导出是连续形式的,到实现时才予以离散化;

(2)测量数据必须完全,分布必须均匀;

(3)相邻射线间等间隔,相邻测量角度等间隔,测量应覆盖 360°;

(4)积分路径为直线;

(5)重建算法计算效率高,重建速度快;

(6)当测量数据不足或测量角度分布不均匀时,采用变换域方法难以得到较好重建结果,一般选择迭代算法。

可以将待求解方程组简化为一般的表达式, $\boldsymbol{AX} = \boldsymbol{P}$,其中 $\boldsymbol{A}$ 为矩阵, $\boldsymbol{X}$ 为待求解值向量, $\boldsymbol{P}$ 为测量值向量。矩阵 $\boldsymbol{A}$ 不总是方阵,通常情况下,测量个数 N(方程个数)不等于像素数 M(网格个数)。当 $N>M$ 时,方程数大于未知数,方程组是超定的。在数学意义上讲,除非满足特定的条件,否则可能无解。可以通过对最小二乘的目标函数进行优化来获得。当 $N<M$ 时,方程组是欠定的,此时可能有无穷多个解,但是需要确定一个作为问题的最终解。通常取最小范数解,即最小模,最小能量。用 Lagrange 乘数法在约束 $\boldsymbol{AX} = \boldsymbol{P}$ 的条件下求 $\|\boldsymbol{X}\|^2$ 的极小值。但是该方法存在矩阵 $\boldsymbol{A}$ 的逆矩阵不存在的情况,即 $\boldsymbol{A}$ 不是满秩时,方程组可能有无穷多个解。

通常情况下,比较可行的方法是直接运用 A 和 A^{T} 的迭代方法来找方程组的一个近似解。常用的迭代方法一般分为两种:代数重建方法和统计迭代方法,两种方法的共同特点都是基于迭代来重建图像。迭代方法的主要步骤是:投影运算,即计算原始估计解或上一轮迭代解的投影值;比较计算所得的投影值与实际测量值;反投影运算,即把投影运算的结果与测量数据之间的差异映射到图像空间;图像更新,修正当前所估计的图像。

代数重建算法(algebraic reconstruction technique,ART)是基于 1937 年 Kaezmarz 提出的投影方法,其基本思想是给定重建区域一个初值,再将所得投影值残差一个个沿其射线方向均匀地反投影回去,不断地对图像进行校正,直到满足所需要求,然后结束迭代过程。

ART 算法的特点是:一种逐线迭代的算法,避免直接系数矩阵求逆的运算,减少了运算量;在每一次迭代计算中,只用到系数矩阵 A 的一行元素;可直接对超定方程求解,而不需转化为正定方程;将投影值和残差均匀地反投影,不至于使误差集中在一起造成畸变。ART 采用了逐线更新的方式,每计算一束射线,与该射线有关的所有体素值都要更新一次,这样的计算结果与方程的次序有关,即如果一个测量数据有问题,则会影响到 X 的各个分量。

作为 ART 算法的改进方法,同时代数重建算法(simultaneous algebraic reconstruction technique,SART)被提出。改进的点在于:SART 是利用在一个像素内通过的所有射线的修正值来确定这一个像素的平均修正值;SART 是所有射线通过体素后,才算完成一次迭代,这样取平均修正值可以减少一些干扰因素,而且计算结果与方程使用的次序无关。SART 算法的一个迭代过程中的子迭代过程数要远少于 ART 算法一个迭代过程中的子迭代过程,这也就使得 SART 的重建图像比 ART 更加平滑,减少了迭代带来的网格状伪影。

由于在 TGS 测量过程中,探测器所接收的 γ 光子数服从某种概率分布,可采用统计的方法进行图像重建。因为 γ 光子的计数满足泊松分布,因此根据统计特性所发展的重建技术可将图像的重建问题转化为由服从泊松分布的测量值来求解方程组。以"参数估计理论"为基础的迭代算法,可得到质量较好的图像。统计迭代重建算法是基于测量数据统计模型的一类估计迭代算法的总称。在图像重建中,一般用泊松分布来描述测量数据的统计特性,以此为基础形成最大似然期望最大化算法(maximum likelihood expectation maximization,MLEM)。

MLEM 算法在迭代时没有规定的迭代顺序,收敛性好,具有很好的鲁棒性。其主要缺点是计算量大,收敛速度慢,一般需要多次迭代才能得到满意的结果。

MLEM 的计算公式为

$$x_j^{(k+1)} = \frac{x_j^{(k)}}{\sum\limits_{i=1}^{I} a_{ij}} \sum_{i=1}^{I} \frac{a_{ij} b_i}{\langle a^i, x^{(k)} \rangle} \qquad (11-25)$$

式中:$x_j^{(k)}$——第 k 次迭代时,第 j 个网格的求解值,如果是透射测量,x 则为线衰减系数,如果是发射测量,x 则为放射性核素的活度;

$\quad\quad a_{ij}$——系数矩阵内第 i 行第 j 列的元素,如果是透射测量,系数矩阵则为厚度矩阵 L,如果是发射测量,系数矩阵则为经过衰减校正的探测效率矩阵 F;

$\quad\quad b_i$——与第 i 次测量相关的值,如果是透射测量,b 则为对数透射率,如果是发射测量,b 则为发射扫描计数率。

迭代重建算法相比于解析重建算法最主要的区别就是将重建的图像进行模型化。在解析算法中,图像是连续的,而在迭代重建中,图像是离散的。迭代重建算法的实质是解一个线性方程组,它能将真实的成像几何结构与成像物理效应模型化,因此与解析算法相比更适用于解决实际的成像问题,得到更准确的重建图像。

迭代重建算法主要分为代数重建算法和统计迭代重建算法。代数重建算法的收敛速度相对较快,其重建性能依赖于系统矩阵、松弛系数、投影序列等多种因素。统计迭代重建算法考虑到了实际测量中数据统计特性,将噪声等因素进行模型建立,更能准确反映真实的物理成像过程,因此针对低中放废物测量更适合采用统计迭代算法。

11.2.2 无源探测效率刻度

在对废物桶进行核素活度测量过程中,探测效率刻度是准确测量的关键。探测效率刻度主要有实验法、蒙特卡罗法和数值计算法等。由于探测效率与核素、材料以及具体的测量布置有关,因此实验法的局限性大,难以实施整个测量系统的探测效率刻度,一般作为无源效率刻度的验证手段。目前最常使用的是蒙特卡罗法,通过模拟射线与物质相互作用来获得探测效率。但是对于大体积废物而言,要实现整个测量系统的探测效率刻度,计算量很大。因此,目前的放射性废物测量系统采用基于射线衰减的方法进行模拟刻度,该方法具有效率刻度速度快,精度高的特点。

废物桶内点源探测效率刻度模型如图 11-8 所示,主要包括废物桶、探测器和准直器等。在水平截面内,以废物桶中心 O 为原点建立坐标系。对于桶内的任意点状放射源,如在 S 处,其柱坐标为 (R_s, θ, h),其中 R_s 为点源在坐标系内相对 O 点的径向距离,θ 为 OS 与 x 轴的夹角,h 为点源相对探测器灵敏体积中心 M 的垂直高度。废物桶半径为 R,废物桶内填充材料密度为 ρ。准直器的材料为铅,准直孔截面采用正方形,边长为 $2a$,壁厚为 b,灵敏体积前端至准直孔外端距离为 d。从点源 S 至灵敏体积内任意点的径迹线上,L_t 为 γ 射线穿过桶内填充物的距离,L_b 为 γ 射线穿过桶壁的距离,L_z 为 γ 射线穿过准直器的距离,L_c 为 γ 射线穿过晶体保护铝壳的距离,L_s 为 γ 射线穿过晶体死层的距离,L_g 为 γ 射线穿过灵敏体积的距离。

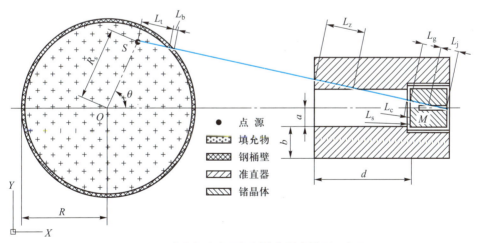

图 11-8 废物桶内点源探测效率刻度模型示意图

如果确定 γ 射线的能量,可获得各介质的衰减系数。根据模型可计算出各介质内的径迹长度,从而点源 S 的探测效率 ε_s 可以表示为:

$$\varepsilon_S = \varepsilon_g \varepsilon_b e^{-\mu_t L_t - \mu_b L_b - \mu_z L_z - \mu_c L_c - \mu_s L_s} \tag{11-26}$$

式中：ε_g——几何因子；

　　ε_b——探测器的本征效率。

如果射线不穿过某介质，则相应的径迹长度为零。

假设由点源 S 发出的 γ 射线在整个球面上是均匀分布的，其中部分能进入探测器晶体内，几何因子可表示为灵敏体积投影到以点源 S 为球心的球面的面积占比。在计算中，以 M 为中心划定一定区域，如图 11-9 所示，该区域能包络探测器晶体范围，点源 S 向该区域发出射线。

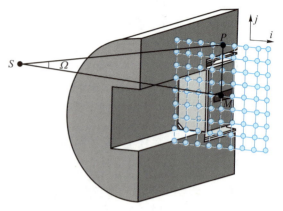

图 11-9　对 HPGe 晶体射线入射方向示意图

几何因子为

$$\varepsilon_g = \frac{A_S}{4\pi L_{SM}^2} \tag{11-27}$$

式中：A_S——上述划分区域在以 S 为球心球面上的投影面积；

　　L_{SM}——点 S 至 M 的距离。

本征效率表征射线被探测器灵敏体积吸收后转换为全能峰计数的概率，可表示为

$$\varepsilon_b = \eta (1 - e^{-\mu_g L_g}) \tag{11-28}$$

式中：$(1 - e^{-\mu_g L_g})$——射线穿过灵敏体积后被吸收的份额；

　　η——射线被吸收部分转换为全能峰计数的概率。

考虑到射线从不同方向进入探测器晶体，被灵敏体积吸收的份额不同，因此需要对不同入射方向进入灵敏体积的射线进行统计分析。一种方法是在选定区域内取等间距的固定点；另一种方法是在该区域内利用均匀分布的随机函数生成随机点，从 S 点发出 N 条不同射线进入指定区域，由此可计算出探测效率为

$$\varepsilon_S = \frac{\Omega_S}{4\pi L_{SM}^2} \eta \frac{1}{N} \sum_{n=1}^{N} \left[(1 - e^{-\mu_g L_{gn}}) e^{-\mu_t L_{tn} - \mu_b L_{bn} - \mu_z L_{zn} - \mu_c L_{cn} - \mu_s L_{sn}} \right] \tag{11-29}$$

式中，下标 n 表示射线标号。

式(11-29)中参数 η 难以确定，可通过实验或蒙特卡罗方法进行标定。通常在没有废物桶的情况下在原点 O 放置一个已知点源，根据上述方法，该源发出的 γ 射线对探测器的探测效率可表示为

$$\varepsilon_O = \frac{\Omega_O}{4\pi L_{OM}^2} \eta \frac{1}{N} \sum_{n=1}^{N} \left[(1 - e^{-\mu_g L_{gn}}) e^{-\mu_c L_{cn} - \mu_s L_{sn}} \right]_O \tag{11-30}$$

式中，O 点发出的射线不经过废物桶及准直器，该衰减项可以省略。

对比式(11-29)式(11-30)，可得 S 点的探测效率为

$$\varepsilon_S = \varepsilon_O \frac{\Omega_S}{\Omega_O} \frac{L_{OM}^2}{L_{SM}^2} \frac{\sum_{n=1}^{N} \left[(1 - e^{-\mu_g L_{gn}}) e^{-\mu_t L_{tn} - \mu_b L_{bn} - \mu_z L_{zn} - \mu_c L_{cn} - \mu_s L_{sn}} \right]_S}{\sum_{n=1}^{N} \left[(1 - e^{-\mu_g L_{gn}}) e^{-\mu_c L_{cn} - \mu_s L_{sn}} \right]_O} \tag{11-31}$$

式中，下标 S 和 O 分别表示点源在 S 和 O 位置。

通过该方法,一次可以计算一个点源发出的某一能量 γ 射线穿过给定介质的探测效率。如果介质分布不均匀,需要确定介质的空间分布,分别计算出不同介质下的径迹长度,可获得相应的探测效率。

如果对体源进行效率刻度,一种方法是在体源内按照均匀分布函数随机布置点源,依次计算这些点源的探测效率,再通过统计平均获得体源探测效率。但是,由于探测效率在废物桶内分布极不均匀,在介质密度较大时,靠近探测器区域的探测效率会大于远离探测器区域的探测效率数个数量级,因此当点源数量有限时,均匀布点会产生较大的统计误差。另一种方法是划分非均匀分布的固定网格,如图 11-10 所示,在离探测器较近区域对网格进行加密。点源位于网格中心,分别计算各节点处的探测效率,则可以获得探测效率的空间分布。然后,以网格体积为权重对各点探测效率加权平均,可获得体源的探测效率。图 11-11 为探测效率计算结果示意图。

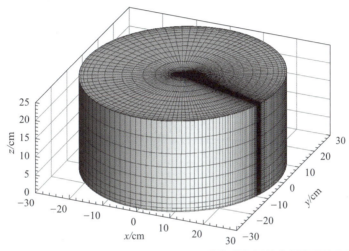

图 11-10　探测器晶体坐标为(53,-17.5,0)的体源探测效率刻度网格示意图

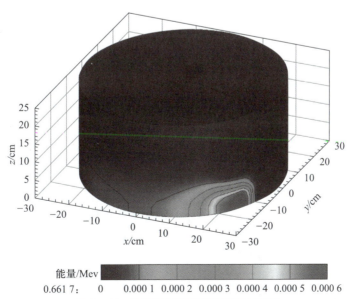

图 11-11　体源探测效率计算结果示意图

11.2.3　比例因子法测量废物桶内难测核素

通过无损 γ 测量的方法可以获得废物桶内较高能量 γ 核素的种类和活度,然而对于一些低能 γ 核素、纯 β 核素或者纯 α 核素,由于射线难以穿出废物桶,因此无法从外部直接进行测量,这些核素也称为难测核素。这些难测核素对于放射性废物的长期安全处置也很重要,国家监管系统对单个废物桶中难测核素的浓度以及处置场中这些核素的总含量制定了具体的限值。通常采用比例因子(scaling-factor,SF)法确定这些难测核素的活度。比例因子是指用于根据关键核素的活度计算难测核素活度的因子或者参数,其中关键核素是指可通过无损检测方法直接测量的 γ 核素。这些比例因子是通过来自某一废物流样品中的核素之间稳定的关联性来确定的。

由于比例因子是基于样本数据库建立的,因此合理的采样并建立相应的分析数据库是至关重要的,两种具有代表性的采样方法是均匀采样法和累计采样法。均匀采样法适用于密度及活度等分布均匀的废物,因此在取样前需要充分混合废物。累计采样法是以合适的数量或者方式收集的可以代表废物总体特征的采样方法,适用于均匀或者非均匀废物。

通过比例因子计算难测核素的方法分为线性和非线性两种。

线性计算方法为

$$\alpha_d = f_{SF} \times \alpha_k \tag{11-32}$$

式中：α_d——难测核素的活度浓度,Bg/kg 或 Bg/m^3;

f_{SF}——比例因子;

α_k——关键核素的活度浓度,Bg/kg 或 Bg/m^3。

当难测核素和关键核素之间的比率为非线性时,例如比率随着活度浓度的变化而变化,采用如下非线性计算方法

$$\alpha_d = \alpha \times \alpha_k^{\beta} \tag{11-33}$$

式中：α——常数;

β——回归系数。

由于 ^{60}Co 和 ^{137}Cs 具有活度浓度水平高、半衰期较长与难测核素相同的产生机制和相似的物理性质的特点,因此一般将 ^{60}Co 作为反应堆冷却剂内的腐蚀产物和活化产物核素的关键核素;将 ^{60}Co 和 ^{137}Cs 作为裂变产物和 α 核素的关键核素。

确定及使用比例因子的步骤如下。

第一步：根据不同的影响因素对比例因子进行分类。该过程需要结合来自多个核电厂的关键数据信息,包括反应堆类型、反应堆组件材料、燃耗深度、核素产生机制、废物处理方式等。

第二步：对选择的废物进行采样和分析,收集废物类型、核素分布等信息。

第三步：分析难测核素和关键核素的相关性,对比例因子进行分组研究。如果难测核素和关键核素不具有相关性,可采用另一种"平均活度"法对难测核素进行测量,即测量一组代表性样品的活度平均值并以此值作为其他废物包的活度值。保守起见,也可将测量值或理论计算值的上限代替平均值。

第四步：计算关键核素的活度浓度,并根据比例因子计算难测核素的活度浓度。其中关键核

素的活度可利用无损 γ 扫描法、废物桶的表面剂量率及表面剂量率-活度转换关系来计算。

国际上，许多国家都对比例因子进行了相关的研究。美国电力研究所（Electric Power Research Institute，EPRI）对比例因子进行了深入研究，分别针对沸水堆和压水堆中的 ^{239}Pu 进行计算，如表 11-2 所示。

表 11-2　美国不同反应堆类型的比例因子

核素	压水堆		沸水堆	
	样本数量	LMA	样本数量	LMA
^{239}Pu/^{137}Cs	288	2×10^{-4}	91	1.5×10^{-4}
^{239}Pu/^{60}Co	382	9×10^{-4}	113	2×10^{-5}

LMA 是均值平均数的对数（log mean average）

欧洲各国通过合作对比例因子开展了研究，计算了 ^{60}Co、^{137}Cs 与裂变产物和 α 核素之间的相关性，结果如表 11-3 所示。

表 11-3　欧洲废物适用的相关性

核素	压水堆		沸水堆	
	样本数量	比例因子	样本数量	比例因子
^{241}Am/^{60}Co	73	0.82	35	0.67
^{241}Am/^{137}Cs	67	0.84	34	0.63
^{244}Cm/^{60}Co	99	0.84	44	0.67
^{244}Cm/^{137}Cs	–	–	42	0.62
^{238}Pu/^{60}Co	88	0.85	35	0.63
^{238}Pu/^{137}Cs	–	–	34	0.62
^{90}Sr/^{60}Co	110	0.78	29	0.74
^{90}Sr/^{137}Cs	108	0.77	17	0.76

图 11-12 显示了废物包的总 α 放射性分别和 ^{60}Co、^{137}Cs 的比例因子散点图。这些数据是通过分析压水堆的干放射性废物得到的。图中，α_k 为关键核素的活度浓度，单位为 Bq/t，$\alpha_{T\alpha}$ 为总 α 活度浓度，单位为 Bq/t。

在计算中，需要对上述的比例因子进行误差分析。若对核素的不确定性评估过于保守，则会高估其放射性，因此比例因子常有一定的适用范围，例如在一定活度浓度范围内使用。一般采用比例因子的置信区间来限制比例因子的适用范围，以确定由于数据库的不确定性而带来的误差。

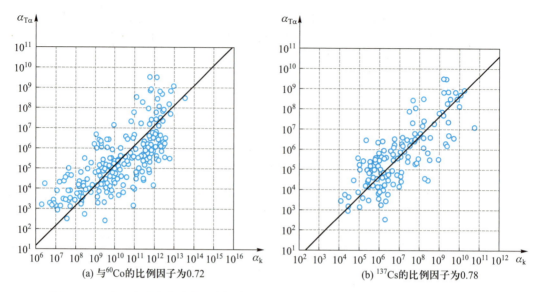

(a) 与 ^{60}Co的比例因子为0.72　　　　　　　(b) ^{137}Cs的比例因子为0.78

图 11-12   在压水堆中产生的干放射性废物关键核素浓度和总 α 放射性活度的比例因子

比例因子的置信区间可表示为

$$\ln(f_{SF,C}) = \ln(f_{SF}) \pm t_{0.95}\frac{s}{\sqrt{n}} \qquad (11-34)$$

式中：$f_{SF,C}$——比例因子的置信区间；

　　　f_{SF}——难测核素的比例因子；

　　　s——对数正态分布的样本值的方差（σ^2）；

　　　n——样本的数量；

　　　$t_{0.95}$——置信水平为 95% 的 t 分布因子。

本章知识拓扑图

第11章 低、中水平放射性固体废物测量

知识拓扑详图

- 放射性废物来源及分类
  - 来源
    - 核燃料循环
    - 核设施退役
    - 核技术应用
  - 特点
    - 放射性
    - 毒性
    - 热效应
  - 分类
    - 按废物的物理、化学形态分类
      - 气载废物
      - 液体废物
      - 固体废物
    - 按放射性水平分类
      - 极短寿命放射性废物
      - 极低水平放射性废物
      - 低水平放射性废物
      - 中水平放射性废物
      - 高水平放射性废物
    - 免管(豁免)放射性废物

- 低、中水平放射性固体废物测量方法
  - 破坏性测量方法
  - 非破坏性测量方法
  - γ扫描方法
    - 旋转γ扫描方法(RGS)
    - 分段γ扫描方法(SGS)
    - 层析γ扫描方法(TGS)
  - 无源探测效率刻度
    - 蒙特卡罗法，通过模拟射线与物质相互作用来获得探测效率
  - 比例因子法测量废物桶内难测核素

习题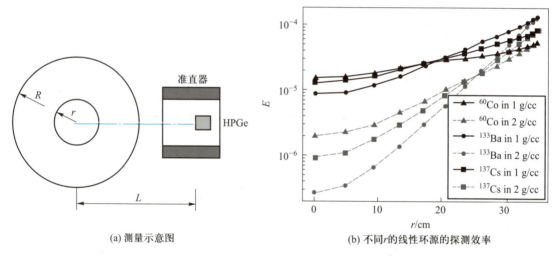

11-1　放射性废物如何分类？低、中、高水平放射性废物分类的依据是什么？

11-2　简述放射性废物主要特性。

11-3　放射性废物测量的方法有哪些？

11-4　简述介质均匀分布的放射性废物密度的测量原理。

11-5　简述旋转 γ 扫描方法（RGS）的优缺点。

11-6　简述分段 γ 扫描的串层效应，以及对应的活度重建方程。

11-7　分析影响层析 γ 扫描测量时间的主要原因。

11-8　简述放射性废物测量时探测效率衰减校正包括的因素。

11-9　简述密度或活度重建时线性方程组求解的方法。

11-10　采用 SGS 技术对废物桶进行测量，如图 11-13a 所示。假设仅测一个段层，该段层内存在一个线性环源，半径为 r，不同核素在不同介质里探测效率如图 11-13b 所示。试分析该情况下测量的活度误差同 r 之间呈现什么规律，介质密度有什么影响？

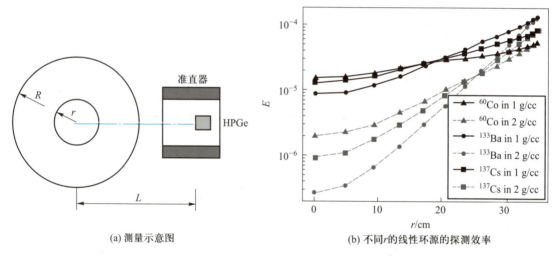

(a) 测量示意图　　　　　　　　(b) 不同 r 的线性环源的探测效率

图 11-13　题 11-10 图

参 考 文 献

［1］ 国家质量监督检验检疫总局.GB18871-2002 电离辐射防护与辐射源安全基本标准［S］.北京:中国标准出版社,2003.

［2］ 国家质量监督检验检疫总局.GB14500-2002 放射性废物管理规定［S］.北京:中国标准出版社,2003.

［3］ 国家技术监督局.GB11928-1989 低、中水平放射性固体废物暂时贮存规定［S］.北京:中国标准出版社,1990.

［4］ 生态环境部,国家市场监督管理总局.GB9132-2018 低、中水平放射性固体废物近地表处置安全规定［S］.北京:中国标准出版社,2019.

［5］ 朱国英.电离辐射防护基础与应用［M］.上海:上海交通大学出版社,2016.

［6］ 刘诚.中低放射性废物 γ 扫描技术及活度重建算法研究［D］.上海:上海交通大学,2012.

［7］ Shepp L A, Vardi Y. Maximum likelihood reconstruction for emission tomography［J］. IEEE transactions on medical imaging,1982,1(2):113-122.

［8］ 钱雅兰,王德忠,等.核废物桶检测中探测效率的数值计算方法研究［J］.上海交通大学学报,2017,51(1):1-5.

［9］ 闫镔,李磊.CT 图像重建算法［M］.北京:科学出版社,2014.

［10］ Kashiwagi M, Masui H, Denda Y, et al. ISO Standardization of the Scaling Factor Method for Low-and Intermediate Level Radioactive Wastes Generated at Nuclear Power Plants［C］//The 11th International Conference on Radioactive Waste Management and Environmental Remediation. New York:ASME 2007,625-629.

第 12 章　核事故后果评价和应急响应

在核能与核技术应用过程中存在核事故与辐射事故风险,会对人或环境产生一定的辐射影响。核事故与辐射事故描述的对象不同,前者多用于核能应用,后者多用于核技术应用。这里的核事故通常是指已经对人员或环境造成了放射性污染,与核电厂状态中的正常运行、预计运行事件、设计基准事故和设计拓展工况等不同。《国际核与辐射事件分级表》(international nuclear and radiological event scale,INES)根据核与辐射对人或环境造成的严重程度将 1~3 级定义为事件(incident),4~7 级定义为事故(accident)。因此,使用中存在核事故、辐射事故、核事件和辐射事件四个术语。在此将重点以核事故为对象,介绍放射性释放源项、放射性核素大气扩散、辐射剂量评价与应急响应等。

12.1　核与辐射事故

12.1.1　核与辐射事故概念

核与辐射事故分别是核事故与辐射事故,两者的适用对象不同,共同描述人工放射性导致人受到辐射损伤或环境受到辐射污染的状况。

核事故是指核设施或者核活动中发生的严重偏离正常运行工况的状态。这种状态下,可能造成厂内人员受到辐射损伤和环境受到放射性污染,严重时,放射性物质泄漏到厂外,污染周围环境,对公众健康造成危害。1986 年,苏联切尔诺贝利核电厂由于核反应堆发生事故,使大量放射性物质释放到环境中,是迄今为止人类历史上最为惨痛的核事故之一。

辐射事故是指除核事故以外,放射源丢失、被盗、失控,或者放射性同位素和射线装置失控导致人员受到异常照射,环境受到辐射污染。主要包括:

(1) 核技术应用中发生的辐射事故;

(2) 放射性废物处置设施发生的辐射事故;

(3) 铀矿冶及伴生矿开发利用中发生的环境辐射污染事故;

(4) 放射性物质运输中发生的事故;

(5) 可能对环境造成辐射影响的核试验;

(6) 航天器坠落造成环境辐射污染的事故;

(7) 各种重大自然灾害引发的次生辐射事故。

12.1.2　核与辐射事件分级

为便于与公众沟通核与辐射事件的严重程度,国际原子能机构(IAEA)和经济合作与发展组织核能机构(OECD/NEA)联合编制了《国际核与辐射事件分级表》。

分级表共分为 7 级,1~3 级称为事件,4~7 级称为事故。无安全意义的事件被分为"分级表以下或 0 级",对于在辐射或核安全方面没有安全相关性的事件,分级表没有进行定级。分级表中的事件每增加一级,严重程度相应增加约一个数量级。按递增的严重程度,这 7 级分别是"异常""一般事件""严重事件""影响范围有限的事故""影响范围较大的事故""严重事故""重大事故"。

分级表对于事件如何定级主要来自三方面准则:对人和环境的影响、对设施的放射屏障和控制的影响、对纵深防御的影响。事件的最终定级需要考虑上述的所有准则,应对照每个相应准则考虑每起事件,导出的最高定级即为事件的级别。对于 4~7 级核事故的定级,通常以对人和环境的影响来定级,尤其以放射性释放量为定级准则,再辅以其他两项准则来核对是否应提高定级。放射性释放量又通常用等效放射性当量来评估,即相对于 ^{131}I 的放射性当量。^{134}Cs、^{137}Cs、^{3}H 相对于 ^{131}I 的放射性当量分别为 3、40 和 0.02。国际核与辐射事件分级的一般准则见表 12-1。

表 12-1　国际核与辐射事件分级的一般准则

分级表级别	人和环境	设施的放射屏障和控制	纵深防御
重大事故 (7级)	放射性物质大量释放,具有大范围健康和环境影响,要求实施所计划的和长期的应对措施		
严重事故 (6级)	放射性物质明显释放,可能要求实施所计划的应对措施		
影响范围较大的事故 (5级)	放射性物质有限释放,可能要求实施部分所计划的应对措施; 辐射造成多人死亡	反应堆堆芯受到严重损坏; 放射性物质在设施范围内大量释放,公众受到明显照射的概率高。其发生原因可能是重大临界事故或火灾	
影响范围有限的事故 (4级)	放射性物质少量释放,除需要局部采取食物控制外,不太可能要求实施所计划的应对措施; 至少有 1 人死于辐射	燃料熔化或损坏造成堆芯放射性总量释放超过 0.1%; 放射性物质在设施范围内明显释放,公众受到明显照射的概率高	
严重事件 (3级)	受照剂量超过工作人员法定年限值的 10 倍; 辐射造成非致命确定性健康效应(例如烧伤)	工作区中的照射剂量率超过 1 Sv/h; 设计预期之外的区域内严重污染,公众受到明显照射的概率低	核电厂接近发生事故,安全措施全部失效; 高密度密封源丢失或被盗; 高密度密封源错误交付,并且没有准备好适当的辐射程序来进行处理

续表

分级表级别	人和环境	设施的放射屏障和控制	纵深防御
一般事件 （2 级）	1 名公众成员的受照剂量超过 10 mSv； 1 名工作人员的受照剂量超过法定年限值	工作区中的辐射水平超过 50 mSv/h； 设计中预期之外的区域内设施受到明显污染	安全措施明显失效，但无实际后果； 发现高活度密封无看管源、器件或运输货包，但安全措施保持完好； 高密度密封源包装不适当
异常 （1 级）			1 名公众成员受到过量照射，超过法定限值； 安全部件发生少量问题，但纵深防御仍然有效； 低放放射源、装置或运输货包丢失或被盗

无安全意义（分级表以下/0 级）

　　根据国际原子能机构对分级表适用范围的描述，分级表可以适用于与放射性物质和放射源的运输、贮存和使用有关的任何事件，包括放射源或放射性货包的丢失或被盗和无看管源的发现；个人在其他受监管实践中受到意外照射的事件。但不适用于军事应用中，如与安保相关事件或故意使人受到辐射照射的恶意行为的定级；不适用于作为医学程序的一部分对患者实施照射的实际后果或潜在后果的定级；不适用于仅与工业安全有关的事件、在辐射安全或核安全方面没有安全相关性的其他核或辐射设施发生的事件的定级等。

12.1.3　辐射事故其他分级方法

　　除国际通用核与辐射事件分级方法外，我国《放射性同位素与射线装置安全与防护条例》从行政法规角度对辐射事故其性质、严重程度、可控性和影响范围等因素，从重到轻将辐射事故分为特别重大辐射事故、重大辐射事故、较大辐射事故和一般辐射事故四个等级，以便针对不同类型辐射事故制定相应的应急处理措施。

　　特别重大辐射事故，是指Ⅰ类、Ⅱ类放射源丢失、被盗、失控造成大范围严重辐射污染后果，或者放射性同位素和射线装置失控导致 3 人以上（含 3 人）急性死亡。

　　重大辐射事故，是指Ⅰ类、Ⅱ类放射源丢失、被盗、失控，或者放射性同位素和射线装置失控导致 2 人以下（含 2 人）急性死亡或者 10 人以上（含 10 人）急性重度放射病、局部器官残疾。

　　较大辐射事故，是指Ⅲ类放射源丢失、被盗、失控，或者放射性同位素和射线装置失控导致 9 人以下（含 9 人）急性重度放射病、局部器官残疾。

　　一般辐射事故，是指Ⅳ类、Ⅴ类放射源丢失、被盗、失控，或者放射性同位素和射线装置失控导致人员受到超过年剂量限值的照射。

　　Ⅰ、Ⅱ、Ⅲ、Ⅳ、Ⅴ类放射源是按照放射源对人体健康和环境的潜在危害程度从高到低进行的分类，Ⅴ类放射源的下限活度值为该种核素的豁免活度。Ⅰ类放射源为极高危险源，没有防护情况下，接触这类源几分钟到 1 小时就可致人死亡；Ⅱ类放射源为高危险源，没有防护情况下，接触这类源几小时至几天可致人死亡；Ⅲ类放射源为危险源，没有防护情况下，接触这类源几小时就可对人造成永久性损伤，接触几天至几周也可致人死亡；Ⅳ类放射源为低危险源。基本不会对人造成永久性损伤，但对长时间、近距离接触这些放射源的人可能造成可恢复的临时性损伤；Ⅴ类放射源为极低危险源，不会对人造成永久性损伤。

12.2　核事故堆芯损伤和源项

核事故下释放源项信息非常重要，可以为后续应急行动提供科学依据和技术支撑。

三哩岛核事故的经验表明，核电厂应急响应需要用科学的方法来评价严重事故下堆芯损伤状态和释放源项，以便采取合适的应急行动。在厂区维持供电情况下，可以利用厂内监测数据评价堆芯损伤状态和释放源项。

福岛核事故的经验表明，当发生全厂断电核事故时，无法获得厂内信息，导致严重事故时无法准确评价堆芯损伤状态和释放源项，需要通过厂外环境监测数据进行估计。

12.2.1　堆芯损伤评价方法

堆芯损伤状态包括堆芯无损伤、燃料元件包壳破损、燃料过热或熔化等三种。

核事故堆芯损伤评价方法是指用以评价核电厂在一次核事故进展过程中堆芯实际损伤的状态和释放源项的方法，是核电厂应急计划的重要内容。

堆芯损伤评价方法根据核电厂是否丧失电力供应，使用最广泛的方法有如下两种。

（1）当核电厂维持电力供应时，需要通过厂内有效的在线监测数据估计堆芯实际损伤的状态和释放源项。其主要信号来源为堆芯出口热电偶和安全壳辐射剂量率监测仪表等。此外还有热段温度计、堆外源量程探测器、堆芯水位（或热段水位）传感器、氢气监测仪表等作为辅助信号来源。通过上述信号判断堆芯损伤份额，结合核电厂其他测量数据判断出核事故序列，与预先设置的二级概率安全评价方法（PSA）分析得到的数据进行比较，获得与二级 PSA 分析相近的核事故序列后，采用堆芯损伤评价得到的堆芯损伤份额与二级 PSA 分析得到的堆芯损伤份额的比值，乘以二级 PSA 分析得到的释放到环境的源项，可得到实际核事故释放到环境的源项。

核电厂采用的堆芯损伤评价方法主要有国际原子能机构推荐的 TECDOC-955 方法（堆芯裸露时间）、美国核管会提出的 RTM 及 CDAG 方法、法国核安全和辐射防护研究院研发的 SESAME 系统（3D/3P 模块）。TECDOC-955 方法主要是根据堆芯裸露时间、安全壳辐射剂量率等查找对应表格的方式评价堆芯的损伤状态，但堆芯裸露时间因中压、高压、低压安注系统投入情况难以准确获取；RTM 方法最早于 1990 年被提出，与 TECDOC-955 方法类似，后来，美国核管会在 RTM 方法基础上提出了一种新型 CDAG 方法，该方法通过对堆芯出口热电偶和安全壳辐射剂量率等重要参数进行监测，可以对堆芯损伤状态进行定性判断，在此基础上给出堆芯损伤份额的量化结果及可信度估计；SESAME 系统的 3D/3P 模块仅用于定性评价堆芯损伤状态，并依据安全壳辐射剂量率和堆芯裸露时间来定量估算堆芯损伤状态。

（2）当核电厂丧失电力供应时，需要通过厂外环境监测数据和大气扩散模型估计核事故释放源项。监测数据来源于厂外环境监测仪表。根据环境监测数据，通过源项反演方法得到释放源项。将该释放源项信息与预先设置的二级 PSA 分析得到的释放源项信息进行比较，判断核事故序列类型，最后根据反演得到的源项和 PSA 分析对应核事故序列源项的比例关系，估计堆芯损伤份额。

12.2.2　核事故源项估计

核事故源项估计为核应急干预与防护措施的实施提供决策依据，要求具有时效性和准确性。核事故源项估计方法主要有以下几类。

（1）基于确定论安全分析的核事故源项估计

该源项估计方法基于保守的假定，主要用于评价核电厂安全配置是否满足相关法规与标准的要求，是安全分析报告中的重要组成部分。由于与真实核事故相差较大，很少用来估计实际核事故的释放源项。

（2）基于概率安全分析的核事故源项估计

该源项估计方法是指基于概率安全分析得到的典型严重事故序列的释放源项，主要用于三级 PSA 厂外后果分析以及应急计划的制定。这种方法与安全系统和设备是否投入有直接关系，且采用一体化程序得到的释放源项分析时间较长，因此，与实际核事故源项相比存在不确定性较大、时效性较差的特点。

（3）基于核电厂监测数据的核事故源项估计

利用核电厂监测数据确定核事故源项是指根据核电厂数据包括燃耗状态、功率水平、运行时间等，以及厂内各相关仪表的显示数据估计核事故源项的方法。此类方法在国际上实际应用的技术有三种：美国的 RTM 方法、法国的 SESAME 方法和欧盟的 RODOS 方法。该方法通常利用反应堆实时监测数据，通过热工水力模型推算源项，优点在于不确定性小，但严重事故下存在所依赖的大量模型参数无法获取与数据异常的问题，从而导致模型失效。

（4）基于通风排放口监测数据的核事故源项估计

核电厂通风排放口的监测数据是核事故发生过程中测量获得的放射性物质流量和活度数据，这些数据仅在发生严重事故，通风隔离阀失效时才能获得。三哩岛核事故后，核电厂通风排放口一般都安装了在线惰性气体辐射监测仪表。但是对于碘和其他颗粒通常需要通过分析释放时取得的样品才能得到，此过程需要数小时。利用通风排放口监测作为源项估计的唯一依据有以下几个缺点：主要的释放可能不经过监测仪器；释放流出物可能和标定监测仪器时的假想流出物组成不同；耗时较长；核事故发生时的环境可能影响监测仪器。

（5）基于环境监测数据的核事故源项估计

基于环境监测数据的核事故源项估计的基本原理是将各个测量点的测量数据、坐标以及气象数据，如大气稳定度、风向、风速、温度、大气扩散参数等与大气扩散模型相结合，求逆来估计核事故释放源项。具体的，环境监测数据包括利用厂区边界辐射监测、可移动的测量装置测量数据、厂区内辐射监测等多类型的异构数据。此方法适用于核电厂丧失电力供应，其他源项估计方法因缺少厂内信息导致核事故源项获取失效的情况。福岛核事故发生之后，通过监测数据反演源项的重要性得到了国际上高度关注。目前核事故源项反演方法主要有：最优插值法、遗传算法、人工神经网络方法、卡尔曼滤波法、变分数据同化法等。几种反演方法的比较见表 12-2。

表 12-2　几种反演方法的比较

方法	特点
最优插值	1）应用简单，在同化领域广泛应用，是 KF 的简化版； 2）针对线性系统； 3）通常是单变量分析； 4）简单是优点，也是缺点，对复杂情况的处理不如人意
遗传算法	1）可以简单地与其他扩散模型相结合，通用性强； 2）可以给出源强与浓度之间的直接的关系
人工神经网络	1）需要大量的可靠训练数据； 2）不需要传统模型需要的一些定性数据，如大气扩散参数、大气稳定度等
卡尔曼滤波	1）只能处理线性模型； 2）理论比较完美，但是难以实现，而且计算量巨大； 3）显式发展了方差阵
变分数据同化	1）不受监测时间与频率的限制； 2）简化的预测模型引入误差，并伴随着变分法的模式积分进行累计

基于环境监测数据的核事故源项反演方法仍有较大的不足，主要包括大气扩散模型参数误差和由源项信息的未知所产生的初值估计误差，以及源项的复杂性，大气扩散多因素影响、扩散模型和测量方程的非线性等。这些不足为核事故源项反演带来了较大的挑战。

12.3　放射性核素大气扩散

核电厂发生核事故状况下，反应堆内的放射性核素存在向大气环境释放的风险。研究放射性核素在大气中的扩散，对核电厂建设、运行和核事故预警及应急决策、保护人们免受或少受放射性物质的危害具有重要意义。

放射性核素大气扩散是指核电厂常规运行或事故工况下释放到大气环境中的气载放射性核素受大气湍流扰动混合，并沿着风向迁移。放射性核素大气扩散（atmospheric dispersion）中的"扩散"与一般意义的扩散不同，一般意义的扩散（diffusion）是指由于浓度梯度或湍流脉动作用导致的迁移，而大气扩散不仅包括一般意义的扩散，还包括对流作用。大气扩散中扩散的物理意义与流体力学中输运的物理意义相同。

12.3.1　放射性核素大气扩散特点

核事故放射性核素主要在大气边界层内进行释放和扩散。大气边界层是指大气层最底下的一个薄层，其厚度一般为 1 000~2 000 m，是大气与下垫面直接发生相互作用的层次。大气边界层又分为贴地层、近地层、上部摩擦层（Ekman 层）等。大气边界层结构如图 12-1 所示。地表由于存在复杂建筑物及不规则地形特征呈现不同粗糙度,大气流过地面时,地表的摩擦阻力形成大气湍流,并向上传递,湍流随高度的增加而逐渐减弱。因此,大气边界层内风场在垂直方向上呈现风速不均匀特征,风速随高度增加而增大。此外,不规则下垫面的存在还会产生不同尺度涡流结构,这些都直接影响放射性核素的大气扩散行为。

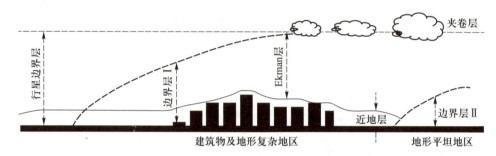

图 12-1 不同地表粗糙度下大气边界层的特点

除下垫面粗糙度外,放射性核素大气扩散还受到大气稳定度、逆温层和混合层高度、降水等因素的影响。空气中放射性核素经干沉积、湿沉积沉降到地表,沉积地表的放射性核素在风场或人为活动的扰动而扬起,重新回到空气中,造成近地表空气的二次放射性污染,即再悬浮作用。放射性核素的大气扩散行为主要影响因素如下。

1. 大气稳定度

大气稳定度是指大气层结对气块能否产生对流的一种潜在能力的度量。其中,大气层结是指大气中温度和湿度的垂直分布。大气稳定度是大气湍流状况的一种表征,是评价大气扩散能力的一个重要参数。目前有多种大气稳定度分类方法,如基于常规气象资料的 Pasquill 法、Pasquill-Turner 法、我国环保实践中修订的 Pasquill 法等,基于特殊气象资料的梯度资料分类法、湍流资料分类法等。我国国家标准《制定地方大气污染物排放标准的技术方法》(GB/T 3840—1991)根据风速和太阳辐射等级(见表 12-3)将大气稳定度分为 A、B、C、D、E、F 类,依次对应强不稳定、不稳定、弱不稳定、中性、较稳定和稳定。大气稳定度常用的分类方法见表 12-4。

表 12-3 太阳辐射等级(GB/T 3840—1991)

云量(1/10)	太阳高度角 h_0				
总云量/低云量	夜间	$h_0 \leqslant 15°$	$15° < h_0 \leqslant 35°$	$35° < h_0 \leqslant 65°$	$h_0 > 65°$
$\leqslant 4/\leqslant 4$	-2	-1	+1	+2	+3
$5 \sim 7/\leqslant 4$	-1	0	+1	+2	+3
$\geqslant 8/\leqslant 4$	-1	0	0	+1	+1
$\geqslant 5/5 \sim 7$	0	0	0	0	+1
$\geqslant 8/\geqslant 8$	0	0	0	0	0

注:h_0 为太阳高度角;云量为全天空十分制。

表 12-4　大气稳定度的等级 (GB/T 3840—1991)

地面风速 /(m/s)	太阳辐射等级					
	+3	+2	+1	0	−1	−2
<1.9	A	A ~ B	B	D	E	F
2 ~ 2.9	A ~ B	B	C	D	E	F
3 ~ 4.9	B	B ~ C	C	D	D	E
5 ~ 5.9	C	C ~ D	D	D	D	D
≥6	D	D	D	D	D	D

注:地面风速(m/s)指地面高度 10 m 高度处 10 min 内的平均风速。

2. 逆温层和混合层高度

逆温是指上层大气温度高于下层大气温度的现象。逆温层是指发生逆温现象的大气层。逆温强度是指逆温层中温度上升的梯度。逆温层处于强稳定状态,它的出现不利于放射性核素的大气扩散,直接关系地面放射性核素的浓度分布。如果逆温层出现在地面附近,则会抑制近地面放射性核素的湍流扩散;如果逆温层出现在对流层中某一高度上,则会阻碍下方放射性核素的垂直运动,造成其在地面的积聚。

逆温强度、逆温层厚度等因素都会影响放射性核素的大气浓度分布。放射性核素浓度会随逆温强度的增加而增加,随逆温层厚度的增大而增大。秋冬季夜间,放射性核素的大气浓度相对较高,这多是逆温层产生的影响。

混合层是指在边界层气象学中,湍流特征不连续界面以下湍流充分发展的大气层。混合层高度是指湍流特征不连续界面的高度,通俗来说也指逆温层距离地面的高度。放射性核素的扩散实际上被限制在地面和逆温层底之间。

3. 降水

降水对大气中放射性核素有净化作用。净化作用与降水强度有关,降水强度越大对放射性核素的净化作用就越强。一般情况下,降水量较小的降水,如 1 mm/h 以下,对空气中放射性核素浓度影响不大。

4. 影响大气扩散的其他因素

放射性核素排入大气后,受热力和动力作用被抬升,增加了烟羽高度;大气扩散过程中,放射性核素会因湍流扩散或重力作用逐渐沉积至下垫面;下垫面特征也会影响放射性核素的大气扩散,如遇高大山体,会被截留等。

放射性核素大气扩散特点如图 12-2 所示。

12.3.2　放射性核素大气扩散分析方法

放射性核素大气扩散的分析方法有现场示踪试验、大气风洞试验和数值模拟方法。

现场示踪试验是通过在厂址现场释放示踪气体,模拟核电厂气态流出物在大气中实际扩散

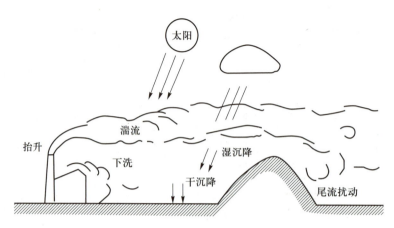

图 12-2　放射性核素的大气扩散特点

的方法。示踪物应具备以下特点：无毒，价格低廉，物理化学性能稳定；在大气中天然本底浓度低；能与周围空气迅速混合、充分代表大气运动的特性；便于释放和取样，易实现高精度分析。常采用 SF_6 作为示踪气体。合理采样布点是开展现场示踪试验的关键，一般在近距离布点密集些，远距离稀疏些；在有风时，通常以释放源为中心在主导风下风向采用扇形弧线布点，无风时，采用全方位布点；考虑到辐射防护的目的是保护周围的居民，因此通常在居民区布点密集；同时，在某些复杂下垫面地区如高大冷却塔导致扩散复杂情况下，布点密集。现场示踪试验是一种可信度较高的研究方法，但试验条件不易控制，难以重复，试验周期较长，费用高。

　　核电厂放射性核素大气风洞试验是根据相似准则对风场和空间几何特征按一定比例进行缩比，模拟气态流出物大气扩散规律的方法。大气风洞试验是在一定范围内获得放射性核素扩散数据的基础，通过相似性准则能够判断大气风洞试验结果的适用范围。相似性准则主要包括几何相似、运动相似、源项相似等。(1)几何相似可通过一定的缩尺比例将实际空间尺度映射到风洞试验中；(2)运动相似通过多风扇阵列生成与环境垂向风速廓线剖面特征一致的风场，即风洞风速与环境风速比例一致，风洞垂向风速与环境垂向风速变化规律一致。由根本茂准则：$v_m/v_p = (L_m/L_p)^{1/3}$，可获得风洞中速度 v 与几何尺度 L 的关系，m 为风洞模型，p 为现场实际模型；(3)源项相似是指风洞中示踪物质与核电厂放射性核素的物理条件、初始条件保持相似。核电厂大气扩散风洞试验分为主动控制和被动控制两种方法。主动控制方法直接向流场中注入不同频率的机械能，减小了大气边界层生成所需的空间，图 12-3 描述了一种 10×8 个风机控制的主动控制风洞概念。主要结构特征包括风洞入口段、收缩段、扩散段、试验段。伺服电动机驱动的可以提供均匀风速分布的风扇与风洞内风速传感器及流场激光测量方式（激光多普勒测量仪等）相互配合，经由韦氏曲线收缩段和扩散段后，在试验段生成与大气流场相似的风场结构。与现场示踪试验相比，大气风洞试验便于获得复杂下垫面的气载放射性核素大气扩散和沉积规律，重复性较高。

　　数值模拟方法是通过对大气运动方程和对流扩散方程进行求解，获得放射性核素空间分布的方法。目前常用的模型有高斯模型、拉格朗日模型、欧拉模型和 CFD 方法。数值模拟方法在测量数据较少的场景中可以估算不同条件下放射性核素的分布及变化。

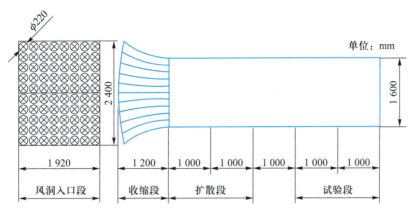

图 12-3　核素大气扩散主动控制风洞示意图

综上所述,现场示踪试验、大气风洞试验和数值模拟方法在定量分析核电厂放射性核素大气扩散方面各有优势,互为补充。

12.3.3　风场分析方法

温度、湿度、风向、风速、气压、降水量合称"气象六要素",风向、风速是核电厂放射性核素大气扩散的主要影响因素,常用风玫瑰图表示,风玫瑰图是风向玫瑰图和风速玫瑰图的通称,是以玫瑰花的形式表示各方向上气流状况重复率的统计图形,是气象学中用于定量分析风要素的专业统计图表。根据测量得到的风场数据,主要采用预测方法和诊断方法进行风场分析。

预测方法使用动量、能量和质量等影响大气流场运动的守恒方程,引入实际的大气边界条件和初始状态,对大气流场的变化进行预测。该方法因为有流体力学方程的支持,对测量数据的依赖性小,能比较客观地反映实际的大气情况。但其模型复杂,计算时间长,应急响应性较差。

诊断方法是对连续测量的离散风场数据通过内插或外推方法获得风场的方法。内插法不受流体力学方程限制,仅为数据的同化处理,得到的风场可能不符合质量守恒原则,此时需要引入运动连续性条件等物理约束,这样就可得到符合运动连续性条件的诊断风场。相比之下,诊断方法需要的测量数据较多,对气象测量数据的依赖性较强,但模型简单、计算时间短。

为提升风场的准确性,可根据测量的风场数据对以上两种方法得到的风场采用数据同化方法进行优化。数据同化方法分为同步同化和逆向演绎同化。同步同化是指利用某时刻气象观测或环境监测数据,实现对该时刻局地流场状态或气载放射性核素环境分布的估计;逆向演绎同化是指利用当前时刻气象观测或环境监测数据,实现对气载放射性核素到达该点前释放和迁移过程的估计。

综上所述,诊断方法主要应用于核事故应急初期,预测方法主要用于核事故区域的中长期环境后果评价,两者互为补充。

12.3.4　放射性核素大气扩散模型

根据描述方法和应用尺度的不同,可将放射性核素大气扩散模型分为高斯模型、拉格朗日模型、欧拉模型和 CFD 方法。其中,根据求解方法,高斯模型是基于解析解的半经验方法,拉格朗日模型、欧拉模型和 CFD 方法都是基于数值解的描述方法。

1. 高斯模型

高斯模型是指由湍流统计理论导出的经验模型,可用于连续源的平均烟羽或瞬时源的多烟团计算,其在很多气象条件下的应用已得到验证。烟羽是指放射性核素连续排出外形呈羽状的烟体,也称为烟流。它可以看作是由无数个依次排放的烟团组成,每个烟团排出后即沿风向运动。

高斯模型在导出过程中假设放射性核素释放源项是连续的、均匀的;在整个计算区域和计算时间内,风速、风向和大气稳定度恒定;放射性核素质量不变,地面对放射性核素全反射;放射性核素浓度在侧风向服从正态分布,在下风向放射性核素的迁移远远大于湍流引起的放射性核素扩散。

在上述假定下,以排放点为原点,风速方向为 x 轴正向,在此坐标系(图 12-4)下得出高架源的高斯烟羽扩散公式为

$$C(x,y,z) = \frac{Q}{2\pi\sigma_y\sigma_z u}\exp\left(-\frac{y^2}{2\sigma_y^2}\right)\left\{\exp\left[-\frac{(z-H)^2}{2\sigma_z^2}\right]+\exp\left[-\frac{(z+H)^2}{2\sigma_z^2}\right]\right\} \tag{12-1}$$

式中:$C(x,y,z)$——在通风排放口下风向 (x,y,z) 这点的空气核素浓度,$\mathrm{Bq\cdot m^{-3}}$;

$\qquad Q$——源释放速率,$\mathrm{Bq\cdot s^{-1}}$;

$\qquad \sigma_x,\sigma_y,\sigma_z$——下风向、侧风向和垂直风向扩散参数,为下风向 x 的函数,m;

$\qquad u$——平均风速,$\mathrm{m\cdot s^{-1}}$;

$\qquad H$——有效排放高度,m。

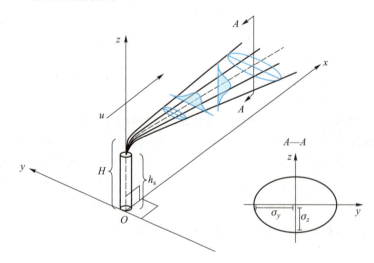

图 12-4 高斯烟羽模型示意图

假设在每个短时间 Δt 内,其风速、风向、释放源项按其平均值计算,基于统计理论,源从 t_0 时刻在 Δt 时间段内释放的单个烟团为 $Q\Delta t$,考虑从 0 到 t 时刻高架源释放的 n 个烟团,释放 t 时间后的高斯烟团扩散公式为

$$C(x,y,z,t) = \sum_{i=1}^{n} \frac{Q_i \mathrm{d}t}{(2\pi)^{\frac{3}{2}} \sigma_y(T_i) \sigma_z(T_i) \sigma_x(T_i)} \exp\left[-\frac{1}{2}\left(\frac{y^2}{\sigma_y^2(T_i)} + \frac{(x-uT_i)^2}{\sigma_x^2(T_i)}\right)\right]$$

$$\left\{\exp\left[-\frac{(z-H)^2}{2\sigma_z^2(T_i)}\right] + \exp\left[-\frac{(z+H)^2}{2\sigma_z^2(T_i)}\right]\right\} \tag{12-2}$$

式中: i ——烟团个数;

Δt ——单烟团释放时间, s;

T_i ——第 i 个烟团释放时间, $T_i = t - t_0 - i\Delta t$, s。

高斯模型是基于系列假设获得的解析模型, 在放射性核素大气扩散的实际模拟中, 需要对高斯模型进行修正, 如放射性衰变、干沉积、湿沉积、再悬浮(再蒸发)等。

(1) 放射性衰变修正。对于半衰期较短的放射性核素, 需要对其空气浓度进行放射性衰变修正, 采用下式计算衰变修正因子

$$f_\lambda = \exp\left(-\lambda \frac{x}{u}\right) \tag{12-3}$$

式中: λ ——放射性核素的衰变常数, s^{-1}。

(2) 干沉积修正。部分放射性核素在大气扩散过程中, 会受重力作用逐渐沉积到地面。采用下式计算干沉积修正因子

$$f_\mathrm{d} = \exp\left[\int_0^x \frac{\mathrm{d}x}{\sigma_z \exp\left(\frac{H^2}{2\sigma_z^2}\right)} \left(\frac{2}{3}\right)^{1/2} \frac{v_\mathrm{g}}{u}\right] \tag{12-4}$$

式中: v_g ——放射性核素的干沉积速度, 取决于放射性核素的种类、大气稳定度和风速等, $\mathrm{m \cdot s^{-1}}$。

(3) 湿沉积修正。部分放射性核素在大气扩散过程中, 遇到降水, 会因冲刷作用沉积到地面。采用下式计算湿沉积修正因子:

$$f_\mathrm{w} = \exp\left(-\Lambda \frac{x}{u}\right) \tag{12-5}$$

式中: Λ ——放射性核素的冲洗系数, 是降水率、水滴大小和粒径大小等的函数, s^{-1}。

在上述修正下, 空气中放射性核素浓度可表示为

$$C_\mathrm{n}(x,y,z) = f_\lambda f_\mathrm{d} f_\mathrm{w} C(x,y,z) \tag{12-6}$$

虽然高斯模型所描述的扩散过程存在一些限制条件, 但是与其他扩散模型相比有许多优点。

(1) 高斯模型的假设是比较符合实际的。高斯模型假设放射性核素的浓度分布符合正态分布模型, 大量局地尺度大气扩散试验证明, 正态分布的假设至少是实际分布的一种粗略近似。

(2) 模型的物理概念反映了湍流扩散的随机性, 其数学运算比较简单, 计算量相对较少。

(3) 高斯模型具有坚实的实验基础, 具有实用价值, 扩散参数既有可靠的经验公式或图表参考, 又有现场示踪、大气风洞等试验数据反推获得。

2. 拉格朗日模型

拉格朗日模型通常是指拉格朗日粒子模型, 又称粒子随机游走方法或蒙特卡洛扩散方法。拉格朗日模型是将放射性核素的大气扩散过程视为粒子团在大气中运动, 利用扩散物理过程中不同途径产生的概率函数来追踪粒子团的轨迹, 并将大量粒子团的扩散结果叠加, 得到放射性核

素的时空分布。

对任意一个粒子在任意时间 t 和在大气中的位置 $\vec{r}$，其速度公式为

$$\frac{\mathrm{d}\vec{r}}{\mathrm{d}t} = \vec{v} + \vec{v'} \tag{12-7}$$

式中：$\vec{v}$——粒子受平均风场作用确定的速度，$\mathrm{m \cdot s^{-1}}$；

$\vec{v'}$——粒子受湍流作用的随机脉动速度，$\mathrm{m \cdot s^{-1}}$。

$\vec{v'}$ 的公式为

$$v'_x(t) = v'_x(t-\Delta t)R_{Lx}(\Delta t) + \sigma_x \left[1 - R_{Lx}^2(\Delta t)\right]^{\frac{1}{2}}\xi_x \tag{12-8}$$

$$v'_y(t) = v'_y(t-\Delta t)R_{Ly}(\Delta t) + \sigma_y \left[1 - R_{Ly}^2(\Delta t)\right]^{\frac{1}{2}}\xi_y \tag{12-9}$$

$$v'_z(t) = v'_z(t-\Delta t)R_{Lz}(\Delta t) + \sigma_z \left[1 - R_{Lz}^2(\Delta t)\right]^{\frac{1}{2}}\xi_z \tag{12-10}$$

式中：Δt——计算时间步长，s；

$v'_i(t-\Delta t)$——前一时刻粒子的脉动速度分量，i 代表 x,y,z 方向，$\mathrm{m \cdot s^{-1}}$；

$v'_i(t)$——现时刻粒子的脉动速度分量，$\mathrm{m \cdot s^{-1}}$；

$R_{Li}(\Delta t)$——粒子脉动速度分量的拉格朗日自相关系数；

σ_i——脉动速度分量的标准差，$\mathrm{m \cdot s^{-1}}$；

ξ_i——互不相关的遵循标准正态分布的随机数。

拉格朗日模型可以真实反映大气的平均风场和湍流场的作用，尤其适合湍流场具有复杂时空变化的情况。对于近距离区域，标准的拉格朗日模式既具有一定的准确度又具有较高的计算效率，但随距离增大，粒子数将大幅上升，计算量也将大幅增大。针对此矛盾，对随机游走的粒子引入核函数或烟团的概念，可对上述问题有较大的改善，即用较少的示踪粒子和计算量可获得统计上较稳定的浓度结果，称为拉格朗日粒子模型的烟团模式。拉格朗日粒子模型的烟团模式兼具粒子模型和烟团模型的所有优点，对模拟放射性核素大气扩散有更好的效果。

放射性核素烟团质心的运动遵循拉格朗日粒子模型，烟团按核函数模型扩散，其扩散过程符合质量守恒定律。对任一时刻 t 和空间位置 r，其浓度公式为

$$C(r,t) = \frac{M(r)}{l^3} \sum_i A_i K(r_i - r, l) \tag{12-11}$$

式中：C——放射性核素活度浓度，$\mathrm{Bq \cdot m^{-3}}$；

r_i——第 i 个粒子的空间位置，m；

A_i——第 i 个粒子的活度，Bq；

K——核函数；

l——核函数或烟团的特征尺度，原则上由粒子的空间分布密度决定，m；

$M(r)$——近边界处的浓度修正因子，对无边界的情况有 $M(r) \equiv 1$。

一般情况下，核函数遵循高斯分布，即

$$K(r_i - r, l) = \frac{1}{(2\pi)^{3/2}} \exp\left(-\frac{|r_i - r|^2}{2l^2}\right) \tag{12-12}$$

核函数概念和高斯烟团概念有本质的区别。由于拉格朗日粒子方法原则上可完整地描述放

射性核素湍流扩散,故核函数不再具有独立的物理扩散性质,而完全由粒子的空间分布密度决定。通过对拉格朗日粒子和烟团耦合模型进行检验,结果表明,将具有独立物理扩散意义的烟团耦合到模型中,会使模拟的扩散作用放大,导致结果严重偏离理论值;而严格取核函数概念进行耦合获得的结果则与理论值符合较好。因此,在随机游走模型中应该引入核函数概念。

3. 欧拉模型

欧拉模型是基于大气传输方程的数学解,与高斯模型和拉格朗日模型相比,大气传输方程保留的最为完整,把实际大气中平流扩散、湍流扩散、放射性衰变、大气沉降及源项等因素都在方程中得到体现,以 WRF-Chem 模型为例,欧拉平流–扩散–反应方程如下

$$\frac{\partial C}{\partial t}+\nabla(uC)=\nabla\left[\rho K\nabla\left(\frac{C}{\rho}\right)\right]-\Lambda C-\lambda C+S \tag{12-13}$$

式中：$\nabla(uC)$——放射性核素的平流扩散项；

$\nabla\left[\rho K\nabla\left(\dfrac{C}{\rho}\right)\right]$——放射性核素的湍流扩散项；

ΛC——湿沉积项；

λC——放射性衰变项；

S——源项。

欧拉模型通常用于大尺度空间的放射性核素扩散模拟,并且可以模拟放射性核素在垂直方向上的空间分布,与拉格朗日模型相比,大尺度场景下欧拉模型一般将模拟区域栅格化处理后只考虑放射性核素在相邻栅格间的传输。由于栅格尺寸的灵活性,欧拉模型可以灵活控制计算消耗。但欧拉模型也采取了稳态假设和正态分布假设,且在栅格化的过程中将点释放源近似成一个栅格,因此在非稳态条件和近源区域存在明显的误差。为了解决这一问题,将拉格朗日模型和欧拉模型结合起来的耦合模型成为一种可以兼顾拉格朗日模型和欧拉模型优点的模拟方法,即利用拉格朗日模型计算近源区的初始扩散,欧拉模型计算远距离的扩散,可以有效解决欧拉模型的误差。

4. CFD 方法

理论上讲,欧拉模型是通过计算流体力学(CFD)方法求解放射性核素的大气扩散方程的,但实际上欧拉模型通过求解欧拉方程组获得风场。这里说的 CFD 方法通常是指近距离尺度下通过求解 Navier-Stokes 方程,得到复杂的微尺度风场和湍流场,结合放射性核素大气扩散模型,获得小尺度下空间放射性核素浓度分布的方法。

核电厂附近存在高大建筑物时,如冷却塔、下垫面特征复杂等,放射性核素大气扩散中,湍流作用影响较大,可采用 CFD 方法进行研究。

CFD 方法有三种模拟方法:直接数值模拟(DNS)方法、大涡模拟(LES)方法和雷诺平均Navier-Stokes 方程(RANS)方法。DNS 方法通过直接求解流体运动 Navier-Stokes 方程,得到各种尺度的随机运动,从而获得流动的全部信息,但由于计算机条件限制,DNS 方法目前还难以应用于高雷诺数流动以及大尺度的工程问题。LES 方法是一种折中的方法,将 Navier-Stokes 方程在一个小空间区域内进行平均,即滤波,从而使流场中去掉小尺度涡保留大尺度涡的方法,这种方法仍然受计算机条件的限制;RANS 方法是目前解决流体力学及空气动力学等问题的主要方法,该方法将非稳态的 Navier-Stokes 方程对时间进行平均,对雷诺应力进行各种假设,从而使湍流的

雷诺平均方程封闭,几乎能对所有雷诺数范围的问题求解,所需要的计算资源相对较小,但对流场形状和边界条件依赖性强。

获得大气流场后,根据放射性核素的形态分别采用适用于气体的单相组分输运模型和适用于气溶胶粒子的离散相颗粒模型,计算方法分别如下

$$\frac{\partial}{\partial t}(\rho C)+\nabla(\rho v C)=\nabla(D\nabla(\rho C))+S \qquad (12-14)$$

$$m_p\frac{dv_p}{dt}=m_p g+f_d+f_x \qquad (12-15)$$

$$f_d=\frac{1}{8}\rho g\pi d_p^2 C_D(v-v_p)^2 \qquad (12-16)$$

$$C_D=\begin{cases}\frac{24}{Re}\times(1+0.15Re^{0.687}), & Re\leqslant 1000\\ 0.43, & Re>1000\end{cases} \qquad (12-17)$$

式(12-14)~式(12-17)中:

ρ——混合气体的密度,$kg\cdot m^{-3}$;

C——空气中放射性气体的浓度,$Bq\cdot m^{-3}$;

v——大气速度场,$m\cdot s^{-1}$;

D——放射性核素的大气扩散系数,$m^2\cdot s^{-1}$;

S——源项或汇项,$Bq\cdot m^{-3}\cdot s^{-1}$;

m_p——放射性粒子质量,kg;

g——重力加速度,$m\cdot s^{-2}$;

f_d——放射性粒子受到的拖曳力,N;

f_x——放射性粒子可能受到的其他力如升力,N;

d_p——放射性粒子的粒径,m;

v_p——放射性粒子的速度,$m\cdot s^{-1}$;

C_D——曳力系数;

Re——雷诺数。

相比其他模型,CFD 模型可以直接得到微观流场,精度相对较高。但 CFD 模型计算量较大,一般用于研究局地尺度(几千米以内)、复杂下垫面特征下的放射性核素大气扩散特征。

在放射性核素大气扩散模拟中,上述四种方法各有优缺点,适用性存在差异,见表 12-5。在核事故后果评价中,一般在核事故初期,采用高斯模型进行局地尺度快速模拟,获得初步的评价结果;针对下垫面特征复杂的局地尺度,常采用 CFD 模型进行模拟,获得复杂湍流影响下的评价结果;拉格朗日和欧拉模型多用于核事故中后期,评价城市或区域尺度范围的辐射影响。

表 12-5　不同大气扩散模型的特点

方法	原理	适用尺度	适用情形
高斯模型	水平和竖直方向符合高斯分布	局地尺度(≤50 km)	仅适用于平坦下垫面

续表

方法	原理	适用尺度	适用情形
拉格朗日模型	释放标记粒子来表征污染物的连续排放,随机数表征湍流扩散	城市尺度 (50 km 到几百千米)	复杂下垫面特征精度不高
欧拉模型	求解大气传输方程	区域尺度 (几百千米)	复杂下垫面特征精度不高
CFD 模型	求解 Navier-Stokes 方程,结合适用于气体的单相多组分模型及适用于气溶胶粒子的离散相颗粒模型	局地尺度 (几千米以内)	复杂下垫面特征精度高

12.4　核事故剂量评价与应急响应

核事故下放射性核素会释放到环境中对人员产生辐射危害,科学评估环境放射性对人体的辐射剂量是开展应急响应的前提。

12.4.1　人体辐射剂量估算模型

核事故发生后,对人员产生辐射剂量的主要途径有:

(1) 放射源或核设施的直接外照射;

(2) 核事故放射性烟羽的直接外照射;

(3) 沉积于地面或物体表面上的放射性物质外照射;

(4) 皮肤和衣物的污染外照射;

(5) 吸入气载放射性物质产生的内照射;

(6) 饮用被污染的水或食入受污染食物引起的内照射。

核事故早期评价主要关注烟云浸没外照射、地表沉积外照射和烟云吸入内照射;中后期评价需要关注食入内照射。

1. 烟云浸没外照射

在放射性核素浓度呈均匀分布的情况下,烟云外照射剂量可以假设无限大半球形体源对人体的浸没外照射进行估算,即

$$D_e = \left[\sum_{i=1}^{n} (C_{ai} DF_{ai}) \right] SF_a \quad i = 1, 2, 3, \cdots, n \tag{12-18}$$

式中:D_e——烟云外照射剂量,Sv;

$\quad C_{ai}$——任一放射性核素在烟云轴线上的时间积分浓度,Bq · s · m^{-3};

$\quad DF_{ai}$——任一放射性核素烟云外照射的剂量转换因子,Sv · m^3 · Bq^{-1} · s^{-1};

$\quad SF_a$——放射性核素烟云外照射屏蔽因子。

2. 地表沉积外照射

地面沉积外照射剂量一般在烟云通过时线性增长,烟云通过后指数衰减。假设无限大面源对人体持续产生地面沉积外照射,可以根据照射时间内的地面剂量率积分估算,即

$$D_{\mathrm{g}} = \left[\sum_{i=1}^{n} \left(C_{\mathrm{g}i} DF_{\mathrm{g}i} \right) \right] SF_{\mathrm{g}} t \quad i = 1, 2, 3, \cdots, n \tag{12-19}$$

式中：D_{g}——地面沉积外照射剂量，Sv；

$\quad\ \ C_{\mathrm{g}i}$——任一放射性核素的地面沉积浓度，视放射性核素半衰期长短判断是否考虑放射性衰减因素，$\mathrm{Bq \cdot m^{-2}}$；

$\quad DF_{\mathrm{g}i}$——任一放射性核素地面沉积外照射的剂量转换因子，$\mathrm{Sv \cdot m^2 \cdot Bq^{-1} \cdot s^{-1}}$；

$\quad\ \ SF_{\mathrm{g}}$——放射性核素地面沉积外照射屏蔽因子；

$\quad\quad\ t$——地面沉积外照射的持续时间，s。

3. 烟云吸入内照射

放射性烟云被人体吸收后，对人体产生吸入内照射，可以通过下式估算，即

$$D_{\mathrm{i}} = \left[\sum_{i=1}^{n} \left(CDF_{\mathrm{i}i} \right) \right] SF_{\mathrm{i}} BR \quad i = 1, 2, 3, \cdots, n \tag{12-20}$$

式中：D_{i}——吸入内照射剂量，Sv；

$\quad\ \ C$——空气中放射性核素的时间积分浓度，$\mathrm{Bq \cdot s \cdot m^{-3}}$；

$\quad DF_{\mathrm{i}i}$——任一放射性核素吸入内照射的剂量转换因子，$\mathrm{Sv \cdot Bq^{-1}}$；

$\quad\ SF_{\mathrm{i}}$——放射性核素吸入屏蔽因子；

$\quad\ BR$——人体呼吸率，$\mathrm{m^3 \cdot s^{-1}}$。

4. 食入内照射

食入内照射估算的重心在于研究放射性核素在食物链中的转移模型和数据，如在粮食和果蔬类作物、肉蛋类等中的转移与滞留。获得食品中的放射性核素的活度浓度后，可根据下式进行食入内照射剂量的估算，即

$$D_{\mathrm{f}} = \left[\sum_{i=1}^{n} \left(C_{\mathrm{f}i} DF_{\mathrm{f}i} \right) \right] SF_{\mathrm{f}} IR \quad i = 1, 2, 3, \cdots, n \tag{12-21}$$

式中：D_{f}——食入内照射剂量，Sv；

$\quad\ \ C_{\mathrm{f}i}$——食品中任一放射性核素的时间积分浓度，$\mathrm{Bq \cdot d \cdot kg^{-1}}$；

$\quad DF_{\mathrm{f}i}$——任一放射性核素食入内照射的剂量转换因子，$\mathrm{Sv \cdot Bq^{-1}}$；

$\quad\ SF_{\mathrm{f}}$——放射性核素食入屏蔽因子；

$\quad\ IR$——人体饮食率，$\mathrm{kg \cdot d^{-1}}$。

12.4.2　核电厂应急状态

核应急是指为了控制、缓解、减轻核事故后果而采取的不同于正常秩序和正常工作程序的紧急行为，是政府主导、企业配合、各方协同、统一开展的应急行动。

核电厂的应急状态分为：应急待命、厂房应急、场区应急和场外应急四个等级，分别对应Ⅳ级响应、Ⅲ级响应、Ⅱ级响应和Ⅰ级响应，见表 12-6。

（1）应急待命。出现可能导致危及核电厂核安全的特定情况或者外部事件，核电厂有关人员进入戒备状态。应急待命的特征是一些事件正在进行或已经发生，核电厂的安全水平可能下降，但还有时间采取预防措施以防止向更高级别的应急状态演变。这类事件的发生，预计不会出现需要任何场区外响应行动（如进行辐射监测）的放射性物质释放。

（2）厂房应急。事故后果仅限于核电厂的局部区域，核电厂人员按照场内核事故应急预案

的要求采取核事故应急响应行动,通知场外有关核事故应急响应组织。厂房应急的特征是一些事件正在进展或已经发生,核电厂的安全水平实际上或可能发生大的下降。然而,如果有放射性物质释放,预计场区外照射水平只是相当于隐蔽干预水平下限的很小部分。

（3）场区应急。事故后果蔓延至整个场区,场区内的人员采取核事故应急响应行动,通知省级人民政府指定的部门,某些场外核事故应急响应组织可能采取核事故应急响应行动。场区应急的特征是事故正在进展或已经发生,核电厂的一些安全设施的功能已经丧失或可能丧失,在这种应急状态下,可能出现堆芯损坏的情况,可能从核电厂中释放出一些放射性物质。然而,预计在场区边界之外的区域的辐射水平不会超过隐蔽干预水平。

（4）场外应急。事故后果超越场区边界,实施场内和场外核事故应急预案。场外应急的特征是事故正在进展或已经发生,堆芯即将或已经极大损坏,甚至熔化,同时安全壳完整性也有可能丧失,在这种应急状态下,极可能从核电厂释放出大量的放射性物质,预计在场区边界的照射水平可能超过应急干预水平。

表 12-6　核电厂应急状态与响应

分级表级别	启动条件	应急处置	响应终止
Ⅳ级响应 （应急待命）	当出现可能危及核设施安全运行的工况或事件,核设施进入应急待命状态,启动Ⅳ级响应	进入戒备状态,采取预防或缓解措施,使核设施保持或恢复到安全状态,并及时向相关部门提出相关建议;对事故的性质及后果进行评价	核设施营运单位组织评估,确认核设施已处于安全状态后,提出终止应急响应建议报国家和省核应急办,国家核应急办研究决定终止Ⅳ级响应
Ⅲ级响应 （厂房应急）	当核设施出现或可能出现放射性物质释放,事故后果影响范围仅限于核设施场区局部区域,核设施进入厂房应急状态,启动Ⅲ级响应	在Ⅳ级响应的基础上采取控制事故措施,开展应急辐射监测和气象观测,采取保护工作人员的辐射防护措施;加强信息报告工作,及时提出相关建议;做好公众沟通工作	核设施营运单位组织评估,确认核设施已处于安全状态后,提出终止应急响应建议报国家核应急协调委和省核应急委,国家核应急协调委研究决定终止Ⅲ级响应
Ⅱ级响应 （场区应急）	当核设施出现或可能出现放射性物质释放,事故后果影响扩大到整个场址区域（场内）,但尚未对场址区域外的公众和环境造成严重影响,核设施进入场区应急状态,启动Ⅱ级响应	在Ⅲ级响应的基础上组织开展工程抢险;撤离非应急人员,控制应急人员辐射照射;进行污染区标识或场区警戒,对出入场区人员、车辆等进行污染监测;做好与外部救援力量的协同准备。实施气象观测预报、辐射监测,组织专家分析研判趋势;及时发布通告,视情况采取交通管制、控制出入通道、心理援助等措施;根据信息发布办法的有关规定,做好信息发布工作,协调调配本行政区域核应急资源给予核设施营运单位必要的支援,做好医疗救治准备等工作	核设施营运单位组织评估,确认核设施已处于安全状态后,提出终止应急响应建议报国家核应急协调委和省核应急委,国家核应急协调委研究决定终止Ⅱ级响应

续表

分级表级别	启动条件	应急处置	响应终止
Ⅰ级响应 (场外应急)	当核设施出现或可能出现向环境释放大量放射性物质,事故后果超越场区边界,可能严重危及公众健康和环境安全,进入场外应急状态,启动Ⅰ级响应	国家核事故应急指挥部或国家核应急协调委对以下任务进行部署,并组织协调有关地区和部门实施: 组织国家核应急协调委相关成员单位、专家委员会会商,开展事故工况诊断、释放源项分析、辐射后果预测评价等,科学研判趋势,决定核应急对策措施; 派遣国家核应急专业救援队伍,调配专业核急装备参与事故抢险工作,抑制或缓解事故、防止或控制放射性污染等; 组织协调国家和地方辐射监测力量对已经或可能受核辐射影响区域的环境(包括空中、陆地、水体、大气、农作物、食品和饮水等)进行放射性监测; 组织协调国家和地方医疗卫生力量和资源,指导和支援受影响地区开展辐射损伤人员医疗救治、心理援助,以及去污洗消、污染物处置等工作; 统一组织核应急信息发布; 跟踪重要生活必需品的市场供求信息,开展市场监管和调控; 组织实施农产品出口管制,对出境人员、交通工具、集装箱、货物、行李物品、邮包快件等进行放射性沾污检测与控制; 按照有关规定和国际公约的要求,做好向国际原子能机构、有关国家和地区的国际通报工作; 根据需要提出国际援助请求; 其他重要事项	当核事故已得到有效控制,放射性物质的释放已经停止或者已经控制到可接受的水平,核设施基本恢复到安全状态,由国家核应急协调委提出终止Ⅰ级响应建议,报国务院批准。视情成立的国家核事故应急指挥部在应急响应终止后自动撤销

12.4.3 核事故的应急措施

1. 核事故的干预和干预原则

干预是指任何旨在减小或避免不属于受控实践的或因核事故而失控的源所致的照射或照射可能性的行动。在应急干预的决策过程中,既要考虑辐射剂量的降低,也要考虑实施防护措施的困难和代价。因此,在应急干预的决策中,应遵循下列干预原则。

(1)正当性原则。在干预情况下,只要采取防护行动或补救行动是正当的,则应采取这类行动。所谓正当,即干预应利大于弊,干预本身带来的危害应远小于辐射危害,采取干预措施而付出的代价是值得的。

（2）最优化原则。任何这类防护行动或补救行动的形式、规模和持续时间均应是最优化的，在正常的社会、经济情况下，从总体上考虑，能获得最大的净利益。

（3）应当尽可能防止公众成员因辐射照射而产生严重的确定性效应。如果任何个人所受的预期剂量或剂量率接近或预计会接近可能导致严重损伤的阈值，则采取防护行动几乎总是正当的。

2. 核事故的应急防护措施

应急防护措施是指核事故一旦发生，采用保护公众免受或少受辐射照射的措施。主要有隐蔽、撤离、服用碘片、避迁（开始避迁后视情况选择终止避迁或永久定居）等。

（1）隐蔽是指一旦发生放射性核素释放核事故，让人们停留在屋内，关闭门窗和通风系统，并采取一些简易的个人防护措施。对于减小烟羽浸没外照射及地面沉积外照射而言，隐蔽是一种简单有效的防护措施。隐蔽的通用优化干预水平为 2 天内可防止 10 mSv 的剂量。

（2）撤离是指在场区附近预期会受到大剂量照射的人数不多的公众在放射性烟羽到达前撤离原地，可有效地避免或减少照射。撤离的通用优化干预水平为 1 周内可防止 50 mSv 的剂量。

（3）服用碘片可以阻断 ^{131}I 被甲状腺吸收，对于烟羽吸入和食入内照射途径都是一种有效的防护措施。但是服用稳定性碘阻断甲状腺吸收的效果与服用时间有关，在一次摄入 ^{131}I 后，甲状腺中碘的浓度在 6 小时内达到最大值的 90%，1~2 天内达到最大值，因此应在吸入前或吸入后及时服用碘片，才能达到最佳防护效果，吸入后 24 小时服用已无任何效果。服碘的通用优化干预水平为甲状腺的可防止的待积吸收剂量为 100 mGy。

（4）避迁是在核事故中后期，当放射性核素释放已经停止或基本得以控制，地面和建筑物表面沉积物所致的外照射即成为公众照射的主要途径，但区域环境去污需要很长的时间，为此将公众迁离严重污染的地区，以减小长期慢性照射的剂量。当第一个月内可防止的剂量大于等于 30 mSv 时，需要开始避迁；后续某个月内可防止的剂量低于 10 mSv 时，终止避迁；如果预计在 1 年或 2 年内，月累计剂量不会降低到 10 mSv 以下，或预计终身剂量可能会超过 1 Sv 时，则应考虑实施不再返回原来家园的永久避迁。

每一种防护措施只对一种或几种照射途径的防护有效，因此，不同核事故阶段和不同照射途径可采用的防护措施也有所不同。对于不同的核事故阶段，在核事故早期，可以采用隐蔽、服用碘片、撤离等；核事故中期，则需要继续服用碘片、避迁、进行食物和饮水控制等；核事故后期则需要对区域环境进行去污，继续对食物和饮水进行控制等。

本章知识拓扑图

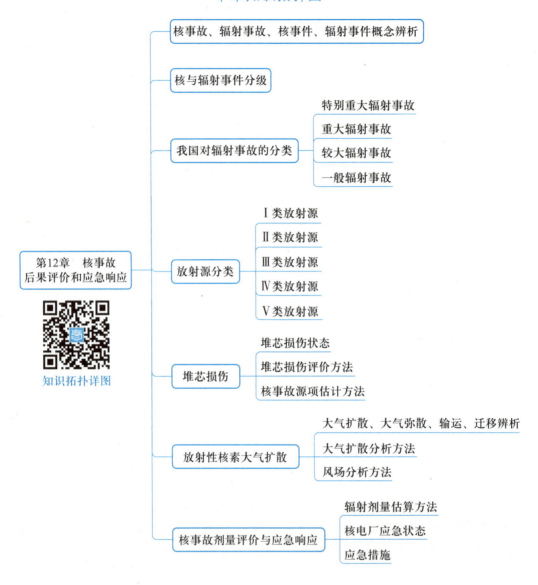

习题 ✎

12-1　核事故与辐射事故有什么区别？

12-2　阐述国际核与辐射事件分级表的应用范围。

12-3　我国行政法规中对辐射事故种类是如何划分的？

12-4　在福岛核事故中，应推荐哪种堆芯损伤评价方法以及核事故源项估计方法？为什么？

12-5　现场示踪试验、风洞试验、数值模拟各有何优缺点？

12-6　放射性核素大气扩散的影响因素都有哪些？

12-7　放射性核素大气扩散模拟中为什么要考虑混合层高度？

12-8　比较高斯模型、拉格朗日模型、欧拉模型和 CFD 方法的优缺点。

12-9　比较 5 种核事故源项估计方法的特点。

12-10　比较最优插值、遗传算法、人工神经网络方法、卡尔曼滤波方法的特点。

12-11　公众受核事故辐射照射的途径有哪些？

12-12　简述核电厂四类应急状态的触发条件及应急响应水平。

12-13　简述核事故的应急干预原则及应急防护措施。

12-14　选择 excel 或其他软件方法作风玫瑰图（风向、风频、风速见下表）。

风向	风频	风速
N	6.76%	5.707 744
NNE	6.33%	4.809 353
NE	7.06%	3.688 387
ENE	10.63%	5.222 698
E	9.27%	5.096 069
ESE	12.75%	5.041 964
SE	8.65%	4.049 737
SSE	2.96%	2.696 154
S	1.80%	2.397 468
SSW	1.84%	1.972 84
SW	2.32%	2.6
WSW	5.19%	3.768 86
W	12.45%	6.071 115
WNW	5.62%	4.478 138
NW	3.05%	3.738 806
NNW	3.30%	4.028 966

12-15　对 5 m×5 m×60 m 的建筑在 6 m/s 的平均风场下进行 1∶1 000 的风洞实验，问风洞中建筑和风速应参照的相似理论，并给出相应的参数。

12-16   某核设施在释放源高度为 58 m 处以 6.79×10^6 Bq/s 排放放射性气体,烟羽抬升高度为 3 m,风速为 2 m/s,在下风向距离 1 000 m 处,扩散系数分别取 $\sigma_y = 75$ m, $\sigma_z = 40$ m,计算 1.5 m 高度上 y 轴线、中心线以左 60 m 处的核素浓度?

12-17   2021 年 4 月,太阳高度角为 30°,无云,地面风速为 5.04 m/s,某核设施烟囱烟气排放量为 350 000 m³/h,其中放射性物质氚含量 1.76×10^{-11},烟气释放烟囱高度为 100 m,烟羽抬升高度为 3 m,烟气密度为 1.2 kg/m³。(已知, $\sigma_y = \dfrac{0.08x}{(1+0.000\,1x)^{0.5}}$, $\sigma_z = \dfrac{0.06x}{(1+0.001\,5x)^{0.5}}$)

(1) 该天气条件下,大气稳定度如何?

(2) 利用高斯烟羽模型计算距离烟囱下风向 1 000 m、侧风向 5 000 m、高 1.5 m 处的核素浓度?(已知,1 g 氚 $= 3.57 \times 10^{14}$ Bq)

(3) 利用干沉积修正后的高斯烟羽模型计算距离烟囱下风向 1 000 m、侧风向 5 000 m、高 1.5 m 处的核素浓度,并于(2)进行比较(已知干沉积速度约为 0.018 m/s)。

(4) 计算下风向 1 000 m、侧风向 5 000 m、高 1.5 m 处成年人个体年呼吸剂量是多少?已知, $DF_i = 1.8 \times 10^{-11}$ Sv/Bq, $SF_i = 1.5$, $BR_i = 3.3 \times 10^{-4}$ m³/s

参 考 文 献

[1]   徐玉貌,刘红年,徐桂玉.大气科学概论[M].南京:南京大学出版社,2013.

[2]   何强,井文涌,王翊亭.环境学导论[M].北京:清华大学出版社,2004.

[3]   王铮,吴必虎,丁金宏,等.地理科学导论[M].北京:高等教育出版社,1993.

[4]   张杰.中小尺度天气学[M].北京:气象出版社,2006.

[5]   蒋维楣.空气污染气象学[M].南京:南京大学出版社,2003.

[6]   王醒宇,康凌,蔡旭晖,等.核事故后果评价方法及其新发展[M].北京:原子能出版社,2003.

[7]   《环境科学大辞典》编委会.环境科学大辞典[M].北京:中国环境科学出版社,2008.

[8]   Ehrhardt J,Weis A,et al. RODOS:Decision support system for off-site nuclear emergency management in Europe[R]. Luxemburg:European Commission,2000.

[9]   赵英时.遥感应用分析原理与方法[M].北京:科学出版社,2003.

[10]   玄光男.遗传算法与工程优化[M].北京:清华大学出版社,2004.

[11]   邱锡鹏.神经网络与深度学习[M].北京:机械工业出版社,2020.

[12]   Grewal M S,Andrews A P. Kalman filtering:theory and practice using MATLAB[M]. Upper Saddle River:Prentice-Hall,2001.

[13]   Planer R S. INES the international nuclear and radiological event scale,user's manual[M]. Vienna:IAEA,2008.

索引